Dietmar Ehrhardt

Integrierte analoge Schaltungstechnik

Aus dem Programm
Elektronik

Elemente der angewandten Elektronik
von E. Böhmer

Rechenübungen zur angewandten Elektronik
von E. Böhmer

Digitaltechnik
von K. Fricke

Digitale Schaltungstechnik
von W. Groß

Integrierte analoge Schaltungstechnik
von D. Ehrhardt

Elektronik
von B. Morgenstern

Elektronik Aufgaben
von B. Morgenstern

Englisch für Elektroniker
von A. und R. Jayendran

vieweg

Dietmar Ehrhardt

Integrierte analoge Schaltungstechnik

Technologie, Design, Simulation und Layout

Mit 203 Abbildungen

Herausgegeben von Otto Mildenberger

Die Deutsche Bibliothek – CIP-Einheitsaufnahme
Ein Titeldatensatz für diese Publikation ist bei
Der Deutschen Bibliothek erhältlich.

Herausgeber:
Prof. Dr.-Ing. Otto Mildenberger lehrt an der Fachhochschule Wiesbaden in den Fachbereichen Elektrotechnik und Informatik.

Der Verlag Vieweg ist ein Unternehmen der Fachverlagsgruppe BertelsmannSpringer.

www.vieweg.de

Technische Redaktion: Hartmut Kühn von Burgsdorff
Konzeption und Layout des Umschlags: Ulrike Weigel, www.CorporateDesignGroup.de

Gedruckt auf säurefreiem Papier

ISBN-13: 978-3-528-03860-1 e-ISBN-13: 978-3-322-89863-0
DOI: 10.1007/978-3-322-89863-0

Vorwort

Das vorliegende Buch befaßt sich mit dem Entwurf analoger integrierter Schaltungen. Es entstand aus meiner Vorlesung „Analoge Schaltungstechnik" an der Universität Siegen und der dazugehörigen Projektgruppenarbeit, in der die Studierenden anhand einer konkreten Schaltung an die Thematik des Entwurfs analoger integrierter Schaltungen heran geführt werden.

Eine wichtige Voraussetzung zum Entwurf analoger integrierter Schaltungen ist das Verständnis über die Funktionsweise der Bauelemente. Die am häufigsten eingesetzten Bauelemente sind Dioden, Bipolartransistoren, Sperrschichtfeldeffekttransistoren und MOS-Transistoren. Daher beginnt das Buch nach einer kurzen Einführung mit dem Aufbau dieser Bauelemente, der Beschreibung ihrer physikalischen Funktion und der Ableitung der Funktionsgleichungen.

Im nächsten Kapitel werden die üblichen Herstellungsprozesse behandelt, da das Design und das Layout analoger integrierter Schaltungen entscheidend vom Verständnis über den Herstellungsprozeß und der Abfolge der Technologieschritte beeinflußt wird. Die daraus gewonnenen Erkenntnisse bilden die Grundlage für die anschließende Darstellung gängiger Layouttechniken. Da es heutzutage möglich ist, auch kleine Stückzahlen eines individuellen Chipentwurfs preisgünstig fertigen zu lassen kann, findet sich zum Abschluß des Kapitels eine Beschreibung, wie ein Fertigungsprozeß bei MOSIS eingeleitet wird.

Der Behandlung ausgewählter Werkzeuge zum Entwurf analoger integrierter Schaltungen ist ein eigenes Kapitel gewidmet. Exemplarisch wird auf das Problem der Schaltungssynthese eingegangen. Breiten Raum findet die Behandlung des Simulationsprogramms SPICE3F5 und des Layoutwerkzeugs LASI, weil diese Programme kostenlos von Internet ladbar sind und auf nahezu jedem PC lauffähig sind.

Eine analoge integrierte Schaltung besteht im allgemeinen aus fundamentalen Funtionsblöcken, wie Stromquellen, Spannungsquellen, Stromspiegel, Verstärker, Endstufen und dergleichen. Im fünften Kapitel des Buches werden diese Basiselemente ausführlich behandelt.

Den Abschluß des Buches bildet ein Kapitel über Applikationen, die aus den Basiselementen hervorgehen. Darunter sind Operationsverstärker, Current-Feedback-Verstärker, A/D-Wandler und D/A-Wandler. Auf die Stabilitätsproblematik bei Operationsverstärkern und die Techniken zur Kompensation des Frequenzgangs von Operationsverstärker wird hier besonders eingegangen.

Viele der behandelten Schaltungen wurden durch Layouts oder Chipfotos ergänzt, um einen Eindruck über Bauteilanordnung und Verdrahtung zu vermitteln.

Dieses Buch ist zur Vorlesungsbegleitung und als Handbuch bei der Durchführung von Projektgruppenarbeiten für Studierende der Elektrotechnik gedacht. Daneben eignet es sich sowohl für das Selbststudium, da einerseits alle Zusammenhänge ausführlich beschrieben werden, als auch für Praktiker zum Nachschlagen, da andererseits versucht wurde, möglichst umfassend die fachspezifischen Informationen in das Buch aufzunehmen.

Zum Themenkreis des Entwurfs analoger integrierter Schaltungen konnte ich im Laufe der Zeit eine Reihe nützlicher Puplic-Domain-Programme im Internet sammeln und durch eine einheitlich gestaltete Dokumentation im PDF-Format ergänzen. Meinen Studierenden wird diese Programmsammlung zu Beginn der Projektgruppenarbeit auf einer CD-ROM zur Verfügung gestellt. Der interessierte Leser kann diese CD-ROM kostenlos vom Autor beziehen. Näheres dazu im Anhang am Ende dieses Buches.

Mein besonderer Dank gilt Herrn Dr. Jürgen Schulte für seine kritische Durchsicht der Kapitel. Bedanken möchte ich mich auch bei den Studierenden der Projektgruppen, für die zahlreichen Diskussionen und Erkenntnisse, die das Buch in dieser Form erst möglich gemacht haben. Ich danke dem Verlag für die gute langjährige Zusammenarbeit und die Herausgabe des Buches. Mein Dank gilt auch meiner lieben Frau Karin, die den Werdegang dieses Buches mit viel Unterstützung, Geduld und Verständnis begleitet hat.

Siegen, im März 2000 *Dietmar Ehrhardt*

Gewidmet meinem Lehrer und Förderer, Herrn Prof. Dr. Ernst Fröschle

Inhaltsverzeichnis

1 Einführung

Analoge integrierte Schaltungen gibt es nun seit mehr als 37 Jahren. Trotz aller Unkenrufe, daß die analoge Technik sehr bald von der digitalen Technik verdrängt werde, können wir heute feststellen, daß der Bedarf an analogen integrierten Schaltungen in einem erheblichen Maße zunimmt. So macht der Anteil rein analoger integrierter Schaltungen zur Zeit mehr als 10% aller integrierter Schaltungen aus. Natürlich sind die analogen Schaltungen in vielen Applikationen durch entsprechende digitale Schaltkreise ersetzt worden (das beste Beispiel dafür ist „Digital Audio"). Doch gute Analogentwickler werden heute an einer anderen Stelle gebraucht. Wenn wir natürlich vorkommende Signale digitalisieren wollen, brauchen wir immer Analog-Digital - Wandler und Digital-Analog-Wandler zusammen mit Anti-Alias-Filter bzw. Rekonstruktionsfilter. Weiterhin stellen wir fest, daß zunehmend neue Applikationen erscheinen, deren Forderung nach Geschwindigkeit und geringem Energieverbrauch den Einsatz von hochfrequenten analogen Eingangsstufen nötig macht. Solche Applikationen finden wir im Bereich der drahtlosen und der drahtgebundenen digitalen Kommunikation. Wir erleben, daß die Größe der integrierten Schaltungen zunimmt, da immer mehr versucht wird, ganze Systeme zu integrieren. Damit steigt die Wahrscheinlichkeit, daß zumindestens ein Teil der modernen integrierten Schaltungen auf analoge Schaltungelemente angewiesen ist, die die Verbindung zur realen Außenwelt ermöglichen. Diese analogen Schaltungsteile, die meist nur einen kleinen Teil der Chipfläche ausmachen, bestimmen oftmals die Grenzen der Leistungsfähigkeit des Gesamtsystems und sind trotzdem *die* Teile der integrierten Schaltung, die am schwierigsten zu entwerfen sind. Daher besteht seitens der Industrie ein hoher Bedarf an Entwicklern, die den Entwurf analoger integrierter Schaltungen beherrschen. Viele glauben, daß der Entwurf analoger integrierter Schaltungen eine Art Geheimwissenschaft sei. Während der Entwurf digitaler Schaltungen als systematisch begriffen wird, erscheint der analoge Entwurf ziemlich verworren und auf Erfahrungswissen basierend. Diese Vorstellungen über analoge Schaltungen treten immer dann auf, wenn jemand nicht mit den vielen Grundlagen vertraut ist, die zum Entwurf hochwertiger analoger Schaltungen benötigt werden. Ich werde daher in diesem Buch recht ausführlich auf die Funktionsweise der Standardbauelemente eingehen. Auch der Prozeß zur Herstellung integrierter Schaltungen darf nicht zu kurz kommen. Dies gilt genauso für die exemplarische Behandlung heute üblicher Werkzeuge zum Entwurf analoger integrierter Schaltungen. Da ein komplexes System letztendlich aus einfachen Grundbausteinen besteht, werde ich diese Basiselemente etwas ausführlicher behandeln. Der Entwurf umfangreicherer Schaltungen bildet den Abschluß dieses Buches. Neben der Vermittlung von Grundlagen soll das Buch dazu anregen, die Angebote aus der Halbleiterindustrie zu nutzen, kostengünstig Prototypen integrierter Schaltungen herstellen zu lassen. Die Ausführungen in diesem Buch zeigen, daß wir heute mit einem einfachen PC unter Nutzung kostenfreier Programme in der Lage sind, eigene integrierte Schaltungen zu entwerfen, die dann zu einem moderaten Preis gefertigt werden können. Besonders für die Ausbildung ist dies ein interessanter Aspekt.

Wir wollen uns jedoch zuerst damit befassen, wie alles angefangen hat.

1.1 Historie

Unsere Halbleiterelektronik hat sich im 19. Jahrhundert aus mehr oder weniger zufälligen Entdeckungen experimentierender Physiker allmählich entwickelt. Angefangen hat es 1833 mit Michael Faraday, der einen positiven Temperaturkoeffizient bei Silbersulfid herausfand. Eine weitere Station ist 1839 die Entdeckung der Fotospannung durch Antoine-E. Becquerel. Erwähnenswert sind auch die Freiburger Physiker Leo Königsberger und J. Weiss, die 1911 den Begriff „Halbleiter" einführten. Der in Tübingen und vor allem in Straßburg wirkende Physikprofessor Ferdinand Braun stellte 1874 fest, daß bestimmte Schwefel-Metall-Kristalle eine Gleichrichterwirkung aufweisen. Walter Schottky, Mitarbeiter der Firma Siemens, war es, der 1938/39 eine Theorie zum Gleichrichtereffekt lieferte. Die Diode, die sich am Übergang von Metall auf halbleitendes Material bildet, wird nach ihm benannt. Einen erster Vorschlag zur Realisierung eines Sperrschicht-Feldeffekttransistors stammt vom Leipziger Physikprofessor Julius E. Lilienfeld aus seiner im Jahre 1926 eingereichten Patentanmeldung. Oskar Heil aus Berlin schlug in seiner Patentanmeldung aus dem Jahre 1934 einen Feldeffektverstärker mit isolierter Steuerelektrode vor, also ein Vorläufer des MOSFETs. Am 16. Dezember 1947 erfanden Walter H. Brattain und John Bardeen bei den Bell-Telefon-Laboratorien in Murray Hill (New Jersey) den ersten bipolaren Transistor. Der Versuchsaufbau war N-leitendes Germanium. Ein Kunststoffdreieck aus Plexiglas, auf dessen beiden nach unten führenden Außenflächen sich eine Goldfolie befand, wurde auf den Germaniumkristall aufgesetzt. Zuvor war an der nach unten weisenden Spitze die Goldschicht mit einer Rasierklinge unterbrochen worden. Dieser erste Spitzentransistor wurde am 23. Dezember der Geschäftleitung präsentiert. Das Datum der Präsentation wurde später als Erfindungsdatum genannt. Der Leiter ihrer Arbeitsgruppe, William Shockley gelang es in den darauf folgenden Wochen, eine Theorie zur Funktionsweise des Transistors aufzustellen. Er hat dabei auch einen Bipolartransistor mit flächenhaften PN-Übergängen vorgeschlagen, von dem er sich mehr versprach als vom zuvor erfundenen Spitzentransistor.

Jack S. Kilby von der Firma Texas Instruments war es, der 1958 seine Gedanken zu einer integrierten Schaltung formulierte. Er baute, während seine Kollegen im Sommerurlaub waren, die erste hybride Schaltung auf. Die Erfindung der ersten integrierten Schaltung wird aber Robert W. Noyce von Fairchild zugeschrieben, der 1961 dazu ein Patent anmeldete.

Die ersten diskret aufgebauten Operationsverstärker auf der Basis von Germaniumtransistoren wurden gegen Ende 1959 von Burr-Brown bzw. von Philbrick auf den Markt gebracht.

Jean Hoerni, einer von den Gründern der Firma Fairchild, hatte in dieser Zeit ein Patent für die Herstellung planare Transistoren angemeldet. Diese planare Technik hat die Herstellung integrierter Schaltungen erst möglich gemacht.

Der Pionier der analogen Schaltungstechnik war zweifelos Robert J. Widlar. Widlar entwickelte bei Fairchild im Jahre 1963 den Operationsverstärker µA702. Der µA702 war der erste integrierte Operationsverstärker, der erfolgreich vermarktet wurde. Er hatte 9 Transistoren und 11 Widerstände. 1965 folgte dann der µA709. Dies war der erste praktikable integrierte Operationsverstärker. Den nächsten Operationsverstärker, den Widlar (nun bei der Firma National Semiconductor) entwickelte, war der LM101. Der LM101 war der erste Operationsverstärker, der gegen ausgangseitigen Kurzschluß geschützt war, der geringe Eingangsströme und einen hohen Gleichtakteingangsspannungsbereich aufwies. Dave Fullagar, der zu Fairchild kam, nachdem Widlar die Firma Fairchild verlassen hatte, brachte 1967 mit dem µA741 den ersten Operationsverstärker mit interner Frequenzgangkompensation heraus. 1969 entwickelte Widlar die erste Bandabstandsreferenz. Sie war im LM109, ein integrierter Spannungsregler für 5 V. Die Bandabstandsreferenz war sicherlich der wichtigste Beitrag, den Widlar zum Entwurf analoger integrierter Schaltungen beigesteuert hat.

1.2 Stand der Technik und Ausblick

Die treibenden Kräfte der digitalen Revolution sind höhere Integrationsdichte, niedrigerer Stromverbrauch, geringere Größe und niedrigere Kosten. Dies beeinflusst natürlich auch den Bereich der analogen und der mixed-mode integrierten Schaltungen. Bestes Beispiel ist der Mobilfunkmarkt. In einem Handy finden wir eine Reihe analoger und mixed-mode Schaltungen als Bindeglied zwischen der analogen Welt und der digitalen Signalverarbeitung. Die rasante Weiterentwicklung der Handies verdeutlicht uns, daß sich auch im Bereich der analogen integrierten Schaltungstechnik erhebliche Veränderungen vollzogen haben oder noch im Gange sind. Das Vorantreiben des Integrationsgrades hin zur Antenne und die Reduktion des Stromverbrauchs führen zur Nutzung kleinerer Strukturbreiten und zur Anwendung neuer Prozesse (Silizium-Germanium, SiGe oder Silizium auf Isolator, SOI).

Der Silizium-Germanium-Prozeß hat das Potential, Transitfrequenzen bis zu 130 GHz zu erreichen. Die Fa. TEMIC benutzt zur Zeit einen Prozeß, bei dem die Bipolartransistoren auf eine Transitfrequenz von 50 GHz kommen. Damit aufgebaute Verstärker erreichen bei einer Frequenz von 2 GHz eine Verstärkung von 20 dB bei einem Rauschmaß von typ. 1 dB. Ähnlich sieht es mit Silizium auf Isolator aus. Durch den Wegfall des Body-Effektes und der Sperrschichtkapazitäten zum Substrat werden auch so gute Werte erzielt. So schaffen die neuen Technologien die Basis, besonders im Bereich der Empfänger den Integrationsgrad voran zutreiben.

Bei solch einem Integrationsgrad wird ein Analog-Digital-Wandler der nächsten Generation drahtloser Anwendungen auch die Funktionen eines Radioempfängers beinhalten, beispielsweise indem ein Mischer und ein Konverter in das Basisband mit eingebaut ist.

Wir können uns auch vorstellen, daß die Hersteller von analogen ICs und Wandlerbausteinen immer mehr digitale Funktionen auf ihren Chips unterbringen werden. Diese erweiterten Funktionen schließen Mikroprozessoren, digitale Signalprozessoren, Interfaces sowie Eingabe-, Ausgabe- und Speicherfunktionen ein. Es entstehen programmierbare Bausteine, die den Bedarf an externen Komponenten minimieren.

Realität ist, daß den integrierten Schaltkreisen, die die Verbindung zur realen Welt ermöglichen, eine Schlüsselrolle in Bezug auf die Differenzierung der Produkte zufällt. In einem Handy finden sich beispielsweise mehr analoge und mixed-mode ICs als reine Digital-ICs. Dataquest in San Jose, Kalifornien, schätzt, daß der weltweite Markt für analoge und mixed-mode ICs in den nächsten Jahren eine jährliche Steigerungsrate von 13,4 % aufweisen wird.

Neben dem Bedarf standardisierter universeller analoger ICs und Wandlerbausteinen, können wir auch feststellen, daß die Bedeutung individueller applikationsspezifischer ICs zunimmt. Die Nutzung dieser A^2SICs (Analog Application Specific IC) wird vor allem durch Anwendungen in der Telekommunikation, bei Massenspeichern und im Audiobereich vorangetrieben.

Mit dem Boomen der digitalen Anwendung geht unweigerlich auch ein Boomen der analogen Funktion in den integrierten Schaltkreisen einher.

2 Wirkungsweise und Aufbau der Bauelemente

Der Entwurf analoger integrierter Schaltungen wird wesentlich vom physikalischen Verständnis seiner Bauelemente bestimmt. Dieses Kapitel soll uns dazu dienen, dieses physikalische Verständnis zu vermitteln.

Eine integrierte Schaltung besteht aus einkristallinen Halbleitermaterial. Dazu wird vorwiegend Silizium verwendet. Es hat den Vorteil, daß es billig in der Herstellung ist und daß es sich während des Herstellungsprozesses mit Hilfe des Siliziumdioxids zuverlässig und einfach maskieren läßt. Daneben finden sich im wesentlichen Gallium-Arsenid und Germanium. Gallium-Arsenid hat seine Einsatzgebiete im Bereich hoch- und höchstfrequenter Anwendungen und bei Leuchtdioden. Mit Germanium als Halbleitermaterial begann ursprünglich der Siegeszug der Halbleitertechnik. Zwischenzeitlich war es sehr ruhig um dieses Halbleitermaterial geworden, ab und zu wurden Leistungshalbleiter aus Germanium angeboten. Mittlerweile wird diesem Material in Verbindung mit Silizium eine große Zukunft prophezeit.

Das einkristalline Halbleitermaterial muß mit sehr hoher Reinheit hergestellt werden. Es ist dann nicht besonders leitfähig, daher auch der Name „Halbleiter". Seine besonderen Fähigkeiten bekommt dieses Material durch das gezielte Einbringen von Fremdatomen in das Kristallgitter. Diesen Vorgang nennen wir dotieren.

2.1 Dotierung und PN-Übergang

2.1.1 Bändermodell

Die Wirkung der Dotierung können wir sehr gut mit Hilfe des Bändermodells beschreiben. Es erleichtert uns auch das Verständnis der Wirkung des pn-Übergangs und der MOS-Grenzschicht. Das Bändermodell ist eine vereinfachte Darstellung der Energiezustände, die die Elektronen im Kristall einnehmen können. Bei einem einzelnen Atom sind nach dem Bohr'schen Atommodell nur diskrete Energiezustände von Elektronen besetzbar. Im Kristallverband weiten sich diese diskreten Energiezustände zu Energiebänder auf.

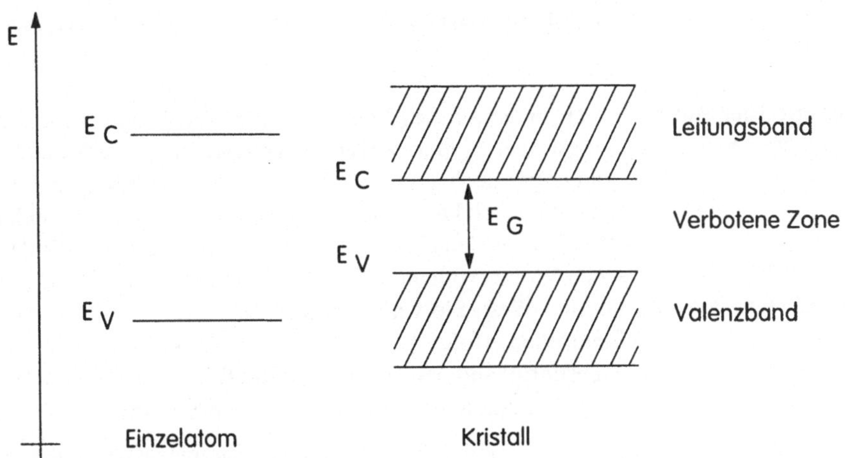

Bild 2.1 Das Bändermodell des Halbleiters

Die wesentlichen Mechanismen der Halbleiter spielen sich zwischen dem Valenzband und dem Leitungsband ab. Das Valenzband ist für die chemische Bindung verantwortlich. Im Leitungsband sind die Elektronen nicht mehr an das Atom gebunden, sie können sich daher frei bewegen. Zwischen dem Valenzband und dem Leitungsband befindet sich die verbotene Zone. Das ist ein Energiebereich, in dem sich dauerhaft keine Elektronen aufhalten können. Den Energieabstand zwischen der Unterkante des Leitungsbandes E_C und der Oberkante des Valenzbandes E_V bezeichnen wir als Bandabstand E_G.

2.1.2 Eigenleitung

Wird dem Kristall durch Wärme oder Licht von außen Energie zugeführt, können einzelne Elektronen die verbotene Zone überwinden und vom Valenzband in das Leitungsband gelangen, wenn die an das Elektron abgegebene Energie größer als der Bandabstand ist. Im Valenzband bleibt dann ein Loch bzw. ein Defektelektron zurück. Diesen Vorgang der paarweisen Bildung von Elektronen und Defektelektronen nennen wir Generation.

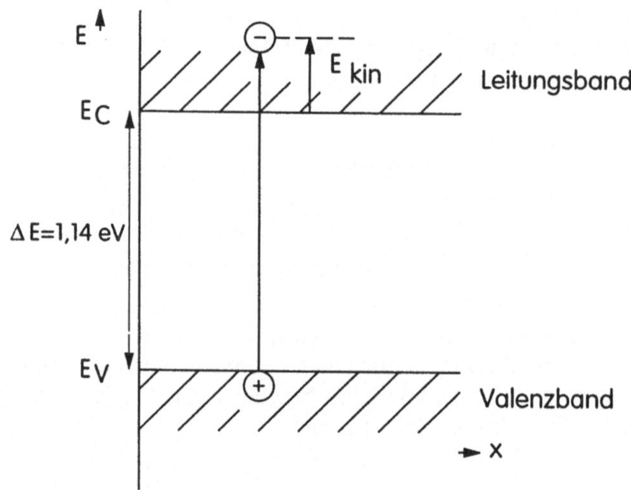

Bild 2.2 Generation von Elektronen und Defektelektronen durch äußere Energiezufuhr, dargestellt im Bändermodell

Das generierte Elektron kann sich innerhalb des Leitungsbandes frei bewegen. Die erzeugten Löcher fungieren auch als Ladungsträger, sind aber weniger beweglich als die freien Elektronen im Leitungsband. Die Bewegung der Löcher ergibt sich aus dem Anfüllen einer aktuellen Fehlstelle durch ein benachbartes Valenzelektron, das seinerseits wieder eine Fehlstelle erzeugt. Legen wir ein äußeres elektrisches Feld an den Kristall an, kommt es zum Ladungsfluß. Die freien Elektronen driften in klassischer Weise vom negativen Pol zum positiven Pol. Die Löcher hingegen nehmen den umgekehrten Weg. Sie verhalten sich also wie positive Ladungsträger, obwohl der Stromfluß durch Elektronen erfolgt. Wir können daher feststellen, daß der Stromfluß in einem Halbleiter von zwei Transportphänomenen geprägt wird. Den Stromfluß durch die freien Elektronen nennen wir n-Leitung, den durch die Defektelektronen p-Leitung.

Die Generation von Elektron-Loch-Paaren durch entsprechende Energiezufuhr erhöht die Leitfähigkeit des Kristalls. Wir sprechen in diesem Fall von Eigenleitung.

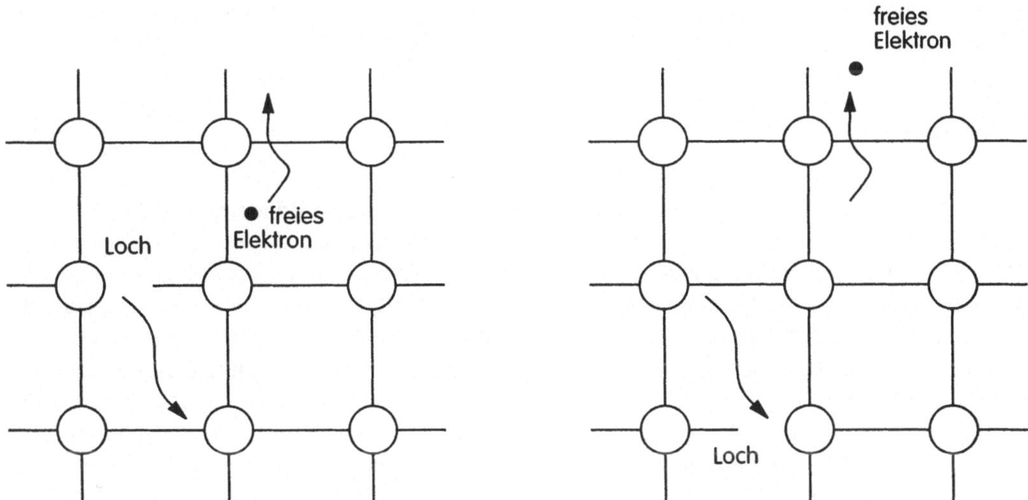

Bild 2.3 Darstellung der Eigenleitung im Gittermodell unter dem Einfluß eines elektrischen Feldes an zwei aufeinanderfolgenden Zeitpunkten

Welche Energie dazu nötig ist, um ein Elektron-Loch-Paar zu generieren, wollen wir an Hand des folgenden Zahlenbeispiels verdeutlichen:

Für rotes Licht ($\lambda = 7 \cdot 10^{-7}$ m) ist Galliumphosphid (E_G = 2,25 eV) durchsichtig und Silizium (E_G = 1,14 eV) nicht durchsichtig. Woran liegt das?

Die Energie eines roten Lichtquantes beträgt

$$E = \frac{h \cdot c}{\lambda} = \frac{6{,}63 \cdot 10^{-34} \frac{m^2 kg}{s} \cdot 3 \cdot 10^8 \frac{m}{s}}{7 \cdot 10^{-7} m}$$

$$= 2{,}84 \cdot 10^{-19} \frac{m^2 kg}{s^2} = 2{,}84 \cdot 10^{-19} Ws$$

mit der Elektronenladung e = $1{,}602 \cdot 10^{-19}$ As erhalten wir E = 1,77 eV. Beim Silizium ist die Bandabstandsenergie mit E_{GSi} = 1,14 eV niedriger als die des Lichtquantes. Die Lichtquanten werden absorbiert, das Material ist undurchsichtig. Galliumphosphid hat mit E_{GGaP} = 2,25 eV eine solch hohe Bandabstandsenergie, daß die Energie der Lichtquanten nicht zur Elektron-Loch-Paar-Generation ausreicht. Daher tritt hier keine Absorption auf und der Kristall ist durchsichtig.

Nach einer gewissen Zeit werden die generierten Elektronen unter Energieabgabe wieder in das Valenzband zurückfallen. Wir nennen diesen Vorgang Rekombination. Im Falle von Galliumarsenid, einem direkten Halbleiter, geschieht das unter Abgabe von Lichtquanten. Dieser Effekt ist uns bei Leuchtdioden bekannt. Bei einem indirekten Halbleiter wie Silizium, können wir den Lichteffekt nicht beobachten.

Durch die äußere Energiezufuhr ergibt sich eine gewisse Dichte an Elektronen und Löcher. Die Elektronendichte n geben wir in Elektronen pro cbm bzw. die Löcherdichte p in Löcher pro cbm an. Durch die paarweise Generierung ist die Dichte der Elektronen n gleich der Dichte der Löcher p. Die Dichte der Ladungsträgerpaare bezeichnen wir als Eigenleitungsdichte n_i.

Es gilt

$$n = p = n_i \tag{2.1}$$

Die Verteilung der Elektronen bzw. der Löcher in den jeweiligen Bändern ergibt sich aus der Überlagerung der Zustandsdichte D in den jeweiligen Bändern mit Besetzungswahrscheinlichkeit f(E), die einer Fermiverteilung entspricht. Die Fermiverteilung ist temperaturabhängig und wird charakterisiert durch das Ferminiveau. Beim absoluten Nullpunkt der Temperatur verläuft die Fermiverteilung nach der gestrichelten Kurve in Bild 2.4. Das Ferminiveau stellt die Grenze für die beiden Energiebereiche dar, in denen die Besetzungswahrscheinlichkeit 100% bzw. 0% beträgt. Bei höheren Temperaturen ergibt sich ein allmählicher Übergang der Besetzungswahrscheinlichkeit. In Höhe der Energie des Ferminiveaus beträgt die Besetzungswahrscheinlichkeit genau 50%. Im Bild 2.4 sind die Verhältnisse für die Löcher grauschattiert eingezeichnet. Die Besetzungswahrscheinlichkeit ergibt sich hier aus der Subtraktion der Fermiverteilung von Eins.

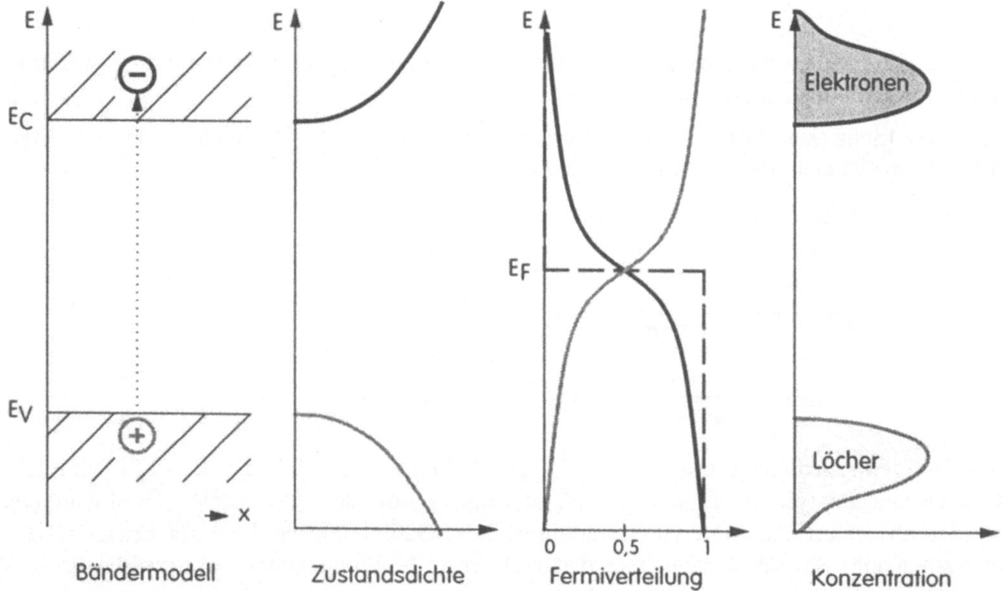

Bild 2.4 Konzentrationsverteilung der Ladungsträger in den einzelnen Bändern durch Überlagerung von Zustandsdichte und Fermiverteilung (nicht maßstäblich!). Die Verhältnisse für die Löcher sind im Bild grauschattiert dargestellt.

Die Lage des Ferminiveaus ist im Falle der von uns betrachteten Eigenleitung genau in der Mitte der verbotenen Zone. Wir werden später sehen, daß wir mit Hilfe dieser Lage des Ferminiveaus zu den Bandkanten wichtige Aussagen über die Eigenschaften eines dotierten Halbleiters machen können.

Die Eigenleitungsdichte ist demnach temperaturabhängig und beträgt bei 300°K

$$n_i = 1{,}5 \cdot 10^{16} \; {}^{1}\!/_{m^3} \tag{2.2}$$

2.1.3 Dotierung

Unter Dotierung verstehen wir das gezielte Einbringen von Fremdatomen in die Kristallstruktur des Halbleiters. Dieses Einbringen geschieht entweder durch Diffusion bei höheren Temperaturen oder durch Ionenimplantation. Bei der Ionenimplantation werden die Fremdatome förmlich in den Kristall hineingeschossen. Die entstandenen Einschußlöcher werden dann in einem anschließenden Tempervorgang bei ca. 1000°C ausgeheilt. Durch die Dotierung können wir die Leitfähigkeitseigenschaften des Kristalls gezielt beeinflussen. Wir können beispielsweise erreichen, daß die am Leitungsvorgang beteiligten Ladungsträger fast ausschließlich aus freien Elektronen bestehen (n-Leitung). Umgekehrt können wir den Halbleiterkristall dazu bringen, daß vorwiegend Löcher am Leitungsvorgang beteiligt sind (p-Leitung).

Wenn wir ein fünfwertiges Element, das wir als Donator bezeichnen wollen, durch den Dotierungsvorgang in das Kristallgitter des vierwertigen Siliziums einbringen, so ergibt sich für den Donator ein Energieniveau, das knapp unter der Leitungsbandkante liegt (z.B. 0,044 eV bei Phosphor). Eine geringe Wärmeenergie reicht dann aus, um das fünfte Elektron des Donators als freies Elektron zu aktivieren. Ähnlich ist es, wenn wir den vierwertigen Siliziumkristall mit einem dreiwertigen Element, das wir als Akzeptor bezeichnen wollen, dotieren. Es ergibt sich dann ein

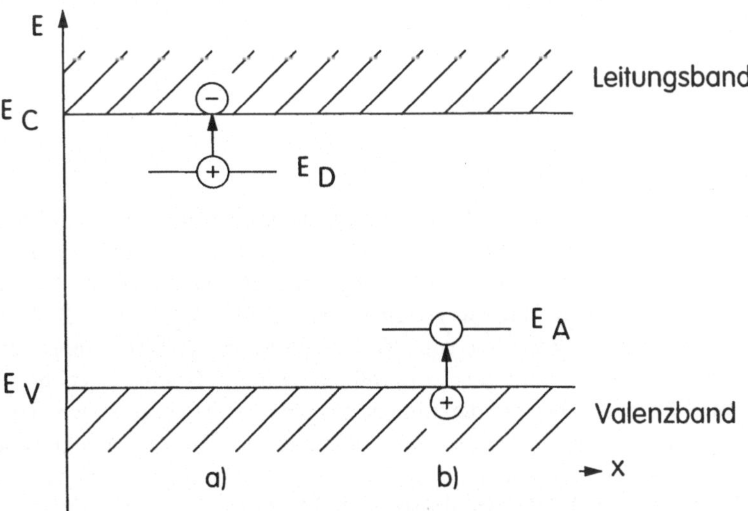

Bild 2.5 Der Dotierungsvorgang im Bändermodell. Die n-Dotierung mittels eines fünfwertigen Donators ist in a) dargestellt, während b) die p-Dotierung mittels eines dreiwertigen Akzeptors verdeutlicht.

Akzeptorniveau, das knapp oberhalb der Valenzbandkante liegt (z.B. 0,045 eV bei Bor). Auch hier reicht eine geringe Wärmeenergie aus, um Valenzelektronen an die Akzeptoren zu binden. Diese gebundenen Valenzelektronen hinterlassen Löcher, die entsprechend dem im Kapitel 2.1.2

beschriebenen Mechanismus frei beweglich sind. Eine vereinfachte Darstellung der Dotierung im Kristallgitter eines Halbleiters findet sich in Bild 2.6.

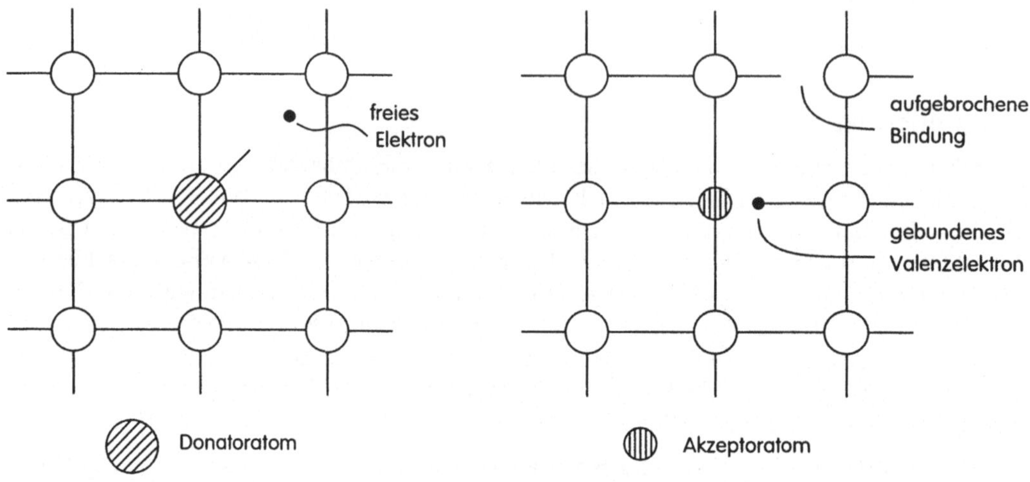

Bild 2.6 Darstellung der Dotierung im Gittermodell. Links der Fall der n-Dotierung, wo pro Donatoratom ein freies Elektron zu Leitungszwecken zur Verfügung steht. Links der Fall der p-Dotierung. Der Akzeptor bindet ein Valenzelektron, das wiederum ein Loch zu Leitungszwecken freistellt.

Wir wissen, daß die Anzahl der generierten Elektron-Loch-Paare im undotierten Halbleiter durch die Eigenleitungsdichte gegeben ist. Daneben gilt für den undotierten wie für den dotierten Fall das Massenwirkungsgesetz. Es besagt, daß das Produkt aus Elektronen und Löchern immer gleich dem Quadrat der Eigenleitungsdichte ist.

Daher gilt:

$$n \cdot p = n_i^2 \tag{2.3}$$

Die Dotierung hat zur Folge, daß bei Raumtemperatur die Anzahl der freien Ladungsträger im wesentlichen von der Dotierungsdichte bestimmt wird. Das heißt, daß nahezu alle eingebrachten Fremdatome entweder, wie im Falle der n-Leitung, ihr Elektron abgegeben haben oder, wie im Falle der p-Leitung, ein Valenzelektron gebunden haben. Wir sagen, daß alle Dotierungsatome vollständig ionisiert sind. Ein Donator, wie z.B. Phosphor, hat die Dotierungsdichte N_D und die Anzahl der freien Elektronen wird genauso groß sein wie die Dotierungsdichte. Da die Dotierungsdichte grundsätzlich höher als die Eigenleitungsdichte ist, bezeichnen wir die durch die Dotierung generierten Ladungsträger als Majoritätsträger. Im Falle einer n-Dotierung sind dann nach dem Massenwirkungsgesetz (Gleichung 2.3) wesentlich weniger Löcher vorhanden als freie Elektronen. Wir nennen die Löcher in diesem Falle Minoritätsträger. Umgekehrt ist es im Falle einer p-Dotierung. Der Akzeptor bestimmt mit seiner Dotierungsdichte N_A die Anzahl der Löcher, die als Majoritätsträger fungieren. Die freien Elektronen sind nun die Minoritätsträger.

Um Größenordnungen anzugeben: Die Dichte üblicher Dotierungen beträgt etwa 10^{20} bis 10^{25} Atome/m^3 und bestimmt damit die Majoritätsträgerdichte. Die Minoritätsträgerdichte beträgt dann nach dem Massenwirkungsgesetz ungefähr 10^{12} bis 10^7 Atome/m^3, ist also wesentlich niedriger als die Majoritätsträgerdichte.

In einer Gleichung ausgedrückt gilt für die Majoritätsträger von n-dotiertem Material unter Vernachlässigung der Eigenleitung

$$n = N_D^+ \tag{2.4}$$

Nach dem Massenwirkungsgesetz folgt für die Minoritätsträger

$$p = \frac{n_i^2}{n} = \frac{n_i^2}{N_D^+} \tag{2.5}$$

Gleiches können wir für p-dotiertes Material angeben. Die Majoritätsträger ergeben sich zu

$$p = N_A^- \tag{2.6}$$

während wir die Minoritätsträger wieder über das Massenwirkungsgesetz erhalten

$$n = \frac{n_i^2}{p} = \frac{n_i^2}{N_A^-} \tag{2.7}$$

Die Dichteverhältnisse der Ladungsträger in einem dotierten Halbleiter können wir auch sehr gut mit Hilfe der Fermiverteilung charakterisieren. Im Falle einer n-Dotierung stehen zum Ladungstransport im Halbleiter wesentlich mehr Elektronen als Löcher zur Verfügung. Die selben Verhältnisse entstehen, wenn wir das Ferminiveau näher in die Nähe der Leitungsbandkante bringen. Dann erhöht sich die Besetzungswahrscheinlichkeit für Elektronen und es sinkt die Besetzungswahrscheinlichkeit für Löcher.

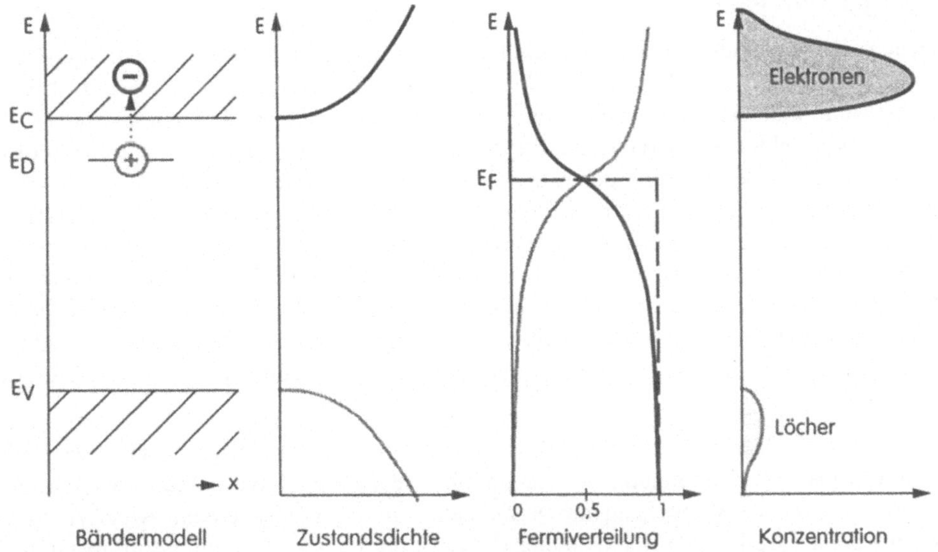

Bild 2.7 Schematische Darstellung der Ladungsträgerdichte und der Lage des Ferminiveaus bei einem n-dotierten Halbleiter

Umgekehrt sind die Verhältnisse bei einer p-Dotierung. Hier können wir die Dichteverhältnisse der Ladungsträger dadurch kennzeichnen, daß wir das Ferminiveau näher an die Valenzbandkante bringen und damit die Besetzungswahrscheinlichkeit für Elektronen erniedrigen und für Löcher erhöhen. Die Lage des Ferminiveaus verdeutlicht recht anschaulich die unterschiedlichen Leitungsverhältnisse im Halbleiter.

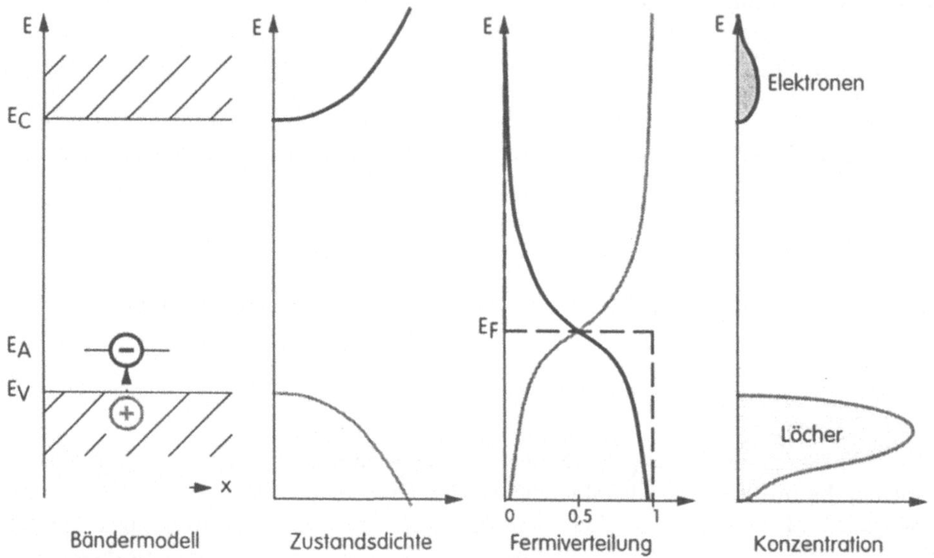

Bild 2.8 Schematische Darstellung der Ladungsträgerdichte und der Lage des Ferminiveaus bei einem p-dotierten Halbleiter

2.1.4 Der pn-Übergang

Die mechanische Verbindung eines n-Halbleiters mit einem p-Halbleiter führt zu einer Diode. Schauen wir uns diese Verbindung am pn-Übergang näher an, so läßt sich folgendes feststellen: Durch Diffusion wandern freie Elektronen vom n-Gebiet in das p-Gebiet und Löcher vom p-Gebiet in das n-Gebiet. Wenn die freien Elektronen in ihr Nachbargebiet mit dem Löcherüberschuß eindringen, werden sie die Löcher auffüllen. Sie rekombinieren. Genauso ergeht es den Löchern, die in das Gebiet mit Elektronenüberschuß eindringen. Es kommt zu einer Verarmung an Ladungsträgern in dieser Übergangszone. Im p-Bereich der Übergangszone bilden die verbleibenden Akzeptoratome ortsfeste negative Ladungen, während im n-Bereich die verbleibenden Donatoratome ortsfeste positive Ladungen bilden. Diese ortsfesten Ladungen sorgen für eine Potentialbarriere, die einer weiteren Diffusion von Ladungsträgern entgegen wirkt. Die ladungsträgerfreie Zone, die sich dabei gebildet hat, nennen wir Raumladungszone (RLZ) oder Sperrschicht.

Schauen wir uns die Verhältnisse im Bänderdiagramm an, so können wir folgendes feststellen: Da die Diode ohne äußere Spannung betrieben wird, muß das Ferminiveau überall konstant sein. Daraus ergibt sich eine Verbiegung der Bandkanten im Übergangsbereich zwischen p- und n-dotiertem Gebiet, weil in den Bahngebieten die Lage der Bandkanten zum Ferminiveau durch die jeweiligen Dotierungsart und den jeweiligen Dotierungsgrad vorgegeben ist. Der Energieunterschied der Bandkanten zwischen p- und n-dotiertem Gebiet ist $e \cdot U_D$ (e = Elektronenladung).

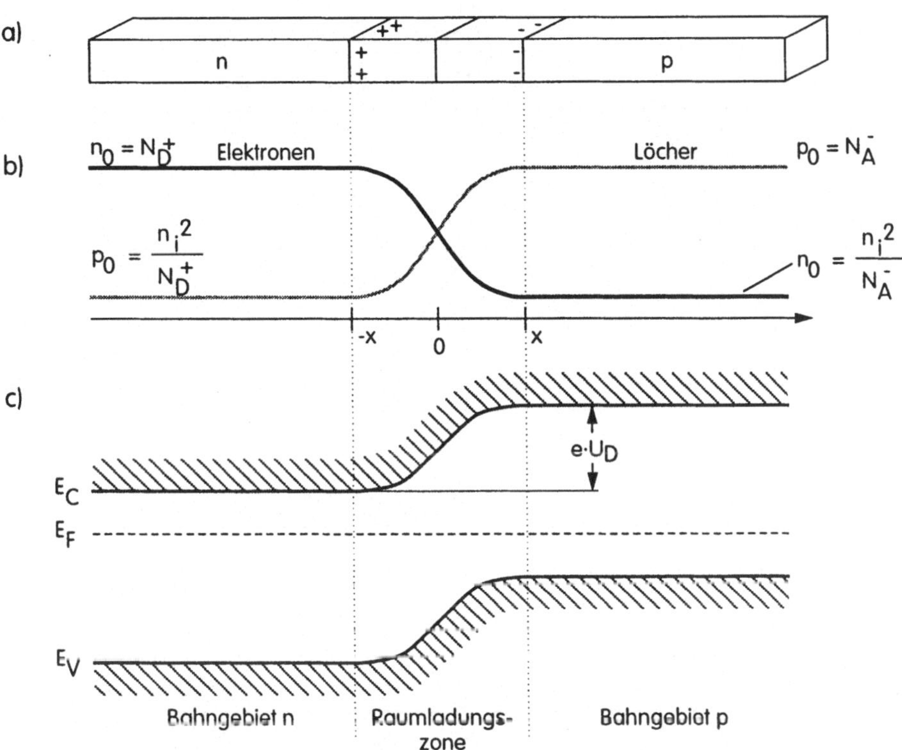

Bild 2.9 Schematischer Aufbau einer Diode ohne äußere Spannung a), Verteilung der Elektronen und Löcher in der Diode (nicht maßstäblich) b) und das Bänderdiagramm dieser Diode c)

Die Größe U_D wird Diffusionsspannung genannt und liegt in der Größenordnung $U_D = 0{,}7$ V. Etwas anschaulicher erklärt können wir sagen, daß die Elektronen im Leitungsband mindestens die zusätzliche Energie $e \cdot U_D$ benötigen, um in das Bahngebiet p vordringen zu können. Das gilt im übertragenen Sinne auch für die Löcher.

Wir wollen nun eine äußere Spannung an unseren pn-Übergang anlegen. Zuerst soll der negative Pol der äußeren Spannung am n-Gebiet und der positive Pol am p-Gebiet angeschlossen werden. Die äußere Spannung treibt die Elektronen des n-Gebiets vom Anschluß weg in Richtung Sperrschicht. Genauso geht es den Löchern im p-Gebiet. Ist die äußere Spannung groß genug, wird die Potentialbarriere überwunden. Die Ladungsträger werden in die jeweilige Nachbarzone hineininjiziert. Die Ausdehnung der Raumladungszone verringert sich, und ein Stromfluß setzt ein. Die Diode wird in Durchlaßrichtung betrieben.

Für die Dichte der Elektronen an der Stelle x (siehe auch Bild 2.10) am Rand der Raumladungszone im p-dotierten Gebiet können wir schreiben

$$n(x) = \frac{n_i^{\,2}}{N_A^{\,-}} \cdot e^{\frac{U}{U_T}} \qquad (2.8)$$

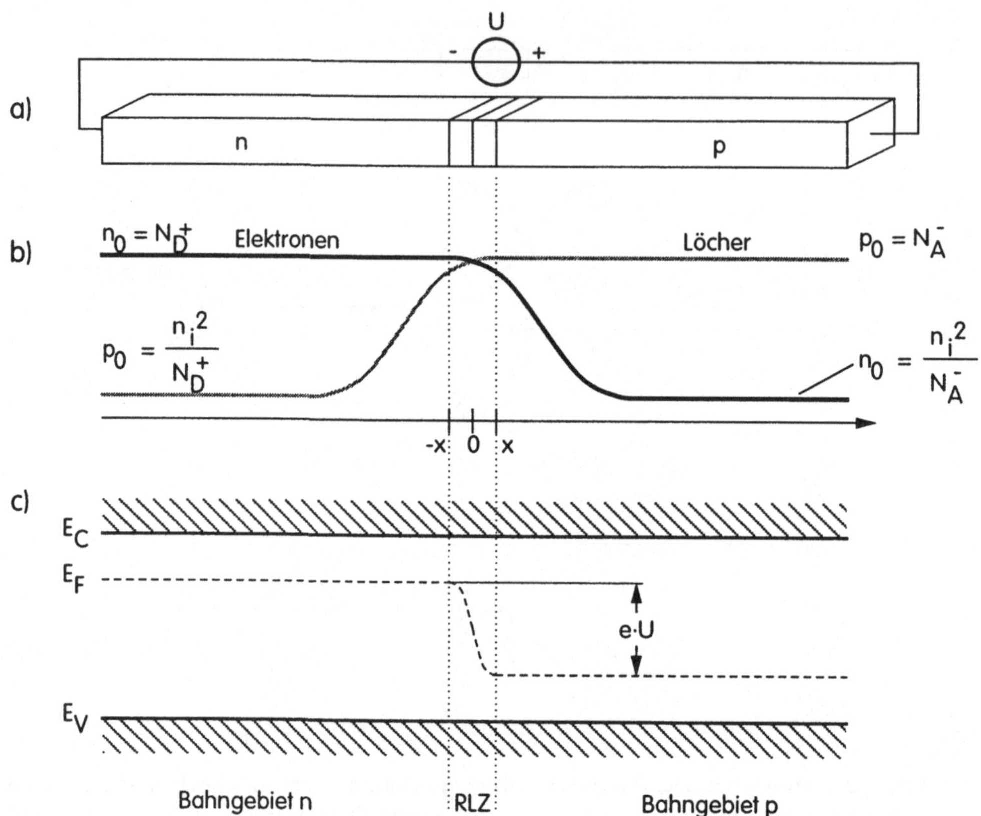

Bild 2.10 Diode mit äußerer Spannung in Durchlaßrichtung a), Verteilung der Ladungsträger (nicht maßstäblich) b) und das dazugehörige Bänderdiagramm c)

Entsprechendes gilt für die Löcher an der Stelle -x. Die Größe U_T nennen wir Temperaturspannung, die sich aus der Boltzmannkonstante k, der absoluten Temperatur T und der Elektronenladung e zu

$$U_T = \frac{kT}{e} \tag{2.9}$$

berechnet. Die Temperaturspannung beträgt ca. 26 mV bei 300 °K.

Betrachten wir das Bändermodell unserer Diode in Durchlaßrichtung, so stellen wir fest, daß das Anlegen der äußeren Spannung die Bandkanten in den beiden Bahngebieten auf ein ähnliches Energieniveau gebracht hat. Die Ladungsträger können nun ohne Überwindung einer Energiebarriere die Raumladungszone überqueren.

Vertauschen wir die Anschlüsse unserer Spannungsquelle, also legen den positiven Pol an das n-Gebiet und den negativen Pol an das p-Gebiet, dann werden die Ladungsträger von der Sperrschicht abgesaugt, und die Ausdehnung der Raumladungszone vergrößert sich. Wir betreiben die Diode in Sperrichtung.

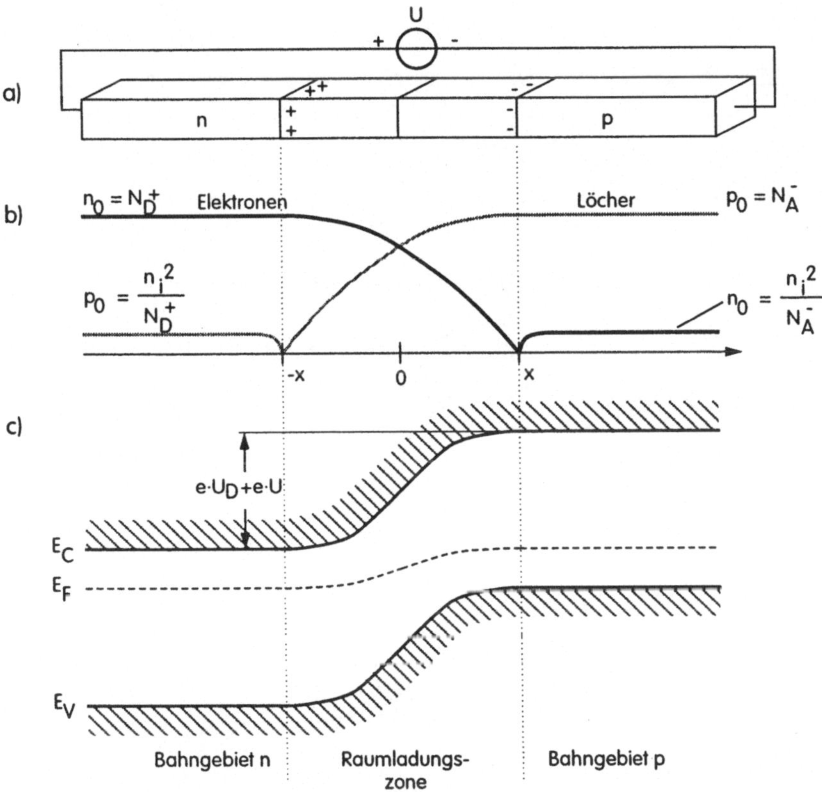

Bild 2.11 Diode mit äußerer Spannung in Sperrichtung a), Verteilung der Ladungsträger (nicht maßstäblich) b) und das dazugehörige Bänderdiagramm c)

Am Rande der Sperrschicht an der Stelle x bzw. -x gilt auch hier die Gleichung 2.8, doch durch den negativen Betrag der Spannung U wird die Menge der Ladungsträger nicht vergrößert sondern verkleinert.

Im Bänderdiagramm sorgt die äußere Spannung im Vergleich zum spannungslosen Zustand dafür, daß der Energieunterschied der Bandkanten zwischen den beiden unterschiedlich dotierten Gebieten noch größer wird.

2.2 Bipolarer Transistor (NPN)

Wir unterscheiden zwei Arten von Bipolartransistoren entsprechend der Schichtenfolge ihres Dotierungsprofils, nämlich NPN und PNP Transistoren. Der Übersichtlichkeit wegen wollen wir die Wirkungsweise nur an Hand des NPN Transistors erläutern. Für den PNP Typ gilt das entsprechende, es sind lediglich die Zahlenwerte der Spannungen und Ströme mit negativem Vorzeichen zu versehen.

Ein bipolarer Transistor besteht aus einem Halbleiterkristall mit drei unterschiedlich dotierten Zonen. Beim NPN-Transistor sind diese: die n-dotierte Emitterzone (E), die p-dotierte Basiszone (B) und die n-dotierte Kollektorzone (C).

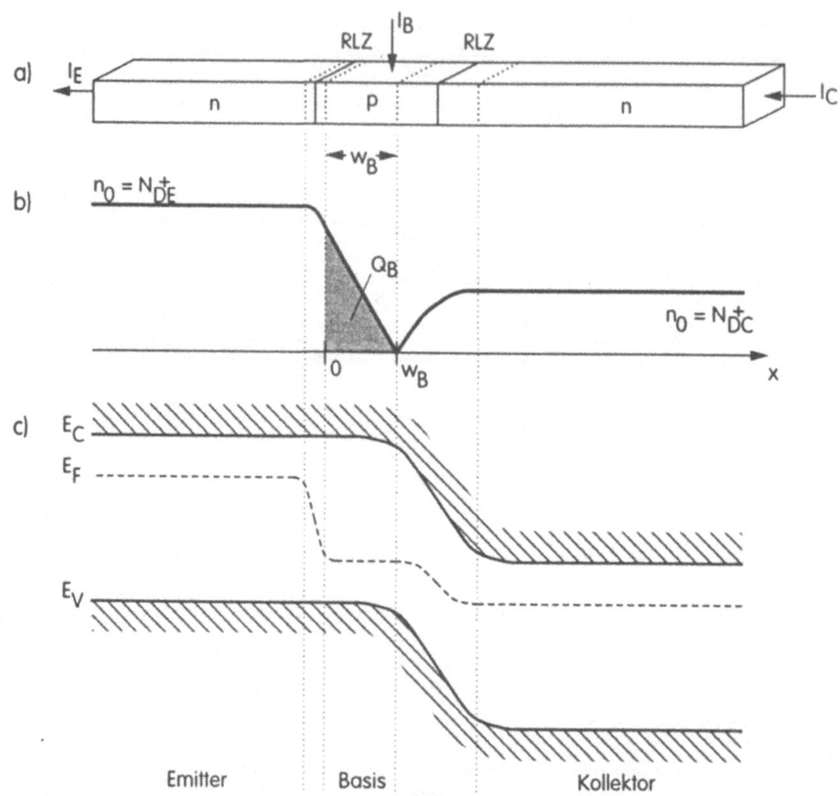

Bild 2.12 Schematischer Aufbau eines bipolaren Transistors a), Ladungsträgerverteilung des Transistors im aktiven Betrieb b) und Bänderdiagramm des Transistors im aktiven Betrieb c)

Stark vereinfacht können wir den Transistor als Stab mit der Querschnittsfläche A betrachten. An den Übergangsstellen der einzelnen Zonen bilden sich Dioden aus. Normalerweise betreiben wir die Emitter-Basisdiode in Durchlaßrichtung, während wir die Basis-Kollektordiode in Sperrichtung betreiben. Vom Emitter werden negative Ladungsträger in die Basis injiziert, die durch die angelegte Kollektorspannung zum Kollektor hin „abgesaugt" werden. Lediglich die Ladungsträger, die in der Basis rekombinieren, müssen durch Zufuhr von Löchern über den Basisstrom kompensiert werden.

Daraus ergibt sich dann eine prinzipielle Ladungsträgerverteilung nach Bild 2.12. An der Stelle x=0 ist die Ladungsträgerdichte gegeben durch

$$n(0) = \frac{n_i^2}{N_{AB}^-} \cdot e^{\frac{U_{BE}}{U_T}} \tag{2.10}$$

sie fällt dann nahezu linear ab bis zur Stelle $x = w_B$, dort berechnet sich die Ladungsträgerdichte zu

$$n(w_B) = \frac{n_i^2}{N_{AB}^-} \cdot e^{\frac{U_{BC}}{U_T}} \approx 0 \quad \text{mit} \quad U_{BC} << 0 \tag{2.11}$$

2.2.1 Stromgleichung des NPN-Transistors

Die Stromdichte der negativen Ladungsträger in der Basiszone ist gegeben durch

$$J_n = e \cdot D_n \cdot \frac{dn(x)}{dx} \tag{2.12}$$

wobei D_n die Diffusionskonstante für Elektronen ist. Durch den linearen Ladungsträgerdichteabfall in der Basiszone können wir schreiben

$$J_n = -e \cdot D_n \cdot \frac{n(0)}{w_B} \tag{2.13}$$

Wenn I_C, der Kollektorstrom, wie in Bild 2.12 gezeichnet, von außen in den Kollektor hinein fließt, dann folgt aus Gleichung 2.13

$$I_C = e \cdot A \cdot D_n \cdot \frac{n(0)}{w_B} \tag{2.14}$$

wobei A die Durchtrittsfläche an der Emittersperrschicht bezeichnet. Durch Ersetzen von n(0) nach Gleichung 2.10 erhalten wir

$$I_C = \frac{e \cdot A \cdot D_n}{w_B} \cdot \frac{n_i^2}{N_{AB}^-} \cdot e^{\frac{U_{BE}}{U_T}} \tag{2.15}$$

bzw.

$$I_C = I_S \cdot e^{\frac{U_{BE}}{U_T}} \tag{2.16}$$

mit

$$I_S = \frac{e \cdot A \cdot D_n}{w_B} \cdot \frac{n_i^2}{N_{AB}^-} \tag{2.17}$$

I_S ist eine Konstante zur Beschreibung der Übertragungscharakteristik eines Transistors im aktiven Bereich. Diese Größe wird „Sättigungsstrom" genannt, obwohl sie nichts mit Sättigungseffekten zu tun hat. Neben dem Kollektorstrom interessiert auch der Basistrom I_B. Wie schon oben gesagt, wird er durch die Rekombination von Elektronen und Löchern in der Basis hervorgerufen und ist daher proportional der Ladung der Minoritätsträger in der Basis. Diese Minoritätsträgerladung ist nach Bild 2.12 gegeben durch

$$Q_B = \frac{1}{2} n(0) \cdot w_B \cdot e \cdot A \tag{2.18}$$

Der Basisstrom ergibt sich dann zu

$$I_{B1} = \frac{Q_B}{\tau_n} = \frac{n(0) \cdot w_B \cdot e \cdot A}{2\tau_n} \tag{2.19}$$

wobei τ_n die Lebensdauer der Minoritäten in der Basis ist. Der Basisstrom repräsentiert also den Löcherstrom vom Basisanschluß in die Basisregion. Das Einsetzen von Gleichung 2.10 liefert

$$I_{B1} = \frac{w_B \cdot e \cdot A}{2\tau_n} \cdot \frac{n_i^2}{N_{AB}^-} \cdot e^{\frac{U_{BE}}{U_T}} \tag{2.20}$$

Es existiert prinzipiell noch ein weiterer Anteil am Gesamtbasisstrom, nämlich der Strom durch den Fluß der Löcher des Basisgebietes in den Emitter. Er ist gegeben durch

$$I_{B2} = \frac{e \cdot A \cdot D_p}{L_p} \cdot \frac{n_i^2}{N_{DE}^+} \cdot e^{\frac{U_{BE}}{U_T}} \tag{2.21}$$

Bei der gegen die Basiszone üblicherweise stark dotierten Emitterzone ist dieser Stromanteil aber im allgemeinen vernachlässigbar (L_p = Diffusionslänge). An Gleichung 2.15 und 2.20 sehen wir, daß sowohl I_C wie auch I_B proportional zu

$$e^{\frac{U_{BE}}{U_T}}$$

sind. Somit läßt sich der Basisstrom auch als Funktion vom Kollektorstrom ausdrücken.

$$I_B = \frac{I_C}{\beta_F} \tag{2.22}$$

wobei wir mit β_F die Stromverstärkung des Transistors im Vorwärtsbetrieb bezeichnen wollen. Aus Gleichung 2.22, 2.15 und 2.20 folgt

$$\beta_F = \frac{\frac{e \cdot A \cdot D_n}{w_B} \cdot \frac{n_i^2}{N_{AB}^-}}{\frac{w_B \cdot e \cdot A}{2\tau_n} \cdot \frac{n_i^2}{N_{AB}^-}} = \frac{2\tau_n \cdot D_n}{w_B^2} \tag{2.23}$$

Mit dem Quadrat der Diffusionslänge

$$L_n^2 = D_n \cdot \tau_n \tag{2.24}$$

wird

$$\beta_F = \frac{2L_n^2}{w_B^2} \tag{2.25}$$

Wir sehen, daß eine hohe Stromverstärkung nur dann erzielt werden kann, wenn die effektive Basisweite w_B sehr viel kleiner als die Diffusionslänge der injizierten Ladungsträger ist. Typische Stromverstärkungen liegen im Bereich β_F = 20 .. 600. Durch gezielte Reduktion der Basisweite lassen sich auch Superbetatransistoren erzeugen, deren Stromverstärkung β_F in der Größenordnung zwischen 2000 und 5000 liegen. Doch diese Transistoren haben sehr kleine Kollektor-Emitterdurchbruchspannungen. Wenn wir Superbetatransistoren einsetzen wollen, müssen wir

Sorge dafür tragen, daß die Kollektor-Emitterspannung nicht zu groß wird. Eine Vergrößerung der Kollektor-Basisspannung vergrößert nämlich die Sperrschicht zwischen Basis und Kollektor. Das wiederum reduziert die effektive Basisweite. Wird die Kollektor-Basisspannung zu groß, berührt die Kollektor-Basissperrschicht die Emitter-Basissperrschicht, die effektive Basiszone verschwindet. Der Stromfluß zwischen Emitter und Kollektor läßt sich dann durch den Basisanschluß nicht mehr steuern. Dieses Phänomen nennen wir „Punchthrough".

2.2.2 Earlyspannung

Die Kollektorbasisdiode ist im Normalbetrieb in Sperrichtung geschaltet. Dabei ist die Weite der Sperrschicht von der angelegten Kollektor-Basisspannung bzw. von der angelegten Kollektor - Emitterspannung abhängig (wenn wir U_{BE} als konstant annehmen). Steigt die Kollektor-Emitterspannung, dann vergrößert sich die Weite der Sperrschicht und es verringert sich die effektive Basisweite. Die Verringerung der Basisweite hat ein Steigen der Stromverstärkung zur Folge, was wiederum den Kollektorstrom ansteigen läßt. Bild 2.13 soll diesen Zusammenhang verdeutlichen.

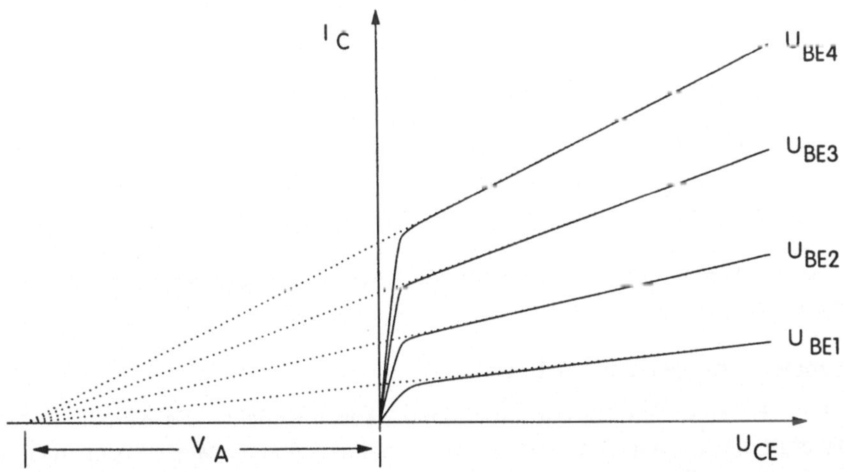

Bild 2.13 Ausgangskennlinienfeld eines Bipolartransistors. Der Anstieg des Kollektorstromes in Abhängigkeit von der Kollektor-Emitterspannung wird durch die Einführung der Earlyspannung modelliert.

Wir sehen, daß beim Ansteigen der Kollektor-Emitterspannung der Kollektorstrom ansteigt, obwohl die steuernde Basis-Emitterspannung konstant gehalten wird. Nach Gleichung 2.15 beträgt der Kollektorstrom

$$I_C = \frac{e \cdot A \cdot D_n}{w_B} \cdot \frac{n_i^2}{N_{AB}^-} \cdot e^{\frac{U_{BE}}{U_T}}$$

Die partielle Differentiation des Kollektorstromes nach der Kollektor-Emitter-Spannung (U_{BE} sei als konstant angenommen) liefert, da nur w_B mit U_{CE} variiert

$$\frac{\partial I_C}{\partial U_{CE}} \doteq -\frac{e \cdot A \cdot D_n}{w_B{}^2} \cdot \frac{n_i{}^2}{N_{AB}{}^-} \cdot e^{\frac{U_{BE}}{U_T}} \frac{dw_B}{dU_{CE}} \tag{2.26}$$

Durch Einsetzen von Gleichung 2.15 erhalten wir

$$\frac{\partial I_C}{\partial U_{CE}} = -\frac{I_C}{w_B} \cdot \frac{dw_B}{dU_{CE}} \tag{2.27}$$

als die Steigung des Ausgangskennlinienfeldes durch U_{CE}. Der Quotient aus Kollektorstrom und dieser Steigung wird Earlyspannung genannt. Die Earlyspannung ergibt sich dann zu

$$V_A = \frac{I_C}{\frac{\partial I_C}{\partial U_{CE}}} = -w_B \cdot \frac{dU_{CE}}{dw_B} \tag{2.28}$$

welche konstant und unabhängig von I_C ist. Typische Werte für V_A liegen bei 50 .. 100 V. Damit ergibt sich als erweiterte Gleichung für den Kollektorstrom

$$I_C = I_S \cdot \left(1 + \frac{U_{CE}}{V_A}\right) \cdot e^{\frac{U_{BE}}{U_T}} \tag{2.29}$$

Es gibt auch eine graphische Interpretation der Earlyspannung. Wenn wir die Verläufe der Kennlinien des Kollektorstromes zur negativen x-Achse hin verlängern, so schneiden sich diese Kennlinien in erster Näherung in einem Punkt auf der x-Achse. Der Abstand diese Punktes vom Nullpunkt entspricht der Earlyspannung.

2.2.3 Der Transistor im gesättigten Betrieb

Im gesättigten Betrieb sind sowohl Basis-Emitterdiode als auch Kollektor-Basisdiode in Durchlaßrichtung. Daher ist die Kollektor-Emitterspannung sehr klein, üblicherweise in einem Bereich zwischen 0,05 und 0,3 V. Das bedeutet, daß auch vom Kollektor Ladungsträger in die Basis injiziert werden. Nach Gleichung 2.11, die im Prinzip nach wie vor gültig ist, wird die Ladungsträgerdichte an der Stelle w_B nicht mehr nahezu Null sondern folgt den Gesetzen einer Diode im Durchlaßbetrieb ($U_{BC} > 0$, siehe Bild 2.14).

Nach Gleichung 2.12 ist die Stromdichte in der Basiszone durch den Gradienten der Ladungsträgerdichte im Basisgebiet gegeben. Steigt die Dichte der Ladungsträger am Punkt w_B, verringert sich der Gradient und damit die Stromdichte in der Basiszone. Das hat eine geringere Stromverstärkung zur Folge. Der Sättigungsbereich ist in Bild 2.15 gezeigt.

2.2.4 Der Transistor im inversen Betrieb

Das in Bild 2.15 gezeigte Ausgangskennlinienfeld des Transistors ist unvollständig, da nur positive Kollektorströme und positive Kollektor-Emitterspannungen berücksichtigt werden. Beziehen wir auch negative Kollektorströme und negative Kollektor-Emitterspannungen mit ein, so erhalten wir das vollständige Ausgangskennlinienfeld, das in Bild 2.16 gezeigt ist.

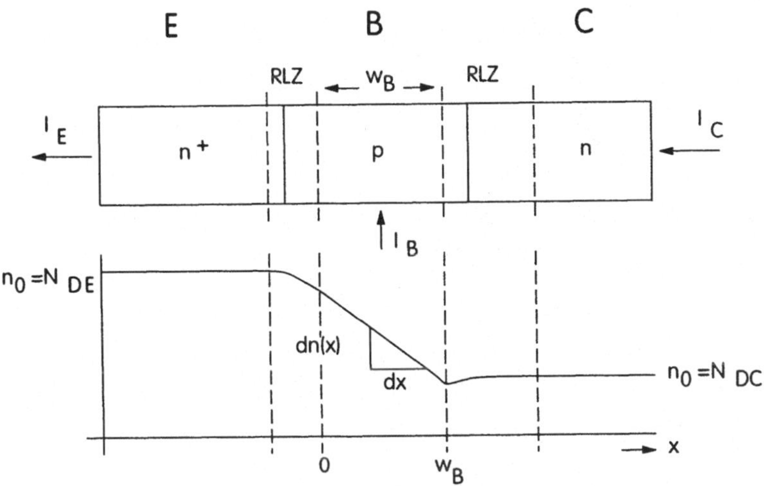

Bild 2.14 Ladungsträgerverteilung in einem Bipolartransistor bei Sättigung. Die Dichte der Ladungsträger ist an der Stelle w_B nicht mehr Null, weil die Kollektor-Basisdiode in Durchlaßrichtung betrieben wird.

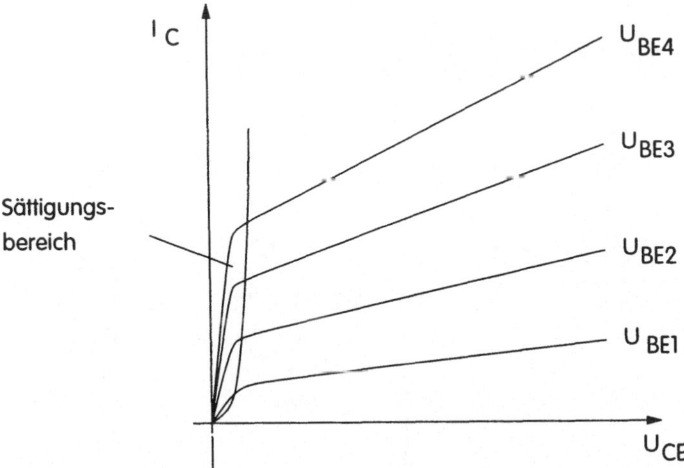

Bild 2.15 Der Sättigungsbereich des Bipolartransistors im Ausgangskennlinienfeld. Wenn die Kollektor-Emitterspannung kleiner als die Basis-Emitterspannung wird, kommt die Kollektor-Basisdiode in den Durchlaßbetrieb und der Transistor gerät in Sättigung.

Bei gleichem Basisstrom ergeben sich in dem zusätzlichen Kennlinienbereich wesentlich niedrigere Kollektorströme, weil der Transistor hier „invers“ betrieben wird. Invers bedeutet, daß der Kollektor zum Emitter wird und umgekehrt. Da die Geometrien und die Dotierungen aber für den Normalbetrieb ausgelegt sind (so hat der Emitter üblicherweise die höchste Dotierung und der Kollektor die niedrigste Dotierung), reduziert sich im inversen Betrieb die Stromverstärkung drastisch. Typische Werte liegen bei $ß_R = 1 ... 5$.

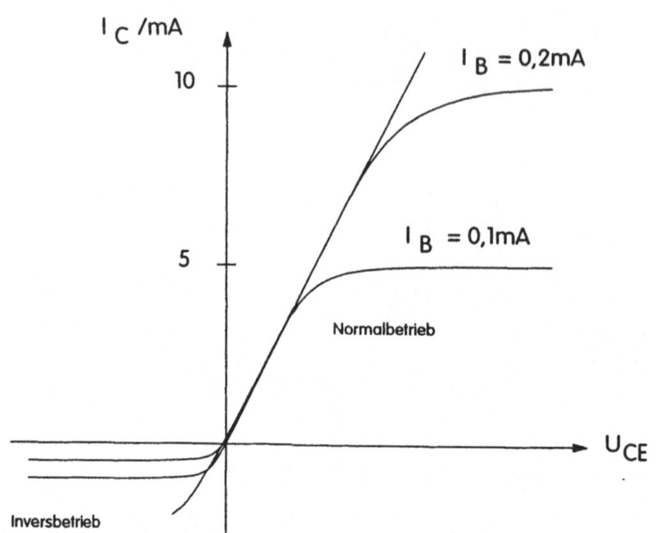

Bild 2.16 Das vollständige Ausgangskennlinienfeld eines Bipolartransistors. Bedingt durch das Dotierungsprofil reduziert sich die Stromverstärkung des Transistors im inversen Betrieb drastisch.

2.2.5 Mechanischer Aufbau des Transistors

Das schematische Schnittbild eines NPN-Transistors ist in Bild 2.17 dargestellt.

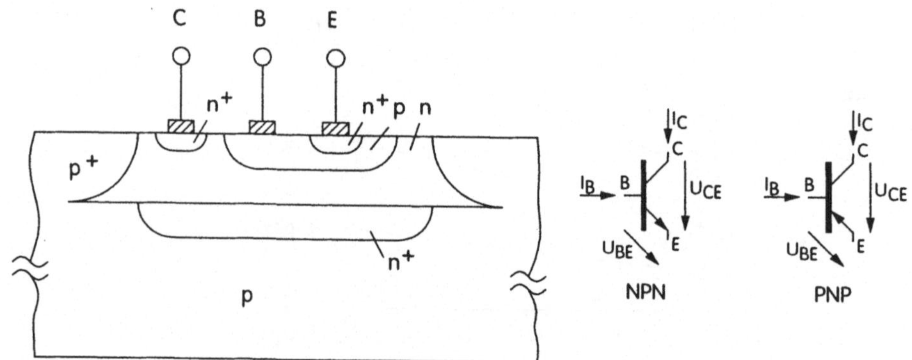

Bild 2.17 Schnitt durch einen NPN-Transistor (links) und die gebräuchlichen Schaltzeichen (rechts)

In einem p-dotierten Grundmaterial wird eine hochdotierte n+-Zone erzeugt. Diese n+-Zone dient später als „buried layer“ (vergrabene Schicht) und soll den Bahnwiderstand im Kollektorgebiet herabsetzen. Auf der Siliziumscheibe wird dann epitaktisch (Aufwachsen aus der Gasphase) schwach n-dotiertes einkristallines Silizium aufgebracht. An den Bauteilrändern werden nun die Trenninseln als stark p-dotierte Zonen ausgebildet. Eine p-Dotierung sorgt für die Basiszone. Durch starke n-Dotierung wird dann der Kollektoranschluß vorbereitet und der Emitter ausgebildet. Die Kontaktierung erfolgt dann durch Aufdampfen von Aluminium. Da der Stromfluß vom Emitter über die Basis zum Kollektor vom Prinzip her senkrecht erfolgt, sprechen wir hier von einem vertikalen Transistor.

2.2.6 Ersatzschaltung des Transistors nach Gummel-Poon

Die Ersatzschaltung nach Gummel-Poon beschreibt recht vollständig das Großsignalverhalten des Transistors. Es ist die Grundlage zur Simulation der Transistorfunktionen im Schaltkreissimulationsprogramm SPICE. Daher wollen wir hier im wesentlichen die Bezeichnungen nach SPICE beibehalten. Die Ersatzschaltung zeigt Bild 2.18.

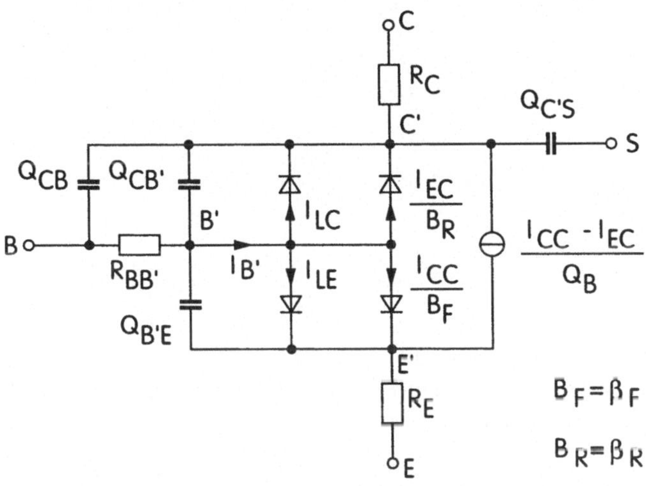

Bild 2.18 Ersatzschaltung des Bipolartransistors nach Gummel-Poon

Der innere Transistor (C', B', E') wird durch eine Konstantstromquelle repräsentiert, die von zwei Diodenströmen gesteuert wird.

$$I_{CC} = I_S \cdot \left(e^{\frac{U_{B'E}}{N_F U_T}} - 1 \right) \tag{2.30}$$

und

$$I_{EC} = I_S \cdot \left(e^{\frac{U_{B'C}}{N_R U_T}} - 1 \right) \tag{2.31}$$

Der durch Rekombination in den Sperrschichten verursachte Abfall der Stromverstärkung bei niedrigen Strömen (siehe Gleichung 2.21) wird durch die beiden Leckstromdioden modelliert.

$$I_{LE} = I_{SE} \cdot \left(e^{\frac{U_{B'E}}{N_E U_T}} - 1 \right) \tag{2.32}$$

und

$$I_{LC} = I_{SC} \cdot \left(e^{\frac{U_{B'C}}{N_C U_T}} - 1 \right) \tag{2.33}$$

Die dimensionslose Variable Q_B beschreibt die normierte Majoritätsträgerladung in der Basiszone. Sie wiederum hängt von den beiden Variablen Q_1 und Q_2 ab.

$$Q_B = Q_1 \frac{1+\sqrt{1+4Q_2}}{2} \tag{2.34}$$

Mit Q_1 wird die Spannungsabhängigkeit der Basisweite durch die Kollektor-Emitterspannung berücksichtigt.

$$Q_1 = \frac{1}{1+\frac{U_{CB'}}{V_{AF}}-\frac{U_{B'E}}{V_{AR}}} \tag{2.35}$$

Mit der Größe

$$Q_2 = \frac{I_{CC}}{I_{KF}} + \frac{I_{EC}}{I_{KR}} \tag{2.36}$$

wird der Anstieg der Basiszonen-Majoritätsträgerladung bei Hochstrominjektion und der damit verbundene Abfall der Stromverstärkung bei hohen Strömen charakterisiert. Bei kleinen Spannungen und Strömen ($Q_2 << 1$) ist $Q_1 \approx Q_B \approx 1$.

Von den drei Bahnwiderständen werden R_C und R_E als konstante Widerstände modelliert, während wir beim Basisbahnwiderstand $R_{BB'}$ den Arbeitspunkt mit berücksichtigen müssen.

$$R_{BB'} = R_{Bm} + \frac{(R_B - R_{Bm})}{Q_B} \tag{2.37}$$

Bei niedrigen Strömen ($Q_B \approx 1$) hat $R_{BB'}$ einen hohen Wert ($R_{BB'} \approx R_B > R_{Bm}$). Bei hohen Strömen ($Q_B >> 1$) sinkt dann $R_{BB'}$ auf den Minimalwert R_{Bm} ab.

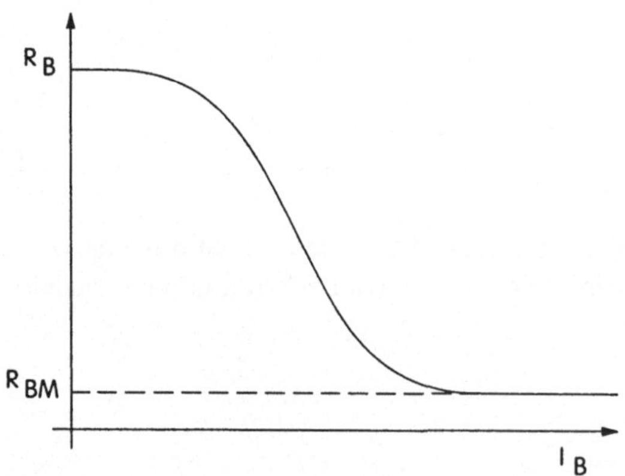

Bild 2.19 Die schematische Darstellung der Abhängigkeit des Basisbahnwiderstands vom Basisstrom

Das Ersatzschaltbild enthält drei Bereiche der Ladungsspeicherung, der Basis-Emitterübergang, der Basis-Kollektorübergang und der Kollektor-Substratübergang. Die Ladungsspeicherung im

Basis-Emitterübergang ($Q_{B'E}$) besteht aus 2 Komponenten die abhängig von der angelegten Basis-Emitterspannung wirksam werden. Wird die Basis-Emitterdiode in Sperrichtung betrieben, ist die Ladung der Sperrschicht anzusetzen. In Durchlaßrichtung ist die Ladung der injizierten Ladungsträger in die Basis (Diffusionsladung) anzusetzen. Ähnliches gilt für die Kollektor-Basisdiode (Q_{CB} + $Q_{CB'}$). Hier wird jedoch die Ladung in 2 Teilladungen zerlegt, wobei eine Teilladung vom äußeren Basisanschluß gerechnet wird und die andere Teilladung vom inneren Basisanschluß. Ein weiterer Bereich der Ladungsspeicherung stellt die Sperrschicht zwischen Kollektor und Substrat dar ($Q_{C'S}$).

2.2.7 Kleinsignalersatzschaltung

Befindet sich der Transistor in einem stationären Betriebszustand (Arbeitspunkt), der nur geringfügig durch äußere Steuereinflüsse verändert wird, lassen sich die verschiedenen Kennlinien durch Tangenten in diesem Arbeitspunkt linearisieren. Wir erhalten damit das Kleinsignalersatzschaltbild, dessen Komponentenwerte vom jeweiligen Arbeitspunkt abhängig sind.

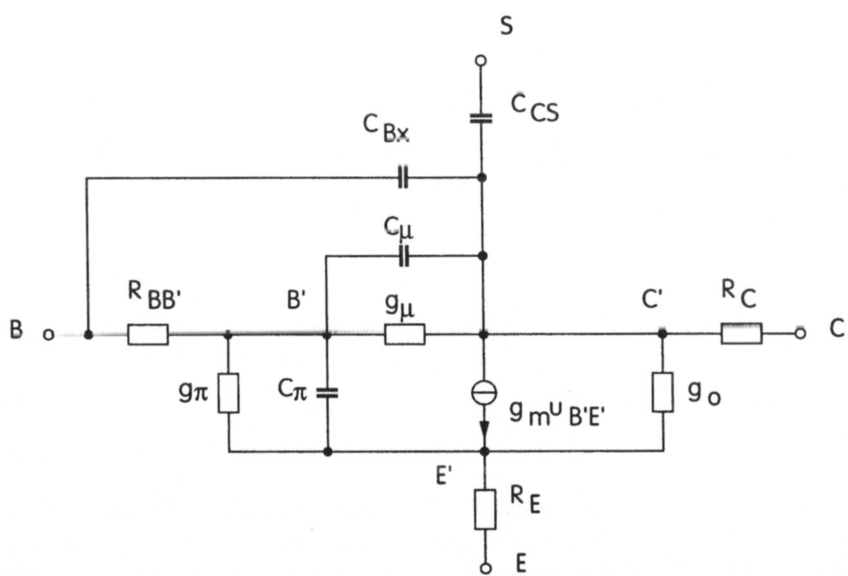

Bild 2.20 Das Kleinsignalersatzschaltbild des Bipolartransistors

Die Stromquelle in der Ersatzschaltung wird von der inneren Basis-Emitterspannung $U_{B'E'}$ gesteuert und hat die Steilheit g_m. Den Earlyeffekt berücksichtigen wir durch den Ausgangsleitwert g_o. Die Bahnwiderstände entsprechen denen des Großsignalersatzschaltbildes. Der innere Transistor hat einen Eingangsleitwert g_π und eine Eingangskapazität C_π. Zwischen innerer Basis und dem Kollektor finden wir den Rückwirkungsleitwert g_μ und die Rückwirkungskapazität C_μ. Weitere Kapazitäten sind die äußere Kollektor-Basiskapazität C_{Bx} und die Substratkapazität C_{CS}.

2.2.8 Abhängigkeit der Stromverstärkung vom Kollektorstrom

Die Stromverstärkung eines Transistors ist abhängig vom Kollektorstrom. Die physikalischen Effekte, die dabei eine Rolle spielen, lassen sich gut verdeutlichen, wenn wir eine Darstellungs-

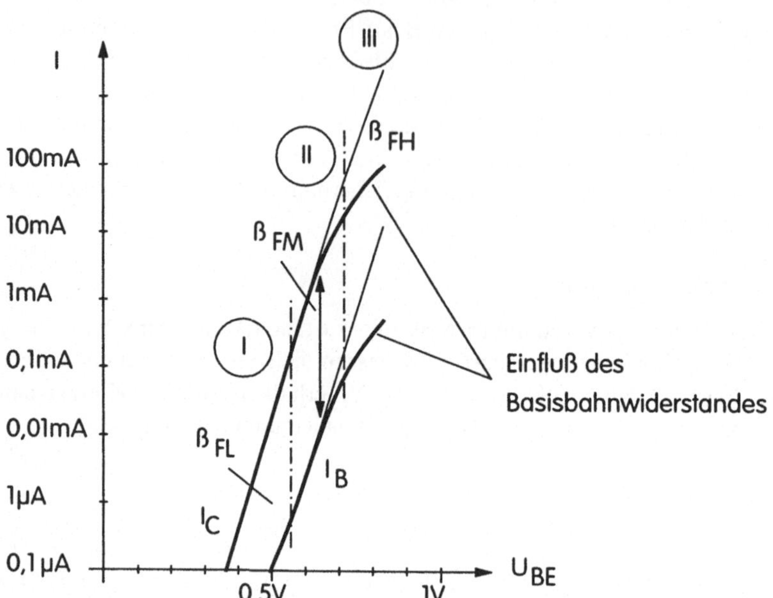

Bild 2.21 Stromverstärkung eines typischen Standard-NPN-Transistors, dargestellt im „Gummel-Poon"-Plot. Diese Darstellungsweise zeigt deutlich drei verschiedenen Arbeitsbereiche des Transistors und den Einfluß des Basisbahnwiderstandes.

form wählen, in der wir den Kollektorstrom und den Basisstrom jeweils logarithmisch über die im linearen Maßstab vorliegende Basis-Emitterspannung auftragen. Dabei lassen sich 3 Regionen definieren. In Region I (niedriger Strom) folgt der Kollektorstrom der Bedingung

$$I_C = I_S \cdot e^{\frac{U_{BE}}{U_T}}$$

doch der Basisstrom bekommt eine zusätzliche Komponente durch die Rekombination der Ladungsträger in der Basis-Emittersperrschicht. Dieser Rekombinationsstrom ist grundsätzlich immer vorhanden, wirkt sich aber nur bei niedrigen Basisströmen aus. Die Region II (mittlerer Strombereich) ist die Region wo β_F nahezu konstant ist. In der Region III folgt der Basisstrom der Bedingung

$$I_B = \frac{I_S}{\beta_{FM}} \cdot e^{\frac{U_{BE}}{U_T}} \tag{2.38}$$

während der Kollektorstrom in den Bereich starker Injektion kommt und durch die Beziehung

$$I_C \approx I_{SK} \cdot e^{\frac{U_{BE}}{2U_T}} \tag{2.39}$$

beschrieben werden kann.

2.2.9 Temperaturabhängigkeit des Bipolartransistors

Die Größen des Transistors, die eine starke Temperaturabhängigkeit zeigen, sind Stromverstärkung und Basis-Emitterspannung. Den negativen Einfluß dieser Temperaturabhängigkeiten müssen wir auf alle Fälle in unserem Schaltungsdesign durch Korrekturmaßnahmen oder Regelschaltungen berücksichtigen.

Die Temperaturabhängigkeit der Stromverstärkung folgt aus der Temperaturabhängigkeit der Diffusionskonstante. Nach Gleichung 2.23 ist β_F gegeben durch

$$\beta_F = \frac{2 \cdot \tau_n \cdot D_n}{{w_B}^2}$$

mit

$$D_n = U_T \cdot \mu_n = \frac{kT}{e} \cdot \mu_n \tag{2.40}$$

Typische Werte für den Temperaturkoeffizienten der Stromverstärkung liegen bei ca. $+6 \cdot 10^{-3}$ pro °C.

$$\beta|_{T_1} = \beta|_{T_0} \cdot \left(1 + 6 \cdot 10^{-3}(T_1 - T_0)\right) \tag{2.41}$$

Neben der Stromverstärkung sind natürlich auch Kollektorstrom und Basisstrom von der Temperatur abhängig. Da wir den Kollektorstrom als Funktion von Stromverstärkung und Basisstrom darstellen können, brauchen wir zusätzlich nur noch die Temperaturabhängigkeit des Basisstromes zu berücksichtigen. Halten wir den Basisstrom konstant, dann verringert sich die Basis-Emitterspannung um ca. 2 mV/°C.

$$U_{BE}|_{T_1} = U_{BE}|_{T_0} \cdot \left(1 - 3 \cdot 10^{-3}(T_1 - T_0)\right) \tag{2.42}$$

2.3 Bipolarer Transistor (PNP)

Die üblichen Prozesse zur Herstellung analoger integrierter Schaltungen erlauben die optimierte Herstellung eines Typus von Bipolartransistoren. Dies sind meist NPN Transistoren, wegen der höheren Beweglichkeit ihrer Ladungsträger und der damit verbundenen höheren Grenzfrequenz und Stromverstärkung. PNP-Transistoren lassen sich in demselben Prozeß nicht so einfach herstellen. So fanden sich in den ersten analogen integrierten Schaltungen überhaupt keine PNP-Transistoren. Das Fehlen von komplementären Bauelementen bei der Arbeitspunkteinstellung, beim Pegelverschieben und als Lastelement in Verstärkerstufen (siehe Kapitel 5) führte zur Entwicklung von verschiedenen PNP Transistorstrukturen, die kompatibel zum bestehenden Standardprozeß waren. Da die Bauteile das schwach n-dotierte Epitaxiematerial als Basis für den Transistor benutzen, sind diese Transistoren in Bezug auf den Frequenzgang und des Hochstromverhaltens generell minderwertiger gegenüber den NPN Transistoren. Trotz allem sind diese PNP-Transistoren sehr nützlich.

2.3.1 Lateraler PNP-Transistor

Eine typische laterale PNP Transistorstruktur ist in Bild 2.22 gezeigt. Der Emitter und der Kollektor bestehen aus den p-Diffusionen, aus denen sonst die Basis des NPN-Transistors entsteht. Der Kollektor ist ein p-dotierter Ring um den Emitter, und der Basiskontakt wird durch n-Diffusion im epitaktischen n-Material „außerhalb" des Kollektorringes gebildet.

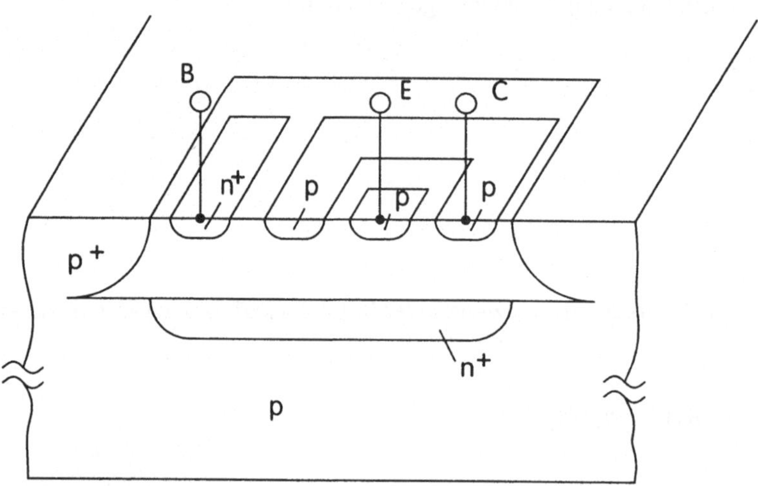

Bild 2.22 Schematische Darstellung eines lateralen PNP-Transistors

Die Minoritätsträger (hier Löcher) werden vom Emitter injiziert, fließen parallel zur Substrat - oberfläche durch die epitaktische n-Region und sollten im Idealfall vom p-Kollektor aufgesaugt werden bevor sie den Basiskontakt erreichen. Durch diese Stromflußrichtung spricht man von einem lateralen Transistor, während der bekannte NPN-Transistor ein vertikaler Transistor ist. Der prinzipielle Nachteil dieser Struktur ist der Umstand, daß die Basis schwächer dotiert ist wie der Kollektor. Daraus resultiert, daß die Kollektorsperrschicht nahezu vollständig in die Basiszone hinein reicht. Daher muß die Basisregion weit genug gemacht werden, so daß die Sperrschichtzone die Emitterzone nicht erreicht, wenn die maximale Kollektor-Emitterspannung angelegt wird. Diese weite Basiszone wiederum hat zur Folge, daß sich die Transitfrequenz drastisch reduziert. Typischerweise liegt die Transitfrequenz eines lateralen PNP-Transistors um den Faktor 100 unter der Transitfrequenz eines NPN-Transistors. Außerdem ist die Stromverstärkung solch eines Transistors gering. Das hat verschiedene Gründe, zum einen werden vom Emitter die Minoritätsträger (Löcher) nicht nur lateral, sondern auch vertikal injiziert. Ein Teil der vertikal injizierten Löcher werden vom Substrat aufgenommen. Dieser Substratstrom wirkt wie ein parasitärer Substrat-PNP-Transistor. Zum zweiten ist der Emitter nicht so stark dotiert, wie es üblicherweise beim NPN-Transistor der Fall wäre. Damit ist die Effektivität der Emitterinjektion nicht so optimal wie beim NPN. Zum dritten führt auch die große Basisweite zu einer geringen Stromverstärkung. Ein weiterer Nachteil ist, daß durch die schwach dotierte Basisregion die Stromverstärkung bei hohen Strömen sehr stark fällt, wenn durch den hoch dotierten Kollektor Minoritäten vom Kollektor in die Basis injiziert werden.

2.3.2 Substrat-PNP-Transistor

Einer der Gründe für die schlechten Hochstromeigenschaften des lateralen PNP-Transistors ist die relativ kleine effektive Querschnittsfläche des Emitters, da die Injektion der Ladungsträger lateral erfolgt. Ein üblicher Anwendungsfall für PNP-Transistoren ist in Endstufen, wo die Bauteile mit Kollektorströmen bis zu 10 mA arbeiten sollen. Da ein lateraler PNP, der für solch einen Zweck ausgelegt wäre, eine große Chipfläche beanspruchen würde, benutzt man hier eine andere Struktur, bei der anstatt einer diffundierten p-Zone das Substrat als Kollektor benutzt wird.

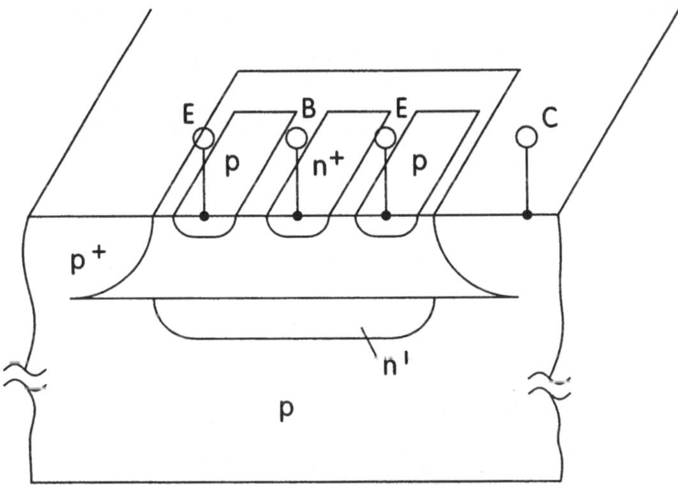

Bild 2.23 Schematische Darstellung eines Substrat-PNP-Transistors

Die p-Diffusion für den Emitter ist rechteckförmig ausgebildet, und in der Mitte ist die Basisdiffusion als n-Diffusion eingebracht. Der Fluß der Minoritätsträger geht vom Emitterkontakt in das Substrat. Der prinzipielle Vorteil des Bauteils ist, daß der Stromfluß vertikal ist und daß die effektive Emitterfläche bei gleicher Gesamtfläche wesentlich größer ist, als beim lateralen PNP Transistor. Allerdings ist das Bauteil auf Emitterfolgeranwendungen beschränkt, da der Kollektor elektrisch gesehen identisch mit dem Substrat ist und daher immer mit dem negativsten Potential der Gesamtschaltung verbunden sein muß. Ein weiterer wichtiger Zusammenhang im Hinblick auf die Anwendung des Substrat-PNP-Transistors ist folgender: Der Strom fließt in das Substrat, das relativ hochohmig ist. Wenn man nun nicht für einen niederohmigen Pfad für den Kollektorstrom sorgt, können zwei Effekte in Erscheinung treten. Erstens können durch die hohen Kollektorströme Spannungsabfälle im Substrat auftreten, die die Sperrschicht benachbarter Bauteilinseln in Durchlaßrichtung schalten können, und das kann dann katastrophale Auswirkungen haben. Zum zweiten begünstigt ein hoher Kollektorwiderstand die Wirkung des Millereffekts. Um diese Effekte zu minimieren, ist es notwendig, die Isolationsdiffusion direkt beim Substrat-PNP-Transistor zu kontaktieren.

2.4 Sperrschichtfeldeffekttransistor

Die prinzipielle Wirkungsweise eines Feldeffekttransistors besteht darin, daß ein leitender Kanal durch eine äußere Spannung in seinem Querschnitt verändert werden kann, und daß wir damit den Strom durch den Kanal steuern können. Wir unterscheiden grundsätzlich 2 Arten von Feldeffekttransistoren, nämlich Sperrschichtfeldeffekttransistoren (JFET, Junction-FET) und Metalloxidfeldeffekttransistoren (MOSFET) bzw. Feldeffekttransistoren mit isoliertem Steueranschluß (IGFET). Zunächst wollen wir uns dem Sperrschichtfeldeffekttransistor widmen.

2.4.1 Wirkungsweise

Der Aufbau eines Sperrschichtfeldeffekttransistors ist in Bild 2.24 gezeigt.

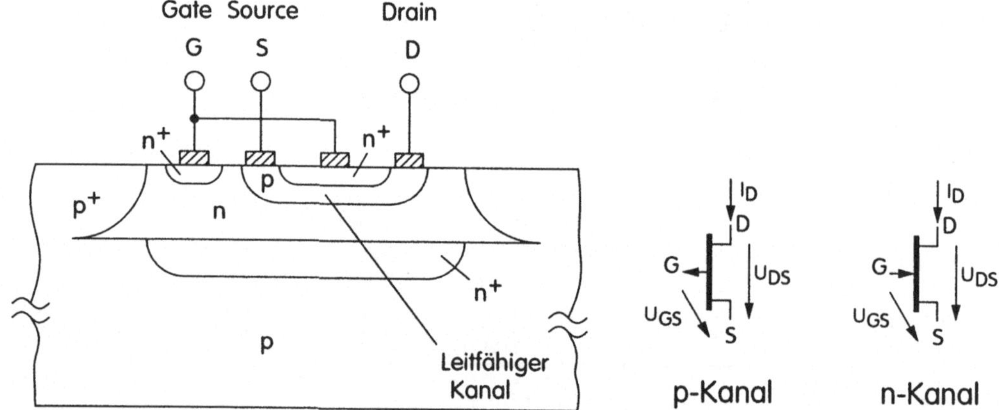

Bild 2.24 Prinzipieller Aufbau eines Sperrschichtfeldeffekttransistors (links) und die gebräuchlichen Schaltzeichen des JFETs (rechts)

Im Prinzip sind hier ähnliche Prozeßschritte nötig wie beim Bipolartransistor. Der Bereich der beim Bipolartransistor als Basis ausgebildet ist, hat hier die Funktion des Kanals, und ist daher mit zwei Elektroden angeschlossen. Die beim Bipolartransistor vorhandenen Emitter- und Kollektorzonen dienen hier zum Steuern des Kanalwiderstandes und sind daher zu einer gemeinsamen Elektrode, der „Gateelektrode“ (Gitter) verbunden. Die Elektroden, die mit dem Kanal verbunden sind, sind prinzipiell äquivalent. Wir bezeichnen einen von ihnen als „Source” (Quelle) und den anderen als „Drain“ (Senke). Besteht der Kanal aus p-leitendem Material (wie im Bild 2.24 gezeigt), so nennen wir den Transistor einen p-Kanal-JFET. Alternativ dazu kennen wir den n-Kanal-JFET. Im Schaltzeichen repräsentiert der Pfeil der Gate-Elektrode den pn-Übergang zwischen Kanal und Steueranschluß.

Wie beim Bipolartransistor wollen wir die Ableitungen der Funktionsgleichungen auf einen Typus beziehen und zwar auf den p-Kanal-JFET. Für den anderen Typus gilt dann das entsprechende mit den vorzeichenrichtig angepaßten Größen.

Die Funktionsweise und Übertragungscharakteristik kann am besten von einer simplifizierten Struktur abgeleitet werden. Sie besteht aus einem homogen dotierten p-Kanal mit beidseitig symmetrischen Gate-Zonen, die n-dotiert sind. Wenn alle Anschlüsse mit Masse verbunden sind, befinden sich zu beiden Seiten des Kanals gleichmäßig geformte Sperrschichtzonen. Legen wir

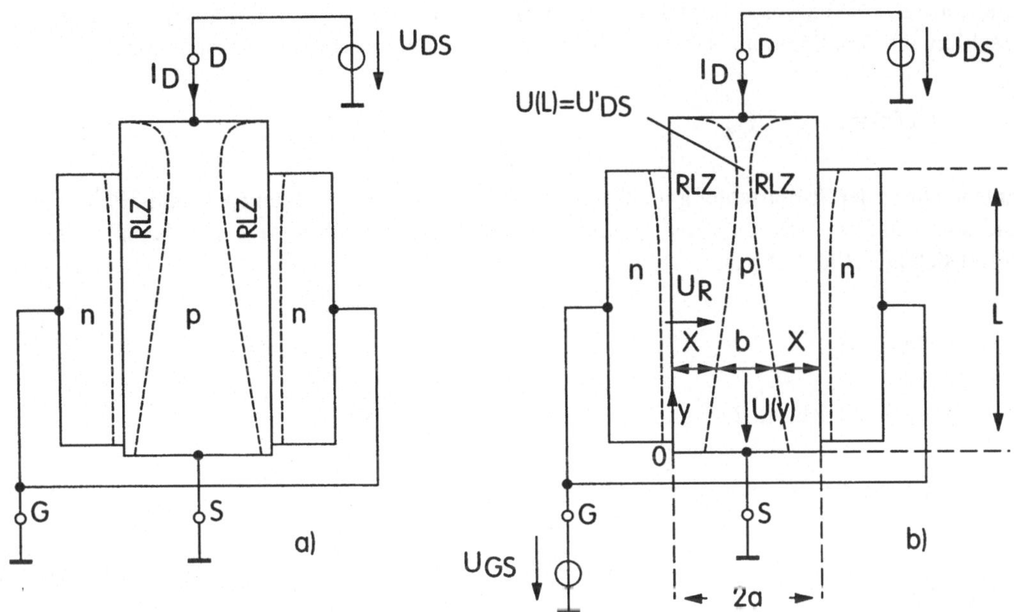

Bild 2.25 Verlauf der Sperrschichten an einem idealisierten p-Kanal-JFET, ohne Steuerspannung a) und mit Steuerspannung b). In beiden Fällen treibt ein negativer Spannungswert von U_{DS} einen negativen Strom I_D durch den Transistor.

nun eine *negative* Spannung U_{DS} am Drain an, wird ein *negativer* Strom von der Source zum Drain fließen. Dabei entsteht ein Spannungsgradient im Kanal, und die Sperrschichten werden zum Drainanschluß hin noch stärker in Sperrichtung vorgespannt. Da die Vorspannung der Sperrschicht über die Kanallänge variiert, variiert auch die Dicke der Sperrschicht mit der Kanallänge. Die beiden Sperrschichtzonen sind beim Drainanschluß am dichtesten zusammengerückt. Mit der spannungsabhängigen Verdünnung des Kanals steigt der Kanalwiderstand. Im Grenzfall (bei genügend hoher negativer Spannung U_{DS}) wird die Kanaldicke am Drainanschluß zu Null, und wir erreichen den Fall des „Pinch off" (Abschnürung). Die Spannung zwischen Gate und Kanal, die benötigt wird, um den Kanal abzuschnüren, nennen wir Pinch-off-Spannung U_P. Diese Spannung ist positiv für den p-Kanal-JFET.

Nun wollen wir uns die Situation in Bild 2.25b anschauen, wo eine positive Spannung U_{GS} am Gate und eine negative Spannung U_{DS} am Drain anliegt. Die angelegte Gatespannung wird die Sperrschicht in den Kanal ausdehnen. Wenn U_{GS} gleich der Abschnürspannung U_P wird (bei kleinem U_{DS}), wird sich die Sperrschicht über den gesamten Kanal ausdehnen, und der Strom zwischen Source und Drain wird zu Null. Der JFET ist dann gesperrt. Betrachten wir Bild 2.25b, so hat die Sperrschicht an der Stelle y die Ausdehnung X(y). Die Ausdehnung der Sperrschicht ist abhängig von der internen Diffusionsspannung U_D der Sperrschicht und von der, an der Stelle y herrschenden, Sperrspannung $U_R(y)$.

$$X(y) = K_1\sqrt{U_D + U_R(y)} \tag{2.43}$$

Die Konstante K_1 berücksichtigt das Dotierungsprofil der Sperrschicht. Die Sperrspannung $U_R(y)$ resultiert aus dem Spannungsabfall im Kanal U(y) und der angelegten Gatespannung

$$U_R(y) = U_{GS} - U(y) \tag{2.44}$$

Entsprechend der Stromrichtung im Kanal ist die Spannung U(y) in einem p-Kanal-JFET negativ, und somit addiert sich der Kanalspannungsabfall zur anliegenden U_{GS}. Die Kanalbreite b(y) ergibt sich aus Bild 2.25b zu

$$b(y) = 2a - 2X(y) \tag{2.45}$$

Einsetzen von Gleichung 2.43 und 2.44 liefert

$$b(y) = 2a - 2K_1\sqrt{U_D + U_{GS} - U(y)} \tag{2.46}$$

Nach dem Ohmschen Gesetz ist die Stromdichte im Kanal abhängig vom elektrischen Feld in y-Richtung

$$\frac{-I_D}{W \cdot b(y)} = -\sigma \frac{dU(y)}{dy} \tag{2.47}$$

mit W der Kanaldicke in z-Richtung und σ der Leitfähigkeit des Kanals. Da I_D im Kanal konstant ist, liefert die Integration

$$I_D \int_0^L dy = \sigma \cdot W \int_0^{U(L)} b \cdot dU \tag{2.48}$$

U(L) ist die Spannung im Kanal im Abstand L vom Source-Anschluß. Es ist der Punkt, wo die Abschnürung (Pinch-off) auftritt, und wir können diesen Punkt als inneren Drainanschluß ansehen. Die externe Drain-Source-Spannung U_{DS} wird demgegenüber etwas größer sein, weil der Spannungsabfall zwischen Pinch-off-Punkt und Drain-Kontakt dazukommt. Wenn wir die Spannung $U(L) = U'_{DS}$ bezeichnen wollen, folgt für den Drainstrom

$$I_D = \frac{2a\sigma W}{L}\left[U'_{DS} + \frac{2}{3}\frac{K_1}{a}\left(U_D + U_{GS} - U'_{DS}\right)^{\frac{3}{2}} - \frac{2}{3}\frac{K_1}{a}\left(U_D + U_{GS}\right)^{\frac{3}{2}}\right] \tag{2.49}$$

Die Konstante K_1/a können wir leicht angeben, da die Sperrschichtausdehnung X(y) genau dann die halbe Kanalbreite beträgt, wenn die Sperrspannung U_R die Abschnürspannung U_P erreicht. Daher ist

$$a = K_1\sqrt{U_D + U_P} \tag{2.50}$$

bzw.

$$\frac{K_1}{a} = \frac{1}{\sqrt{U_D + U_P}} \tag{2.51}$$

Damit wird

$$I_D = \frac{2a\sigma W}{L}\left[U_{DS}^{'} + \frac{2}{3}\frac{\left(U_D + U_{GS} - U_{DS}^{'}\right)^{\frac{3}{2}} - \left(U_D + U_{GS}\right)^{\frac{3}{2}}}{\left(U_D + U_P\right)^{\frac{1}{2}}}\right] \tag{2.52}$$

Wir wollen diese Gleichung dazu benutzen, um die Übertragungscharakteristik des JFETs aufzutragen.

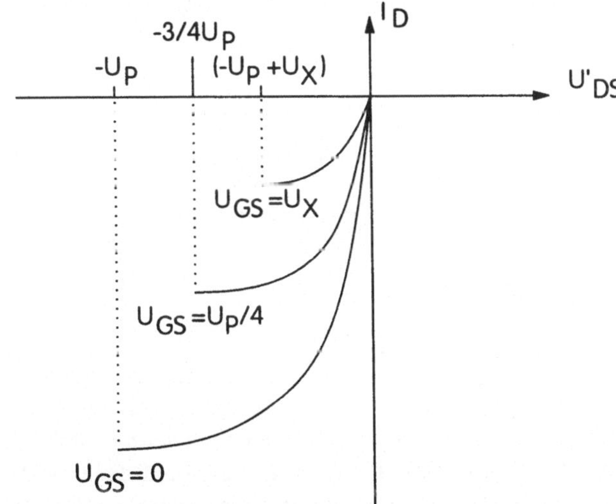

Bild 2.26 Übertragungscharakteristik eines p-Kanal-JFET. Abschnürung tritt immer dann auf, wenn die Summe aus Gate-Spannung und Drain-Source-Spannung gleich der Abschnürspannung wird.

Der p-Kanal-JFET arbeitet mit negativen Spannungen. Der Drainstrom I_D fließt aus dem Drain-Anschluß heraus und ist daher auch negativ. Für kleine Werte der Drain-Source-Spannung arbeitet das Bauteil als nahezu linearer Widerstand, dessen Wert über U_{GS} eingestellt werden kann. Für kleine U_{DS} können wir schreiben

$$\left(U_D + U_{GS} - U_{DS}^{'}\right)^{\frac{3}{2}} \approx \left(U_D + U_{GS}\right)^{\frac{3}{2}} + \frac{3}{2}U_{GS}U_{DS}^{'} \tag{2.53}$$

Damit wird

$$I_D = \frac{2a\sigma W}{L}\left[U_{DS}^{'} + \frac{U_{GS}U_{DS}^{'}}{\left(U_D + U_P\right)^{1/2}}\right] \tag{2.54}$$

Der Transistor befindet sich im Anlaufbereich. Bei größeren Werten von U_{DS} weitet sich die Sperrschicht in Nähe des Drain-Anschlusses aus, erhöht den Kanalwiderstand und führt so zur Abflachung der Kennlinie. Wenn $U_{GS} = 0$ ist, erreichen wir die Abschnürung, wenn U'_{DS} gegen $-U_P$ geht. Dann wird die Steigung der Kennlinie nahezu null. Da die Abschnürung erreicht ist, führt ein weiterer Anstieg der äußeren Drain-Source-Spannung lediglich zur Verengung des restlichen Kanals in Nähe des Drain-Anschlusses, und der Strom bleibt nahezu konstant. Zu bemerken ist, daß in dieser Betriebsweise der Kanalquerschnitt nie wirklich Null wird, sondern so klein, daß der Drain-Strom I_D noch fließen kann.

Nun wollen wir die Situation betrachten, wenn die Gate-Spannung ungleich Null ist. Bei positiv angelegtem U_{GS} dehnen sich die Sperrschichten in den Kanal aus. Wenn U_{GS} gleich der Abschnürspannung U_P wird, haben sich die Sperrschichten soweit im Kanal ausgedehnt, daß der Kanalquerschnitt Null wird und kein Drain-Strom mehr fließen kann. Bei kleineren Werten von U_{GS} liegt dann ein teilweise eingeschnürter Kanal vor, und der Transistor arbeitet ähnlich wie bei $U_{GS} = 0$, nur daß nun eine um U_{GS} verringerte Drain-Source-Spannung nötig ist, um den Abschnüreffekt zu erreichen. Wir können also sagen, daß die Abschnürung dann erreicht wird, wenn die Spannung an der Sperrschicht in der Nähe des Drain-Anschlusses gleich der Abschnürspannung U_P wird. In diesem Falle ist

$$U_{GS} - U'_{DS} = U_P \tag{2.55}$$

und damit

$$U'_{DS} = -U_P + U_{GS} \tag{2.56}$$

Da der Kanal durch die angelegte Gate-Spannung schon teilweise eingeschnürt ist, wird auch der Drain-Strom am Abschnürpunkt entsprechend kleiner sein. Über den Pinch-off-Punkt hinaus bleibt der Drain-Strom nahezu konstant, die Kennlinien zeigen hier lediglich geringe Steigungen, die sich ähnlich wie beim Bipolartransistor (Early-Effekt) zu einem Punkt auf der U_{DS}-Achse extrapolieren lassen. In der Abschnürregion läßt sich der Zusammenhang zwischen dem Drain-Strom und der Gate-Spannung durch einen quadratischen Funktionsansatz approximieren.

$$I_D = I_{DSS}\left(1 - \frac{U_{GS}}{U_P}\right)^2 \tag{2.57}$$

mit I_{DSS} als Drain-Strom bei $U_{GS} = 0$ im Abschnürbereich. Dieser Strom ist negativ für den p-Kanal-JFET. Der Abschnürbereich ist der Bereich, wo der JFET am häufigsten zu Verstärkerzwecke eingesetzt wird. Der Abschnürbereich wird oft „Sättigungsbereich“ genannt, obwohl Sättigung hier eine ganz andere Bedeutung hat wie beim Bipolartransistor. Wir wollen daher an der Bezeichnung Abschnürbereich festhalten. Neben dem Parameter I_{DSS} ist die Pinch-off-Spannung U_P ein weiterer wichtiger Parameter des JFETs und ist durch folgenden Zusammenhang gegeben

$$U_P = a^2 \frac{e \cdot N_A(N_D + N_A)}{2\varepsilon N_D} - U_D \tag{2.58}$$

wobei die Diffusionsspannung U_D durch

$$U_D = U_T \cdot \ln \frac{N_D \cdot N_A}{n_i^2} \tag{2.59}$$

gegeben ist. Wir sehen, daß die Pinch-off-Spannung vom Quadrat der Kanalbreite abhängt. Damit der JFET bei vernünftig kleinen Werten von U_{DS} im Abschnürbereich arbeitet, ist es notwendig, eine kleine Pinch-off-Spannung zu haben. Typische Werte liegen bei U_P = 1..3 V. Da die Spannung an der Gate-Elektrode den pn-Übergang normalerweise in Sperrichtung betreibt, tritt hier nur ein sehr geringer Sperrstrom auf (I_{GS} bzw. I_{GD} ca. 10^{-10} .. 10^{-12} A). Somit erscheint an der Gate-Elektrode eine hohe Impedanz.

Wir wollen uns noch einmal dem Ausgangskennlinienfeld widmen.

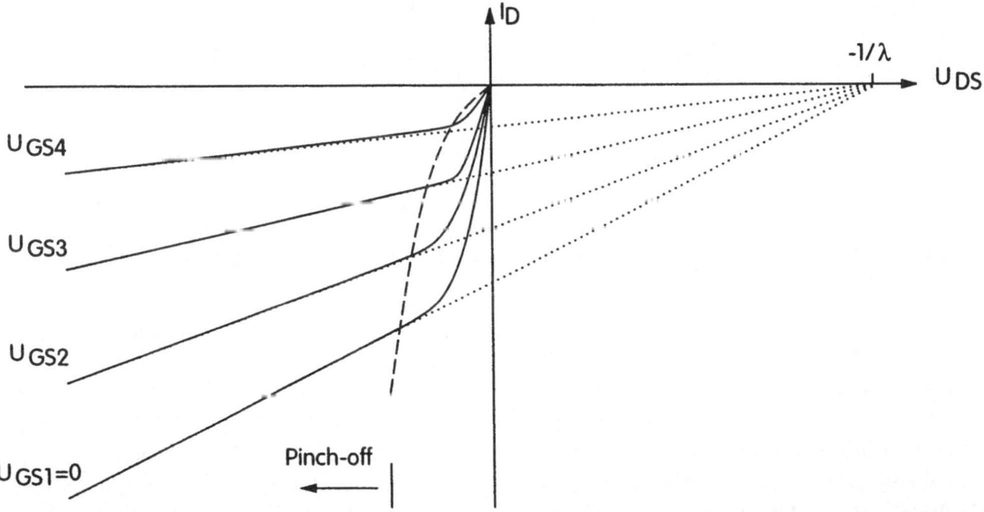

Bild 2.27 Ausgangskennlinienfeld eines p-Kanal-JFETs. Der Anstieg der Kennlinien im Abschnürbereich (Pinch-off) repräsentiert den Ausgangswiderstand des Transistors und läßt sich mit der Größe λ modellieren.

Aus dem Bild 2.27 geht hervor, daß der JFET einen endlichen Ausgangswiderstand im Abschnürbereich besitzt, und daß die Kennlinien zu einem gemeinsamen Punkt auf der U_{DS}-Achse extrapoliert werden können. Diesen Verlauf der Kennlinien können wir durch folgenden Zusammenhang modellieren

$$I_D = I_{DSS}\left(1 - \frac{U_{GS}}{U_P}\right)^2 \left(1 + \lambda U_{DS}\right) \tag{2.60}$$

Der Kreuzungspunkt mit der U_{DS}-Achse ist dann bei $-(1/\lambda)$. Der Parameter λ ist negativ für den p-Kanal-JFET und hat typische Werte von $\lambda = 10^{-2}$/V. Er ist das Analogon zum reziproken Wert der Earlyspannung beim Bipolartransistor.

Die bisherigen Betrachtungen erstreckten sich auf den p-Kanal-JFET. Für einen n-Kanal-JFET gilt grundsätzlich das gleiche, wenn man die Strom- und Spannungswerte negiert. Daher sind beim n-Kanal-JFET U_{DS}, I_D, I_{DSS} und λ positiv, während U_{GS} und U_P negativ sind.

2.4.2 Ersatzschaltung des Sperrschichtfeldeffekttransistors

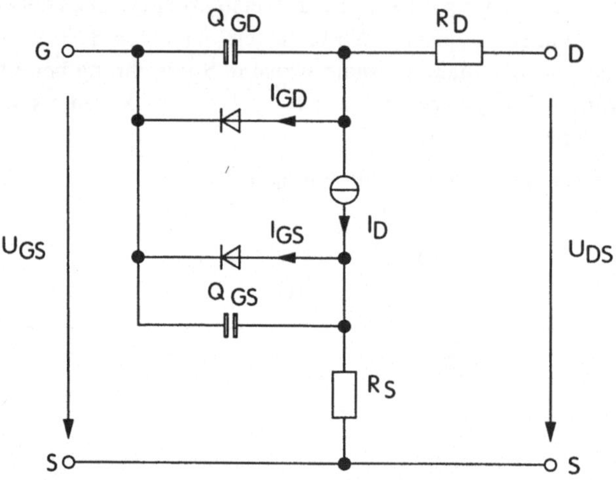

Bild 2.28 Das Ersatzschaltbild eines p-Kanal-JFETs. Bei einem n-Kanal-JFET müssen die Dioden herumgedreht werden.

Im Ersatzschaltbild des JFET bilden wir den Kanal durch eine Stromquelle und die beiden Bahnwiderstände R_D und R_S nach. Der Wert der Bahnwiderstände liegt in der Größenordnung um 50 Ω. Die Sperrschicht modellieren wir als Diode in Sperrichtung. Wir setzen für jeden Kanalanschluß eine eigene Diode mit der entsprechenden Sperrschichtkapazität an. Die weiter oben abgeleiteten Gleichungen 2.54 und 2.60 repräsentieren die beiden Betriebsarten „Anlaufbereich" respektive „Abschnürbereich". In Analogie zu den später noch abzuleitenden Gleichungen des MOS-Transistors scheint es sinnvoll, für den Anlaufbereich eine Gleichung zu verwenden, die leichter zu handhaben ist und trotzdem einen ähnlichen Funktionsverlauf wie Gleichung 2.52 zeigt:

$$I_D = \beta \cdot \left(U_{DS} \cdot 2 \cdot \left(U_{GS} - U_P\right) - U_{DS}^2\right) \qquad (2.61)$$

Ähnliches gilt für den Abschnürbereich. Auch hier können wir durch Umstellen der Gleichung 2.60 eine Analogie zu der korrespondierenden Gleichung beim MOSFET herstellen. Es gilt

$$I_D = \beta \cdot \left(U_{GS} - U_P\right)^2 \left(1 + \lambda U_{DS}\right) \qquad (2.62)$$

mit

$$\beta = \frac{I_{DSS}}{U_P^2} \qquad (2.63)$$

2.4.3 Kleinsignalersatzschaltung

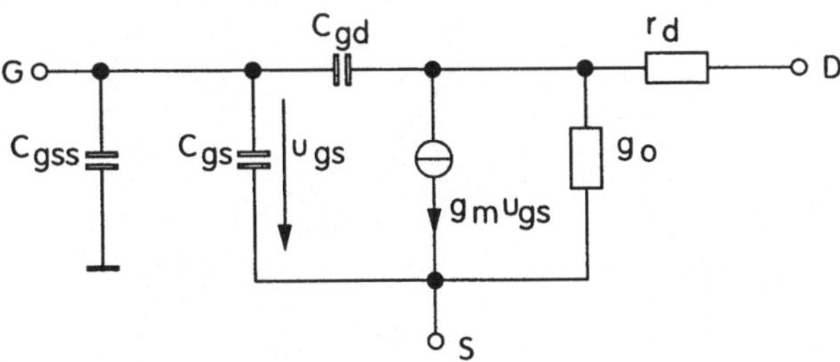

Bild 2.29 Kleinsignalersatzschaltbild des JFET

Da der JFET nahezu immer im Abschnürbereich betrieben wird, wollen wir die Kleinsignalparameter nur für diese Betriebsart angeben. Die Parameter lassen sich in ähnlicher Weise angeben wie beim Bipolartransistor. So leiten wir die Vorwärtssteilheit aus Gleichung 2.62 ab

$$g_m = \frac{dI_D}{dU_{GS}} = \frac{2I_{DSS}}{U_P{}^2}\left(U_{GS} - U_P\right) \tag{2.64}$$

bzw.

$$g_m = g_{m0}\left(U_{GS} - U_P\right) \tag{2.65}$$

mit

$$g_{m0} = \frac{2I_{DSS}}{U_P{}^2} \tag{2.66}$$

g_{m0} ist immer positiv und typische Werte liegen bei $g_{m0} = 1$ mA/V. Gleichung 2.65 zeigt auch, daß die Vorwärtssteilheit linear mit U_{GS} variiert.

Den Ausgangswiderstand r_o des JFET können wir aus Gleichung 2.62 bestimmen

$$\frac{1}{r_o} = g_o = \frac{\partial I_D}{\partial U_{DS}} = \lambda \frac{I_{DSS}}{U_P{}^2}\left(U_{GS} - U_P\right)^2 \tag{2.67}$$

Durch Einsetzen von Gleichung 2.62 folgt

$$r_o = \frac{1 + \lambda U_{DS}}{\lambda I_D} \approx \frac{1}{\lambda I_D} \tag{2.68}$$

unter der Annahme, daß $\lambda \cdot U_{DS} \ll 1$ ist. Typische Werte für r_o sind ca. 100 kΩ bei $I_D = 1$mA.

Beim Kleinsignalverhalten des JFETs sind auch Kapazitäten zu berücksichtigen. Der JFET enthält im wesentlichen eine Sperrschichtkapazität von Gate zu Source, eine Sperrschichtkapazität von Gate zu Drain und eine Sperrschichtkapazität von Gate zu Substrat. Da die

Dotierungskonzentration in der Gate-Kanal-Sperrschicht üblicherweise ortsabhängig ist, können wir die Gate-Source-Kapazität und die Gate-Drain-Kapazität am besten durch

$$C_{gs} = \frac{C_{gs0}}{\left(1 + \frac{U_{GS}}{U_D}\right)^{1/3}} \tag{2.69}$$

und

$$C_{gd} = \frac{C_{gd0}}{\left(1 + \frac{U_{GD}}{U_D}\right)^{1/3}} \tag{2.70}$$

approximieren. Die Kapazität Cgss vom Gate zum Substrat ist ähnlich der Kollektor-Substratkapazität eines Bipolartransistors und kann wie folgt beschrieben werden

$$C_{gss} = \frac{C_{gss0}}{\left(1 + \frac{U_{GSS}}{U_D}\right)^{1/2}} \tag{2.71}$$

mit UGSS der Spannung zwischen Gate und Substrat.

Diese Ersatzschaltung gilt für den n-Kanal-JFET wie für den p-Kanal-JFET. Das Ersatzschaltbild enthält noch den Bahnwiderstand zwischen innerem Drainanschluß und externen Drainanschluß. Dieser Bahnwiderstand liegt üblicherweise in der Größenordnung zwischen 50 bis 100 Ohm.

Für die Kapazitäten lassen sich folgende typische Werte angeben:

C_{gs0} = 1..4 pF

C_{gd0} = 0,3..1 pF

C_{gss0} = 4..8 pF

Aus Bild 2.29 ist ersichtlich, daß das Kleinsignalersatzschaltbild des JFET ziemlich ähnlich dem des Bipolartransistors ist. Daher können wir den JFET in ähnlicher Weise einsetzen, wie den Bipolartransistor. Wichtigster Unterschied ist, daß der JFET praktisch einen unendlich hohen Eingangswiderstand besitzt, was ihn für Anwendungszwecke interessant macht, wo eine hohe Eingangsimpedanz gefordert ist. Ein weiterer Unterschied zum Bipolartransistor ist, daß die Vorwärtssteilheit des JFET sehr viel niedriger ist (ca. 1/40 des Bipolartransistors). Damit läßt sich mit dem JFET nur eine sehr viel niedrigere Verstärkung erzielen, und wir werden ihn bevorzugt dort einsetzen, wo der hohen Eingangswiderstand wichtig ist.

2.5 MOS-Grenzschicht

Um die Wirkungsweise des MOSFETs zu verstehen, wollen wir erst einmal die Verhältnisse anschauen, die sich beim Übergang von einem Halbleiter (S = Semiconductor) zu einer isolierenden Grenzschicht (O = Oxide) und einer nachfolgenden leitenden Schicht (M = Metal) ergeben. Dazu wollen wir das Bändermodell eines Halbleiters an einer isolierenden Grenzschicht aus Siliziumdioxid betrachten.

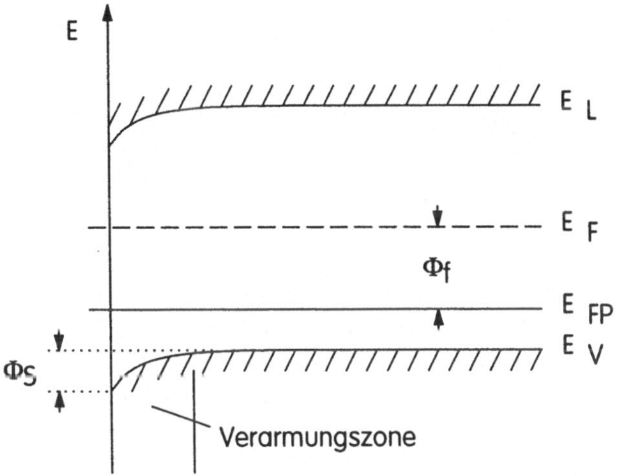

Bild 2.30 Bändermodell eines p-dotierten Halbleiters an einer isolierenden Grenzschicht

Bei einem undotierten Halbleiter liegt das Ferminiveau E_F in der Mitte der verbotenen Zone. Durch die p-Dotierung verschiebt sich das Ferminiveau bezüglich der Bandkanten auf den Wert E_{FP}. Bei den üblichen Dotierungen beträgt die Verschiebung ca. $\Phi_f = 0{,}3$ eV. Die Grenzschicht zwischen Siliziumdioxid und p-leitendem Silizium ist wegen der unterschiedlichen Kristallstrukturen nicht homogen. Dies führt in der Regel zur Anlagerung von positiven Ladungsträgern im Oxid nahe der Grenzschicht. Diese positiven Ladungen führen zu einer Verbiegung der Bandkanten im Grenzbereich um Φ_S. Daher können wir in diesem Gebiet eine Verarmung der positiven Ladungsträger feststellen. Wenn wir an der leitenden Schicht, die entweder aus Metall oder aus hochdotiertem Polysilizium sein kann, ein positive Spannung anlegen, können wir die Verarmung noch verstärken. Andererseits reduziert sich die Verarmung, wenn wir eine negative Spannung anlegen.

Wir wollen die beiden Energieabstände E_x und E_y näher betrachten. E_x ist der Abstand von der Leitungsbandkante an der Grenzschicht zum Ferminiveau, während E_y der Abstand vom Ferminiveau zur Valenzbandkante an der Grenzschicht ist (vergleiche Bild 2.31). Die Verhältnisse der beiden Energieabstände zueinander bestimmen das Verhalten an der Grenzschicht. So lange $E_x > E_y$ ist, befindet sich an der Grenzschicht eine Verarmungszone, die sich mit wachsendem E_y weiter in den Halbleiter ausdehnt. Bei $E_x = E_y$ herrschen an der Grenzschicht Verhältnisse wie bei einem eigenleitendem undotierten Halbleiter. Wenn $E_x < E_y$ wird, tritt „Inversion" auf, d.h. der Leitungstyp wechselt. So wird dann bei p-leitendem Grundmaterial an der Grenzschicht n-Leitung vorliegen. Wenn $Ex \ll Ey$ ist, tritt starke Inversion auf, es bildet sich dann ein n-leitender Kanal an der Grenzschicht aus. Ist die Verbiegung der Bandkanten im Grenzbereich

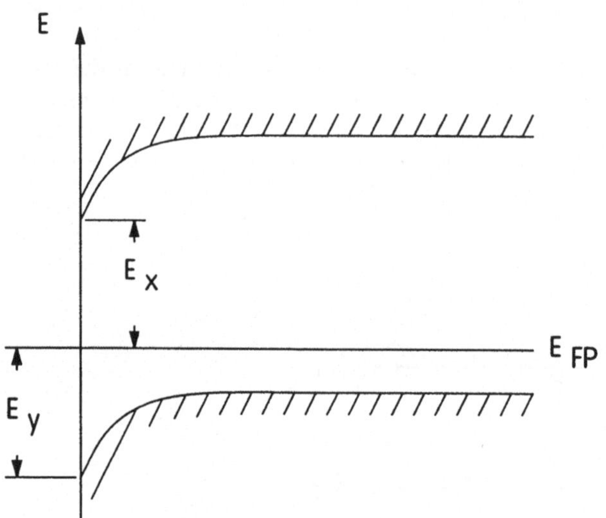

Bild 2.31 Bändermodell der Verhältnisse im Halbleiter an einer MOS-Grenzschicht (M = Metal, O = Oxide, S = Semiconductor) mit positiver Spannung an der leitenden Schicht (M)

Φ_S etwa $2\Phi_f$, so entspricht die Ladungsträgerdichte im Kanal der des Subtrates, nur mit umgekehrtem Ladungsträgertypus.

2.6 MOS-Transistor

Wir wollen uns zuerst einen n-Kanal MOSFET vom Anreicherungstyp anschauen.

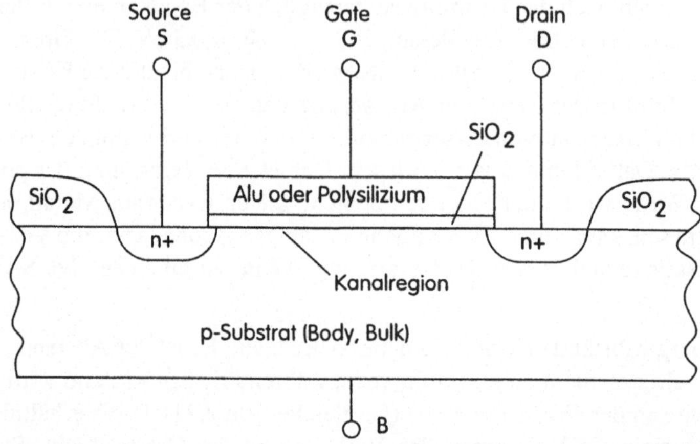

Bild 2.32 Schematischer Aufbau eines n-Kanal-MOSFET. Durch Anlegen einer genügend hohen Spannung am Gate-Anschluß bildet sich eine n-leitende Verbindung zwischen Source und Drain.

In einem p-Substrat (oft auch Body genannt) sind hochdotierte n-Zonen eingebracht, die als Source bzw. Drain dienen. Eine dünne Schicht aus Siliziumdioxid ist über dem Substratbereich zwischen Source und Drain aufgebracht. Darüber befindet sich ein leitfähiges Material (Aluminium oder hochdotiertes Polysilizium), das als Gate-Elektrode dient. Die grundsätzliche Wirkungsweise ist ähnlich der eines JFETs. Auch hier dient die Spannung an der Gateelektrode dazu, die Leitfähigkeit der Zone unter dem Gate zu beeinflussen. Leitfähigkeit zwischen Source und Drain tritt allerdings erst dann auf, wenn unter dem Gate ein n-Kanal existiert, daher auch die Bezeichnung n-Kanal MOSFET. Die Bezeichnung „Anreicherungstyp" resultiert aus der Tatsache, daß keine Leitfähigkeit zwischen Source und Drain herrscht, wenn die Gatespannung Null ist. Die Leitfähigkeit des Kanals muß durch die Gatespannung erst „angereichert" werden.

Wir haben weiter oben erfahren, daß beim Übergang von Siliziumdioxid zu p-leitendem Substrat durch die Inhomogenitäten an der Grenzschicht eine Verarmung der Ladungsträger auftritt. Anhand der Transistorstruktur zeigt Bild 2.33 noch einmal die Ausbildung dieser Verarmungszone für den Fall, daß keine äußere Spannung anliegt.

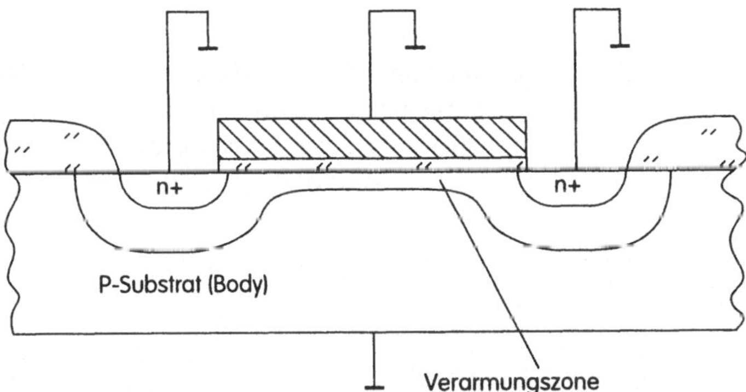

Bild 2.33 Ausbildung einer Verarmungszone am Übergang von Siliziumdioxid auf p-leitendes Silizium, dargestellt anhand der Transistorstruktur eines n-Kanal-MOSFET vom Anreicherungstyp

Die Stärke der Ausbildung der Verarmungszone ist prozessbedingt. So kann es vorkommen, daß sich auch ohne eine äußere Gate-Spannung eine Inversionsschicht unter dem Gate bildet. Um diese Inversion ohne äußere Spannung zu vermeiden, wird in den heutigen Produktionsprozessen durch gezielte Ionenimplantation die p-Dotierung direkt unter der Isolierschicht so korrigiert, daß gewährleistet ist, daß der Transistor ohne Gate-Spannung sicher sperrt.

2.6.1 Wirkungsweise

Legen wir an unserem MOSFET eine positive Gate-Spannung an, die größer als die Schwellenspannung (Threshold Voltage, V_t) ist, so bildet sich unter der Gate-Isolierung ein n-Kanal aus.

Die Schwellenspannung ist die Spannung, die bei einem Anreicherungstyp mindestens nötig ist, um den Kanal auszubilden. Sie ist von verschiedenen Parametern abhängig. Die wichtigsten Parameter sind die Lage des Ferminiveaus (abhängig von der Dotierung) und die Bandverbiegung an der Grenzschicht (prozeßbedingt). Durch gezielte Dotierung an der Grenzfläche zum Oxid durch Ionenimplantation kann die Schwellenspannung eingestellt werden. Eine zusätzliche p-Dotierung vergrößert die Schwellenspannung bei einem n-Kanal-MOSFET (verkleinert die Schwellenspannung bei einem p-Kanal-MOSFET). Eine zusätzliche n-Dotierung verkleinert die Schwellenspannung eines n-Kanal-MOSFETs (vergrößert die Schwellenspannung bei einem

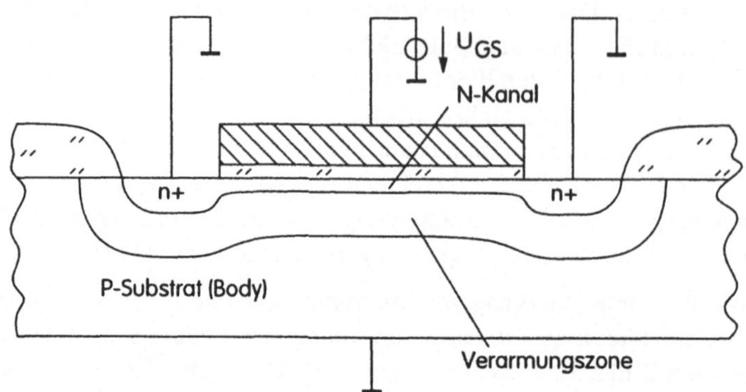

Bild 2.34 Ausbildung eines leitenden Kanals durch das Anlegen einer äußeren Spannung am Gate, dargestellt anhand der Transistorstruktur eines n-Kanal-MOSFET vom Anreicherungstyp

p-Kanal-MOSFET). Bei genügend hoher n-Dotierung kann aus dem selbstsperrenden n-Kanal-MOSFET ein selbstleitender n-Kanal-MOSFET entstehen. Umgekehrt kann dieser Vorgang bei einem p-Kanal-MOSFET durch Erhöhung der p-Dotierung erfolgen. Bei einem selbstleitenden MOSFET ist die Schwellenspannung dann die Spannung, bei der der Kanal abgeschnürt, also nichtleitend wird (vgl. JFET).

Wir können nun die folgenden unterschiedlichen MOSFET-Arten bezeichnen:

1 n-Kanal MOSFET (NMOS)
   a) selbstleitend (*depletion mode*)
      die angelegte Gatespannung (negativ) sorgt für
      eine Verarmung (*depletion*) des Kanals.
      Gekennzeichnet durch negative Schwellenspannung.
   b) selbstsperrend (*enhancement mode*)
      die angelegte Gatespannung (positiv) sorgt für
      eine Anreicherung (*enhancement*) des Kanals.
      Gekennzeichnet durch positive Schwellenspannung.
2 p-Kanal MOSFET (PMOS)
   a) selbstleitend (*depletion mode*)
      die angelegte Gatespannung (positiv) sorgt für
      eine Verarmung (*depletion*) des Kanals.
      Gekennzeichnet durch positive Schwellenspannung.
   b) selbstsperrend (*enhancement mode*)
      die angelegte Gatespannung (negativ) sorgt für
      eine Anreicherung (*enhancement*) des Kanals.
      Gekennzeichnet durch negative Schwellenspannung.

Die gebräuchlichen Schaltzeichen sind in Bild 2.35 angegeben. Es gibt im wesentlichen zwei verschiedene Arten der Schaltzeichen. Die in Bild 2.35 obere Reihe bezeichnet mit dem Pfeil die Richtung der pn-Sperrschicht, die sich zwischen Kanal und Substrat (Body) ausbildet und indiziert das selbstsperrende Verhalten durch die unterbrochene Linie zwischen Source und Drain. Die in Bild 2.35 untere Reihe verzichtet auf ein Unterscheidungsmerkmal zwischen Enhancement- und Depletion-Transistor und gibt statt dessen die Flußrichtung des Drain-Stromes an.

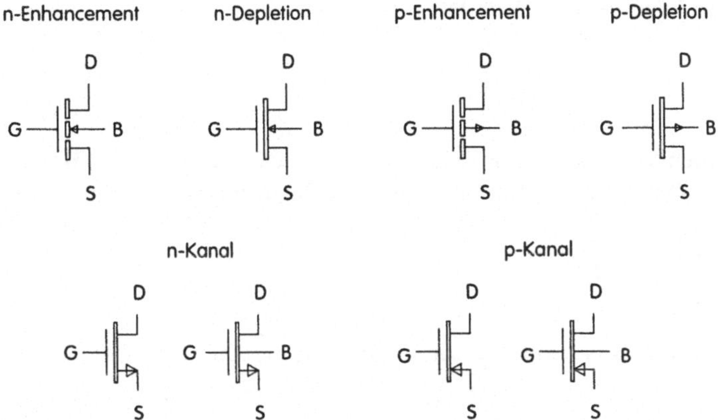

Bild 2.35 Die gebräuchlichen Schaltzeichen für MOSFETs

Wir wollen uns die Verhältnisse an einem n-Kanal-MOSFET vom Anreicherungstyp bei positiver Gate-Source-Spannung U_{GS} und positiver Drain-Source-Spannung U_{DS} näher anschauen. Es soll sich ein Kanal ausgebildet haben, und ein Strom I_D fließt zwischen Drain und Source.

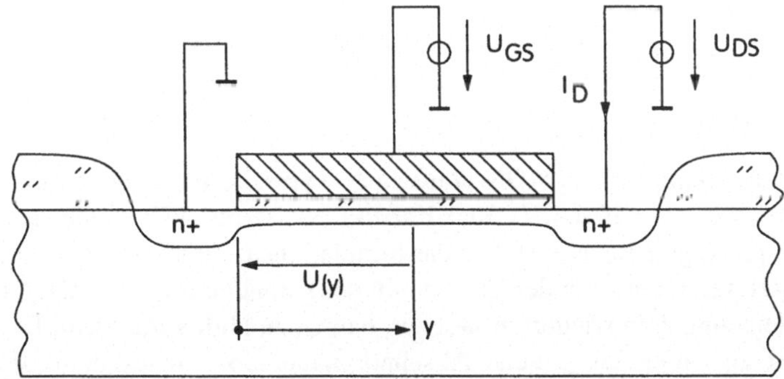

Bild 2.36 Bei einem n-Kanal-MOSFET vom Anreicherungstyp bildet sich bei positiver Gate-Spannung ein Kanal aus. Wird eine positive Drain-Source-Spannung angelegt, fließt ein Strom von Drain zu Source.

Beim Abstand y, vom Source-Anschluß aus gesehen, ist der Spannungsabfall im Kanal U(y) und die Gate-Kanal-Spannung an diesem Punkt

$$U = U_{GS} - U(y) \tag{2.72}$$

Wenn diese Spannung die Schwellenspannung überschreiten soll, dann ist die eingebrachte Ladung im Kanal

$$Q_I(y) = C'_{ox}\left(U_{GS} - U(y) - V_t\right) \tag{2.73}$$

wobei C'_{ox} die flächenbezogene Kapazität (F/mm^2) darstellt.

Der Widerstand eines Kanalstückes der Länge dy ist

$$dR = \frac{dy}{W \cdot \mu_n \cdot Q_I(y)} \tag{2.74}$$

mit W der Weite des Bauelements (senkrecht zur Zeichenebene) und μ_n der mittleren Beweglichkeit der Elektronen im Kanal. Der Spannungsabfall dU entlang des Kanales der Länge dy ist

$$dU = I_D \cdot dR = \frac{I_D}{W \cdot \mu_n \cdot Q_I(y)} dy \tag{2.75}$$

Wenn L die Gesamtlänge des Kanals ist, erhalten wir durch Einsetzen und Integration

$$\int_0^L I_D dy = \int_0^{U_{DS}} W \cdot \mu_n \cdot C_{ox}^{'} \left(U_{GS} - U - V_t\right) dU \tag{2.76}$$

Das ergibt dann

$$I_D = \frac{k'}{2} \frac{W}{L} \left[2\left(U_{GS} - V_t\right) U_{DS} - U_{DS}^2\right] \tag{2.77}$$

wobei

$$k' = \mu_n \cdot C_{ox}^{'} = \frac{\mu_n \cdot \varepsilon_{ox}}{d_{ox}} \tag{2.78}$$

ist. Gleichung 2.77 beschreibt die Kennlinie des MOS-Transistors. Typische Werte für k' sind bei einer Oxiddicke von d_{ox} = 100 nm ca. k' = 20 $\mu A/V^2$ für n-Kanal-Transistoren. Wir werden später in Anlehnung an die englischsprachige Literatur und an das Simulationsprogramm KP anstatt k' schreiben. Wird U_{DS} vergrößert, verringert sich der Querschnitt des leitenden Kanals in der Nähe des Drainanschlusses, und Gleichung 2.73 wiederum sagt aus, daß Q_I zu Null wird, wenn $U_{DS} = U_{GS} - V_t$ wird. Es erscheint also hier das gleiche Abschnürphänomen, wie es beim JFET beobachtet werden konnte. Ein weiteres Ansteigen von U_{DS} bewirkt dann nur noch einen geringen Anstieg des Drainstromes I_D. Das heißt aber auch, daß in diesem Fall, wo $U_{DS} > (U_{GS} - V_t)$ ist, die Gleichung 2.77 nicht mehr gilt. Der Strom in diesem Abschnürbereich können wir dadurch bestimmen, daß wir $U_{DS} = (U_{GS} - V_t)$ in Gleichung 2.77 einsetzen.

$$I_D = \frac{k'}{2} \cdot \frac{W}{L} \left(U_{GS} - V_t\right)^2 \tag{2.79}$$

Beim JFET hatten wir ähnliche Gleichungen entwickelt. Genau wie beim JFET variiert während Pinch-Off der Drain-Strom I_D nur noch schwach mit der Drain-Source-Spannung U_{DS}. Das kommt daher, daß zwischen dem physikalischen Pinch-Off und dem Drain-Anschluß eine Verarmungszone existiert, also die effektive Kanallänge durch U_{DS} reduziert wird. Wir wollen eine effektive Kanallänge L_{eff} einführen

$$L_{eff} = L - X_d \tag{2.80}$$

mit X_d der Länge der Verarmungszone. Somit wird

$$I_D = \frac{k'}{2} \cdot \frac{W}{L_{eff}} \left(U_{GS} - V_t\right)^2 \tag{2.81}$$

Dadurch, daß X_d (und damit L_{eff}) von U_{DS} abhängen, können wir die differentielle Abhängigkeit wie folgt beschreiben

$$\frac{\partial I_D}{\partial U_{DS}} = -\frac{k'}{2} \cdot \frac{W}{L_{eff}} \left(U_{GS} - V_t\right)^2 \frac{dL_{eff}}{dU_{DS}} \tag{2.82}$$

bzw.

$$\frac{\partial I_D}{\partial U_{DS}} = \frac{I_D}{L_{eff}} \cdot \frac{dX_d}{dU_{DS}} \tag{2.83}$$

Beim MOS Transistoren (wie auch beim JFET) ist es üblich, die Spannungsabhängigkeit von der Drain-Source-Spannung durch die Variable λ anzugeben.

$$\lambda = \frac{\dfrac{dX_d}{dU_{DS}}}{L_{eff}} = \frac{\dfrac{\partial I_D}{\partial U_{DS}}}{I_D} \tag{2.84}$$

Damit wird die Charakteristik des MOSFET

$$I_D = \frac{k'}{2} \cdot \frac{W}{L} \left(U_{GS} - V_t\right)^2 \left(1 + \lambda U_{DS}\right) \tag{2.85}$$

Typische Werte für λ = 0,03 ... 0,005 1/V. Der Einfluß von λ ist abhängig von der totalen Kanallänge. So wird bei langem Kanal der Einfluß sehr gering sein, und wir beobachten einen nahezu idealen Kennlinienverlauf.

2.6.2 Kleinsignalverhalten

Die Source-Substrat-Spannung beeinflußt V_t und damit I_D. Das Substrat wirkt wie ein zweites Gate. Wir nennen dies den „Body-Effekt“. Damit ist I_D eine Funktion von U_{GS} und U_{BS}, und wir benötigen zwei Stromquellen (und zwei Steilheiten), um diesen Zusammenhang zu modellieren.

Die Steilheit durch die Gate-Ansteuerung ist

$$g_m = \frac{\partial I_D}{\partial U_{GS}} = k' \cdot \frac{W}{L} \left(U_{GS} - V_t\right)\left(1 + \lambda U_{DS}\right) \tag{2.86}$$

Für $\lambda \cdot UDS << 1$ können wir schreiben

$$g_m = k' \cdot \frac{W}{L} \left(U_{GS} - V_t\right) = \sqrt{2 \cdot k' \cdot \frac{W}{L} \cdot I_D} \tag{2.87}$$

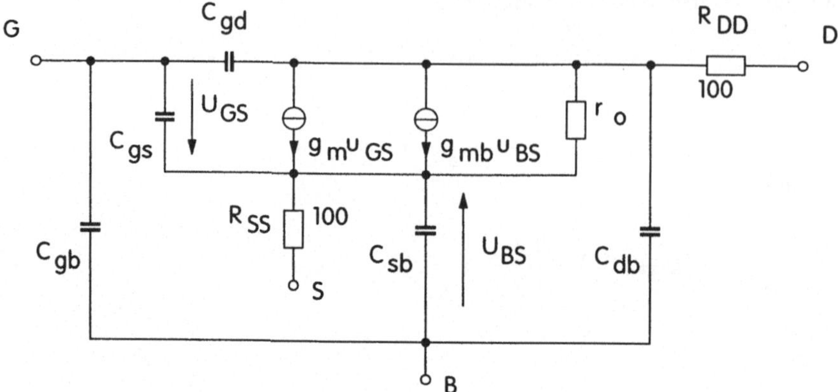

Bild 2.37 Das Kleinsignalersatzschaltbild des MOS-Transistors. Es gilt für alle Arten von MOSFETs.

Die Steilheit durch den Bodyeffekt ist

$$g_{mb} = \frac{\partial I_D}{\partial U_{BS}} = -k' \cdot \frac{W}{L}\left(U_{GS} - V_t\right)\left(1 + \lambda U_{DS}\right)\frac{\partial V_t}{\partial U_{BS}} \tag{2.88}$$

mit

$$\frac{\partial V_t}{\partial U_{BS}} = -\chi \tag{2.89}$$

χ beschreibt den Einfluß des Bodyeffekts und gibt das Verhältnis der beiden Steilheiten an.

$$\chi = \frac{g_{mb}}{g_m} \tag{2.90}$$

χ liegt in der Größenordnung von ca. 0,1 bis 0,3.

Der Ausgangswiderstand des Transistors ist

$$r_o = \frac{1}{g_o} = \frac{\partial U_{DS}}{\partial I_D} = \frac{1}{\lambda \cdot I_D} \tag{2.91}$$

Die Source-Substratkapazität ist

$$C_{sb} = \frac{C_{sb0}}{\sqrt{1 + \frac{U_{SB}}{U_D}}} \tag{2.92}$$

Mit der Diffusionsspannung U_D der Sperrschicht, die sich vom Sourceanschluß in das Substrat hinein ausbildet.

Die Drain-Substratkapazität ist

$$C_{db} = \frac{C_{db0}}{\sqrt{1+\frac{U_{DB}}{U_D}}} \tag{2.93}$$

Die Gate-Substratkapazität können wir nur schlecht durch eine Gleichung beschreiben. Sie liegt in der Größenordnung von $C_{gb} < 0{,}1$ pF.

Die Gesamtkapazität unter dem Kanal ist $C'_{ox} \cdot W \cdot L$. Bei ohmischen Betrieb (Anlaufbereich) wird diese Kapazität auf die beiden Teilkapazitäten

$$C_{gs} = C_{gd} = \frac{1}{2} \cdot C'_{ox} \cdot W \cdot L \tag{2.94}$$

aufgeteilt. Bei Pinch-Off ist der Kanal am Drain-Ende sehr schmal und Variationen der Drain-Spannung beeinflussen die Ladung im Kanal kaum. Daher können wir C_{gd} bei Pinch-Off vernachlässigen . Die Gesamtladung im Kanal ist nach Gleichung 2.73

$$Q_T = W \cdot C'_{ox} \int_0^L \left(U_{GS} - U(y) - V_t\right) dy \tag{2.95}$$

Einsetzen von Gleichung 2.75 liefert uns

$$Q_T = \frac{W^2 \cdot C'_{ox} \cdot \mu_n}{I_D} \int_0^{U_{GS}-V_t} \left(U_{GS} - U - V_t\right)^2 dU \tag{2.96}$$

mit $U = (U_{GS} - V_t)$ an der Stelle $y = L$, wo der Pinch-Off auftritt.

Durch Einsetzen von Gleichung 2.79 (I_D bei Pinch-Off) und Gleichung 2.78 (k') liefert die Lösung der Gleichung 2.96

$$Q_T = \frac{2}{3} \cdot W \cdot L \cdot C'_{ox}\left(U_{GS} - V_t\right) \tag{2.97}$$

und damit

$$C_{gs} = \frac{\partial Q_T}{\partial U_{GS}} = \frac{2}{3} \cdot W \cdot L \cdot C'_{ox} \tag{2.98}$$

2.6.3 Temperaturabhängigkeit der Steuerkennlinie

Die Kenngrößen der FETs unterliegen einer gewissen Temperaturabhängigkeit. Die Schwellenspannung bzw. Pinch-Off-Spannung hat einen negativen Temperaturkoeffizienten. Er beträgt ca.

$$T_k(V_t) = -5\, mV/°C \tag{2.99}$$

Der Widerstand der Drain-Source-Strecke dagegen hat einen positiven Temperaturkoeffizienten. Dieser beträgt ca.

$$T_k(R_{DS}(on)) = +7 \cdot 10^{-3} \ /°C \tag{2.100}$$

Diese entgegengesetzten Temperaturkoeffizienten führen dazu, daß es einen Punkt auf der Steuerkennlinie gibt, bei dem der Drainstrom als Funktion der Gate-Source-Spannung temperaturunabhängig ist. Dies ist in Bild 2.38 dargestellt.

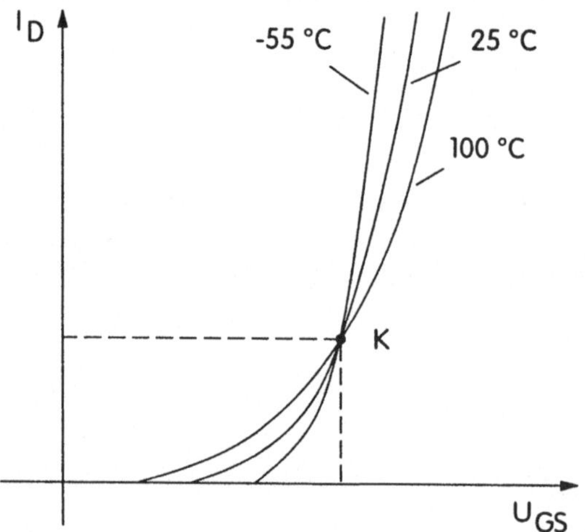

Bild 2.38 Temperaturabhängigkeit der Steuerkennlinie eines FET (gilt für JFETs wie für MOSFETs)

Bei kleinen Drainströmen überwiegt die Temperaturabhängigkeit der Schwellenspannung. Mit steigenden Drainströmen steigt auch der Widerstand der Drain-Source-Strecke. Je größer der Widerstand der Drain-Source-Strecke $R_{DS}(on)$ wird, desto stärker wird die Temperaturabhängigkeit des $R_{DS}(on)$ über der Temperaturabhängigkeit der Schwellenspannung dominieren, und es ergibt sich der oben gezeigte Verlauf. Am Arbeitspunkt K ist der Drain-Strom dann temperaturunabhängig. Bei höheren Drain-Strömen liegt dann, durch den dominierenden positiven T_k des Drain-Source-Widerstandes, ein negativer Temperaturkoeffizient für den Drainstrom vor. Daher sind FETs in diesem Bereich - im Gegensatz zu Bipolartransistoren - thermisch stabil. Die Abnahme des Drain-Stromes mit der Temperatur führt nämlich zu einer Verringerung der Verlustleistung.

3 Herstellungsprozeß

Die meisten integrierten Schaltungen werden auf der Basis von Silizium hergestellt. Das Halbleitermaterial Silizium hat den großen Vorteil, daß sich sein Oxid sehr gut als Maskierungsmaterial für die diversen Technologieschritte eignet. Siliziumdioxid ist temperaturbeständig, läßt sich leicht strukturieren und ist robust gegenüber vielen Chemikalien. Das erlaubt eine kostengünstige Herstellung.

Ein ungefähres Wissen über den Herstellungsprozeß und die Technologieabfolge ist für einen Entwickler analoger integrierter Schaltungen unerläßlich, da viele Parameter des Herstellungsprozesses in Design und Layout mit einfließen.

3.1 Bipolartechnik

Wir wollen in diesem Kapitel mit der Darstellung eines Bipolarprozesses beginnen. Er vermittelt einen Eindruck von der Komplexität mancher Herstellungsprozesse. Der bevorzugte Transistortyp ist wegen der höheren Geschwindigkeit der NPN-Transistor, auf dessen Herstellung der Prozeß optimiert ist. Bei einer minimalen Strukturbreite von $2\lambda = 1\ \mu m$ erzielen die NPN-Transistoren unseres Beispielprozesses eine Transitfrequenz von $f_T = 5$ GHz. Der Prozeß besteht aus neun Fotoschritten und einer Oberflächenschutzmaske. Der Designer muß also beim Entwurf des Layouts mindestens zehn Layer berücksichtigen.

Das Ausgangsmaterial für diesen Prozeß ist ein blanker Silizium-Wafer, der eine schwache p-Dotierung aufweist. Links im Bild ist dieser Wafer schematisch dargestellt (Bild 3.1).

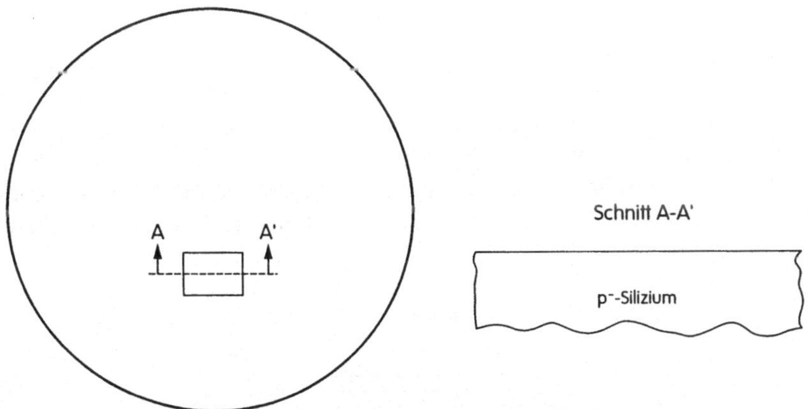

Bild 3.1 Schematische Darstellung eines unprozessierten Wafers (links) und Schnittbild eines Waferteils, der im weiteren näher betrachtet werden soll (rechts).

Wir wollen uns einen Teil des Wafers im Schnitt näher anschauen und an ihm den Prozeßablauf erläutern (im Bild rechts). Zunächst wird auf die Oberfläche des Wafers nacheinander Siliziumoxid und Siliziumnitrid als „Sandwich" aufgebracht. Der erste Lithographieschritt startet mit dem Aufbringen von Fotolack (engl. Photoresist) auf dem Wafer. Im anschließenden Belichtungsvorgang sorgt eine chrombeschichtete Maske aus Quarzglas dafür, daß nur die gewünschten Gebiete mit UV-Licht belichtet werden. Nach der Entwicklung des Fotolackes, dient der stehengebliebene Teil des Fotolackes als Maske für den nachfolgenden Ätzvorgang, mit dem die gewünschten Strukturen auf das „Sandwich“ übertragen werden. In unserem Falle sind das die „inaktiven“ Bereiche, die später das Feldoxid tragen (Bild 3.2). Die geschilderte Abfolge ist typisch für einen Lithographieschritt. Manchmal entfällt die Übertragung der Strukturen vom Fotolack auf das darunterliegende Material, wenn der Fotolack im anschließenden chemischen Prozeß als Maske verwendet werden kann.

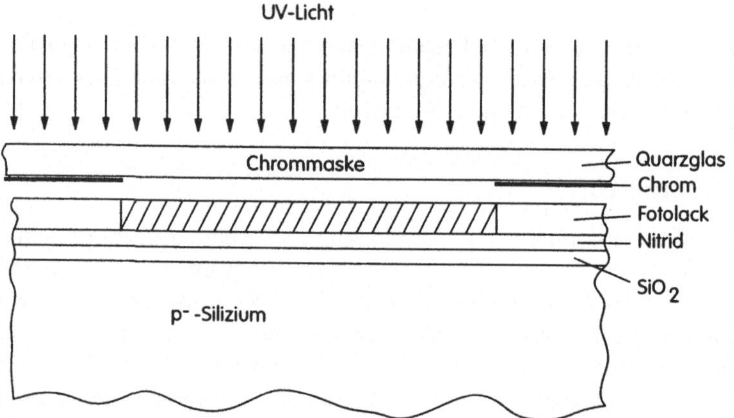

Bild 3.2 Der Belichtungsvorgang während eines Lithographieschrittes. Der Fotolack wird nur an den Stellen belichtet, die nicht von der Chrommaske abgedeckt werden. Hier handelt es sich um einen Negativlack, denn der Lack härtet an den Stellen aus, die belichtet wurden. (Die Darstellung ist nicht maßstäblich)

Doch zurück zu unserem Prozeß. Dem Lithographieschritt schließt sich ein Oxidationsschritt an, der in den freien Bereichen das Feldoxid bis auf eine Dicke von 0,4 μm aufwachsen läßt. Das Feldoxid wird als Maske für den nun folgenden Implantationsschritt benutzt. Dieser dient zur Erzeugung einer schwach n-dotierten Kollektorwanne. Die Implantation der Phosphoratome geschieht durch das „Sandwich“ hindurch auf die Substratoberfläche. Mit Hilfe eines Diffussionsprozesses wird erreicht, daß sich die Dotierung bis auf eine Tiefe von 2,5 μm ausdehnt (Bild 3.3).

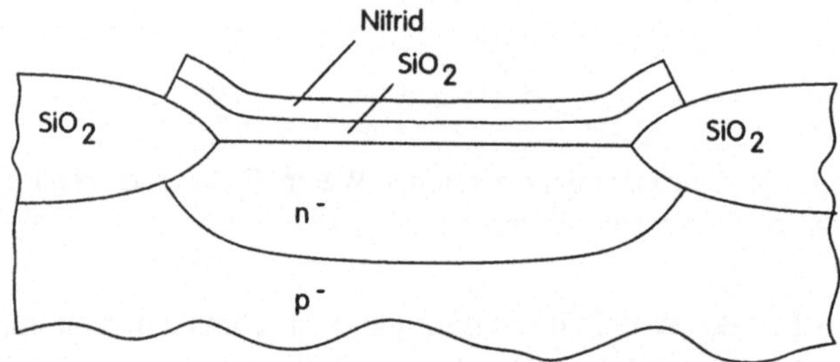

Bild 3.3 Oxidation des Feldoxids, Implantation der Dotierung für die Kollektorwanne und Ausdiffussion zur Ausbildung der Wanne

Der zweite Lithographieschritt erzeugt die Maske zur Implantation der Kanalstopper, den hochdotierten p-Zonen, die eine elektrische Trennung der einzelnen Bauelemente bewirken sollen.

Nach dem Einbringen der Dotierung (Bild 3.4) wird das Feldoxid auf seine Enddicke von 0,8 µm wachsen gelassen. Diese Dicke ist nötig, damit die parasitären Kapazitäten möglichst klein bleiben, die sich zwischen den Leitbahnen aus Polysilizium bzw. Metall und dem Substrat bilden.

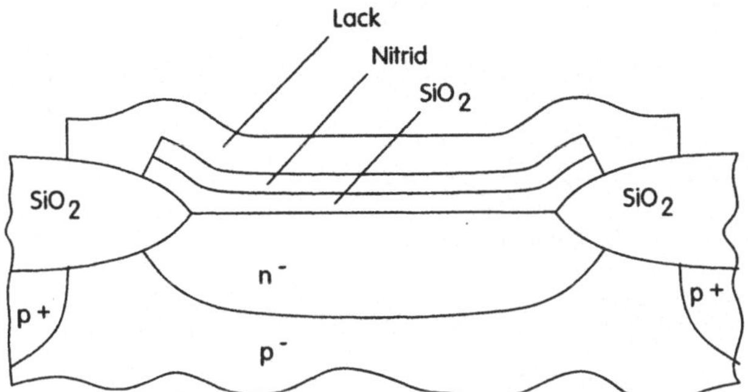

Bild 3.4 Implantation der Kanalstopper, die die einzelnen Bauteile von einander trennen sollen.

Im dritten Lithographieschritt wird das „Sandwich" zum größten Teil entfernt. Nur die Bereiche, die später Emitterzonen bzw. Kollektoranschlußzonen werden sollen, bleiben stehen (Bild 3.5).

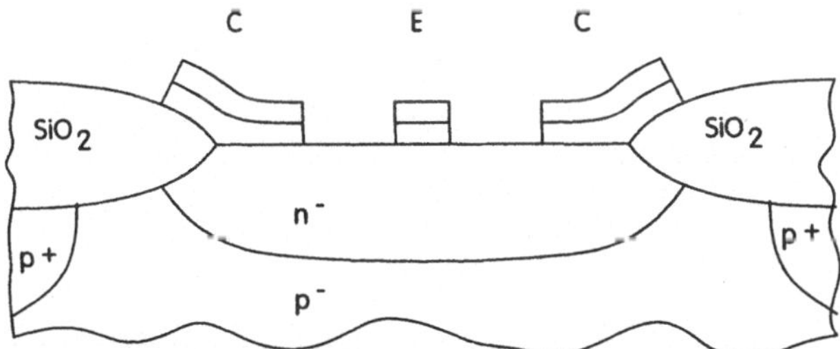

Bild 3.5 Strukturierung des „Sandwich" zur Maskierung von Kollektor- und Emitterzone

Der vierte Lithographieschritt maskiert neben der Basiszone die Zonen für hochohmige Widerstände. Diese Widerstände befinden sich in Gebieten mit einer schwachen n-Dotierung, die beim Transistor der Kollektorwanne entsprechen. Der Widerstand entsteht durch die Implantierung einer schwachen p-Dotierung. Im Bereich der Kontaktierung des Widerstandes muß später eine hohe p-Dotierung eingebracht werden, damit bei der Metallisierung keine Schottkydiode entsteht. Der Schichtwiderstand, der erzielt wird, liegt in der Größenordnung von 1,5 kΩ/□ (siehe S. 61). In der Basiszone dient die schwache p-Dotierung zur Ausbildung der eigentlichen Basis.

Mit dem fünften Lithographieschritt wird die Basisanschlußzone und die Widerstandsanschlußzone freigelegt. Im nachfolgenden Prozeßschritt wird in diesen Zonen eine hohe p-Dotierung implantiert, um sie niederohmiger zu machen (Bild 3.6).

Nach dem Entfernen der Lackmaske folgt ein weiterer Oxidationsschritt, um die Basisanschlußzonen vor den weiteren Prozeßschritten zu schützen. Der „Sandwich"-Rest fungiert hierbei als Maske (Bild 3.7).

Ist die Oxidation abgeschlossen, wird das „Sandwich" entfernt. Das anschließend ganzflächig aufgebrachte Polysilizium wird mit Phosphorionen implantiert und dient im nachfolgenden

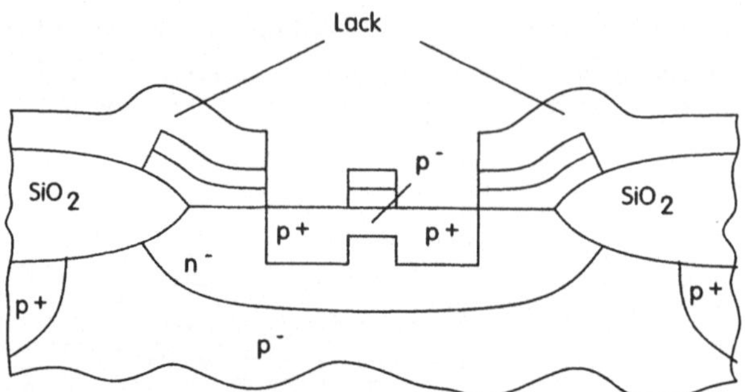

Bild 3.6 Implantation der Basis (p^-) und der externen Basisanschlüsse (p^+)

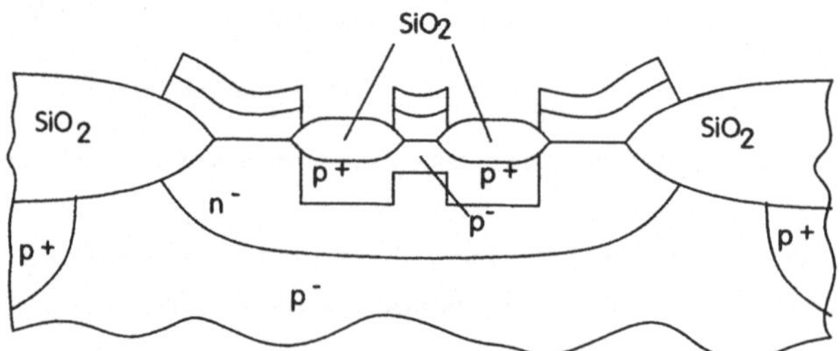

Bild 3.7 Oxidation der „Spacer"zum Schutz der Basiszone

Diffussionsprozeß als Dotierungsquelle für die darunterliegenden Kollektor- und Emitterzonen. Die Diffusion sorgt für die hochdotierten n-Bereiche, die zur Ausbildung des Emitters und der Kollektoranschlußzone benötigt werden (Bild 3.8).

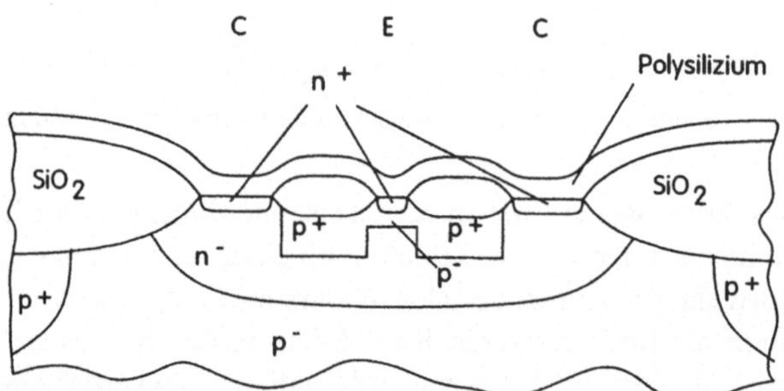

Bild 3.8 Dotierung von Kollektor und Emitter mit hochdotiertem Polysilizium als Dotierquelle

Der sechste Lithographieschritt erzeugt die Maske zur Strukturierung des Polysiliziums. Ist die Strukturierung des Polysiliziums erfolgt, wird in einem siebenten Lithographieschritt der Basisanschlußbereich geöffnet, um das dortige Oxid zu einem „Spacer" zu ätzen (Bild 3.9). Das lokale Oxid bildet einen Zwischenraum, der die Aufgabe hat, bei der nachfolgenden Silizierung Kurzschlüsse zwischen dem Polysilizium und dem externen Basisanschluß zu vermeiden. Bei der Silizierung entsteht Silizid, eine Verbindung von Silizium und Platin. Das Silizid verringt den Schichtwiderstand des Polysiliziums drastisch von etwa 200Ω/□ auf 8Ω/□. Damit eignet sich das Polysilizium als zusätzliche Verdrahtungsebene. Die durch die Silizierung niederohmig gemachte Basisanschlußoberfläche erlaubt die seitliche Kontaktierung der Basis bei einem

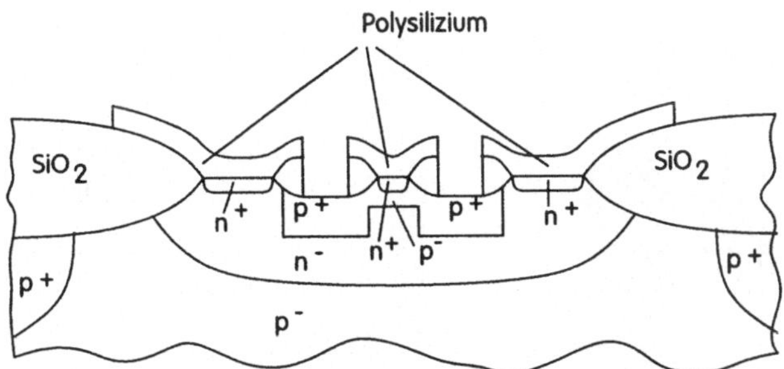

Bild 3.9 Strukturierung des Polysiliziums und Ätzen der „Spacer“

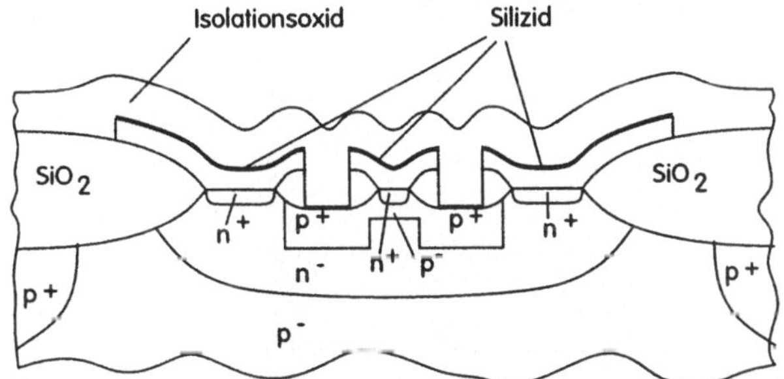

Bild 3.10 Silizierung des Polysilizium und der externen Basisanschlüsse, Aufbringen des Isolationsoxids

niedrigen externen Basiswiderstand. Nach der Silizierung wird das Isolationsoxid durch Sputtern aufgebracht (Bild 3.10).

Der achte Lithographieschritt maskiert die Löcher für die Kontakte. Nach dem Ätzen der Löcher und dem Bedampfen des Wafers mit Aluminium, wird mittels des neunten Lithographieschritts die Maske zur Strukturierung des Aluminiums aufgebracht. Das Aluminium wird geätzt. Als Kratzschutz wird der Wafer dann ganzflächig mit Deckoxid beschichtet. Die Freiflächen für die Bondpads werden mit Hilfe des letzten Lithographieschritts geöffnet.

Im Bild 3.11 sind das Layout des Transistors und die dazugehörigen Layer dargestellt. Das Foto solch eines Transistors auf dem Chip zeigt Bild 3.12. Der Kollektoranschluß geht nach oben, der Basisanschluß nach unten und der Emitteranschluß nach rechts.

Die Technologie erlaubt auch PNP-Transistoren, die aber, wie im Kapitel 2.3 beschrieben, schlechte elektrische Daten aufweisen. Bild 3.13 zeigt das Foto eines Substrat-PNP-Transistors. Der Kollektoranschluß ist mit dem Substrat verbunden und geht nach unten. Die Basis wird durch die ringförmige Struktur gebildet. Der Anschluß geht nach oben. Im Zentrum der Struktur ist der Emitter.

Das Foto eines lateralen PNP-Transistors ist in Bild 3.14 zu sehen. Die äußere Ringstruktur bildet die Basis. Der Kollektor befindet sich unter der inneren Ringstruktur und wird mit der Kontaktierung nach unten geführt. Im Zentrum der Struktur ist auch hier der Emitter zu finden.

Bild 3.11 Layout des NPN-Transistors mit den dazugehörigen Layer

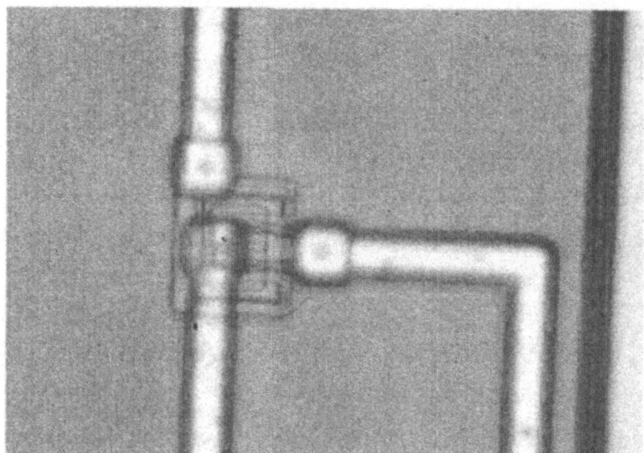

Bild 3.12 Chipfoto eines einzelnen NPN-Transistors. Der Kollektor ist oben, die Basis unten und der Emitter rechts.

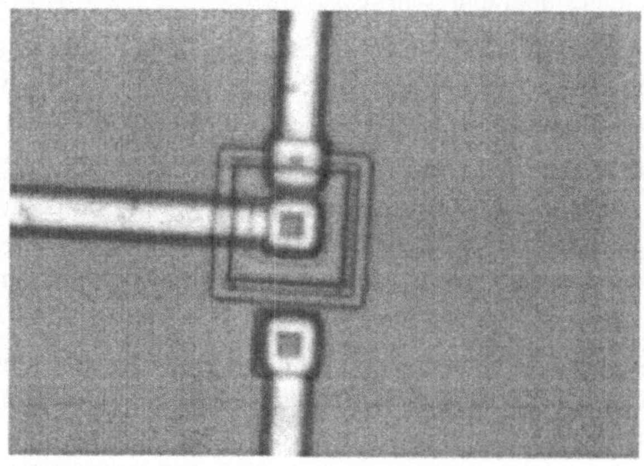

Bild 3.13 Chipfoto eines einzelnen Substrat-PNP-Transistors. Der Kollektor ist unten, die Basis oben und der Emitter links.

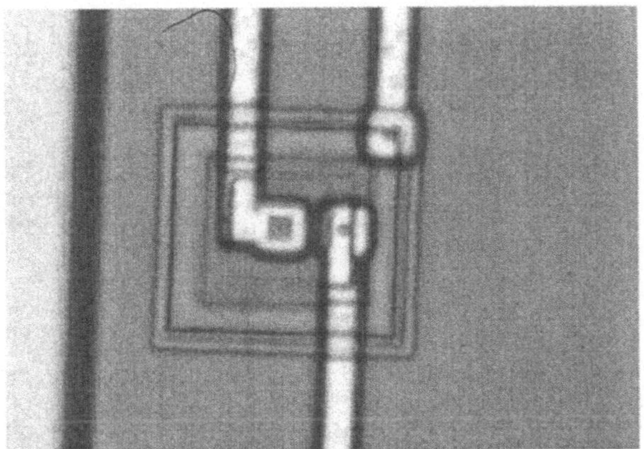

Bild 3.14 Chipfoto eines lateralen PNP-Transistors. Der Kollektor ist unten, die Basis oben rechts und der Emitter oben links.

Zur Realisierung von hochohmigen Widerständen stehen die Widerstandsimplantation mit einem Schichtwiderstand von 1,5 kΩ/□ zur Verfügung. Bei niederohmigeren Widerständen kann die Basisanschlußimplantation mit einem Schichtwiderstand von 300 Ω/□ benutzt werden. Kondensatoren werden durch durch Überlappung von Polysilizium und Metall gebildet. Der Kapazitätswert liegt bei 160 pF/mm^2 bzw. 160 aF/µm^2.

3.2 CMOS-Technik

Etwas einfacher als der oben geschilderte Bipolarprozeß gestaltet sich ein CMOS-Prozeß. Wir wollen uns einen Standard CMOS Prozeß näher anschauen. Es handelt sich um den CN20 Prozeß von ORBIT[1] mit einer minimalen Strukturbreite von $2\lambda = 2$ µm. Die zur Halbleiterherstellung verwendeten Wafer haben im allgemeinen immer eine Grunddotierung. Hier wird eine schwache p-Dotierung bevorzugt. N-Kanal MOSFETs können dann direkt gefertigt werden. Zur Fertigung von P-Kanal MOSFETs benötigen wir allerdings eine n-Grunddotierung. Dazu werden auf dem Wafer in einem ersten Prozeßschritt n-dotierte Zonen eingerichtet.

Zunächst wird die Oberfläche des Wafers oxidiert. Es schließt sich der erste Lithographieschritt zur Übertragung der Strukturen an: Beschichtung des Wafers mit Fotolack, Belichtung mit UV-Licht durch eine chrombeschichtete Maske aus Quarzglas, Entwicklung des Fotolackes und Ätzen des Oxids mit dem stehengebliebenen Fotolack als Maske. Das Oxid wiederum dient als Maske für den anschließenden Diffussionsprozeß, in dem die einzelnen n-dotierten Zonen entstehen (Bild 3.15).

Wir nennen solch eine Zone „n-Wanne“ (engl. „n-well“) wegen ihrer wannenförmigen Ausbildung. Die n-Wanne und das p-Substrat formen eine Diode. In CMOS-Schaltungen müssen wir das Substrat immer mit dem niedrigsten Potential verbinden, um zu verhindern, daß diese Diode leitend wird.

---

1 ORBIT Semiconductor Inc., 169 Java Drive, Sunnyvale CA, U.S.A., www.orbitsemi.com seit Mitte 1999 umbenannt in SUPERTEX, www.supertex.com

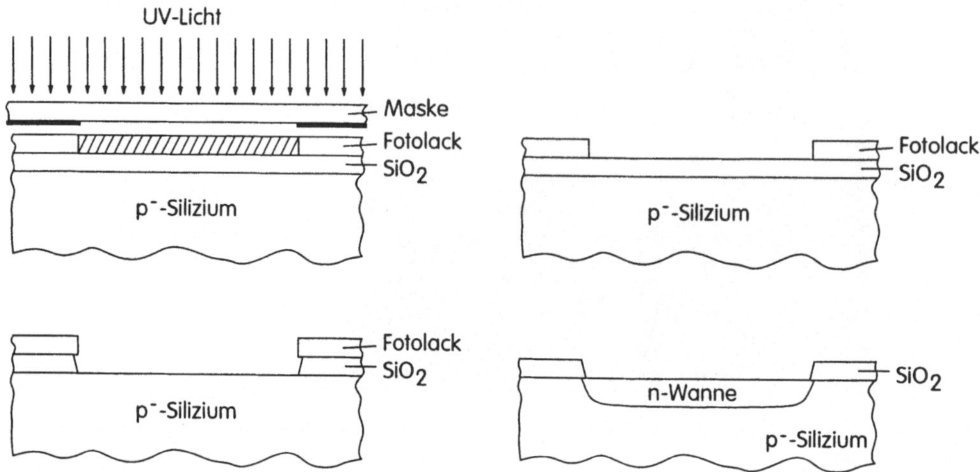

Bild 3.15 Abfolge des Lithographieschrittes zur Erzeugung der n-Wanne. Links oben der Belichtungsvorgang, rechts oben das Entwickeln des Fotolackes, links unten das Ätzen des Siliziumdioxids und rechts unten die Diffusion der n-Wanne, nachdem der Fotolack entfernt wurde. Die Darstellung ist nicht maßstäblich!

Die n-Wanne eignet sich wegen ihrer geringen Dotierung gut zur Herstellung hochohmiger Widerstände. Beim CN20-Prozeß ergibt sich im Mittel ein Schichtwiderstand von etwa 2,5 kΩ/□. Auch hier müssen wir darauf achten, daß das Widerstandspotential (= Wannenpotential) höher ist als das Substratpotential, damit der Diodenübergang zwischen Subtrat und Wanne im Sperrbetrieb bleibt.

Nach der Herstellung der n-Wannen wird der Wafer ganzflächig mit einem „Sandwich“ aus Oxid und Nitrid überzogen. Durch die Strukturierung im nächsten Lithographieschritt wird erreicht, daß das „Sandwich“ über den n-Wannen und über den späteren n^+-Zonen stehen bleibt. Die freien Flächen, bestehend aus schwach p-dotiertem Subtratmaterial, werden nun stark p-dotiert. Dies geschieht, um die Schwellenspannung parasitärer MOSFET-Strukturen zu erhöhen, die sich aus den Polysiliziumbahnen, dem Feldoxid und dem darunterliegenden Substrat bilden. Ein ähnlicher Schritt mit starker n-Dotierung ist nötig, um im Bereich der n-Wannen die Schwellenspannung unter dem Feldoxid zu erhöhen.

Nachdem diese Dotierungen eingebracht sind, wird in einem Oxidationsschritt das Feldoxid aufwachsen gelassen. Danach kann das „Sandwich“ entfernt werden. Beim Aufwachsen des Feldoxids kommt es an den Rändern zu einer ungewollten Ausdehnung der Oxidfläche, die im Schnittbild Ähnlichkeiten mit dem Schnabel eines Vogels hat (engl. „bird's beak“ genannt). Diese Ausdehnung verändert die Breite unserer MOSFETs. D. h. die Breite eines MOSFETs wird um die zweifache Längenausdehnung des Oxids reduziert. Das BSIM-SPICE-Modell des Transistors (siehe Kapitel 4) berücksichtigt diesen Effekt durch den Parameter DW (Delta Width). Haben wir für unseren MOSFET eine Breite W vorgesehen, so berücksichtigt SPICE bei seinen Simulationen unter Benutzung des BSIM-Modells eine effektive Breite von

$$W_{eff} = W - DW \tag{3.1}$$

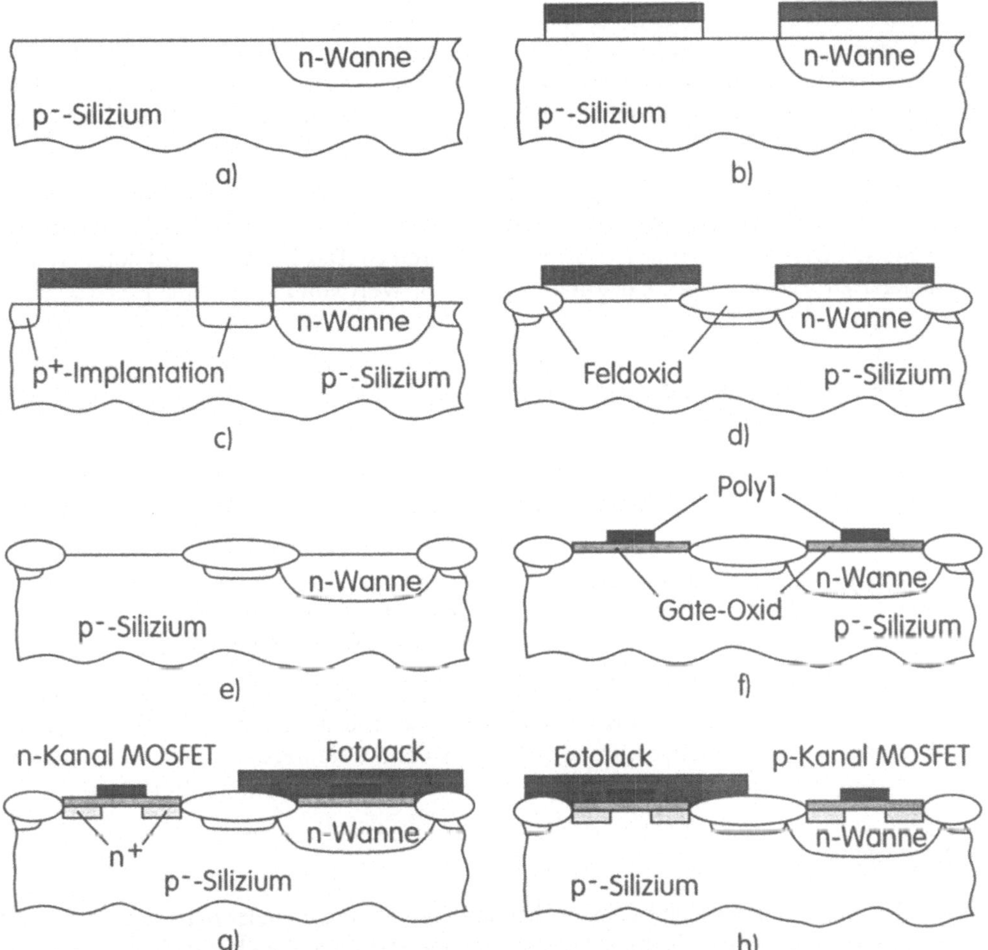

Bild 3.16 Die Prozeßabfolge eines CMOS-Prozesses. Der Wafer nach dem Einbringen der n-Wanne **a)**, das Abdecken der n-Bereiche mit einer Sandwich-Struktur **b)**, die Implantation der Kanalstopper **c)**, das Aufwachsen des Feldoxids **d)**, das Entfernen des Sandwich **e)**, das Aufbringen von Gateoxid und den Polysiliziumbahnen **f)**, das Implantieren der Drain- und Sourcezonen der n-Kanal-MOSFETs **g)** und das Implantieren der Drain- und Sourcezonen der p-Kanal-MOSFETs **h)**.

Der Parameter DW ist also gleich der zweifachen Längenausdehnung des Oxids.

Der nächste Prozeßschritt besteht im Aufwachsen des Gateoxids und dem Aufbringen und Strukturieren des Polysiliziums. Dem schließt sich eine Maskierung mit Fotolack an, um die n^+-Bereiche heraus zu isolieren, deren n^+-Implantation dann vorgenommen wird. Damit erhalten wir die Basisstruktur unserer MOSFETs. Zu den letzten Schritten sind noch einige Bemerkungen zu machen. Während das Polysilizium aufgebracht wird, erhält es eine starke n-Dotierung, um seine Leitfähigkeit zu erhöhen. Der Schichtwiderstand des Polysiliziums liegt bei etwa $20\,\Omega/\square$. Das Polysilizium dient auch als Maske bei der n^+-Implantation von Source und Drain und verhindert, daß die Implantation in die Gate-Region hinein erfolgt. Dabei wird die Dotierung des

Polysiliziums weiter erhöht. Das n^+-dotierte Polysilizium-Gate dient auch als Maske für die p-Kanal-Transistoren. Dazu werden nun in einem weiteren Maskierungsschritt mittels Fotolack die p^+-Bereiche isoliert und die Source- und Drain-Zonen implantiert. Die Dotierung, die durch die p^+-Implantation in das Polysilizium eingebracht wird, reicht allerdings nicht aus, um dessen Dotierungsgrad zu beeinflussen.

Bei der Implantation der n^+- und p^+-Zonen geschieht noch etwas wichtiges. Die Dotierungsatome diffundieren unter das Gate des MOSFETs und reduzieren die Kanallänge. Das Level 2-SPICE-Modell benutzt LD, um die laterale Diffusion zu beschreiben. Das BSIM-Modell definiert dafür den Parameter DL (Delta Length), der dem zweifachen Wert von LD entspricht. Die effektive Kanallänge ist damit

$$L_{eff} = L - 2 \cdot LD = L - DL \qquad (3.2)$$

Somit berücksichtigt das BSIM-Modell automatisch die effektive Länge und Breite eines MOSFETs, während das Level 2-Modell nur auf die Effekte der lateralen Diffusion eingeht.

Der CN20-Prozeß von ORBIT bietet die Möglichkeit einer zweiten Polysiliziumlage. Dieses „Poly2“ wird für MOSFETs und Kapazitäten eingesetzt. MOSFETs lassen sich damit genauso formieren wie mit „Poly1“, es sind allerdings andere elektrische Parameter zu berücksichtigen. Der Haupteinsatz für „Poly2“ ist die Bildung einer Kapazität zusammen mit „Poly1“. Die erreichbaren Kapazitätswerte liegen bei 500 pF/mm^2 bzw. 500 aF/µm^2.

Da der Schichtwiderstand des Polysiliziums mit 20-25 Ω/□ relativ hoch ist, sollten wir es nicht zu Verdrahtungszwecken einsetzen. Dazu stehen uns beim CN20-Prozeß zwei Metallagen mit Schichtwiderständen von 0,06 Ω/□ (Metall 1) bzw. 0,03 Ω/□ (Metall 2) zur Verfügung.

3.3 BiCMOS-Technik

Die CMOS-Technologie hat sich besonders bei der Realisierung digitaler Schaltungen bewährt. Der geringe Leistungsverbrauch, die hohe Eingangsimpedanz und die kleinen Transistorabmessungen ermöglichen eine hohe Funktionalität und eine hohe Packungsdichte. Die Entwicklungen im PC-Bereich sind ein deutliches Beispiel dafür. In analogen Schaltungen werden häufig Transistoren benötigt, die einen hohen Strom treiben können und dabei auch noch schnell sind. Für diese Aufgabe eignen sich bipolare Transistoren besser. Was liegt also näher, als das Beste aus beiden Welten auf einem Substrat zu vereinen. So bietet heute fast jeder Halbleiterhersteller irgendeine Form von BiCMOS-Technologie an (Bipolar-CMOS). Bei der Entwicklung eines BiCMOS-Prozesses sind unterschiedliche Strategien möglich. So läßt sich der eingangs in diesem Kapitel beschriebene Bipolarprozeß durch Zufügen zweier Masken zu einem BiCMOS-Prozeß erweitern. Genauso läßt sich auch ein bestehender CMOS-Prozeß durch entprechende Erweiterung zu einem BiCMOS-Prozeß machen. ORBIT bietet dazu für seinen CN20-Prozeß eine optionale Basisdiffussion an. Die damit realisierbaren NPN-Transistoren sind zwar nicht gerade optimal, aber brauchbar. Das Layout eines solchen Transistors ist in Bild 3.17 dargestellt.

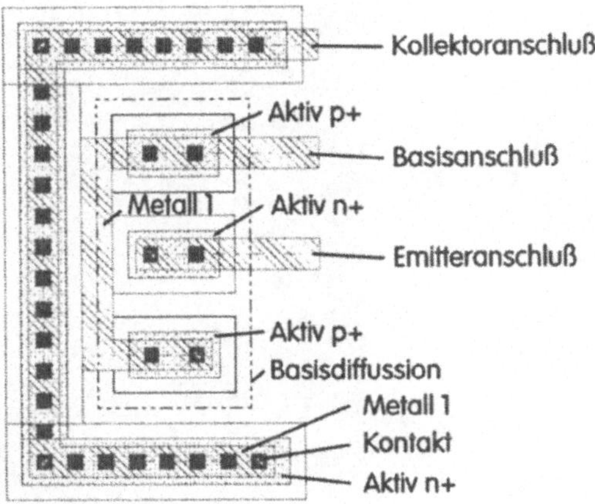

Bild 3.17 Layout des lateralen NPN-Transistors, der optional im CMOS-Prozeß von ORBIT zur Verfügung steht.

Mit allen beschriebenen Möglichkeiten haben wir als Designer beim CN20-Prozeß insgesamt 13 Layer zu berücksichtigen. In der nachfolgenden Liste sind diese noch einmal zusammengestellt.

- n-Wanne
- Basisdiffussion für Bipolartransistoren
- Aktiver Dotierungsbereich
- p-Selektion
- n-Selektion
- Polysilizium 1
- Polysilizium 2
- Kontakt
- Metall 1
- Via (Verbindung von Metall 1 und Metall 2)
- Metall 2
- Kratzschutz (Zur Öffnung der Bondflächen)
- Automatische Justierung der Bondautomaten

Tabelle 3.1 Alle 13 Layer des CN20-Prozesses mit der in diesem Buch verwendeten Schraffur

Mit einem Beispiel soll der CN20-Prozeß illustriert werden. Das Bild 3.18 zeigt uns das Layout und das Chipfoto zweier MOS-Transistoren. Die obere, größere Struktur ist ein P-Kanal-Transistor mit einer Kanallänge von 5 µm und einer Kanalbreite von 69 µm. Unten ist ein N-Kanal-Transistor mit derselben Kanallänge aber einer Kanalbreite von 15 µm. Ganz schwach können wir im Chipfoto an der linken Seite des P-Kanal-Transistors den Rand der n-Wanne erkennen.

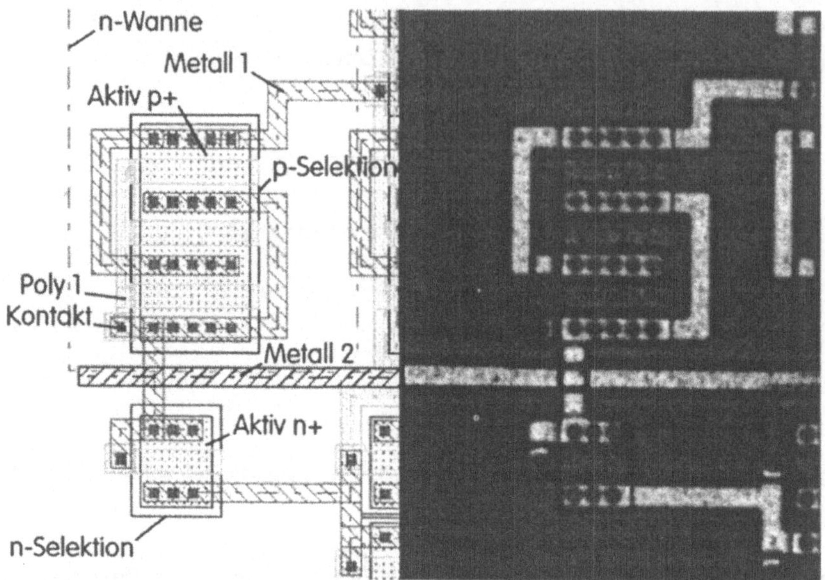

Bild 3.18 Layout und Chipfoto eines PMOS-Transistors (oben) und eines NMOS-Transistors (unten)

3.4 Layouttechniken

Wir wollen uns in diesem Abschnitt mit Fragen rund um das Layout befassen. Der Bogen spannt sich von der Realisierung passiver Bauelemente über die Anordnung der Bauelemente bis hin zur Frage nach der Strombelastbarkeit der Strukturen.

3.4.1 Realisierung von Widerständen

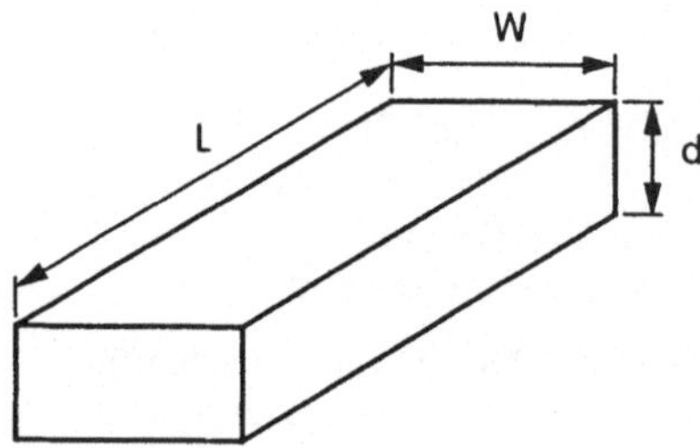

Bild 3.19 Vereinfachte Darstellung eines Widerstandes

Vereinfacht können wir einen Widerstand als quaderförmiges Material betrachten, dessen Leitfähigkeit durch die Größe ρ spezifiziert ist. Wir gehen in dieser simplen Darstellung davon aus, daß der Strom an den Stirnseiten zu- bzw. abfließt. Im Bild 3.19 ist solch ein Quader dargestellt. Der Widerstandswert dieses Quaders berechnet sich zu

$$R = \frac{\rho}{d} \cdot \frac{L}{W} \tag{3.3}$$

In Halbleiterprozessen sind alle Dicken konstant und können nicht beeinflußt werden. Wir haben also nur Einfluß auf die Größen W und L. Daher können wir schreiben

$$R = R_{square} \cdot \frac{L}{W} \qquad (3.4)$$

mit R_{square} dem Flächenwiderstand des Materials in Ω/□ (Ohm pro Quadrat, ohms per square).

Dazu ein Beispiel: Im CN20-Prozeß wird für die n-Wanne ein Flächenwiderstand von 2000 Ω/□ bis 3000 Ω/□ angegeben. Typischerweise liegt er bei 2500 Ω/□. Der Wert eines Widerstandes, der 10 µm breit und 26 µm lang ist, wird demnach etwa

$$R = 2500 \cdot \frac{26\mu m}{10\mu m} = 6{,}5k\Omega \qquad (3.5)$$

betragen. Bild 3.20 zeigt das Layout solch eines n-Wannenwiderstandes. Die Breite des Widerstandes wird durch die Breite der n-Wanne bestimmt. Die Länge resultiert aus dem Abstand zwischen den beiden hochdotierten p-Zonen.

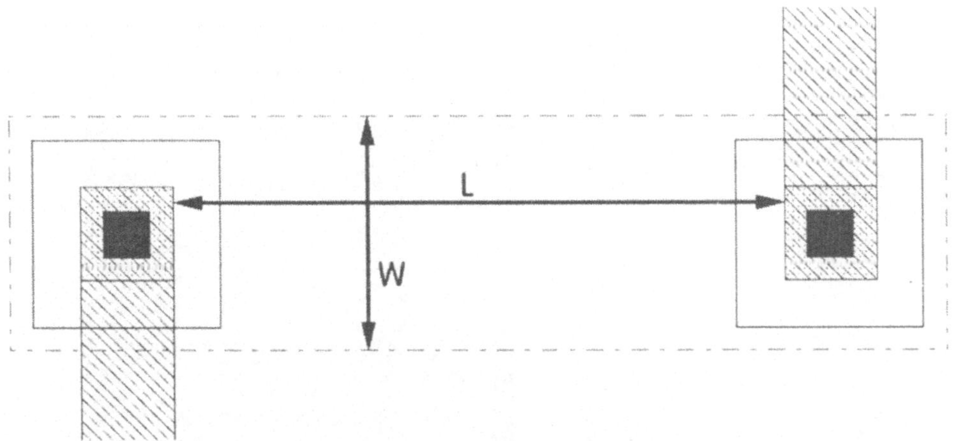

Bild 3.20 Layout eines Widerstandes mit 6,5 kΩ

3.4.2 Realisierung von Kapazitäten

Da Chipfläche immer knapp ist, werden wir bemüht sein, zur Realisierung von Kapazitäten zwei Layer zu finden, deren flächenbezogene Kapazität möglichst groß ist. Im CN20-Prozeß eignen sich die Layer Poly1 und Poly2 für diesen Zweck. Schematisch ist solch eine Kapazität im Bild 3.21 dargestellt. Der flächenbezogene Kapazitätswert variiert zwischen 443 aF/μm^2 und 557 aF/μm^2. Wir können also im Mittel mit einem Wert von 500 aF/μm^2 rechnen. Wollen wir beispielsweise einen Kondensator mit einem Kapazitätswert von C = 4 pF realisieren, so benötigen wir eine Fläche von

$$A = \frac{4pF}{500\,aF/\mu m^2} = 8000\mu m^2 \qquad (3.6)$$

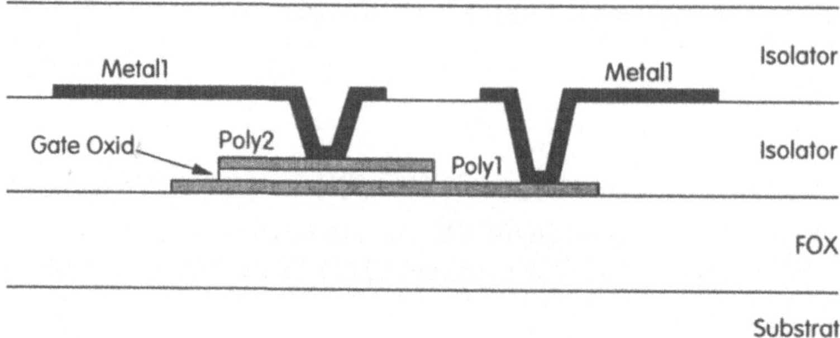

Bild 3.21 Aufbau eines Kondensators

Es bleibt allerdings ein Problem. Da der Flächenwiderstand des Polysiliziums mit 20 Ω/□ recht hoch ist, wird unser Kondensator einen hohen Serienwiderstand besitzen. Abhilfe schafft hier die großflächige Überdeckung und Kontaktierung mit Metall1. Das Bild 3.22 zeigt uns solch einen Kondensator mit einem Wert von 4 pF.

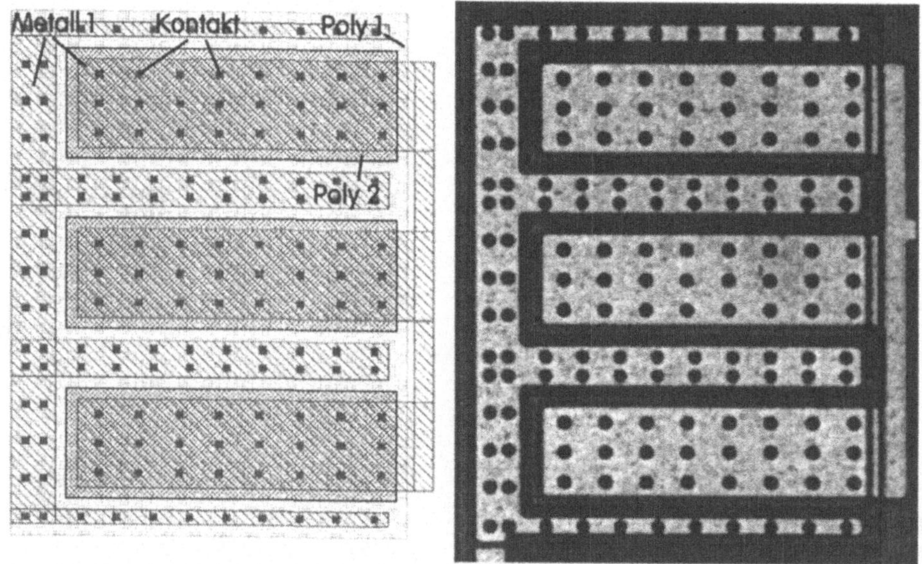

Bild 3.22 Layout und Chipfoto eines 4 pF-Kondensators gebildet aus zwei Polysiliziumlagen, die zur Verringerung des Serienwiderstandes zusätzlich metallisiert sind.

3.4.3 Bondpad und Schutzschaltung

Die Verbindung unseres Chips zur Außenwelt geschieht über Bonddrähte. Am Rand unseres Chips ordnen wir eine Reihe von Kontaktflächen (Bondpads) an. Jede Kontaktfläche muß groß genug sein, um den Bonddraht aufnehmen zu können. In der Regel reicht eine Fläche von 100µm · 100µm. So ein Bondpad besteht im wesentlichen aus einem großflächigen Via, d.h. im Bereich des Bondpads ist das Isolationsoxid zwischen Metall1 und Metal2 entfernt. Metall1 und Metal2 sind miteinander verbunden.

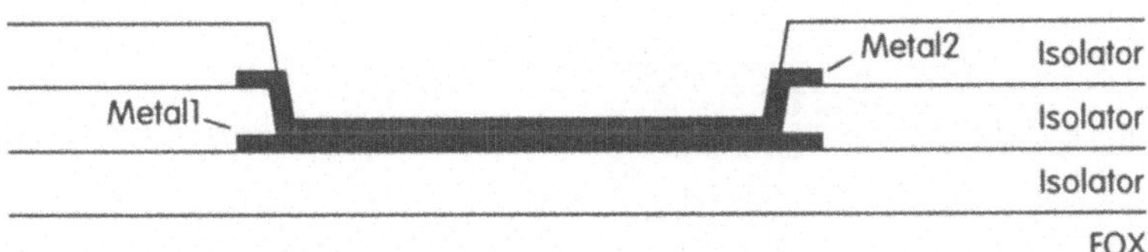

Bild 3.23 Aufbau einer Kontaktfläche (Bondpad) zur Außenwelt

Da die Kontaktflächen die Verbindung zur Außenwelt darstellen und CMOS-Transistoren sehr empfindlich gegenüber zu hohen elektrostatischen Potentialen sind, ist es sinnvoll, wenn wir eine Schutzschaltung in die Nähe der Kontaktflächen integrieren.

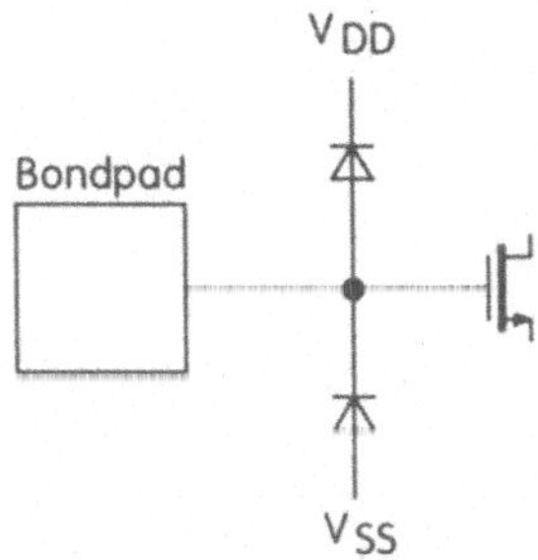

Bild 3.24 Schema der Schutzschaltung

Die Schutzschaltung besteht aus einer Diode gegen V_{DD} und einer Diode gegen V_{SS}. Die Diode gegen V_{DD} entsteht durch eine p^+-Dotierung in einer n-Wanne, während sich die Diode gegen V_{SS} durch eine n^+-Dotierung in das Substrat bildet.

Ein Bondpad bildet eine Kapazität zum Substrat, die nicht unerheblich ist und unter Umständen beim Entwurf einer Schaltung berücksichtigt werden muß. Wir wollen diese Kapazität bestimmen. Die Flächenkapazität zwischen Metall und dem Substrat beträgt 25 aF/μm^2. Weiterhin haben wir die Randkapazität zwischen Metall und Subtrat mit 80 aF/μm zu berücksichtigen, die allerdings nur einen kleinen Anteil an der Gesamtkapazität ausmacht. Die Bondpad-Fläche ist $100 \cdot 100\ \mu m^2$ und der Bondpad-Rand $4 \cdot 100\ \mu m$. Damit ergeben sich folgende Kapazitätsanteile

$$C_A = 25 \cdot 10^{-18}\ F/\mu m^2 \cdot 10^4\ \mu m^2 = 25 \cdot 10^{-14}\ F \tag{3.7}$$

$$C_A = 80 \cdot 10^{-18}\ F/\mu m \cdot 400 \mu m = 3{,}2 \cdot 10^{-14}\ F \tag{3.8}$$

Die Gesamtkapazität beträgt also 0,28 pF, wobei die Sperrschichtkapazitäten der Schutzdioden noch unberücksichtigt geblieben sind.

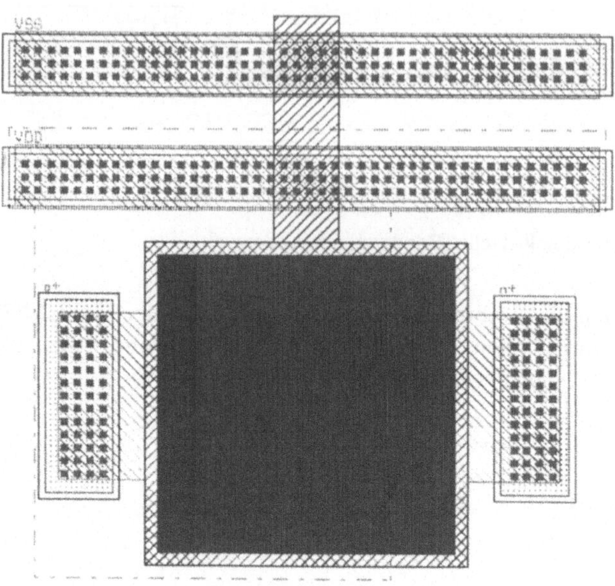

Bild 3.25 Layout einer Kontaktfläche (Bondpad) mit Schutzschaltung

3.4.4 Paarung von Bauelementen (Matching)

Modulwiderstände

Benötigen wir einen hochohmigen Widerstand, so würden wir ihn aus Gründen der Flächenökonomie mäanderförmig anordnen. Im Bild 3.26 (links) ist dies dargestellt. Diese Anordnung ist aber nicht präzise genug. Auf einem Geradenstück gilt der vorgegebene Flächenwiderstand R_{square}. An einer Kante jedoch geht der Wert auf $0{,}6 \cdot R_{square}$ zurück. Ein präziser Abgleich verschiedener Widerstandwerte ist damit nicht möglich. Sinnvoller ist es, immer gleichartige Widerstände über Metallbahnen zu Widerstands-Arrays zu verschalten (Siehe Bild 3.26 rechts). Das verbessert den Abgleich der verschiedenen Widerstandswerte zueinander.

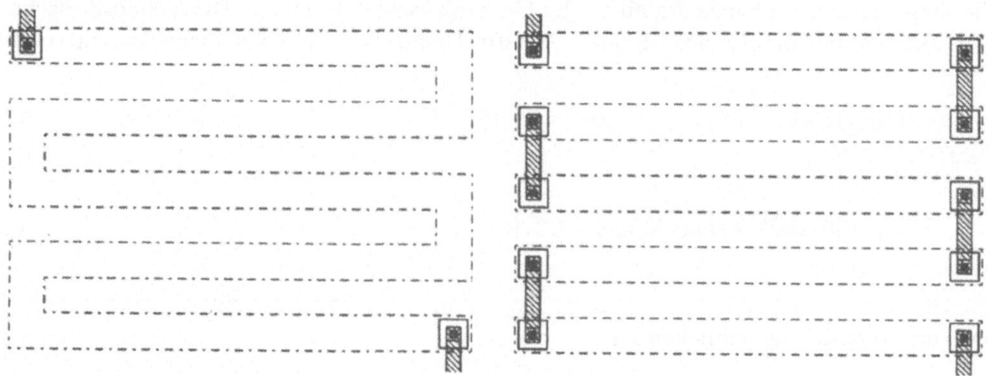

Bild 3.26 Schlechte Realisierung eines hochohmigen Widerstandes (links). Besser ist die Verschaltung von Modulwiderständen zu einem größeren Widerstand (rechts).

Substratstörungen

Jede Präzisionsschaltung ist empfänglich für Störungen aus dem Substrat. Substratstörungen sind das Ergebnis angrenzender Schaltungsteile, die einander Strom injizieren. Die einfachste Methode die Substratstörungen zu vermeiden, ist das Einrahmen der Schaltung mit einem Ring aus p^+-Dotierung, der an VSS angeschlossen wird. Diese Ringe werden auch Schutzringe („Guard rings") genannt.

Bild 3.27 Vermeidung von Substratstörungen durch „Guard rings"

Matching-Strategien

Die Paarung zweier Widerstände können wir verbessern, wenn wir die Teilwiderstände ineinander verschachteln. Damit erreichen wir, daß Prozeßschwankungen möglichst gleichmäßig verteilt werden. Die in Bild 3.28 gezeigte Anordnung der beiden verschachtelten Widerstände wird interdigital genannt.

Wenn wir annehmen, daß sich der Flächenwiderstand linear über den Wafer ändert, so bleiben bei der interdigitalen Methode Restfehler bestehen. Das Matching können wir weiter verbessern, wenn wir die Technik des Common-Centroid-Layout anwenden. Gruppieren wir die Teilwiderstände (oder auch Teilkapazitäten bzw. Teiltransistoren) um einen zentralen Punkt, so lassen sich die Restfehler ausgleichen (Siehe Bild 3.29).

Dummy-Elemente

Eine weitere Methode, um das Matching zu verbessern, ist der Einsatz von Dummy-Elementen. Im Schnittbild können wir erkennen, daß die Unterdiffusionen an den Randgebieten anders verlaufen als im Zentrum. Das hat Abweichungen in den Bauelementwerten zur Folge. Um diesen Effekt zu kompensieren, können wir Dummy-Elemente zu dem Interdigital- bzw. Common-Centriod-Layout hinzufügen. Die Dummy-Elemente haben keine elektrische Funktion. Sie sichern nur, daß die Teilwiderstände wirklich alle gleich sind.

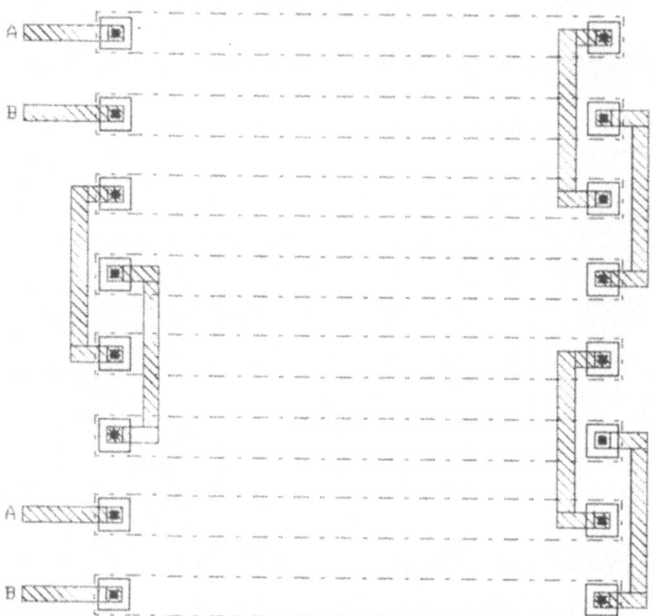

Bild 3.28 Paarung zweier Widerstände nach interdigitalen Methode

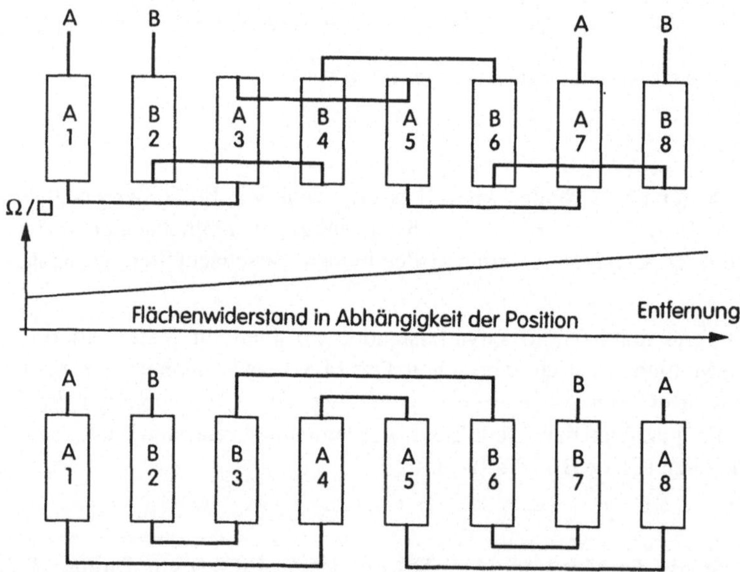

Bild 3.29 Bei der interdigitalen Methode (oben) bleibt ein Restfehler, wenn sich der Flächenwiderstnd über den Wafer ändert. Die Common-Centriod-Anordung (unten) vermeidet dies.

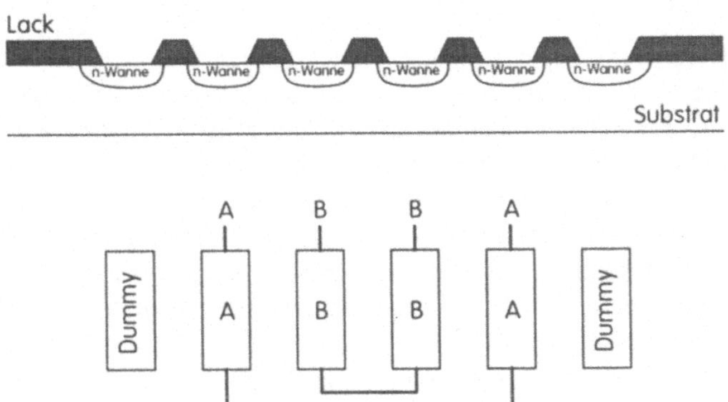

Bild 3.30 Durch den Einsatz von Dummy-Elementen kann das Matching weiter verbessert werden.

3.4.5 Strombelastung

Arbeiten wir mit höheren Strömen, so stellt sich die Frage nach der Strombelastbarkeit der Leitbahnen und der Kontaktierungen. Die Faktoren, die den Strom einer Leitbahn begrenzen, sind Elektromigration und Spannungsabfall.

Wenn ein Leiter zu viel Strom trägt, tritt Elektromigration auf. Dieser Effekt läßt sich mit der Erosion vergleichen, die ein Fluß verursacht, der zu viel Wasser führt. Durch Elektromigration verändern sich die Abmessungen des Leiters und es entstehen Bereiche höheren Widerstandes, die zum Ausfall des Leiters führen können. Liegt die Stromdichte unter einem Wert von 1 bis 2 mA pro µm Leitbahnbreite, wird keine Elektromigration auftreten. Ähnliches gilt für die Durchkontaktierungen. Hier können wir die Elektromigration vermeiden, wenn die Strombelastung einer Durchkontaktierung unter 0,4 mA bleibt.

Ein weiterer Aspekt ist der Spannungsabfall, der durch einen zu hohen Widerstand verursacht wird. Bei den Leitbahnen können wir den Widerstand leicht aus den Geometrien und dem Flächenwiderstand errechnen (siehe Gleichung 3.4). Der Flächenwiderstand von Metal1 beträgt 0,06 Ω/□. Bei Metal2 ergibt sich ein Wert von 0,03 Ω/□, weil die Leitbahnen aus Metal2 doppelt so dick sind. Der Übergangswiderstand einer Durchkontaktierung (Via) zwischen Metal1 und Metal2 beträgt 0,05 Ω. Haben wir es mit einer Kontaktierung zwischen Metal1 und Polysilizium oder einer dotierten Zone zu tun, müssen wir mit einem Übergangswiderstand von 20 Ω rechnen.

3.4.6 Design Rules

Bei der Erstellung eines Layouts müssen wir aus technologischen Gründen bestimmte Mindestabstände und Überlappungen einhalten. Die Vorschriften dazu finden wir in den „Design Rules“. Um ein Design skalierbar zu machen, ist es üblich, die Längengröße λ (Lambda) zu verwenden. Die Strukturen werden dann nicht mehr in µm beschrieben, sondern in vielfachen von λ. Für unseren CMOS-Prozeß von ORBIT gilt als Längengröße $\lambda = 1\mu m$. Die minimal erzielbare Strukturbreite ist, wie eingangs schon erwähnt, $2\lambda = 2\mu m$. Die „Design Rules“ berücksichtigen im allgemeinen das Größenmaß λ. Die für unseren CN20-Prozeß anzuwendenden „Design Rules“ stehen dem Leser im Anhang dieses Buches zur Verfügung.

3.5 Der MOSIS-Service

MOSIS ist ein Service zur Herstellung kostengünstiger Prototypen und Kleinserien integrierter Schaltungsentwicklungen. Der Name MOSIS steht für „MOS Implementation Service" und ist eine Dienstleistung des Information Sciences Institute an der University of Southern California[1]. Seit 1981 wurden über 30000 Entwürfe integrierter Schaltungen unter Anwendung verschiedenster Technologien und Fabrikationsstätten prozessiert. Durch Ansammeln von Projekten aus unterschiedlichen Quellen auf einem Maskensatz, bietet MOSIS dem Schaltungsentwickler durch anteilige Masken- und Fabrikationskosten die Möglichkeit, Prototypen in geringen Stückzahlen zu extrem niedrigen Preisen fertigen zu lassen. Dadurch reduzieren sich erheblich Risiko, Zeit und Kosten für die kundenspezifische Entwicklung von integrierten Schaltungen. Nach Einrichtung eines Kontos und der Mitteilung der Kontonummer durch MOSIS, lassen sich komplette Chip-Entwürfe entweder im GDS-Format (kodiert mittels UUENCODE) oder im CIF-Format einreichen. Die Kosten sind vergleichsweise niedrig, so können wir Entwürfe in einer 2 µ Technologie für 630 Dollar gefertigt bekommen (4 Exemplare mit einer Chipgröße von 2,3 mm · 2,3 mm im 40 poligen Gehäuse)[2].

Fertigung bei MOSIS

Wir wollen beispielhaft zeigen, wie einfach und unproblematisch ein Fertigungsprozeß bei MOSIS durchgeführt werden kann. Voraussetzung zur Einleitung einer Fertigung ist die Existenz eines Kundenkontos. Dazu finden wir auf der Website von MOSIS eine Kundenvereinbarung (MOSIS Customer Agreement) als PDF-Datei zum herunterladen. Die Kundenvereinbarung ist auszufüllen und in zweifacher Ausfertigung unterschrieben an MOSIS zu schicken. MOSIS antwortet daraufhin per Email und teilt uns die Kontonummer (ACCOUNT), den Benutzernamen (D-NAME) und ein Benutzer-Password (D-PASSWORD) mit. Gleichzeitig erhalten wir per Post eine Ausfertigung der Kundenvereinbarung, ein Benutzerhandbuch und die Beschreibung der skalierbaren Design-Rules von MOSIS.

Als Kunde leiten wir einen Fertigungsprozeß dadurch ein, daß wir eine Bestellung zu MOSIS schicken. Wichtig ist dabei die Bestellnummer (Purchase Order Number), die im weiteren Verlauf der Kommunikation per Email benötigt wird. Die Bestellung muß per Post erfolgen, kann aber durch ein Vorabfax der Bestellung angekündigt werden.

Der erste Schritt unserer Kommunikation per Email ist die Anforderung einer Projektnummer. Wir nehmen an, wir hätten von MOSIS die Kundennummer 2000-COM erhalten, der Benutzername sei EHRHARDT und das Benutzer-Password CHIPS. Die Email, die wir nun versenden müssen, sieht wie folgt aus:

```
REQUEST:NEW-PROJECT
ACCOUNT:2000-COM
D-NAME:EHRHARDT
D-PASSWORD:CHIPS
PHONE: +492717404766
```

---

1 http://www.mosis.org

2 Mittlerweile läßt MOSIS nicht mehr bei SUPERTEX (ORBIT) fertigen. Statt dessen wird der 1,5 µm Prozeß von AMI angeboten. Hier kosten 5 Chips 880 Dollar.

```
PO: 14.252/547.94
P-NAME:WS99
P-PASSWORD:HFTECHNIK
TECH-CODE:SCNA
LAMBDA:1
FOUNDRY:ORBIT
SIZE:2160X2160
PADS:40
QUANTITY:4
PACKAGE-NAME:DIP40
DESCRIPTION:STUDENT WORK
REQUEST:END
```

Neben Telefonnummer, Bestellnummer (PO) und Projektkennzeichnung (P-NAME, P-PASSWORD), finden sich in dieser Email noch einige wichtige Angaben. Das sind die Angaben über die benutzten Design-Rules (TECH-CODE, LAMBDA) und der Fertigungsstätte (FOUNDRY). Die Größe des Chips (SIZE), die Anzahl der Chips (QUANTITY), die Anzahl der Anschlüsse (PADS) und die Form des Gehäuses (PACKAGE-NAME) müssen wir hier ebenfalls spezifizieren.

Als Antwort auf unsere Email erhalten wir postwendend eine automatisch generierte Email von MOSIS.

```
Your "NEW-PROJECT" request was executed successfully.

Project Status:

   Project 57652 status is NEW
   Project name is "WS99"
   Phone number is +492717404766
   Technology is SCNA, lambda = 1
   Fabrication restricted to ORBIT only
   This project can be fabricated on a ORB_SCNA20 run
   Layout file is not present
```

Wie uns die letzte Zeile hinweist, müssen wir für den weiteren Ablauf die Layoutdaten unseres Chipentwurfes übermitteln. Das könnte direkt über Email erfolgen, ist aber wegen der einzubindenden Datenmenge nicht ratsam. Einfacher ist es, wenn wir den Computer bei MOSIS anweisen, sich die Layoutdaten per FTP direkt von unserem Computer zu holen. In unserem Beispiel handelt es sich um ein Layout im GDS-Format, das zuvor per UUENCODE in ein ASCII-Format gebracht wurde. Die Kodierungsdaten (Byte Count und Checksum) müssen wir dem Computer bei MOSIS mitteilen.

```
REQUEST:FABRICATE
ID:57652
P-PASSWORD:HFTECHNIK
LAYOUT-CHECKSUM: 42635498,583064
LAYOUT-FORMAT:UUGDS
TOP-STRUCTURE:OURCHIP
LAYOUT-FTP-PATH: !mycomp.uni-siegen.de!username!password!OURCHIP.UUE
REQUEST:END
```

Wie wir an dem Beispiel sehen, ist die Projektnummer als ID einzutragen. Weiterhin ist der Name der obersten Struktur unseres hierachisch aufgebauten Layouts (hier: OURCHIP) mit anzugeben. MOSIS bestätigt uns, daß es sich die Layoutdaten abholt:

```
Your "FABRICATE" request was executed successfully.

Request Notes:

   FTP retrieval of your file "OURCHIP.UUE" from host
      "mycomp.uni-siegen.de" as user "username" has been queued
```

Nach einer erfolgreichen Überprüfung des Layouts durch MOSIS, wird unser Layout zur Fertigung eingereiht. Wir erhalten von MOSIS eine Email mit dem Ergebnis des Layouttests und sämtlicher Angaben über unser Projekt:

```
The requested Design Check has completed and returned these results:

Project Warnings:

   Design pad location is symmetric; bonding orientation assumed
      same as submitted design file

Project Status:

   Project 57652 status is QUEUED FOR FAB
   Project name is "WS99"
   Phone number is +492717404766
   Technology is SCNA, lambda = 1
   Fabrication restricted to ORBIT only
   This project can be fabricated on a ORB_SCNA20 run
   Layout format is GDS
   Top or root structure is 'OURCHIP'
   layout file is complete
   We counted 40 bonding pads
   The layout size is 2148 x 2148 microns
   Layers found: ACTIVE, CONTACT, ELECTRODE, GLASS, METAL1,
     METAL2, N_PLUS_SELECT, N_WELL, PADS, PBASE, POLY,
     P_PLUS_SELECT, VIA
   Requested package is DIP40
   Requested quantity is 4
   You ordered a total of 4 parts
   with 4 to be packaged in DIP40
   The charge for project fabrication will be $630.00
```

Eine weitere Information erhalten wir, wenn unser Chip tatsächlich in Produktion geht. MOSIS teilt uns dann eine Identifikationsnummer mit, unter der wir Informationen über den Status der

Fertigung erfahren können. Diesen Status können wir entweder über Email oder eine Webseite abrufen.

```
Project 57652 (WS99) is now being fabricated.
Your Fab-Id is N93KAF.

The Fab-Id uniquely identifies your project on its wafer lot
and consists of two parts: the Run (N93K) and the Die (AF).

For status and scheduling information concerning this run, please
visit the URL http://www.mosis.org/cgi-bin/runstatus/n93k
or send the following request to mosis@mosis.org:

   Request: INFORMATION
   Topic:   N93K.STS

When the fabrication cycle is completed, your order will be
delivered to you by commercial carrier (typically FedEx) using
their 2-day service.
```

Wir wollen uns solch einen Statusreport ansehen. Hier erfahren wir, was bisher passierte und wann mit den einzelnen Fertigungsschritten bis zur Auslieferung zu rechnen sei. An unserem Beispiel sehen wir, daß die Fertigung ungefähr zwei Monate dauert.

```
STATUS OF MOSIS RUN N93K - KILIMANJARO        Updated: 22-Mar-99 PAT

TECHNOLOGIY:  ORB_SCNA20

MASKS:  ALIGN-RITE          /WAFERS:  ORBIT           /PKGS:  NOR

CLOSED:                 03-08-99
TAPES OUT:              03-16-99
MASKS IN:               03-22-99
MASKS OUT:              03-22-99
WAFERS IN:              04-27-99   *E
WAFERS PROBED:          04-27-99   *E
WAFERS OUT:             04-28-99   *E
PKGS IN:                05-06-99   *E
PKGS OUT:               05-06-99   *E

==================================================
WORK DAYS TURNAROUND:

ISI                       9
MASKS                     3
WAFERS                   26    *E     ( 5.2 weeks)
PKGS                      5    *E
                        ---
**SUBTOTAL               43    *E     ( 8.6 weeks)
```

```
HOLYDAYS                          0
VENDOR DOWN                       0
                                ---
**TOTAL                          43   *E    ( 8.6 weeks)
=====================================================

*E = estimates
```

Schließlich bekommen wir von MOSIS noch eine Email, wenn die gefertigten und ins Gehäuse verpackten Chips auf die Reise gehen.

3.6 Der Service von EUROPRACTICE

Europa verfügt mit EUROPRACTICE über einen ähnlichen Service zur preisgünstigen Herstellung integrierter Schaltungen. EUROPRACTICE wurde im Oktober 1995 von der Europäischen Kommission ins Leben gerufen, um europäischen Firmen bei der Stärkung ihrer Weltmarktkompetenz im Bereich applikationsspezifischer integrierter Schaltungen (ASICs) zu helfen. Die federführende Institution ist die IMEC[1] in Belgien. Akademischen Einrichtungen und staatlich geförderten Forschungslabors werden nach Entrichtung eines jährlichen Mitgliedsbeitrages Sonderkonditionen bei den Produktionskosten und bei der Beschaffung der Designsoftware eingeräumt. EUROPRACTICE bietet eine ähnliche Preisstruktur wie MOSIS. Auch die Abwicklung eines Auftrages geschieht in einer vergleichbaren Weise. Nach dem Erwerben der Mitgliedschaft[2] bei EUROPRACTICE und der Unterzeichnung einer Vertraulichkeitserklärung für die gewählte Halbleitertechnologie, bekommen wir vom IMEC die Dokumentation über die gewählte Technologie und eine CD-ROM mit Design-Kits. Diese Design-Kits enthalten neben den Design-Rules die Beschreibung der Technologie und eine Sammlung von Basiszellen analoger und digitaler Schaltkreise für die herkömmlichen Programmpakete zum Entwurf integrierter Schaltungen, wie Cadence, Mentor, Synopsis und dergleichen. Für einige Technologien finden sich sogar Design-Kits für Software-Systeme, die auf PCs lauffähig sind. Haben wir unser Design fertiggestellt, entspricht die weitere Abwicklung des Fertigungsprozesses dem zuvor geschilderten Ablauf bei MOSIS.

1 http://www.imec.be/europractice

2 Firmen brauchen keinen Mitgliedsbeitrag zu entrichten, erhalten allerdings auch keine Sonderkonditionen.

4 Designwerkzeuge

Am Beginn des Fertigungsprozesses einer integrierten Schaltung steht der Entwurf und das Design. Sind die Anforderungen an eine neu zu entwerfende Schaltung definiert, werden wir nach geeigneten Schaltungsvarianten Ausschau halten. Wenn wir etwas passendes gefunden haben, gilt es, unsere Schaltung in groben Zügen zu dimensionieren. Viele Schaltungsentwickler bevorzugen heutzutage dafür immer noch Papier, Bleistift und Taschenrechner. Mittlerweile kennen wir auch computergestützte Werkzeuge, die uns bei der Dimensionierung helfen. Im Abschnitt „Symbolische Analyse" wird näher darauf eingegangen. Nach der groben Dimensionierung muß die Überprüfung unseres Entwurfes erfolgen. Dies geschieht mit Hilfe der numerischen Analyse. Hier sind SPICE und alle SPICE-ähnlichen Derivate zu nennen. Diese mächtigen Werkzeuge erlauben es uns, die Schaltung unter Berücksichtigung aller Belange wirklichkeitsgetreu zu simulieren. Die Simulation wird uns die Information darüber geben, ob unsere Schaltung wie vorgesehen funktioniert. Wir werden Hinweise finden, die uns helfen, falls wir die Bauteilparameter korrigieren müssen. Haben wir unseren Schaltungsentwurf ausreichend verifiziert, können wir die Umsetzung in ein Layout vornehmen. Zum Entwurf integrierter Schaltungen verwenden wir in der Regel komplette Programmpakete wie Cadence oder Mentor Graphics. Die Basis all dieser Pakete ist ein CAD-Programm zum Zeichnen von Schaltplan und Layout. Daneben finden sich Programme zur Synthese und Analyse von Schaltungen. Exemplarisch werde ich in diesem Kapitel auf diese Werkzeuge eingehen. Obwohl die Nutzung von Synthesewerkzeugen in der analogen Schaltungstechnik noch nicht denselben Stellenwert wie in der digitalen Schaltungstechnik hat, wollen wir hier die prinzipielle Vorgehensweise studieren. Dem wichtigsten Werkzeug, der numerischen Analyse mit SPICE, ist ein breiter Raum gewidmet. Den Abschluß dieses Kapitels bildet die Beschreibung eines Programmsystems für das Layout.

4.1 Symbolische Analyse

Mit der numerischen Analyse wie SPICE kann lediglich das Verhalten einer bereits vollständig dimensionierten Schaltung berechnet werden. In der Entwurfsphase versagt dieses Werkzeug und ist für folgende Anwendungsfälle nur bedingt beziehungsweise überhaupt *nicht* anwendbar:

- Die Analyse von nicht oder nur zum Teil dimensionierter Schaltungen.
- Die Ermittlung funktionaler Abhängigkeiten zwischen den Bauelementwerten einer Schaltung und dem resultierenden Verhalten der Schaltung.
- Die aussagefähige Darstellung funktionaler Abhängigkeiten.
- Die Ableitung von Dimensionierungsformeln für die Bauelementwerte aufgrund äußerer Spezifikationen.

Hier lassen sich Verfahren zur symbolischen Analyse anwenden. Diese Verfahren werden oft in Verbindung mit Computeralgebrasystemen eingesetzt, um die notwendigen analytischen Umformungen ausführen zu lassen. Die symbolische Analyse ist eine Vorstufe zum vollautomatischen Schaltungsdesign.

4.1.1 Schaltplan und Netzliste

Um die wesentlichen Elemente eines Systems zur symbolischen Analyse zu verdeutlichen, wird folgendes Beispiel eines belasteten Spannungsteilers betrachtet.

Gegeben sei die Eingangsspannungsquelle V_{IN}[1], der Lastwiderstand R_L sowie die Teilerwiderstände R_1 und R_2. Gesucht sei zunächst eine Formel für das Teilerverhältnis V_{OUT}/V_{IN} des belasteten Spannungsteilers als Funktion der Parameter R_1 und R_2.

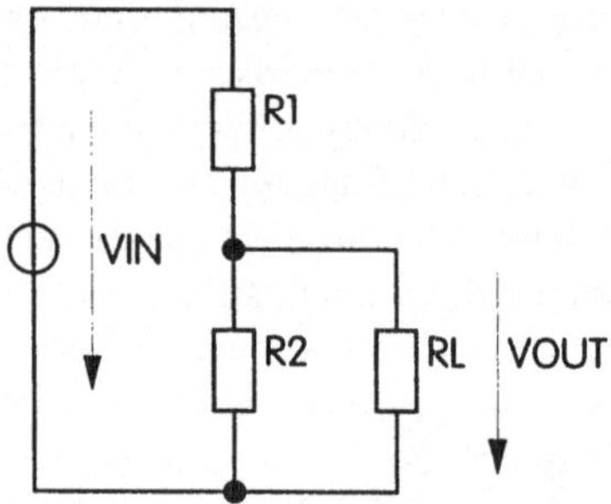

Bild 4.1 Belasteter Spannungsteiler

Untenstehend nun die Netzliste für das Programmsystem Analog Insydes, die in ihrem prinzipiellen Aufbau einer SPICE-Netzliste sehr ähnlich ist. Anstatt der Angabe eines Bauelementwertes wird der Bauelementname eingetragen, um vorzugeben, daß der Bauelementwert unbestimmt ist.

```
Spannungsteiler: [
[VIN,[1,0],VIN],
[R1,[1,2],R1],
[R2,[2,0],R2],
[RL,[2,0],RL]
];
```

Berechnung der Übertragungsfunktion

Unter Anwendung der modifizierten Knotenanalyse, nach der auch SPICE vorgeht, werden die Netzwerkgleichungen in Matrixform aufgestellt.

$$\begin{bmatrix} \frac{1}{R_1} & -\frac{1}{R_1} & 1 \\ -\frac{1}{R_1} & \frac{1}{R_2}+\frac{1}{R_1}+\frac{1}{R_L} & 0 \\ 1 & 0 & 0 \end{bmatrix} \cdot \begin{bmatrix} V\_1 \\ V\_2 \\ I\_VIN \end{bmatrix} = \begin{bmatrix} 0 \\ 0 \\ VIN \end{bmatrix} \tag{4.1}$$

---

1 Die Bezeichnung der Spannungsquellen erfolgt nach angelsächsischer Schreibweise, um Übereinstimmung mit der Netzliste zu erzielen.

Hiernach folgt die symbolische Lösung der Gleichungen nach dem Knotenpotential V_{OUT} und anschließend die Berechnung des Teilerverhältnisses K mit Division durch V_{IN}. Es ergibt sich

$$K = \frac{R_L \cdot R_2}{(R_1 + R_L) \cdot R_2 + R_1 \cdot R_L} \tag{4.2}$$

4.1.2 Symbolische Dimensionierung

In Bezug auf die symbolische Analyse können wir den Begriff symbolisches Design als die umgekehrte Problemstellung verstehen, nämlich nicht die Bestimmung von Strömen und Spannungen als Funktion der Elementwerte, sondern die analytische Berechnung der Elementwerte einer vorgegebenen Schaltungsstruktur, das heißt deren Dimensionierung für ebenfalls vorgegebenen Systemspezifikationen.

Wir wollen für den belasteten Spannungsteiler eine Dimensionierungsformel bestimmen, die einen analytischen Ausdruck für den Wert von R_1 liefert, wenn der Wert von R_2 vorgegeben wird und mit R_1 ein bestimmtes Teilerverhältnis eingestellt werden soll. Hierzu müssen wir zunächst eine Funktion der Form

$$R_1 = f(R_2, K) \tag{4.3}$$

ableiten. Die gesuchte Funktion finden wir bereits als Ergebnis der oben durchgeführten Betrachtungen zum Teilerverhältnis. Daher müssen wir nun die dort vorliegende Gleichung lediglich nach R_1 umstellen.

Wir erhalten damit den folgenden Zusammenhang

$$R_1 = -\frac{R_L \cdot R_2 \cdot K - R_L \cdot R_2}{(R_2 + R_L) \cdot K} \tag{4.4}$$

Das Ergebnis ist also eine Funktion in der gewünschten Form. Suchen wir nun abschließend einen numerischen Wert für R_1, so brauchen wir nur die hierzu notwendigen Vorgaben von R_2 und dem Teilerverhältnis in die Formel einzusetzen und diese auszuwerten. Geben wir beispielsweise das Teilerverhältnis mit

$$K = 0{,}6$$

vor und weisen dem Widerstand R_2 den Wert

$$R_2 = 5\ \mathrm{k\Omega}$$

sowie dem Widerstand R_L den Wert

$$R_L = 2\ \mathrm{k\Omega}$$

zu, so erhalten wir für R_1 den Wert

$$R_1 = 952{,}38\ \Omega$$

4.1.3 Symbolische Analyse einer Verstärkerschaltung

In diesem Abschnitt wollen wir einige weitergehende Aspekte der symbolischen Analyse betrachten, die sich bei der Analyse realer Schaltungen ergeben. Dies soll am Beispiel der Verstärkerschaltung in Bild 4.2 geschehen.

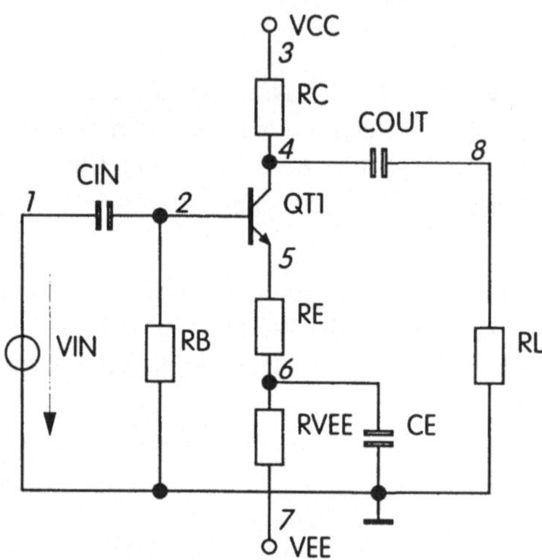

Bild 4.2 Verstärkerschaltung

Die Spannungsverstärkung stellt sicher eine elementare Größe zur Spezifikation einer Verstärkerschaltung dar. Eine formelmäßige Beziehung zwischen der Spannungsverstärkung und den Bauelementen kann hier ein besseres Verständnis über die Zusammenhänge in der Schaltung sowie nützliche Hinweise für die Auslegung der Bauelemente zur Einstellung einer bestimmten Verstärkung liefern.

Kleinsignal-Spannungsverstärkung

Im folgenden wollen wir eine symbolische Analyse der Kleinsignal-Spannungsverstärkung vornehmen. Doch zuvor müssen wir dem Transistor ein geignetes Kleinsignal-Ersatzschaltbild geben. Dazu bietet sich in einem ersten Schritt die Ersatzschaltung nach Bild 4.3 an. Es ist die Ersatzschaltung, die wir üblicherweise für Bipolartransistoren im Kleinsignalbetrieb benutzen.

Die Gesamtschaltung setzen wir nun in eine Netzliste für das Programmsystem Analog Insydes um und geben es in den Computer ein.

```
Verstaerker: [
[VIN,[1,0],1],
[VCC,[3,0],ELTYPE=V,VALUE=VPLUS],
[VEE,[0,7],VMINUS],
[RB,[2,0],RB],
[RC,[3,4],RC],
[RE,[5,6],RE],
[RVEE,[6,7],RVEE],
[RL,[8,0],RL],
```

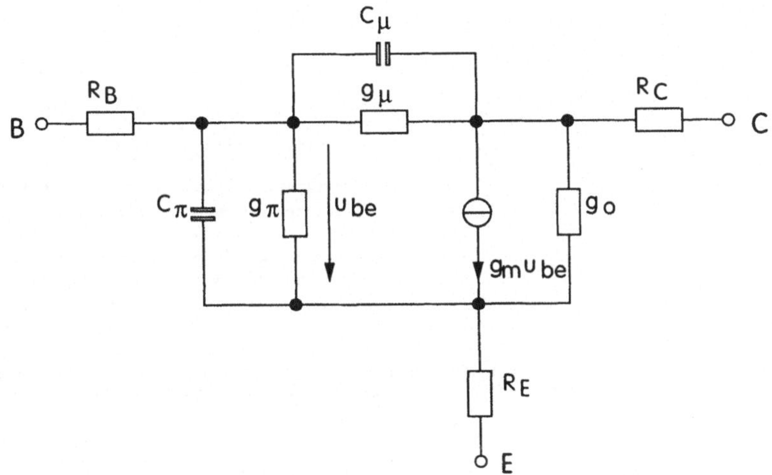

Bild 4.3 Kleinsignalersatzschaltbild des Transistors

```
[CIN,[1,2],CIN],
[COUT,[4,8],COUT],
[CE,[6,0],CE],
[
QT1,[4=C,2=B,5=E],MODEL=Q2N3904,
IC0=ICOP,VCE0=VCOP,IB0=IBOP,VBE0=VBOP,
RBE=RBE,RCE=RCE,BETA=BETA,
RBB=RBB,RPI=RPI,RU=RU,RO=RO,RCC=RCC,REE=REE,
GM=GM,CPI=CPI,CU=CU
],
[
COMMAND=MODEL,NAME=Q2N3904,SCOPE=GLOBAL,
PORTS=[C,B,E],PARAMS=[RBB,RPI,RU,RO,RCC,REE,GM,CPI,CU],
NETLIST=[
[RBB,[B,BP],RBB],
[CPI,[BP,EP],CPI],
[RPI,[BP,EP],RPI],
[RU,[BP,CP],RU],
[CU,[BP,CP],CU],
[VC,[BP,EP,CP,EP],GM],
[RCC,[CP,C],RCC],
[REE,[EP,E],REE],
]
]
```

Mit Hilfe der modifizierten Knotenanalyse (MNA) ergibt sich die vollständige Übertragungsfunktion nach Bild 4.4. Wie wir sehen, ergibt die symbolische Netzwerkanalyse zur Bestimmung der Spannungsübertragungsfunktion für unsere Verstärkerschaltung unter Verwendung des vollständigen linearen Transistormodells einen analytischen Ausdruck mit 1521 Produkttermen.

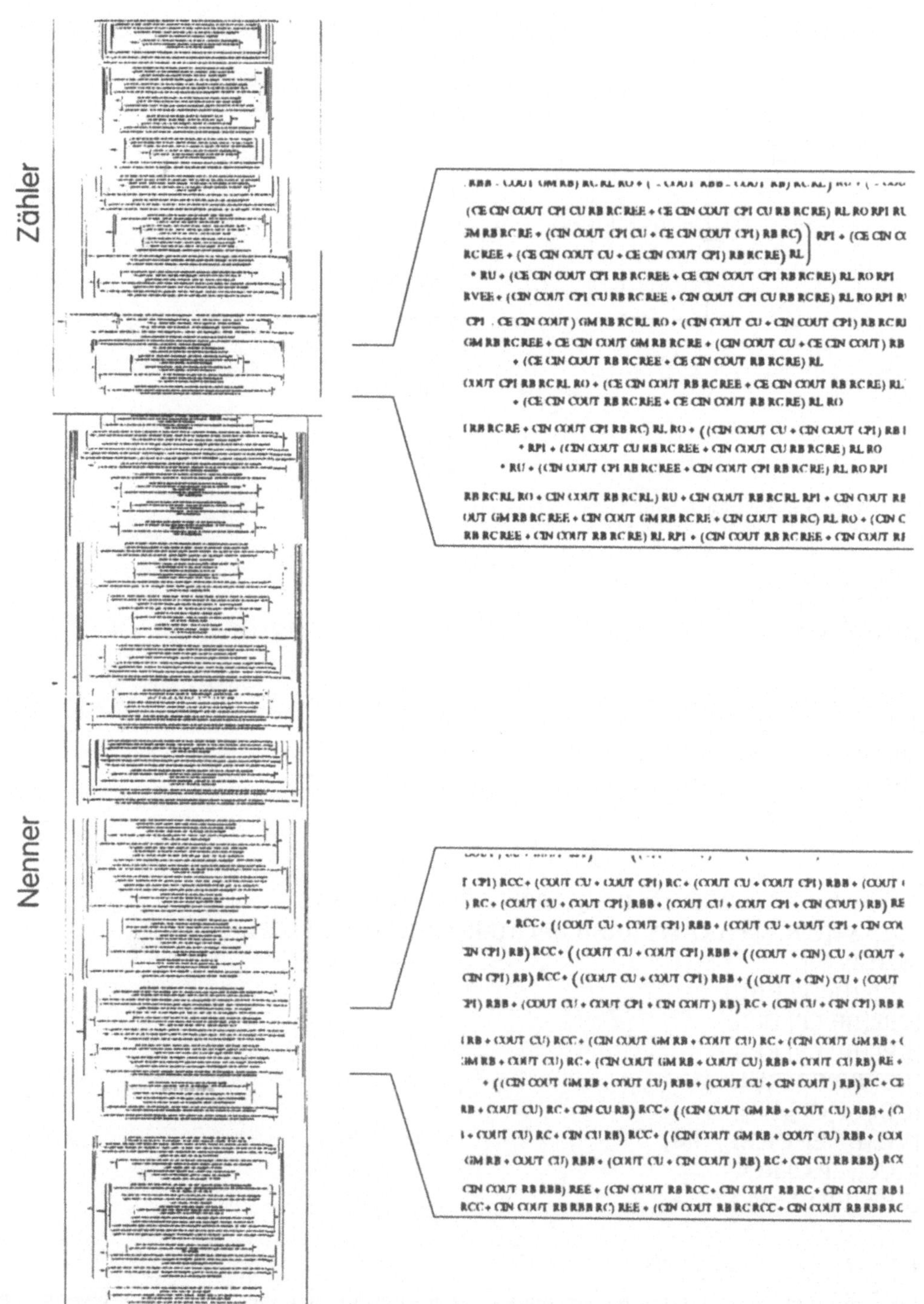

Bild 4.4 Vollständige Spannungsübertragungsfunktion unserer einfachen Verstärkerschaltung. Diese Übertragungsfunktion enthält 1514 Produktterme. Ein Verständnis für die Funktion der Schaltung kann bei solch einer Komplexität nicht aufkommen.

Hiermit wird ein prinzipielles Problem der symbolischen Analyse deutlich, nämlich die mit der Größe des betrachteten Netzwerkes exponentiell steigende Komplexität der symbolischen Ausdrücke zur Beschreibung der verschiedenen charakteristischen Systemgrößen. Die Komplexität der entstehenden Ausdrücke macht eine Auswertung derselben in Bezug auf die Vermittlung von Einsichten in das Schaltungsverhalten unmöglich. An der in Bild 4.4 ermittelten vollständigen Übertragungsfunktion ist beispielsweise nicht zu entnehmen, welchen Einfluß die Bauelemente RC, RE oder CE auf die Lage der Grenzfrequenzen oder den Betrag der Spannungsverstärkung haben. Überdies ist zu beachten, daß die Grenzfrequenz eine Größe ist, die sich aus den Nullstellen des Nennerpolynoms der betrachteten Spannungsübertragungsfunktion ergibt. In unserem Fall ist das Nennerpolynom von fünfter Ordnung (fünf unabhängige Energiespeicher/Kondensatoren in der Schaltung).

Ersatzschaltungen und Modelle, symbolische Vereinfachung

In diesem Abschnitt soll gezeigt werden, daß wir durch die Wahl geeigneter einfacher Ersatzschaltungen zu übersichtlichen und entsprechend interpertierbaren symbolischen Ausdrücken kommen.

Im ersten Schritt wollen wir den Transistor durch sein vereinfachtes h-Ersatzschaltbild modellieren.

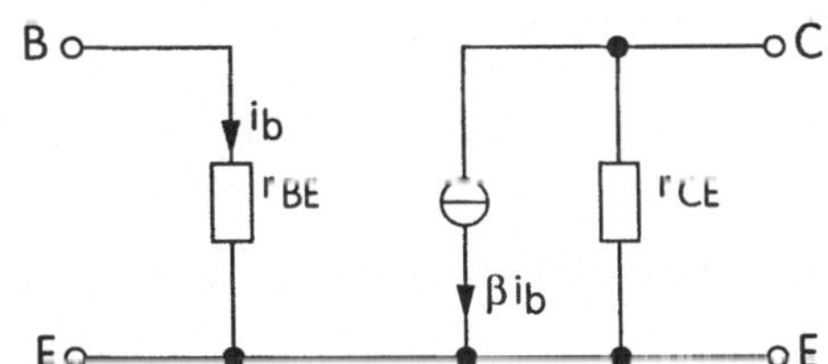

Bild 4.5 Vereinfachtes h-Ersatzschaltbild des Transistors

Wir ändern in unserer Netzliste das Modell des Transistors zu

```
[
COMMAND=MODEL,NAME=Q2N3904,SCOPE=GLOBAL,
PORTS=[C,B,E],PARAMS=[RBE,RCE,BETA],
NETLIST=[
[RBE,[B,1],RBE],
[RCE,[C,E],RCE],
[CC,[1,E,C,E],BETA],
]
```

Die resultierende Spannungsübertragungsfunktion ist in ihrem Umfang deutlich geringer geworden, sie enthält nur noch 105 Produktterme (siehe Bild 4.6). Weiter erkennen wir, daß der Grad des Nennerpolynoms nur noch drei beträgt, da nur noch drei unabhängige Energiespeicher im Netzwerk enthalten sind. Die Transistorkapazitäten sind nicht mehr enthalten.

In der nun folgenden Transistormodellierung wollen wir eine weitere Vereinfachung einführen. Normalerweise können wir die Stromverstärkung eines Bipolartransistors als sehr groß annehmen. Im Idealfall können wir sogar eine unendlich große Stromverstärkung ansetzen. Diese Vereinfachung funktioniert aber nur bei Schaltungen, die gegengekoppelt arbeiten. Für diesen

$$\frac{\left(\begin{array}{c}
\left(\begin{array}{c}
(((\beta+1)\ \mathrm{CE\ CIN\ COUT\ RB\ RCE}+\mathrm{CE\ CIN\ COUT\ RB\ RBE})\ \mathrm{RE}+\mathrm{CE\ CIN\ COUT\ RB\ RBE\ RCE})\ \mathrm{RL\ RVEE}\ s^3\\
+\Big(\Big[((\beta+1)\ \mathrm{CE\ COUT\ RCE}+\mathrm{CE\ COUT\ RBE}+\mathrm{CE\ COUT\ RB})\ \mathrm{RE}+(\mathrm{CE\ COUT\ RBE}+((\beta+1)\ \mathrm{CIN}+\mathrm{CE})\ \mathrm{COUT\ RB})\ \mathrm{RCE}+\mathrm{CIN\ COUT\ RB\ RBE}\Big]\\
\cdot\ \mathrm{RL\ RVEE}+(((\beta+1)\ \mathrm{CIN\ COUT\ RB\ RCE}+\mathrm{CIN\ COUT\ RB\ RBE})\ \mathrm{RE}+\mathrm{CIN\ COUT\ RB\ RBE\ RCE})\ \mathrm{RL}\Big)\\
\cdot\ s^2+\Big[((\beta+1)\ \mathrm{COUT\ RCE}+\mathrm{COUT\ RBE}+\mathrm{COUT\ RB})\ \mathrm{RL\ RVEE}+(((\beta+1)\ \mathrm{COUT\ RCE}+\mathrm{COUT\ RBE}+\mathrm{COUT\ RB})\ \mathrm{RE}+(\mathrm{COUT\ RBE}+\mathrm{COUT\ RB})\ \mathrm{RCE})\ \mathrm{RL}\Big]\ s
\end{array}\right)\\
\cdot\ \mathrm{VPLUS}+((-\beta\ \mathrm{CIN\ COUT\ RB\ RC\ RCE}-\mathrm{CIN\ COUT\ RB\ RBE\ RC})\ \mathrm{RL}\ s^2+((-\mathrm{COUT\ RBE}-\mathrm{COUT\ RB})\ \mathrm{RC}-\beta\ \mathrm{COUT\ RC\ RCE})\ \mathrm{RL}\ s)\ \mathrm{VMINUS}\\
+(\mathrm{CE\ CIN\ COUT\ RB\ RC\ RE}-\beta\ \mathrm{CE\ CIN\ COUT\ RB\ RC\ RCE})\ \mathrm{RL\ RVEE}\ s^3\\
+(\mathrm{CIN\ COUT\ RB\ RC\ RL\ RVEE}+(\mathrm{CIN\ COUT\ RB\ RC\ RE}-\beta\ \mathrm{CIN\ COUT\ RB\ RC\ RCE})\ \mathrm{RL})\ s^2
\end{array}\right)}{\left(\begin{array}{c}
(((\beta+1)\ \mathrm{CE\ CIN\ COUT\ RB\ RCE}+\mathrm{CE\ CIN\ COUT\ RB\ RC}+\mathrm{CE\ CIN\ COUT\ RB\ RBE})\ \mathrm{RE}+\mathrm{CE\ CIN\ COUT\ RB\ RBE\ RCE}+\mathrm{CE\ CIN\ COUT\ RB\ RBE\ RC})\\
\cdot\ \mathrm{RL}+((\beta+1)\ \mathrm{CE\ CIN\ COUT\ RB\ RC\ RCE}+\mathrm{CE\ CIN\ COUT\ RB\ RBE\ RC})\ \mathrm{RE}+\mathrm{CE\ CIN\ COUT\ RB\ RBE\ RC\ RCE}\\
\cdot\ \mathrm{RVEE}\ s^3+\left(\begin{array}{c}
\left(\begin{array}{c}
\left(\begin{array}{c}
((\beta+1)\ \mathrm{CE\ COUT\ RCE}+\mathrm{CE\ COUT\ RC}+\mathrm{CE\ COUT\ RBE}+\mathrm{CE\ COUT\ RB})\ \mathrm{RE}\\
+(\mathrm{CE\ COUT\ RBE}+((\beta+1)\ \mathrm{CIN}+\mathrm{CE})\ \mathrm{COUT\ RB})\ \mathrm{RCE}+(\mathrm{CE\ COUT\ RBE}+(\mathrm{CIN}+\mathrm{CE})\ \mathrm{COUT\ RB})\\
\cdot\ \mathrm{RC}+\mathrm{CIN\ COUT\ RB\ RBE}
\end{array}\right)\mathrm{RL}\\
+(((\beta+1)\ \mathrm{CE\ COUT\ RC}+(\beta+1)\ \mathrm{CE\ CIN\ RB})\ \mathrm{RCE}+(\mathrm{CE\ COUT\ RBE}+(\mathrm{CE\ COUT}+\mathrm{CE\ CIN})\ \mathrm{RB})\ \mathrm{RC}+\mathrm{CE\ CIN\ RB\ RBE})\\
\cdot\ \mathrm{RE}+\Big[(\mathrm{CE\ COUT\ RBE}+((\beta+1)\ \mathrm{CIN}+\mathrm{CE})\ \mathrm{COUT\ RB})\ \mathrm{RC}+\mathrm{CE\ CIN\ RB\ RBE}\Big]\ \mathrm{RCE}+(\mathrm{CIN\ COUT}+\mathrm{CE\ CIN})\ \mathrm{RB\ RBE\ RC}
\end{array}\right)\\
\cdot\ \mathrm{RVEE}+(((\beta+1)\ \mathrm{CIN\ COUT\ RB\ RCE}+\mathrm{CIN\ COUT\ RB\ RC}+\mathrm{CIN\ COUT\ RB\ RBE})\ \mathrm{RE}+\mathrm{CIN\ COUT\ RB\ RBE\ RCE}+\mathrm{CIN\ COUT\ RB\ RBE\ RC})\\
\cdot\ \mathrm{RL}+((\beta+1)\ \mathrm{CIN\ COUT\ RB\ RC\ RCE}+\mathrm{CIN\ COUT\ RB\ RBE\ RC})\ \mathrm{RE}+\mathrm{CIN\ COUT\ RB\ RBE\ RC\ RCE}
\end{array}\right)\\
\cdot\ s^2+\left(\begin{array}{c}
\left(\begin{array}{c}
((\beta+1)\ \mathrm{COUT\ RCE}+\mathrm{COUT\ RC}+\mathrm{COUT\ RBE}+\mathrm{COUT\ RB})\ \mathrm{RL}+((\beta+1)\ \mathrm{CE\ RCE}+\mathrm{CE\ RC}+\mathrm{CE\ RBE}+\mathrm{CE\ RB})\ \mathrm{RE}\\
+((\beta+1)\ \mathrm{COUT\ RC}+\mathrm{CE\ RBE}+((\beta+1)\ \mathrm{CIN}+\mathrm{CE})\ \mathrm{RB})\ \mathrm{RCE}+((\mathrm{COUT}+\mathrm{CE})\ \mathrm{RBE}+(\mathrm{COUT}+\mathrm{CIN}+\mathrm{CE})\ \mathrm{RB})\ \mathrm{RC}+\mathrm{CIN\ RB\ RBE}
\end{array}\right)\mathrm{RVEE}\\
+(((\beta+1)\ \mathrm{COUT\ RCE}+\mathrm{COUT\ RC}+\mathrm{COUT\ RBE}+\mathrm{COUT\ RB})\ \mathrm{RE}+(\mathrm{COUT\ RBE}+\mathrm{COUT\ RB})\ \mathrm{RCE}+(\mathrm{COUT\ RBE}+\mathrm{COUT\ RB})\ \mathrm{RC})\ \mathrm{RL}\\
+(((\beta+1)\ \mathrm{COUT\ RC}+(\beta+1)\ \mathrm{CIN\ RB})\ \mathrm{RCE}+(\mathrm{COUT\ RBE}+(\mathrm{COUT}+\mathrm{CIN})\ \mathrm{RB})\ \mathrm{RC}+\mathrm{CIN\ RB\ RBE})\ \mathrm{RE}\\
+((\mathrm{COUT\ RBE}+\mathrm{COUT\ RB})\ \mathrm{RC}+\mathrm{CIN\ RB\ RBE})\ \mathrm{RCE}+\mathrm{CIN\ RB\ RBE\ RC}
\end{array}\right)\\
\cdot\ s+((\beta+1)\ \mathrm{RCE}+\mathrm{RC}+\mathrm{RBE}+\mathrm{RB})\ \mathrm{RVEE}+((\beta+1)\ \mathrm{RCE}+\mathrm{RC}+\mathrm{RBE}+\mathrm{RB})\ \mathrm{RE}+(\mathrm{RBE}+\mathrm{RB})\ \mathrm{RCE}+(\mathrm{RBE}+\mathrm{RB})\ \mathrm{RC}
\end{array}\right)}$$

Bild 4.6 Übertragungsfunktion der Schaltung unter Verwendung des h-Ersatzschaltbildes für den Transistor

Idealfall gibt es das Nullor-Modell des Transistors. Es ähnelt in seinen Eigenschaften denen eines idealen Operationsverstärkers: Eingangsspannung und Eingangsstrom sind immer null, Ausgangsspannung und Ausgangsstrom sind beliebig. Das Nullor-Modell hat den Vorteil, daß die Netzwerkgleichungen für den Fall unendlicher Stromverstärkung unmittelbar aufgestellt und gelöst werden können, ohne daß irgendwelche Grenzwerte vorher berechnet werden müssen.

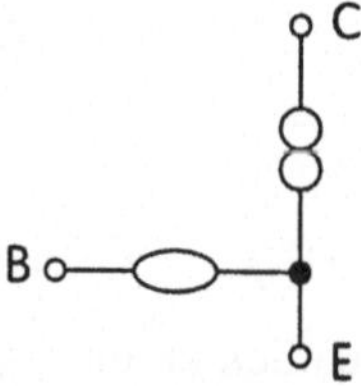

Bild 4.7 Nullor-Modell des Transistors. Zwischen Basis und Emitter sind Spannung und Strom gleich Null. Zwischen Kollektor und Emitter sind Spannung und Strom beliebig.

Wir ändern unsere Netzliste nun zu

```
[
COMMAND=MODEL,NAME=Q2N3904,SCOPE=GLOBAL,
```

```
PORTS=[C,B,E],PARAMS=[],
NETLIST=[
[BE,[B,E],ELTYPE=NUL,VALUE=0],
[CE,[C,E],ELTYPE=NOR,VALUE=0],
]
```

Die resultierende Spannungsübertragungsfunktion hat sich in ihrem Umfang nochmals deutlich reduziert.

$$\frac{\left(\begin{array}{c}\left(\begin{array}{c}\mathrm{CE\;CIN\;COUT\;RB\;RE\;RL\;RVEE\;S^3}\\ +\;((\mathrm{CE\;COUT\;RE} + \mathrm{CIN\;COUT\;RB})\;\mathrm{RL\;RVEE} + \mathrm{CIN\;COUT\;RB\;RE\;RL})\\ *\;\mathrm{S^2} + (\mathrm{COUT\;RL\;RVEE} + \mathrm{COUT\;RE\;RL})\;\mathrm{S}\end{array}\right)\mathrm{VPLUS}\\ +\;(-\,\mathrm{CIN\;COUT\;RB\;RC\;RL\;S^2} - \mathrm{COUT\;RC\;RL\;S})\;\mathrm{VMINUS} - \mathrm{CE\;CIN\;COUT\;RB\;RC\;RL\;RVEE\;S^3} - \mathrm{CIN}\\ *\;\mathrm{COUT\;RB\;RC\;RL\;S^2}\end{array}\right)}{\left(\begin{array}{c}(\mathrm{CE\;CIN\;COUT\;RB\;RE\;RL} + \mathrm{CE\;CIN\;COUT\;RB\;RC\;RE})\;\mathrm{RVEE\;S^3}\\ +\left(\begin{array}{c}((\mathrm{CE\;COUT\;RE} + \mathrm{CIN\;COUT\;RB})\;\mathrm{RL} + (\mathrm{CE\;COUT\;RC} + \mathrm{CE\;CIN\;RB})\;\mathrm{RE} + \mathrm{CIN\;COUT\;RB\;RC})\\ *\;\mathrm{RVEE} + \mathrm{CIN\;COUT\;RB\;RE\;RL} + \mathrm{CIN\;COUT\;RB\;RC\;RE}\end{array}\right)\\ *\;\mathrm{S^2} + ((\mathrm{COUT\;RL} + \mathrm{CE\;RE} + \mathrm{COUT\;RC} + \mathrm{CIN\;RB})\;\mathrm{RVEE} + \mathrm{COUT\;RE\;RL} + (\mathrm{COUT\;RC} + \mathrm{CIN\;RB})\;\mathrm{RE})\\ *\;\mathrm{S} + \mathrm{RVEE} + \mathrm{RE}\end{array}\right)}$$

Bild 4.8 Spannungsübertragungsfunktion der Schaltung bei Verwendung des Nullor-Modells für den Transistor

Wir können den Nenner dieser Funktion nun symbolisch faktorisieren und erhalten folgende drei Pole bzw. Nullstellen des Nennerpolynoms

$$s\_out = -\frac{1}{COUT \cdot (RL + RC)} \tag{4.5}$$

$$s\_fb = -\frac{1}{CE \cdot RE} \tag{4.6}$$

$$s\_in = -\frac{1}{CIN \cdot RB} \tag{4.7}$$

Durch Eliminieren der frequenzabhängigen Terme finden wir eine noch weiter vereinfachte Gleichung für die Spannungsverstärkung unserer Schaltung.

$$A_v = -\frac{RC \cdot RL}{RE \cdot (RL + RC)} \tag{4.8}$$

Das Ergebnis zeigt uns, in welcher Weise die Elemente des Eingangskreises CIN und RB, die des Ausgangskreises COUT, RL und RC sowie die Elemente der Gegenkopplung mit CE und RE die Spannungsverstärkung beeinflussen.

4.1.4 Symbolische Schaltungsdimensionierung

Nachdem die Schaltung in ihrem Verhalten analysiert wurde, wollen wir nun zeigen, wie die symbolische Analyse zur Dimensionierung von Schaltungen eingesetzt werden kann.

Arbeitspunkteinstellung

Ist uns eine noch undimensionierte Verstärkerschaltung wie in Bild 4.9 gegeben, können wir nach Vorgabe eines Arbeitspunktes mit $U_{CEA} = 10$ V, $I_{CA} = 9{,}9$ mA, $U_{BEA} = 0{,}7$ V, $I_{BA} = 0{,}1$ mA und $U_{CC} = 20$ V leicht die Widerstände R_B und R_E dimensionieren. Wir erhalten $R_B = 93$ kΩ und $R_E = 1$ kΩ.

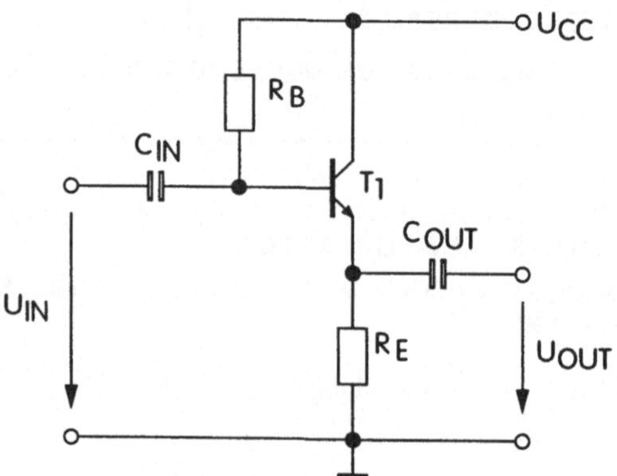

Bild 4.9 An dieser Verstärkerschaltung können bei Kenntnis des Arbeitspunktes des Transistors die Widerstände leicht berechnet werden.

Freiheitsgrade

Die Festlegung eines Arbeitspunktes liefert uns aber selten genügend Gleichungen, um sämtliche Netzwerkelemente eindeutig dimensionieren zu können. Alle unbestimmten und linearen Netzwerkelemente liefern einen Freiheitsgrad für die Dimensionierung. Eine Arbeitspunktvorgabe (Fixator) beseitigt einen Freiheitsgrad. Im vorigen Beispiel lagen uns zwei unbestimmte Netzwerkelemente vor, nämlich R_E und R_B. Dies lieferte uns zwei Freiheitsgrade. Da die Arbeitspunktersatzschaltung des Transistors zwei Fixatoren enthielt, wurden die beiden Freiheitsgrade aufgehoben, und wir konnten die Widerstandswerte eindeutig bestimmen (siehe auch Bild 4.10).

Wir können nun folgerichtig sagen: Enthält eine Schaltung Freiheitsgrade, so müssen wir entsprechend viele unabhängige Bedingungen formulieren, damit das entstehende Gleichungssystem eindeutig lösbar ist. Diese zusätzlichen Bedingungen können auf Erfahrungswissen beruhen, daß beispielweise der Querstrom eines Basisspannungsteilers fünf- bis zehnmal größer sein sollte als der Basisstrom. Es können aber auch Beziehungen sein, die zuvor mit Hilfe der symbolischen Analyse abgeleitet wurden, wie beispielsweise die Kleinsignalspannungsverstärkung oder die Pole in der Übertragungsfunktion.

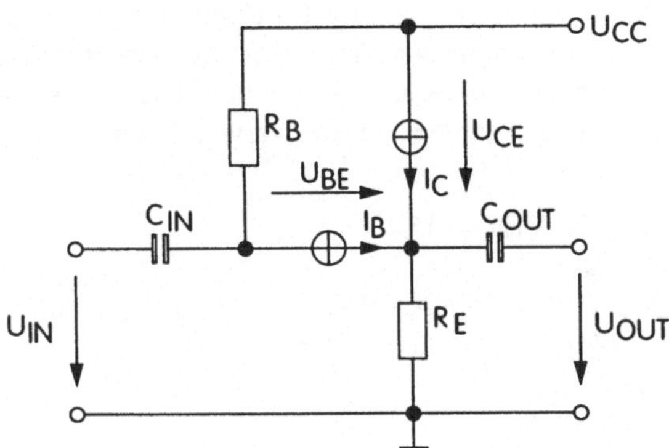

Bild 4.10 Fixatoren ersetzen den Transistor, wenn der Arbeitspunkt des Transistors bekannt ist. Jeder Fixator beseitigt einen Freiheitsgrad bei der Dimensionierung der Netzwerkelemente.

Dimensionierung einer Verstärkerschaltung

In diesem Abschnitt wollen wir nun am Beispiel der Verstärkerschaltung aus dem Abschnitt 4.1.3 die Dimensionierung einer vorgegebenen Topologie unter Verwendung des Verfahrens der symbolischen Netzwerkanalyse verdeutlichen.

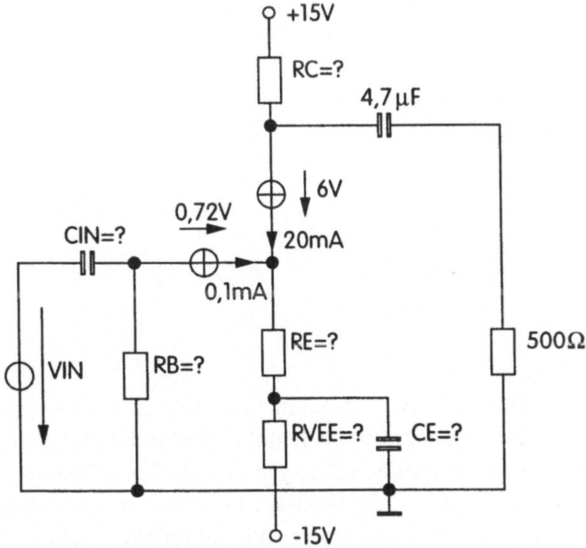

Bild 4.11 Diese Verstärkerschaltung soll dimensioniert werden. Die Bauteilwerte von sechs Netzwerkelemente sind gesucht, zwei Fixatoren sind vorgeben.

Vorgegeben seien die Werte VCC, VEE, COUT und RL sowie der Transistorarbeitspunkt mit UCE, UBE, IB und IC. Zu bestimmen haben wir die Widerstände RB, RE, RC und RVEE sowie die Kapazitäten CIN und CE. Demnach hat unsere Schaltung also vier Freiheitsgrade (sechs gesuchte Elemente minus zwei Fixatoren). Wir müssen also zusätzlich zu den Arbeitspunktbedingungen vier weitere Bedingungen zur eindeutigen Dimensionierung der gesuchten

Netzwerkelemente angeben. Hierzu können wir die in Abschnitt 4.1.3 ermittelten Gleichungen für die Polfrequenzen und die Gleichung für die Spannungsverstärkung verwenden. Wir erhalten somit ein Gleichungssystem mit sechs Gleichungen und sechs Unbekannten. Die Lösung dieses Gleichungssystems können wir mit dem Gleichungslöser (Solver) des verwendeten Computeralgebrasystems vornehmen. Bei Vorgabe der Werte

Versorgungsspannung:	VCC = 15 V, VEE = -15 V
Lastwiderstand:	RL = 500 Ω
Arbeitspunkt:	UCE = 6 V, IC = 20 mA, UBE = 0,72 V, IB = 0,1 mA
Polfrequenzen:	f_in = 30 Hz, f_out = 30 Hz, f_fb = 20 Hz
Spannungsverstärkung:	AV = -6
Ausgangskapazität:	COUT = 4,7 μF

erhalten wir für die gesuchten sechs Netzwerkelemente die folgenden Werte:

$$RC = \frac{1}{2\pi \cdot f\_out \cdot COUT} - RL = 629\Omega \tag{4.9}$$

$$RE = -\frac{RC \cdot RL}{(RC + RL) \cdot AV} = 46\Omega \tag{4.10}$$

$$RVEE = \frac{VCC - VEE - RC \cdot IC - UCE - RE \cdot (IC + IB)}{IC + IB} = 522\Omega \tag{4.11}$$

$$RB = \frac{UCE + RC \cdot IC - UBE - VCC}{IB} = 28,6k\Omega \tag{4.12}$$

$$CIN = \frac{1}{2\pi \cdot f\_in \cdot RB} = 0,185\mu F \tag{4.13}$$

$$CE = \frac{1}{2\pi \cdot f\_fb \cdot RE} = 173\mu F \tag{4.14}$$

Abschließend wollen wir festhalten, daß bei der symbolischen Schaltungsdimensionierung wie auch bei der symbolischen Analyse die Grenzen der bisher bekannten Verfahren und Algorithmen offensichtlich werden. Kommt es bei der symbolischen Analyse von größeren Netzwerken mit steigender Zahl der Netzwerkelemente schnell zu sehr großen Matrixgleichungssystemen und entsprechend unübersichtlichen Systemfunktionen, die schwer oder überhaupt nicht mehr interpretierbar sind, so haben wir bei der symbolischen Schaltungsdimensionierung das Problem, äußere Spezifikationen in genügender Zahl zu formulieren, um bei einer vorliegenden umfangreichen Schaltung mit vielen undimensionierten Netzwerkelementen die Zahl der Freiheitsgrade auf Null zu minimieren. Denn wir brauchen ebenso viele Gleichungen wie Unbekannte, um die gesuchten Werte der undimensionierten Netzwerkelemente eindeutig bestimmen zu können.

Wir haben an unserem Beispiel sehen können, daß wir bei der symbolischen Schaltungsanalyse durch die optionale Verwendung von vereinfachten Ersatzschaltbildern für die aktiven Elemente des Netzwerkes die Komplexität der Gleichungssysteme wesentlich verringern können. Allerdings geht mit dem Grad der Vereinfachung der Bezug zur realen Schaltung mehr und mehr verloren.

Auf die Handhabung allgemein nichtlinearer Schaltungen sind wir bislang noch nicht eingegangen. Nichtlinearitäten lassen sich zwar durch einen Polynomansatz annähern, aber je nach Genauigkeit erhöht dies die Komplexität der Gleichungssysteme erheblich und kann im ungünstigen Fall zur Unlösbarkeit der Gleichungssysteme führen.

Wir sehen anhand der geschilderten Probleme, daß es bis zum automatischen Entwurf analoger integrierter Schaltungen noch weit ist. Ansätze zum automatischen Entwurf gibt es, meist in Form von Expertendatenbanken, doch die Intuition, die beispielsweise eine Bandgap-Referenz hervorgebracht hat, läßt sich nicht so schnell automatisieren. Für den Entwurf analoger integrierter Schaltungen werden auch in Zukunft die Ideen der Entwicklungsingenieure gebraucht.

4.2 Numerische Analyse

Wenn wir eine elektronische Schaltung entwickeln wollen, gehen wir im ersten Entwurf von vereinfachten Bauelementen aus. Haben wir unsere Schaltung schließlich entworfen, so müssen wir kontrollieren, ob unsere Vereinfachungen zulässig waren. Der praktische Weg, eine elektrische Schaltung zu überprüfen, ist, sie aufzubauen. Handelt es sich um eine Schaltung mit wenigen Bauelementen, so ist die Schaltung schnell zusammengelötet und meßtechnisch überprüft. Bei integrierten Schaltungen ist diese Vorgehensweise nicht mehr moglich. Schon seit Anfang der siebziger Jahre wurden die Komponenten, die auf einer integrierten Schaltung zusammengebracht werden sollten, viel kleiner als individuelle diskrete Bauelemente. Physikalische Effekte, wie beispielsweise Streukapazitäten und Schaltdraht- bzw. Leiterbahninduktivitäten haben im diskreten Aufbau ein ganz anderes Gewicht als in integrierter Form. Was bei einer normalen Schaltung, wie einem diskret aufgebautem Verstärker, vernachlässigbar ist, wird für eine integrierte Schaltung sehr wichtig. Wir können nicht erwarten, daß der versuchsweise Aufbau einer integrierten Schaltung mit diskreten Bauelementen aus dem Labor (möglicherweise in Form eines Drahtverhaus), sich meßtechnisch genauso verhält, wie die spätere integrierte Version. Wir müssen daher die Schaltung entweder korrekt als integrierte Schaltung aufbauen oder mit Hilfe eines Computerprogramms sorgfältig simulieren.

Dies war der Grund, warum mit dem Aufkommen der integrierten Schaltungstechnik die Simulation elektronischer Schaltungen eine immer wichtigere Rolle spielte. Das Simulationsprogramm benutzt mathematische Modelle zur Beschreibung der Bauelemente und die typischen Messungen, wie die Bestimmung des Zeitverhaltens oder des Frequenzganges, werden durch numerische Methoden ersetzt. Unter den Programmen zur Schaltungsanalyse hat sich „SPICE" (Simulation Program with Integrated Circuit Emphasis - Simulationsprogramm mit Betonung integrierter Schaltungen) als De-facto-Standard herausgestellt.

Die Geschichte von SPICE reicht zurück bis in die Mitte der sechziger Jahre. IBM entwickelte seinerzeit das Programm ECAP. Es war die Grundlage für die Entwicklung des Programms CANCER, das Ende der sechziger Jahre an der University of California in Berkeley, U.S.A. entstand. Mit CANCER als Basis wurde in den frühen siebziger Jahren SPICE an der Universität in Berkeley aus der Taufe gehoben. Mitte der siebziger Jahre gab es dann mit der Veröffentlichung von SPICE2 die erste Weiterentwicklung des Simulators. Die Algorithmen von SPICE2 waren mittlerweile so robust und leistungsstark geworden, daß das Programm schon bald zum Industriestandard avancierte. Zum Erfolg von SPICE2 hat sicherlich auch die Tatsache beigetragen, daß jeder Interessent das Programm praktisch kostenlos von der University of California beziehen konnte (Public Domain). Im Laufe der Jahre ist das Programm in Berkeley ständig weiterentwickelt worden, die aktuelle Version ist SPICE3F5. Daneben haben sich auch Firmen gefunden, die auf der Basis von SPICE eigene Weiterentwicklungen anbieten. Vielfach handelt es sich bei diesen Weiterentwicklungen um Ergänzungen an der Schnittstelle zum Benutzer, beispielsweise solche zur bequemen Schaltungseingabe oder zur komfortablen Auswertung der Simulationsergebnisse. Ursprünglich waren SPICE und seine Derivate nur für Mainframe-Computer geeignet. Heute spielt sich der Entwurf integrierter Schaltungen vorwiegend auf Workstation-Basis ab. SPICE-Derivate wie HSPICE und SPICEPLUS/SPECTRE kommen hier zum Einsatz. Auf PC-Basis gelang es erstmalig der Firma Microsim Corp., Irvine, California, U.S.A. mit PSPICE, den Schaltungssimulator auf dem PC lauffähig zu machen. Besonders beigetragen zu seiner Popularität hatte die graphische Nachberarbeitungssoftware PROBE, denn bis dahin war nur eine graphische Ausgabe in Form von Zeilendruckerplots möglich (die Kurvenzüge wurden mit Sternchen bzw. Pluszeichen auf graphikunfähigen Zeilendruckern ausgegeben). Später kam dann die graphische Schaltplaneingabe SCHEMATICS dazu, die das Erstellen der Netzliste vereinfachte. Durch eine kostenlose Demoversion mit eingeschränktem Funktionsumfang hat sich PSPICE eine hohe Akzeptanz unter den PC-Benutzern erworben. Allerdings ist sein Einsatz mehr im Bereich der diskreten Schaltungsentwicklung anzusiedeln. Das Zusammenspiel mit einer Layoutsoftware zur Erstellung integrierter Schaltungen gehört leider nicht zum Lieferumfang. Die Popularität von PSPICE und die ständig gestiegene Leistungsfähigkeit der PCs hat neben PSPICE eine Reihe weiterer Schaltungssimulatoren entstehen lassen. Die wichtigsten sind ICAP/4 und Electronics Workbench. Durch das Engagement einzelner Programmierer finden sich im Internet mittlerweile auch PC-Versionen vom Berkeley-SPICE[1], die kostenlos heruntergeladen werden können. Auch das Berkeley-SPICE ist ständig verbessert worden, so verfügt es seit seiner Version 3 über eine komfortable graphische Ausgabe des Simulationsergebnisses. Leider muß die Eingabe der Schaltungsdaten nach wie vor per Netzliste erfolgen. Programme wie die Layoutsoftware LASI[2] können allerdings diese Aufgabe übernehmen.

Die folgenden Teilkapitel sollen uns eine Übersicht über die Möglichkeiten geben, die SPICE heute bietet. Diese Übersicht kann und will auch nicht vollständig sein. Jeder, der SPICE intensiver nutzen möchte, wird um ein Studium der Originalbedienungsanleitung[3] nicht umhin kommen.

4.2.1 SPICE3 und seine Möglichkeiten

SPICE3 stellt die drei klassischen Hauptanalysenarten zur Verfügung. Dies sind die Arbeitspunktanalyse (DC Analysis), die Kleinsignalwechselstromanalyse (AC Small-Signal Analysis) und die Analyse im Zeitbereich (Transient Analysis). Daneben gibt es zu den ersten beiden Hauptanalysearten zusätzlich Analysen, die im Zusammenhang mit der jeweiligen Hauptanalyseart durchlaufen werden können. Im Rahmen der DC-Analyse ist das die

1 http://www.willingham.demon.co.uk/winspice.html

2 http://members.aol.com/lasicad/index.htm

3 ftp://ic.berkeley.edu/pub/Spice3 oder auf der CD-ROM (siehe Anhang)

Empfindlichkeitsanalyse (Sensitivity Analysis). Die AC-Analyse bietet zusätzlich eine Pol-Nullstellen-Analyse (Pole-Zero Analysis), eine Verzerrungsanalyse (Small-Signal Distortion Analysis) und eine Rauschanalyse (Noise Analysis). Neben dem eigentlichen Simulator bietet SPICE3 eine Benutzerschnittstelle zur interaktiven Eingabe, zur bequemen Datenanalyse und zur graphischen Ausgabe von Simulationsergebnissen.

4.2.2 Schaltungsbeschreibung

Eine zu untersuchende Schaltung wird dem Simulator SPICE durch eine Liste von Anweisungen mitgeteilt. Diese Liste beginnt immer mit einer Titelzeile und endet immer mit der Endeanweisung (.END). Die dazwischen liegenden Anweisungen können wir in drei Gruppen klassifizieren. Wir unterscheiden:

- Elementanweisung
  Jedes Bauelement in der Schaltung wird in der Liste durch eine Zeile repräsentiert, die nicht mit einem Punkt („.“) beginnt. Diese Zeilen haben alle ein ähnliches Format. Sie beginnen mit dem Bauteilnamen, gefolgt von zwei oder mehreren Knoten, gefolgt von einem Modellnamen (nicht alle Bauteile haben dies) und gefolgt von keinem oder mehreren Bauelementwerten. Der erste Buchstabe eines Bauteils bestimmt, um welche Art von Bauteil es sich handelt. So werden beispielsweise Widerstände mit `R` und Bipolartransistoren mit `Q` gekennzeichnet. Die Art des Bauteils bestimmt dann die Anzahl der anzugebenden Knoten, ob ein Modellname erforderlich ist und welche Bauelementwerte angegeben werden mussen.
- Modellanweisung
  Die meisten einfachen Schaltelemente benötigen zur Spezifikation nur ein paar wenige Parameterwerte. Es gibt aber auch Schaltlelemente (speziell Halbleiterbauelemente), die mit vielen Parameterwerten spezifiziert werden müssen. Dabei finden wir häufig die Situation, daß viele Bauelemente den selben Satz Parameter benötigen. Zu diesem Zweck wird ein Satz Modellparameter in einer speziellen Modellzeile (`.MODEL`) definiert und einem individuellen Modellnamen zugewiesen.
- Steueranweisung
  Mit den Steueranweisungen werden Art und Umfang der Schaltungsanalyse und der Ergebnisausgabe spezifiziert. Alle diese Steueranweisungen können in SPICE3 auch interaktiv über die Benutzerschnittstelle erfolgen.

SPICE berechnet die Schaltung mittels Knotenanalyse. Hierzu müssen wir jedem Knoten der Schaltung eine Knotenbezeichnung zuordnen. Als Knotenbezeichnung sind positive ganze Zahlen und Zeichenketten erlaubt. Einer der Schaltungsknoten (Masse) muß die Zahl 0 erhalten, denn er dient SPICE als Bezugsknoten. Die Schaltung darf keine parallelgeschalteten Spannungsquellen oder Induktivitäten enthalten, genausowenig wie in Reihe geschaltete Stromquellen oder Kapazitäten. Jeder Knoten muß eine Gleichstromverbindung zu Masse haben. An jedem Knoten müssen mindestens zwei Schaltelemente angeschlossen sein.

Die Angaben in einer Zeile werden durch ein oder mehrere Leerzeichen, ein Komma, ein Gleichheitszeichen oder eine Klammer (links oder rechts) separiert. Eine Zeile kann in der nächsten Zeile fortgesetzt werden, wenn das erste Zeichen der neuen Zeile mit einem „+“ beginnt. Ist das erste Zeichen einer Zeile ein „*“ wird die ganze Zeile ignoriert (Kommentarzeile). Die Anordnung der Zeilen in einer Schaltungsbeschreibung ist beliebig (lediglich die Fortsetzungszeilen müssen direkt den fortzusetzenden Zeilen folgen).

Die Werte für die Bauelemente können wir in der bei Programmiersprachen üblichen Notation eingeben (z.B. `1, 1., 1.0, -1.0, 1E2, 1.25E-3`). Zusätzlich erlauben Skalierungsfaktoren, die direkt im Anschluß an die Zahlen erfolgen müssen, eine bequeme Spezifikation des Bauelementes. Diese Skalierungsfaktoren sind:

T $= 10^{+12}$
G $= 10^{+9}$
MEG $= 10^{+6}$
K $= 10^{+3}$
M $= 10^{-3}$
MIL $= 25{,}4 \cdot 10^{-6}$
U $= 10^{-6}$
N $= 10^{-9}$
P $= 10^{-12}$
F $= 10^{-15}$

Buchstaben, die unmittelbar einer Nummer folgen und keine Skalierungsfaktoren sind, werden von SPICE ignoriert. Genauso werden Buchstaben ignoriert, die unmittelbar nach Skalierungsfaktoren folgen.

Wenn bestimmte Schaltungstrukturen öfter vorkommen, ist es sinnvoll sie in Unterstrukturen zu definieren und diese Unterstrukturen dann entsprechend oft aufzurufen (ähnlich eines Unterprogrammaufrufs). Diese Unterstruktur beginnt mit

```
.SUBCKT <subname> <node1> [<node2> <node3> ..]
```

und endet mit:

```
.ENDS [<subname>]
```

Die dazwischenliegenden Zeilen beschreiben die Unterstruktur. Alle Knoten, die nicht in der Knotenliste der .SUBCKT-Anweisung vorkommen (bis auf Knoten 0) sind lokale Knoten. Dies gilt auch für alle Bauelemente, Modellanweisungen und Unterstrukturaufrufe innerhalb dieser Unterstruktur.

Der Einbau definierter Unterstrukturen in eine Hauptstruktur geschieht mit:

```
X<name> <node1> [<node2> <node3> ...] <subname>
```

Vorgefertigte Strukturen einer Bibliothek können per

```
.INCLUDE <filename>
```

eingebunden werden.

4.2.3 Schaltungselemente und Modellbeschreibungen

SPICE3 unterstützt eine Vielzahl von Bauelementen und Komponenten. Zu den elementaren Bauelementen gehören Widerstände, Kapazitäten, Induktivitäten, Kopplung von Induktivitäten, Schalter und Übertragungsleitungen. Zur Versorgung und zur Anregung stehen uns eine Reihe von unabhängigen und gesteuerten Strom- und Spannungsquellen zur Verfügung. Die unterstützten Halbleiterbauelemente sind Dioden, Bipolartransistoren und Feldeffekttransistoren (JFET, MOSFET).

Elementare Bauelemente

Kapazität

```
C<name> <+ node> <- node> <value> [IC=<initial value>]
```

<name> bezeichnet den Namen des Bauelements z.B. CLOAD. <+node> bzw. <-node> geben die beiden Knoten an, an denen das Bauelement angeschlossen ist. Positive Ströme fließen von <+node> durch den Kondensator zum <-node>. Mit <value> wird der Kapazitätswert angegeben. Bauelementwerte dürfen niemals Null sein. [IC = <initial value>] erlaubt es, einen Startwert für die Spannung über dem Kondensator anzugeben, um die Ermittlung des Arbeitspunktes zu erleichtern. Dieser Startwert wird nur dann von SPICE benutzt, wenn in der Transient-Analyse die Option UIC angegeben wurde.

Beispiele:

```
C1      1      0      2.2n
```

Der Kondensator C1 liegt an den Knoten 1 und 0 und hat einen Wert von 2,2nF.

```
COSZI   3      7      33pF   IC=-3.1
```

Am Kondensator COSZI liegt zu Beginn der Analyse eine Spannung von –3,1 V (von Knoten 3 nach 7).

SPICE3 gestattet es auch den Kapazitätswert in einer allgemeineren Form festzulegen, und zwar über ein Modell und Längenangaben. Dies geschieht mit:

```
C<name> <node> <node> <modelname> <length> <width> [IC=<value>]
```

Diese Form berücksichtigt besser die Gegebenheiten einer integrierten Schaltung. SPICE berechnet den Kapazitätswert aus den Längenangaben und den Parametern aus dem Modell.

Induktivität

```
L<name> <+node> <-node> <value> [IC=<initial value>]
```

Die Bedeutung der einzelnen Terme ist dieselbe wie bei der Kapazität, nur <initial value> ist hier ein Strom und keine Spannung.

Beispiele:

```
L1      1      2      10u
```

Zwischen den Knoten 1 und 2 liegt die Induktivität L1 mit einem Wert von 10 μH.

```
LOSZI   100    101    1.2nH  IC=2uA
```

Die Induktivität LOSZI zwischen den Knoten 100 und 101 hat einen Wert von 1,2 nH. Zu Beginn der Analyse fließt ein Strom von 2 μA durch das Bauelement.

Widerstand

```
R<name> <+node> <-node> <value>
```

Die Bedeutung der Terme stimmt mit denen der vorangegangen Bauelemente überein.

Beispiele:

```
R1      10      12      180
```

Zwischen den Knoten 10 und 12 liegt der Widerstand R1 mit einem Wert von 180 Ω.

Auch der Widerstandswert kann in einer allgemeineren Form festgelegt werden. Dies geschieht mit:

```
R<name> <+node> <-node> <modelname> <length value>
+ <width value> [<temp value>].
```

Diese Form ist besser zur Simulation von Widerständen in einer integrierten Schaltung zu gebrauchen. `<modelname>` und `<length value>` müssen spezifiziert werden. Die Angabe der Betriebstemperatur `<temp value>` ist optional.

Kopplung zwischen Induktivitäten

```
K<name> L<inductor1 name> L<inductor2 name> <coupling value>
```

`L<inductor1 name>` und `L<inductor2 name>` sind die Namen zweier verkoppelter Induktivitäten. `<coupling value>` gibt den Grad der Kopplung an und muß größer als 0 und kleiner als 1 sein. Windungsanfang ist jeweils der erste Knoten der Induktivität.

Beispiel:

```
L1      1       2       10u
L2      3       4       20u
K12     L1      L2      .999
```

Die Induktivitäten L1 und L2 werden miteinander gekoppelt. Der Kopplungsfaktor beträgt 0.999.

Übertragungsleitung

```
T<name> <Aport +node> <Aport -node> <Bport +node>
+ <Bport -node> Z0=<value> [TD=<value>] [F=<value> [NL=<value>]]
+ [IC=<V1 value>,<I1 value>,<V2 value>,<I2 value>]
```

Die Übertragungsleitung ist eine verlustlose, bidirektionale Verzögerungsleitung. Sie hat zwei Tore (Aport, Bport). Die (+) und (–) Knoten definieren die Polarität am jeweiligen Tor. `Z0` ist die charakteristische Impedanz. Die Länge der Leitung l kann entweder über die Verzögerungszeit `TD` angegeben werden oder über die auf die Wellenlänge bezogene Leitungslänge `NL` bei der Frequenz `F` ($NL = l \cdot F/c$). `NL` hat einen Default-Wert von 0,25, d.h. `F` ist die Viertelwellenfrequenz. Obwohl `TD` und `F` als optional angegeben sind, so muß doch eines von beiden spezifiziert werden. Zwischen den drei Größen gilt der Zusammenhang `TD = NL/F`.

Mit der optionalen Angabe von Anfangsbedingungen können Spannungen und Ströme an jedem Tor der Leitung angegeben werden. Diese Anfangsbedingungen werden nur bei der Transient - Analyse berücksichtigt. Wichtig ist auch, daß SPICE die Schrittweite seiner Zeitstufen nie größer als die Hälfte der Verzögerungszeit der Leitung macht. Daher verursachen sehr kurze Verzögerungsleitungen lange Simulatorlaufzeiten.

Beispiele:

```
T1    1    2    3    4    Z0=50    TD=75n
```

Die Leitung hat einen Wellenwiderstand von 50 Ω und eine Länge von 22,5 m.

```
T2    1    2    3    4    Z0=120   F=1GHz
```

Die Länge der Leitung beträgt 7,5 cm.

Eine verlustbehaftete Übertragungsleitung wird über folgende Anweisung spezifiziert:

```
O<name> <node1> <node2> <node3> <node4> <model name>
```

Die charakteristischen Daten der Übertragungsleitung werden ausschließlich über die Modellanweisung festgelegt.

Spannungsgesteuerter Schalter

```
S<name> <+ switch node> <- switch node> <+ controlling node>
+ <- controlling node> <model name>
```

`<+ switch node>` und `<- switch node>` geben den Ausgang des Schalters an. Mit den Knoten `<+ controlling node>` und `<- controlling node>` wird er an- und ausgeschaltet. Die ON- und OFF-Widerstände des Ausgangs und die Kontrollspannungen werden durch das anzugebende Modell definiert.

Stromgesteuerter Schalter

```
W<name> <+ switch node> <- switch node>
+ <controlling V device name> <model name>
```

Die Bedeutung der einzelnen Terme ist die gleiche wie beim spannungsgesteuerten Schalter. Zur Steuerung wird jedoch ein Strom durch eine Spannungsquelle verwendet.

Transistoren und Dioden

Diode

```
D<name> <+node> <-node> <model name> [<area value>]
+ [OFF] [IC=<VD value>]
```

Der (+)-Knoten ist die Anode und der (–)-Knoten die Kathode. Positiver Strom fließt von der Anode durch die Diode zur Kathode. `[<area value>]` skaliert einige Modellparameter, um für einen Halbleiterprozeß unterschiedlich große Dioden mit einem Modell charakterisieren zu können. [OFF] indiziert eine optionale Startbedingung für die DC-Analyse. Im Zusammenhang mit der UIC-Option der Transient-Analyse kann mit `[IC=<VD value>]` ein Startwert für die Diodenspannung vorgegeben werden.

Beispiel:

```
D1    10    6    MOD_D
```

Die Anode von `D1` liegt an Knoten 10, die Kathode an Knoten 6. Die Diode wird durch das Modell `MOD_D` beschrieben.

Bipolartransistor

```
Q<name> <collector node> <base node> <emitter node>
+ [<substrate node>] <model name> [<area value>]
+ [OFF] [IC=<VBE value>,<VCE value>]
```

Die Angabe des Substratknotens ist optional. Standardmäßig wird das Substrat mit dem Knoten 0 verbunden.

Beispiel:

```
QA      4       6       10      B2X1N
```

Der Kollektor liegt an Knoten 4, die Basis an Knoten 6 und der Emitter an Knoten 10. Der Transistor hat keinen Substratanschluß und ist durch das Modell `B2X1N` definiert.

Sperrschichtfeldeffekttransistor (JFET)

```
J<name> <drain node> <gate node> <source node>
+ <model name> [<area value>]
+ [OFF] [IC=<VDS value>,<VGS value>]
```

Metalloxid-Feldeffekttransistor (MOSFET)

```
M<name> <drain node> <gate node> <source node>
+ <bulk/substrate node> <model name>
+ [L=<value>] [W=<value>] [AD=<value>] [AS=<value>]
+ [PD=<value>] [PS=<value>] [NRD=<value>] [NRS=<value>]
+ [IC=<value>] [OFF]
```

L und W sind die Kanallänge bzw. Kanalbreite. AD und AS sind die Drain- bzw. Sourcediffusionsflächen. PD und PS sind die Drain- bzw. Sourcediffusionsumfänge. NRD und NRS sind die Flächenfaktoren von Drain und Source zur Berechnung der zugehörigen Bahnwiderstände.

Beispiel:

```
M5  3  13  23  1  PTYP  L=10u  W=30u  AD=9E-10  AS=9E-10
```

Der MOSFET, definiert durch das Modell PTYP, hat eine Kanallänge von 10 µm und eine Weite von 30 µm. Die Drain- und Sourcediffusionsflächen sind jeweils 0.9 nm^2 groß.

Spannungs- und Stromquellen

SPICE erlaubt eine Vielzahl von Signalquellen. Die primäre Unterscheidung ist die nach Spannungsquellen und Stromquellen. Daneben unterscheidet SPICE unabhängige und abhängige Quellen.

Die unabhängigen Quellen müssen entsprechend der gewählten Analyseart spezifiziert werden, wobei es auch möglich ist, eine Quelle für alle vorkommenden Analysearten in *einer* Anweisung festzulegen. Unabhängige Spannungsquellen ohne Angabe einer Analyseart und ohne Spannungsangabe lassen sich als gut als Strommeßgerät in einer Schaltung einsetzen. Sie ersetzen mit ihrerer Spannung von 0 V lediglich eine ideale Leitung, aber ihr Strom läßt sich bequem bei der Auswertung anzeigen.

Die abhängigen Quellen sind Quellen, die durch Ströme bzw. Spannungen gesteuert werden.

Gleichstromquellen

Gleichstromquellen sind unabhängige Quellen, die bei der Bestimmung des Arbeitspunktes und bei der DC-Übertragungsanalyse wirksam werden. Bei der Transient-Analyse wird der Wert übernommen, wenn dafür keine eigene Spezifikation erfolgte. Die Syntax für Spannungsquellen ist:

```
V<name> <+node> <-node> [[DC]<value>]
```

Positive Ströme fließen immer in den (+)-Knoten hinein. Die Angabe DC ist optional und kann weggelassen werden. Die Syntax für Stromquellen ist ähnlich:

```
I<name> <+node> <-node> [[DC]<vlaue>]
```

Auch hier gilt: Positive Ströme fließen in den (+)-Knoten hinein. Wird beispielsweise eine Stromquelle mit IBIAS 10 0 2.5m angegeben, so wird die Spannung am Knoten 10 *negativ* sein, um den Strom von 2,5 mA in den Knoten 10 zu treiben.

Wechselstromquellen

Wechselstromquellen sind unabhängige Quellen, die nur bei der Analyse im Frequenzbereich (AC-Analyse) Anwendung finden. Die Syntax für Spannungsquellen ist:

```
V<name> <+node> <-node> AC <magnitude value> [<phase value>]
```

<magnitude value> gibt den Spitzenwert der Wechselspannung an, und die optionale Angabe <phase value> bestimmt die Phasenlage des Signals in Grad. Ähnliches gilt für Stromquellen:

```
I<name> <+node> <-node> AC <magnitude value> [<phase value>]
```

Wobei <magnitude value> den Spitzenwert des Stromes angibt.

Zeitabhängige Quellen

Bei diese unabhängigen Quellen wird ein Zeitverhalten spezifiziert, das nur bei der Transient - Analyse wirksam wird. Es können Spannungs- und Stromquellen definiert werden, deren Syntax bis auf den Anfangsbuchstabe identisch ist. Die folgenden Beschreibungen beziehen sich der Vereinfachung wegen nur auf Spannungsquellen.

Pulsquelle

Die Pulsquelle dient dazu, sich wiederholende Impulse mit definierter Anstiegs- und Abfallzeit vorgeben zu können. Die Syntax ist:

```
V<name> <+node> <-node>
+ PULSE (<v1> <v2> <td> <tr> <tf> <pw> <per>)
```

<v1> bezeichnet den Anfangswert der Spannung. <v2> gibt den Impulswert der Spannung an. <td> gibt an, um welche Zeit die erste steigende Flanke verzögert sein soll. <tr> gibt die Anstiegszeit der steigenden Flanke des Impulses an. <tf> gibt die Abfallzeit der fallenden Flanke des Impulses an. Werden beide Größen weggelassen oder zu null gesetzt, besetzt SPICE sie mit dem in der Transient-Anweisung angegebenen Parameter TSTEP. <pw> gibt die Länge des Impulsdaches an. <per> gibt die Periodendauer an, mit der sich der spezifizierte Impuls wiederholen soll. Werden auch diese beiden Größen weggelassen oder zu null gesetzt, besetzt SPICE sie mit dem in der Transient-Anweisung angegebenen Parameter TSTOP.

Beispiel:

```
VRECHTECK 102 0 PULSE (-0.1 0.1 0 1n 1n 0.5m 1m)
```

beschreibt eine 1 kHz Rechteckspannung mit einer Spitzenamplitude von 0,1 V und einer Flankensteilheit von 1 ns.

Sinusquelle

Diese Quelle erlaubt eine sinusförmige Anregung der Schaltung. Wird ein Dämpfungsfaktor angegeben, so klingt die Schwingung mit der Zeit ab. Die Syntax einer Spannungsquelle ist:

```
V<name> <+node> -<node>
+ SIN (<voff> <vampl> <freq> <td> <df> <phase>)
```

`<voff>` und `<vampl>` müssen angegeben werden. `<voff>` bezeichnet einen Gleichanteil, `<vampl>` den Spitzenwert der Spannung und `<freq>` die Frequenz. Wird die Frequenz weggelassen, so nimmt SPICE den in der Transient-Anweisung angegebenen Parameter TSTOP als Periodendauer. `<td>` gibt eine Verzögerungszeit an, ab der die sinusförmige Anregung starten soll. `<df>` erlaubt eine gedämpfte Schwingung. Hier ist der reziproke Wert der Zeitkonstanten der e-Funktion anzugeben. `<phase>` gibt die Phasenlage an, mit der die Sinusschwingung startet.

Beispiel:

```
VSINUS 103 0 SIN (0 0.1 1k)
```

beschreibt eine 1 kHz Sinusspannung mit einer Spitzenamplitude von 0,1 V.

Exponentialquelle

Diese Quelle erlaubt die Spezifikation eines exponentiell an- und abklingenden Impulses. Die Syntax ist für Spannungsquellen:

```
V<name> <+node> <-node> EXP (<v1> <v2> <td1> <tc1> <td2> <tc2>)
```

`<v1>` bezeichnet den Startwert der Spannung. `<v2>` gibt den Spitzenwert der Spannung des Impulses an. `<td1>` gibt an, um welche Zeit die steigende Flanke verzögert sein soll. `<tc1>` gibt die Zeitkonstante der steigenden Flanke an. `<td2>` gibt an, um welche Zeit die fallende Flanke verzögert sein soll. `<tc2>` gibt die Zeitkonstante der fallenden Flanke an.

Polygonquelle (Piece-Wise Linear)

Mit der Polygonquelle ist es möglich, durch Approximation mittels Geradenstücken nahezu jede beliebige Kurvenform zu erzeugen. Die Syntax ist für Spannungsquellen:

```
V<name> <+node> <-node>
+ PWL (<t1> <v1> [<t2> <v2> <t3> <v3> ... <tn> <vn>])
```

`<tn>` `<vn>` beschreiben den Verlauf der Quelle. `<t1>` bezeichnet den ersten Zeitpunkt, an dem die Quelle die Spannung `<v1>` hat. `<t2>` bezeichnet den nächsten (zweiten) Zeitpunkt, an dem die Quelle den Wert `<v2>` einnimmt usw., bis zum Zeitpunkt `<tn>`, an dem die Quelle den Wert `<vn>` annimmt und für die weitere Simulationszeit beibehält.

Beispiel:

```
VSPIKE 107 0 PWL (0 0 1n 0.1 2n 0)
```

beschreibt einen dreiecksförmigen Impuls von 2 ns Dauer und einer Spitzenamplitude von 0,1 V.

Frequenzmodulierte Quelle

Diese Quelle erlaubt die Spezifikation eines einfachen frequenzmodulierten Signals. Die Syntax ist für Spannungsquellen:

```
V<name> <+node> <-node> SFFM (<voff> <vampl> <fc> <mod> <fm>)
```

<voff> gibt einen Gleichspannungsanteil an. <vampl> gibt die Spitzenamplitude der generierten Wechselspannung an. <fc> spezifiziert die Trägerfrequenz, die mit einem Modulationsindex von <mod> und einer Frequenz <fm> frequenzmoduliert ist. <voff> und <vampl> müssen angegeben werden. Fehlen die Parameter <fc> und/oder <fs> werden sie von SPICE durch den Parameter 1/TSTOP aus der Transient-Anweisung ersetzt.

Lineare gesteuerte Quellen

Lineare gesteuerte Quellen sind abhängige Quellen, die durch spezifizierte Ströme oder Spannungen gesteuert werden. Zwischen Eingangs- und Ausgangsgröße besteht dabei ein Proportionalitätsfaktor.

Spannungsgesteuerte Stromquelle

Die Syntax ist:

```
G<name> <+node> <-node>
+ <+controlling node> <-controlling node> <value>
```

<+node> und <-node> bezeichnet jeweils den positiven und den negativen Anschluß. Ein positiver Strom fließt in den positiven Anschluß hinein und aus dem negativen Anschluß heraus. <+controlling node> und <-controlling node> bezeichet die Knoten, an denen die Steuerspannung abgegriffen wird. Die Spannungssteuerung erfolgt in jedem Falle verlustfrei, d.h. aus den angegebenen Knoten wird kein Strom entnommen (es gibt keine galvanische Verbindung zur Quelle). <value> ist der Übertragungsleitwert in Siemens (bzw. mhos = 1/Ω)

Spannungsgesteuerte Spannungsquelle

Die Syntax ist:

```
E<name> <+node> <-node>
+ <+controlling node> <-controlling node> <value>
```

Hier gilt das gleiche wie oben, nur <value> bezeichnet jetzt den Verstärkungsfaktor.

Beispiel:

```
VIN 10 0 SIN (0 0.1 100k)
EIN 11 0 10 0 -1
```

erzeugt ein zu Masse symmetrisches Signal zur Ansteuerung eines Differenzverstärkers.

Stromgesteuerte Stromquelle

Die Syntax ist:

```
F<name> <+node> <-node> <controlling V device name> <value>
```

`<+node>` und `<-node>` bezeichnet jeweils den positiven und den negativen Anschluß. Ein positiver Strom fließt in den positiven Anschluß hinein und aus dem negativen Anschluß heraus. `<controlling V device name>` bezeichnet den Namen einer Spannungsquelle, deren Strom zur Steuerung herangezogen wird. `<value>` ist hier der Stromverstärkungsfaktor.

Stromgesteuerte Spannungsquelle

Die Syntax ist:

```
H<name> <+node> <-node> <controlling V device name> <value>
```

Hier gilt das gleiche wie bei der stromgesteuerten Stromquelle, nur bezeichnet `<value>` jetzt den Übertragungswiderstand in Ω.

Nichtlineare gesteuerte Quellen

Diese Quellen erlauben es, einen nahezu beliebigen mathematischen Zusammenhang zwischen steuerenden Spannungen und Strömen und der gesteuerten Quelle herzustellen. Die Syntax ist:

```
B<name> <+node> <-node> [I = <expression>][V = <expression>]
```

`<+node>` ist der positive Anschluß und `<-node>` der negative. Die Werte des `V`- und `I`-Parameters bestimmen jeweils Spannung über oder Strom durch das Bauteil. Wenn `I` spezifiziert wird, dann ist die Quelle eine Stromquelle. Wird `V` spezifiziert handelt es sich um eine Spannungsquelle. Nur einer dieser Parameter darf angegeben werden.

Das Verhalten während einer AC-Analyse entspricht der einer linearen abhängigen Quelle mit einer Proportionalitätskonstante, die sich aus der Ableitung der nichtlinearen Funktion im jeweiligen Arbeitspunkt ergibt.

Der mathematische Ausdruck `<expression>` kann eine beliebige Funktion der Spannungen und Ströme einer Simulation sein. Folgende Funktionen sind möglich:

abs	asinh	cosh	sin
acos	atan	exp	sinh
acosh	atanh	ln	sqrt
asin	cos	log	tan

Die Funktion „u“ ist die Einsfunktion, deren Wert eins beträgt, wenn das Argument größer als null ist und deren Wert null beträgt, wenn das Argument kleiner als null ist. Die Funktion „uramp“ ist das Integral der Einsfunktion. Für Argumente kleiner null liefert sie den Wert null, für Argumente größer null liefert sie das Argument.

Neben den Funktionen sind folgende Standardoperationen definiert

+	-	*	/	^

sowie der Vorzeichenoperator. Wenn das Argument von log, ln und sqrt kleiner als null wird, benutzt SPICE den Absolutwert des Arguments. Wenn ein Divisor oder das Argument des log bzw. ln zu null wird, meldet SPICE einen Fehler.

Um die Zeit als Argument zu bekommen, können wir einen Konstantstrom durch einen Kondensator aufintegrieren lassen und die resultierende Spannung ausnutzen (Nicht vergessen, die Anfangsspannung über den Kondensator zu setzen).

Als Konstante kann die Größe pi = 3,14159.. in die mathematischen Ausdrücke mit eingebunden werden.

Beispiel:

```
BDB 5 0 V=20*log(v(1,2)*v(3,4))
```

bildet die Multiplikation der beiden Spannungen v(1,2) und v(3,4) in einem dB-proportionalen Spannungswert ab.

Modelle

Manche Bauelemente erlauben bzw. benötigen Modellnamen. Mit der Angabe eines Modells haben wir die Möglichkeit, in einmaliger Form identische Parameter für eine Gruppe von Bauelementen zu definieren.

Da Modelldefinitionen recht umfangreich und vielfältig sein können, fassen wir sie zweckmäßigerweise in einer Bibliothek zusammen. Mit der Anweisung `.INCLUDE <file name>` können wir auf die Bibliothek verweisen.

Eine Modellbeschreibung sieht wie folgt aus:

```
.MODEL <model name> <type name>
+ ([<parameter name>=<value>], ..])
```

`<model name>` gibt den Namen des Modells an, das beschrieben werden soll. `<type name>` ist der Bauteiltyp und muß eine der folgenden Bezeichnungen sein:

```
C       Kapazität
R       Widerstand
D       Diode
NPN     NPN-Bipolartransistor
PNP     PNP-Bipolartransistor
NJF     N-Kanal Sperrschichtfeldeffekttransistor
PJF     P-Kanal Sperrschichtfeldeffekttransistor
NMOS    N-Kanal MOSFET
PMOS    P-Kanal MOSFET
LTRA    Verlustbehaftete Übertragungsleitung
SW      spannungsgesteuerter Schalter
CSW     stromgesteuerter Schalter
```

Dem Bauteiltyp folgt eine elementspezifische Parameterliste, die unvollständig sein kann. Fehlende Parameter werden durch Default-Werte besetzt.

Kapazität

Parameter	*Bedeutung*	*Einheit*	*Default*
CJ	Sperrschichtflächenkapazität	F/m^2	-
CJSW	Sperrschichtrandkapazität	F/m	-

DEFW	Default-Weite	m	1E-6
NARROW	Weitenverringerung durch Unterätzung	m	0

Der Wert der Kapazität berechnet sich aus:

```
C = CJ(LENGTH-NARROW)(WIDTH-NARROW)+2CJSW(LENGTH+WIDTH-2NARROW)
```

Widerstand

Parameter	*Bedeutung*	*Einheit*	*Default*
TC1	linearer Temperaturkoeffizient	$°C^{-1}$	0
TC2	quadratischer Temperaturkoeffizient	$°C^{-2}$	0
RSH	Flächenwiderstand	Ω/square	-
DEFW	Default-Weite	m	1E-6
NARROW	Weitenverringerung durch Unterätzung	m	0
TNOM	Meßtemperatur	°C	27

Der Widerstand ergibt sich zu

R = RSH(L-NARROW)/(W-NARROW)

Der Parameter DEFW gibt einen Defaultwert für `W` vor. Wenn RSH oder `L` nicht spezifiziert wurden, nimmt SPICE den Standardwert R = 1 kΩ an. Mit TNOM kann die in der .OPTIONS-Anweisung festgelegte Temperatur überschrieben werden. Der Widerstand wird dann zu.

R = `<value>`·(1+TC1·(T-TNOM)+TC2·(T-TNOM)^2).

Verlustbehaftete Übertragungsleitung

Parameter	*Bedeutung*	*Einheit*	*Default*
R	Widerstandsbelag	Ω/Länge	
L	Induktivitätsbelag	H/Länge	
G	Leitwertsbelag	S/Länge	
C	Kapazitätsbelag	F/Länge	
LEN	elektrische Länge	passend zu R, L, G, C	

Schalter

Parameter	*Bedeutung*	*Einheit*	*Default*
VT	Schaltspannung	V	0
IT	Schaltstrom	A	0
VH	Hysterese-Spannung	V	0
IH	Hysterese-Strom	A	0
RON	Einschaltwiderstand	W	1
ROFF	Ausschaltwiderstand	W	1/GMIN[1]

1 siehe .OPTIONS-Anweisung zur Erläuterung des Begriffs GMIN. Durch den Defaultwert von GMIN resultiert ein Ausschaltwiderstand von 1.0E+12 Ω.

Diode

Parameter	*Bedeutung*	*Einheit*	*Default*
IS	Sperrsättigungsstrom	A	1E-14
N	Emissionskoeffizient		1
BV	Durchbruchspannung	V	∞
IBV	Strom bei Durchbruchspannung	A	1E-3
RS	Bahnwiderstand	Ω	0
TT	Minoritätsträgerlebensdauer	s	0
CJO	Sperrschichtkapazität bei 0V	F	0
VJ	Diffusionsspannung	V	1
M	Gradationsexponent		0.5
FC	Koeffizient für Kapazität im Durchlaßbereich		0.5
EG	Bandabstandsspannung des Halbleiters	eV	1.11
XTI	Temperaturexponent von IS		3
KF	Funkelrauschkoeffizient		0
AF	Funkelrauschexponent		1
TNOM	Meßtemperatur	°C	27

Bipolartransistor (NPN, PNP)

Parameter	*Bedeutung*	*Einheit*	*Default*
IS	Transport-Sättigungsstrom	A	1E-16
BF	ideale maximale Vorwärtsstromverstärkung		100
NF	Vorwärtsstrom-Emissionskoeffizient		1
VAF	Vorwärts-Earlyspannung	V	∞
IKF	oberer Knickstrom der Vorwärtsstrom-verstärkung	A	∞
ISE	Basis-Emitter-Lecksättigungsstrom	A	0
NE	Basis-Emitter-Leckemissionskoeffizient		1.5
BR	ideale maximale Rückwärtsstromverstärkung		1
NR	Rückwärtsstrom-Emissionskoeffizient		1
VAR	Rückwärts-Earlyspannung	V	∞
IKR	oberer Knickstrom der Rückwärtsstrom-verstärkung	A	∞
ISC	Basis-Kollektor-Lecksättigungsstrom	A	0
NC	Basis-Kollektor-Leckemissionskoeffizient		2
RE	Emitter-Bahnwiderstand	Ω	0
RB	Basis-Bahnwiderstand bei 0V	Ω	0
RBM	minimaler Basis-Bahnwiderstand bei hohem Strom	Ω	RB
IRB	oberer Knickstrom des Basis-Bahnwiderstand	A	∞
RC	Kollektor-Bahnwiderstand	Ω	0
CJE	Basis-Emitter-Kapazität bei 0V	F	0
VJE	Basis-Emitter-Diffusionsspannung	V	0.75
MJE	Basis-Emitter-Gradationsexponent		0.33
CJC	Basis-Kollektor-Kapazität bei 0V	F	0
VJC	Basis-Kollektor-Diffusionsspannung	V	0.75

MJC	Basis-Kollektor-Gradationsexponent		0.33
XCJC	Teil von Cbc, verbunden mit RB		1
CJS	Kollektor-Substrat-Kapazität bei 0V	F	0
VJS	Kollektor-Substrat-Diffusionsspannung	V	0.75
MJS	Kollektor-Substrat-Gradationsexponent		0
FC	Koeffizient für Kapazität im Durchlaßbereich		0.5
TF	ideale Vorwärts-Transitzeit	s	0
XTF	Vorspannungskoeffizient für TF		0
VTF	Basis-Kollektor-Spannungskoeffizient für TF	V	∞
ITF	Kollektorstromkoeffizient für TF	A	0
PTF	Zusatzphase bei Transitfrequenz	°	0
TR	ideale Rückwärts-Transitzeit	s	0
EG	Bandabstand des Halbleiters	eV	1.11
XTB	Temperaturkoeffizient der Stromverstärkungen		0
XTI	Temperaturexponent von IS		3
KF	Funkelrauschkoeffizient		0
AF	Funkelrauschexponent		1
TNOM	Meßtemperatur	°C	27

Sperrschichtfeldeffekttransistor

Parameter	*Bedeutung*	*Einheit*	*Default*
VTO	Schwellspannung	V	-2
BETA	Übertragungsleitwert-Koeffizient	A/V^2	1E-4
LAMBDA	Kanallängenmodulationsparameter	V^{-1}	0
IS	Gate-Sperrsättigungsstrom	A	1E-14
RD	Drain-Bahnwiderstand	Ω	0
RS	Source-Bahnwiderstand	Ω	0
CGD	Gate-Drain-Kapazität bei 0V	F	0
CGS	Gate-Source-Kapazität bei 0V	F	0
PB	Gate-Diffusionsspannung	V	1
FC	Koeffizient für Kapazität im Durchlaßbereich		0.5
KF	Funkelrauschkoeffizient		0
AF	Funkelrauschexponent		1
TNOM	Meßtemperatur	°C	27

Metalloxid-Feldeffekttransistor (MOSFET)

Der MOSFET kann durch sechs verschiedene Modelle beschrieben werden. Die Wahl wird durch den Parameter LEVEL festgelegt.

LEVEL 1 benutzt das SHICHMAN-HODGES Modell,
LEVEL 2 benutzt ein geometriebasierendes, analytisches Modell,
LEVEL 3 benutzt ein halb-empirisches Modell für Kurzkanaltransistoren,
LEVEL 4 benutzt das BSIM Modell,
LEVEL 5 benutzt das BSIM2 Modell,
LEVEL 6 benutzt ein einfaches, analytisches Modell für Kurzkanaltransistoren

LEVEL 1,2,3 und 6 enthalten die folgenden Parameter:

Parameter	*Bedeutung*	*Einheit*	*Default*
LEVEL	Modellart		1
RD	Drain-Bahnwiderstand	Ω	0
RS	Source-Bahnwiderstand	Ω	0
RSH	Drain- und Source-Diffusionsflächen-widerstand	Ω/square	0
IS	Substrat-Sperrsättigungsstrom	A	1E-14
JS	Substrat-Sperrsättigungsstromdichte	A/m^2	0
CBD	Substrat-Drain-Kapazität bei 0V	F	0
CBS	Substrat-Source-Kapazität bei 0V	F	0
CJ	Substratbodenkapazität pro Sperrschicht-fläche bei 0V	F/m^2	0
CJSW	Substratseitenwandkapazität pro Sperr-schichtumfang	F/m	0
MJ	Substratboden-Sperrschicht-Gradations-exponent		0.5
MJSW	Substratseitenwand-Sperrschicht Gradations-exponent		0.5(Level1) 0.33(Level2, 3)
FC	Koeffizient für Kapazität im Durchlaßbereich		0.5
CGSO	Gate-Source-Überlappungskapazität pro Kanalweite	F/m	0
CGDO	Gate-Drain-Überlappungskapazität pro Kanalweite	F/m	0
CGBO	Gate-Substrat-Überlappungskapazität pro Kanallänge	F/m	0
KF	Funkelrauschkoeffizient		0
AF	Funkelrauschexponent		1
LD	laterale Diffusion der Kanallänge	m	0
VTO	Schwellspannung bei 0V Substratspannung	V	0
KP	Übertragungsleitwert-Koeffizient	A/V^2	2E-5
LAMBDA	Kanallängenmodulationsparameter (LEVEL 1, 2)	V^{-1}	0
PHI	Oberflächenpotential	V	0.6
GAMMA	Substrat-Schwellspannungsparameter	$V^{0.5}$	
TOX	Dicke des Gateoxids	m	1E-7
TPG	Typ des Gatematerials: +1 = anderer Typ als Substrat, −1 = gleicher Typ wie Substrat, 0 = Aluminium		+1
NSUB	Substrat-Dotierungsdichte	cm^{-3}	0
NSS	Oberflächenzustandsdichte	cm^{-2}	0
NFS	schnelle Oberflächenzustandsdichte	cm^{-2}	0
XJ	metallurgische Sperrschichttiefe	m	0
UO	Oberflächenbeweglichkeit	cm^2/Vs	600

UCRIT	Krit. Feldst. für Beweglichkeitsverminderung (LEVEL 2)	V/cm	1E4
UEXP	Exponent für UCRIT (LEVEL 2)		0
UTRA	Transversaler Feldkoeffizient (nicht LEVEL 2)		0
VMAX	maximale Driftgeschwindigkeit	m/s	0
NEFF	Koeffizient der Kanalladung (LEVEL 2)		1
DELTA	Breitenkoeffizient für Schwellspannung (LEVEL 2,3)		0
THETA	Beweglichkeitsmodulationsparameter (LEVEL 3)	V^{-1}	0
ETA	statische Rückkopplung (LEVEL 3)		0
KAPPA	Sättigungsfeldfaktor (LEVEL 3)		0.2
TNOM	Meßtemperatur	°C	27

Der Default-Wert für TOX gilt nur für LEVEL 2 und 3. Im LEVEL 1 ist er undefiniert.

LEVEL 4 und LEVEL 5 beschreiben BSIM-Modelle. Die Parameterwerte dieser Modelle werden alle aus einer Prozeßcharakterizierung gewonnen und können daher automatisch generiert werden. Die Parameter besitzen keine Default-Werte und müssen alle angegeben werden. Wird ein Parameter weggelassen, kommt es zu einem Fehler.

Parameter	*Bedeutung*	*Einheit*
DL	Kanallängenverkürzung	µm
DW	Kanalweitenverkürzung	µm
TOX	Dicke des Gateoxids	µm
VFB	Flachbandspannung	V
PHI	Oberflächenumkehrpotential	V
K1	Koeffizient für Body-Effekt	$V^{0.5}$
K2	Koeffizient zur Verteilung der Sperrschichtladung auf Drain und Source	
ETA	Koeffizient zur drainbedingten Sperrschicht-verringerung bei 0V	
X2E	Empfindlichkeit von ETA zur Substratspannung	V^{-1}
X3E	Empfindlichkeit von ETA zur Drainspannung für $U_{ds} = U_{dd}$	V^{-1}
MUZ	Beweglichkeit bei 0V	cm^2/Vs
X2MZ	Empfindlichkeit von MUZ zur Substratspannung für $U_{ds} = 0V$	cm^2/V^2s
UO	Parameter für Beweglichkeitsverminderung im Transversalfeld	V^{-1}
X2UO	Empfindlichkeit von UO zur Substratspannung	V^{-2}
U1	Sättigungsgeschwindigkeit bei 0V	µm/V
X2U1	Empfindlichkeit von U1 zur Substratspannung	$µm/V^2$
X3U1	Empfindlichkeit von U1 zur Drainspannung für $U_{ds} = U_{dd}$	$µm/V^2$
MUS	Beweglichkeit bei Substratspannung = 0V und U_{ds}=U_{dd}	cm^2/V^2s
X2MS	Empfindlichkeit von MUS zur Substratspannung für $U_{ds} = U_{dd}$	cm^2/V^2s

X3MS	Empfindlichkeit von MUS zur Drainspannung für $U_{ds} = U_{dd}$	cm^2/V^2s
NO	Anstieg des Subthreshold-Bereichs	
NB	Empfindlichkeit von NO zur Substratspannung	
ND	Empfindlichkeit von NO zur Drainspannung	
TEMP	Temperatur, bei der die Parameter gemessen wurden	°C
VDD	Versorgungsspannung bei den Messungen	V
XPART	Parameter zur Verteilung der Gateladung auf Drain und Source in Sättigung	
CGDO	Gate-Drain-Überlappkapazität	F/m
CGSO	Gate-Source-Überlappkapazität	F/m
CGBO	Gate-Substrat-Überlappkapazität	F/m
RSH	Drain und Source Diffussions-Schichtwiderstand	Ω/square
JS	Source-Drain-Sperrschichtstromdichte	A/m^2
PB	internes Potential der Source-Drain-Sperrschicht	V
MJ	Gradationskoeffizient der Source-Drain-Sperrschicht	
PBSW	internes Potential des Source-Drain-Sperrschichtrandes	V
MJSW	Gradationskoeffizient des Source-Drain-Sperrschichtrandes	
CJ	Source-Drain-Sperrschichtkapazität	F/m^2
CJSW	Soucre-Drain-Sperrschichtrandkapazität	F/m
WDF	vorgegebene Weite der Drain- und Source-Anschlüsse	m
DELL	Verkürzung der Drain- und Source-Anschlußlänge	m

4.2.4 Analysen und Auswertungen

Die folgenden Befehlszeilen dienen zur Spezifikation der Analysen oder Ausgaben innerhalb der Netzliste. Dazu existieren parallele Kommandos des interaktiven Interpreters, doch darauf werden wir weiter unten eingehen.

Simulatoreinstellungen (.OPTIONS)

SPICE hat eine Reihe von Parametern mit denen die Genauigkeit, die Geschwindigkeit oder die Defaultwerte einiger Bauelemente kontrolliert werden können. Diese Parameter können interaktiv über den „set"-Befehl oder mittels einer „.OPTIONS"-Zeile verändert werden. Die Syntax ist:

`.OPTIONS <opt1> < opt2> ...` (oder `<opt>=<optval>` ...)

Eine beliebige Kombination der folgenden Optionen kann angegeben werden. „x" in der untenstehenden Liste bezeichnet eine positive Zahl.

Option	Auswirkung
ABSTOL=x	Ändert den Absolutwert der Fehlertoleranz des Stromes. Defaultwert ist 1 Picoampère.
BADMOS3	Benutzt die alte Version des LEVEL3 MOS-Modells mit Diskontinuitäten.
CHGTOL=x	Ändert die Toleranz der Ladung. Defaultwert ist 1.0E-14.
DEFAD=x	Ändert den Wert der Drain-Diffusionsfläche beim MOS. Defaultwert ist 0.0.

DEFAS=x	Ändert den Wert der Source-Diffusionsfläche beim MOS. Defaultwert ist 0.0.
DEFL=x	Ändert den Wert der Kanallänge beim MOS. Defaultwert ist 100.0 Mikrometer.
DEFW=x	Ändert den Wert der Kanalweite beim MOS. Defaultwert ist 100.0 Mikrometer.
GMIN=x	Ändert den Wert von GMIN, des kleinsten Leitwertes, der dem Programm erlaubt ist
ITL1=x	Ändert die Iterationsgrenze bei der DC-Arbeitspunktbestimmung Defaultwert ist 100.
ITL2=x	Ändert die Iterationsgrenze bei der DC-Analyse Defaultwert ist 50.
ITL4=x	Ändert die Iterationsgrenze der einzelnen Datenpunkte bei der Transient-Analyse. Defaultwert ist 10.
KEEPOPINFO	Behält die Information über den Arbeitspunkt, wenn eine AC, Verzerrungs- oder Pol-Nullstellen-Analyse folgt.
METHOD=name	Legt die numerische Integrationsmethode fest, die SPICE benutzen soll. Mögliche Namen sind „Gear" oder „trapezoidal" (oder kurz „trap"). Default ist das Trapezverfahren.
PIVREL=x	Ändert das Verhältnis zwischem größten Spaltenelement zu einem zulässigen Pivotelement bei der Lösung der Matrizen. Defaultwert ist 1.0E-3.
PIVTOL=x	Ändert den absoluten Minimalwert, den ein Matrizenelement überschreiten muß, um als Pivotelement gewählt werden zu können. Defaultwert ist 1.0E-13.
RELTOL=x	Ändert die relative Fehlertoleranz. Defaultwert ist 0.001 (0,1%).
TEMP=x	Ändert die Nominaltemperatur der Schaltung. Der Defaultwert ist 27 °C.
TNOM=x	Ändert die Temperatur, bei der die Bauteilparameter gemessen wurden. Defaultwert ist 27 °C.
TRTOL=x	Ändert die Fehlertoleranz der Transientanalyse. Der Defaultwert ist 7. Dieser Parameter ist eine Näherung für den Faktor, mit dem SPICE den aktuellen Rundungsfehler nach oben abschätzt.
VNTOL=x	Ändert die absolute Fehlertoleranz für Spannungen. Der Defaultwert ist 1 Mikrovolt.

Vorbesetzen von Knotenspannungen (.NODESET)

Dieser Befehl hilft dem Programm einen Arbeitspunkt bei der DC- oder Transient-Analyse zu finden, indem die spezifizierten Knoten während des allerersten Iterationsschritts auf den angegebenen Spannungen gehalten werden. Die Syntax ist:

```
.NODESET V(<node1>)=<value1> V(<node2>)=<value2> ...
```

Das Setzen von Anfangsbedingungen (.IC)

Dieser Befehl dient zum Setzen von Anfangsbedingungen. Die Syntax lautet:

```
.IC V(<node1>)=<value1> V(<node2>)=<value2> ...
```

Er hat zwei unterschiedliche Bedeutungen, abhängig davon, ob der Parameter UIC bei der Transient-Analyse spezifiziert wurde oder nicht.

Ist der UIC-Parameter angegeben, dann dienen die in diesem Befehl angegebenen Knotenspannungen dazu, den Arbeitspunkt von Kapazitäten, Dioden, Bipolartransistoren, Sperrschichtfeldeffekttransistoren und MOS-Feldeffekttransistoren zu berechnen.

Ist der UIC-Parameter nicht angegeben, werden die benannten Knotenspannungen bei der Arbeitspunktberechnung auf den angegeben Wert festgehalten und dienen damit als Anfangswert für die weitere Transient-Analyse.

Kleinsignal-Wechselstromanalyse (.AC)

Dieser Befehl spezifiziert eine Analyse im Frequenzbereich. Diese Analyse ist generell eine Kleinsignal-Analyse mit linearisierten Bauelementgleichungen und berücksichtigen keine Übersteuerung oder Arbeitspunktverschiebung während der Analyse. Die Syntax ist:

```
.AC [LIN][OCT][DEC] <points value> <start frequency value>
+ <end frequency value>
```

Die verwendeten Schlüsselwörter bedeuten:

- `LIN` Linearer Frequenzverlauf. Die Frequenz läuft von `<start frequency value>` bis `<end frequency value>`. `<points value>` ist die Gesamtzahl der zu durchlaufenden Frequenzpunkte.
- `OCT` Logarithmischer Frequenzdurchlauf in Oktaven. `<points value>` ist die Zahl der Frequenzpunkte pro Oktave.
- `DEC` Logarithmischer Frequenzdurchlauf in Dekaden. `<points value>` ist die Zahl der Frequenzpunkte pro Dekade.

Es muß exakt eines der obigen Schlüsselwörter verwendet werden. Die Startfrequenz muß kleiner als die Endfrequenz sein und beide dürfen nicht Null sein.

Gleichstromübertragungsfunktion (.DC)

Diese Gleichstromanalyse erlaubt das Durchlaufen eines bestimmten Wertebereichs einer Quelle (Strom- oder Spannungsquelle). Für jeden der durchlaufenden Werte wird der gültige Arbeitspunkt aus den vollständigen Bauelementgleichungen bestimmt. Die Syntax ist:

```
.DC <source name> <start value> <stop value> <increment>
+ [<source name> <start value> <stop value> <increment>]
```

`<source name>` ist der Name einer unabhängigen Strom- oder Spannungsquelle. `<start value>`, `<stop value>` und `<increment>` bezeichnen jeweils den Startwert, den Endwert und das Inkrement. Eine zweite Quelle kann mit entsprechenden Parametern optional spezifiziert werden. In diesem Fall wird die erste Quelle für jeden Wert der zweiten Quelle über den gesamten Bereich durchfahren.

Verzerrungsanalyse (.DISTO)

Dieser Befehl führt eine Kleinsignal-Verzerrungsanalyse mit der Schaltung durch. Eine mehrdimensionale Volterrareihenanalyse wird auf mehrdimensionale Taylorreihen angewandt, um die Nichtlinearitäten im Arbeitspunkt zu ermitteln. Die Syntax ist:

```
.DISTO [LIN][OCT][DEC] <points value> <start frequency value>
+ <end frequency value> [<f2 over f1>]
```

Diese Syntax ist identisch zur Syntax der AC-Analyse mit der optionalen Angabe des Parameters `<f2 over f1>`. Wird dieser Parameter weggelassen, führt SPICE eine Verzerrungsanalyse mit nur einem Signal über den spezifizierten Frequenzbereich aus. Das Verhältnis der zweiten und dritten Harmonische zur ersten Harmonischen wird von SPICE errechnet. Wurde ein Parameter `<f1 over f2>` angegeben (dieser Parameter muß eine reelle Zahl größer null und kleiner eins sein), wird eine spektrale Analyse der Schaltung von SPICE vorgenommen. Die Schaltung wird dann durch zwei Signale angeregt, die die unterschiedlichen Frequenzen f1 und f2 haben. Die Frequenz f1 wird entsprechen der Spezifikation der .DISTO-Anweisung durchfahren, während f2 fest bleibt. F2 wird bestimmt durch Startfrequenz mal dem Verhältnis `<f1 over f2>`.

Rauschanalyse (.NOISE)

Die Rauschanalyse berechnet die Rauschbeiträge von jedem Bauelement in der Schaltung und bildet die Summe der Effektivwerte am spezifizierten Ausgangsknoten. Die Syntax ist:

```
.NOISE V(<node>[,<node]) <name> [LIN][OCT][DEC]
+ <points value> <start frequency value> <end frequency value>
```

Die Syntax zur Spezifikation des Frequenzbereiches ist identisch zur der der AC-Analyse. `V(<node>[,<node])` gibt in Form einer Spannungsangabe die Knoten an, über die die Summe der Rauschbeträge gebildet werden soll.

`<name>` gibt den Namen einer unabhängigen Strom- oder Spannungsquelle an, für die das Eingangsrauschen berechnet werden soll. Diese Quelle ist nicht der Rauschgenerator, sondern nur der Ort der Rauschberechnung.

Arbeitspunkt (.OP)

Dieser Befehl berechnet den Arbeitspunkt mit kurzgeschlossenen Induktivitäten und offenen Kondensatoren. Die Syntax ist:

```
.OP
```

Das Ergebnis sind Zahlenwerte, die interaktiv über „print all" abgerufen werden müssen.

Pol-Nullstellenanalyse (.PZ)

Dieser Befehl berechnet die Pol- und/oder Nullstellen des spezifizierten Vierpols aus der Schaltung. Die Syntax ist:

```
.PZ <node1> <node2> <node3> <node4> [CUR][VOL] [POL][ZER][PZ]
```

`CUR` steht für die Übertragungsfunktion vom Typ Ausgangsspannung zu Eingangsstrom, während `VOL` für die Übertragungsfunktion Ausgangsspannung zu Eingangsspannung steht. `POL` liefert in der Analyse nur Polstellen und `ZER` nur Nullstellen, während `PZ` beides liefert. `<node1>` und `<node2>` bezeichnet die Eingangsknoten, während `<node3>` und `<node4>` die Ausgangsknoten bezeichnet. Das Ergebnis sind Zahlenwerte, die interaktiv über „print all“ abgerufen werden müssen.

Empfindlichkeiten (.SENS)

SPICE berechnet die Empfindlichkeit der Ausgangsvariable auf alle Parameter, die nicht null sind. Die Syntax ist:

```
.SENS <output variable> [AC [DEC][OCT][LIN] <points value>
+ <start frequency value> <end frequency value>]
```

`<output variable>` ist entweder die Spannung zwischen zwei Knoten oder der Strom durch eine Spannungsquelle. Die Empfindlichkeitsuntersuchung wird ohne die optionalen Angaben für die DC-Analyse durchgeführt. Mit den optionalen Angaben gelten die Untersuchungen für die AC-Analyse.

Übertragungsfunktion (.TF)

Dieser Befehl berechnet die Kleinsignalverstärkung, den Eingangswiderstand und den Ausgangswiderstand. Die Syntax lautet:

```
.TF <output variable> <input source>
```

`<output variable>` ist entweder die Spannung zwischen zwei Knoten oder der Strom durch eine Spannungsquelle, die den Ausgang bezeichnet. `<input source>` ist die Quelle für das Eingangssignal.

Transient-Analyse (.TRAN)

Die Transient-Analyse berechnet das Verhalten eines Schaltkreises über einen angegebenen Zeitraum. Bei den Berechnungen werden die vollständigen Bauteilgleichungen (Großsignalverhalten) benutzt. Die Syntax der Transient-Analyse ist:

```
.TRAN <tstep> <tstop> [<tstart> [<tmax>]] [UIC]
```

`<tstep>` ist das Inkrement für die Darstellung der Ausgabe. `<tstop>` ist die Stoppzeit, während `<tstart>` die Startzeit bezeichnet. Wird die Startzeit weggelassen, nimmt SPICE als Startzeit null an. Im Zeitintervall t=0 bis t=`<tstart>` wird die Schaltung analysiert, aber es werden keine Simulationsergebnisse vorgehalten. `<tmax>` ist die maximale Schrittweite, die SPICE benutzt. Defaultmäßig nimmt SPICE `<tstep>` oder (`<tstop>` - `<tstart>`)/50, je nachdem welcher Wert kleiner ist. `<tmax>` ist nützlich, wenn sichergestellt werden soll, daß die Rechenschrittweite kleiner als die Anzeigeschrittweite sein soll.

`UIC` ist ein optionales Schlüsselwort, das vorgibt, daß der Benutzer auf die Berechnung des Arbeitspunktes zu Beginn der Simulation verzichten möchte, und daß SPICE statt dessen die Anfangswerte benutzen soll, die in der `.IC`-Anweisung vorgegeben sind.

Fourieranalyse (.FOUR)

Die Fourier- oder Spektralanalyse berechnet standardmäßig den Gleichanteil und die 1. bis 9. Harmonische aus dem Ergebnis der Transient-Analyse. Daher kann eine Fourieranalyse nur erfolgen, wenn zuvor eine Transient-Analyse durchlaufen wurde. Die Syntax ist:

```
.FOUR <frequency value> <output variable>
+ [<output variable> ...]
```

`<frequency value>` ist die Grundfrequenz (1. Harmonische) für die die Analyse erfolgen soll. `<output variable>` ist entweder die Spannung zwischen zwei Knoten oder der Strom durch eine Spannungsquelle, für die die Analyse durchgeführt werden soll.

4.2.5 Interaktiver Interpreter

SPICE3 besteht aus einem Simulator und einem interaktiven Interpreter zur Datenanalyse und zur graphischen Ausgabe. Die vorgenannten Befehle können wir auch interaktiv eingeben. Dazu muß der führende Punkt weggelassen werden („*tran*" statt `.tran`). Ansonsten bleibt die Syntax identisch. Lediglich die Optionen werden dem Programm über die „*set*"-Anweisung mitgeteilt.

Ausdrücke, Funktionen und Konstanten

Mathematische Ausdrücke können folgende Operatoren enthalten:

+ - * / ^ %

% ist der Modulo-Operator. Neben den Vergleichoperatoren und den boolschen Operatoren wie „gt", „lt", „ge", „le", „ne", „eq", „and", „or" und „not" können in den mathematischen Ausdrücken auch folgende Funktionen enthalten sein:

mag(vector)	Betrag einer komplexen Größe
ph(vector)	Phase einer komplexen Größe
real(vector)	Realteil einer komplexen Größe
imag(vector)	Imaginärteil einer komplexen Größe
db(vector)	20log10(mag(vector)) (Darstellung der komplexen Größe in dB)
log(vector)	Logarithmus zur Basis 10
ln(vector)	Logarithmus zur Basis e
exp(vector)	e-Funktion
abs(vector)	Absolutfunktion
sqrt(vector)	Wurzelfunktion
sin(vector)	Sinusfunktion
cos(vector)	Kosinusfunktion
tan(vector)	Tangensfunktion
atan(vector)	Arcustangensfunktion
deriv(vector)	Ableitung

Vordefinierte Konstanten sind:

pi	π (3,14159...)
e	Basis des natürlichen Logarithmus (2,71828...)
c	Lichtgeschwindigkeit (299 792 500 m/s)
i	Wurzel aus -1
kelvin	Absoluter Nullpunkt in Celsius (-273,15 °C)
echarge	Elektronenladung (1,602E-19 C)
boltz	Boltzmannkonstante (1,38E-23)
planck	Planck'sche Konstante (h = 6,626E-34)

Befehlsauswahl

Im folgenden Abschnitt folgt eine Auswahl der wichtigsten Befehle des interaktiven Interpreters. Auf eine Erläuterung der Befehle, die zuvor schon beschrieben wurden, wird hier allerdings verzichtet:

ac `[LIN][OCT][DEC] <points value> <start frequency value>`
`+ <end frequency value>`

Führt eine Kleinsignal-Wechselstromanalyse durch (siehe S. 105).

dc `<source name> <start value> <stop value> <increment>`
`+ [<source name> <start value> <stop value> <increment>]`

Ermittelt die Gleichstrom-Übertragungsfunktion (siehe S. 105).

display `[<variable name>]`

Listet eine Übersicht über alle zur Verfügung stehenden Vektoren bzw. eine Übersicht über die mit `<variable name>` spezifizierten Vektoren aus.

edit `[<file name>]`

Ruft den Editor auf, um die aktuelle Netzliste zu editieren. Nach den Verlassen des Editors wird die geänderte Netzliste zur aktuellen Netzliste. Spezifizieren wir `<file name>`, dann wird statt der aktuellen Netzliste die spezifizierte Datei in den Editor geladen und nach dem Verlassen des Editors als aktuelle Netzliste übernommen.

four `<frequency value> <output variable> [<output variable> ...]`

Führt eine Fourier-Analyse durch (siehe S. 107).

help `[all][<command name>]`

Zeigt Hilfetexte an. Wurde das Argument `[all]` angegeben, zeigt dieser Befehl eine kurze Beschreibung aller möglichen Befehle. Wenn der Name eines Befehls angegeben wird, erscheint nur eine Beschreibung dieses speziellen Befehls.

listing `[logical][physical][deck][expand]`

Zeigt die aktuelle Netzliste. Das Argument `logical` (default) setzt alle Fortsetzungszeilen in eine Zeile. Das Argument `physical` zeigt die Netzliste so, wie sie in der Datei steht. Mit dem Argument `deck` läßt sich die Numerierung der Zeilen unterdrücken. Das Argument `expand` zeigt die durch alle Unterschaltkreise erweiterte Netzliste an.

op

Ermittelt den Arbeitspunkt der Schaltung (siehe S. 106).

plot `<expression> [ylimit <ylo> <yhi>][xlimit <xlo> <xhi>] [xindices <xilo> <xihi>] [xcompress <comp>] [xdelta <xdel>] [ydelta <ydel>] [xlog] [ylog] [loglog] [vs <xname>] [xlabel <word>] [ylabel <word>] [title <word>] [samep] [linear] [polar] [smithgrid] [smith]`

Öffnet ein Grafikfenster und plottet `<expression>` darin. Die Argumente von `xlimit` und `ylimit` bestimmen den Wertebereich des Plotfensters. Mit `xindices` kann der Wertebereich der zu plottenden Daten in x-Richtung festgelegt werden. Mit `xcompress` wird nur der jeweils `<comp>`-te Wert zur Anzeige gebracht. Die Parameter `xdelta` und `ydelta` bestimmen den Abstand der Rasterlinien. Eine logarithmische Skalierung der Achsen kann mit `xlog` bzw. `ylog` erfolgen (`loglog` ist äquivalent zur Spezifikation von beidem). Die Variable der x-Achse kann mit `vs <xname>` verändert werden. Zur individuellen Beschriftung der Achsen stehen `xlabel` bzw. `ylabel` zur Verfügung. Genauso kann dem Plot eine individuielle Überschrift mit `title` gegeben werden. Die Option `samep` verwendet zum Plotten dieselben Parameter des zuvor spezifizierten Plots. Mit `linear` kann eine defaultmäßige logarithmische Skalierung aufgehoben werden (beispielsweise die Skalierung der x-Achse bei der Darstellung der Ergebnisse einer AC-Analyse). Mit der Option `polar` kann `<expression>` in Polarkoordinaten dargestellt werden. Die alternative Option `smithgrid` benutzt als Linienraster des Polarkoordinatensystems ein Smithdiagramm. Soll `<expression>` korrekt über die Transformation (x - 1) / (x + 1) in einem Smithdiagramm dargestellt werden, so ist `smith` anzugeben.

print `[col] [line] <expression>`

Zeigt den Vektor `<expression>` an. Die Option `col` ordnet die Ausgabe in Spalten, während bei der Option `line` die Vektoren zeilenweise angeordnet werden. Wenn `<expression>` durch `all` ersetzt wird, werden alle vorhandenen Vektoren ausgegeben. Die Befehlssequenz `print col all > file` gibt alle Vektoren im SPICE2-Format in der Datei `file` aus.

quit

Verläßt den Simulator SPICE3.

run

Führe die Simulation aus, die in der Netzliste angegeben wurde (z.B. .op, .ac, .tran).

rusage `everything`

Gibt eine Statistik über Resourcen, Rechenzeit, Speicherplatz und dergleichen aus.

set `[<opt>] [<opt>=<optval>]`

Mit diesem Befehl lassen sich die zuvor beschriebenen Optionen der .OPTIONS-Anweisung interaktiv eingeben (siehe S. 103). Daneben gibt es noch eine Vielzahl weiterer Optionen des interaktiven Interpreters (z.B. set editor=notepad.exe spezifiziert den Editor notepad.exe, damit dieser beim Aufruf des Befehls edit benutzt wird). Die Liste der möglichen Optionen ist so umfangreich, daß eine eingehende Behandlung dieser Optionen hier den Rahmen sprengen würde. Daher wird im Falle des Bedarfs dem interessierten Leser empfohlen, das Kapitel 5.5 der Originalbedienungsanleitung von SPICE3[1] zu Rate zu ziehen.

show `[<device name>][<device letter>]`

Gibt listenartig die Arbeitspunktinformationen des Bauelementes `<device name>` aus. Wird nur der Anfangsbuchstabe `<device letter>` einer Bauelementgruppe spezifiziert (z.B. `m` für MOSFETs) so werden die Arbeitspunktinformationen von allen Bauelementen der Gruppe ausgegeben.

source `<file name>`

Lädt die Netzliste `<file name>`.

tf `<output variable> <input source>`

Ermittelt die Übertragungsfunktion einer Schaltung (siehe S. 107).

tran `<tstep> <tstop> [<tstart> [<tmax>]] [UIC]`

Führt eine Transient-Analyse durch (siehe S. 107).

Die oben aufgeführten Befehle können auch in eine Netzliste eingebunden werden. Dazu ist folgende Kontrollstruktur in die Netzliste aufzunehmen:

```
.control
<interaktiver befehl>
...
.endc
```

Dazu ein Beispiel: Der Auschnitt aus der folgenden Netzliste spezifiert in klassischer Weise eine Kleinsignal-Wechselstromanalyse. In der Kontrollstruktur wird die Ausführung dieser Analyse und die graphische Ausgabe der Spannung am Knoten „out" in dB veranlaßt.

```
...
.ac dec 10 1k 100meg
.control
run
plot db(out)
.endc
...
```

4.2.6 Ermittlung von Modellparametern

Um realistische Simulationen zu erhalten, müssen die Modelle der einzelnen Bauelemente möglichst gut spezifiziert sein. Können wir bei den passiven Elementen „Widerstand", „Kapazität" und „Induktivität" noch auf ein Modell verzichten, ist dies bei den Halbleiterbauelementen nicht mehr möglich. Um an die notwendigen Parameter zu gelangen, könnten wir die Bauelemen-

1 ftp://ic.berkeley.edu/pub/Spice3 oder auf der CD-ROM (siehe Anhang)

te elektrisch vermessen. Dies ist jedoch sehr aufwendig und zeitintensiv. Werden lediglich die voreingestellten Default-Werte benutzt, ergibt sich nur ein einfaches Standardmodell, das weder strom- noch frequenzabhängig ist.

Eine einfache und schnelle Methode ist die Bestimmung der Parameter anhand der Daten des entsprechenden Bauelementes.

Bipolartransistor

Die Bestimmung der wichtigsten Parameter eines Bipolartransistors können wir anhand entsprechender Daten durchführen. Wir benötigen die Kurven $I_C(U_{CE}, U_{BE})$, $ß(I_C)$ und $I_B(U_{BE})$ sowie einige zusätzliche Größen, die in der Regel ebenfalls leicht zu ermitteln sind.

Im aktiv normalen Betrieb gilt für den Kollektorstrom:

$$I_C = I_S \cdot e^{U_{BE}/(n_F \cdot U_T)} \tag{4.15}$$

U_T ist die Temperaturspannung und berechnet sich aus:

$$U_T = k \cdot \frac{T}{e} \tag{4.16}$$

mit k = Boltzmannkonstante, T = Temperatur, e = Elementarladung.

Für Raumtemperatur T = 300 k ist $U_T \approx 26$ mV. Die zu bestimmenden Größen in Gleichung (4.15) sind I_S und n_F. Dazu entnehmen wir aus dem Ausgangskennlinienfeld $I_C(U_{CE}, U_{BE})$ zwei Wertepaare $[U_{BE}, I_C]$, die nicht zu dicht beieinander liegen. Außerdem müssen wir darauf achten, daß die Kollektorströme nicht zu groß gewählt werden, damit sich die Stromverstärkung nicht im abfallenden Bereich befindet. Dies müssen wir anhand der Kurve $ß(I_C)$ überprüfen.

Die zwei Wertepaare werden nun in Gleichung (4.15) eingesetzt und die Gleichungen ins Verhältnis gesetzt. Wir erhalten:

$$\frac{I_{C1}}{I_{C2}} = \frac{I_S}{I_S} \cdot e^{(U_{BE1} - U_{BE2})/(n_F \cdot U_T)} \tag{4.17}$$

Für den Vorwärtsstrom-Emissionskoeffizient n_F ergibt sich:

$$\mathrm{NF} = \frac{U_{BE1} - U_{BE2}}{U_T \cdot \ln(I_{C1}/I_{C2})} \tag{4.18}$$

Damit berechnet sich der Sperrsättigungsstrom I_S aus Gleichung (4.15) zu:

$$\mathrm{IS} = I_C \cdot e^{-U_{BE}/(n_F \cdot U_T)} \tag{4.19}$$

Die ideale maximale Vorwärtsstromverstärkung können wir aus dem Kollektor- und Basisstrom im gleichen Arbeitspunkt ermitteln.

$$\mathrm{BF} = \frac{I_C}{I_B} \tag{4.20}$$

Auch hier müssen wir darauf achten, daß die Ströme nicht zu groß sind, um nicht in den abfallenden Bereich der Stromverstärkungskurve $ß(I_C)$ zu gelangen.

Bei hohen Strömen macht sich der Einfluß des Basisbahnwiderstandes $R_{BB'}$ (RB) zunehmend bemerkbar. Wir können ihn aus dem „Gummel-Poon-Plot" ermitteln.

$$\mathrm{RB} = \frac{U_{BE1} - U_{BE2}}{I_B} \tag{4.21}$$

Die entsprechenden Werte sind für hohe Basisströme abzulesen.

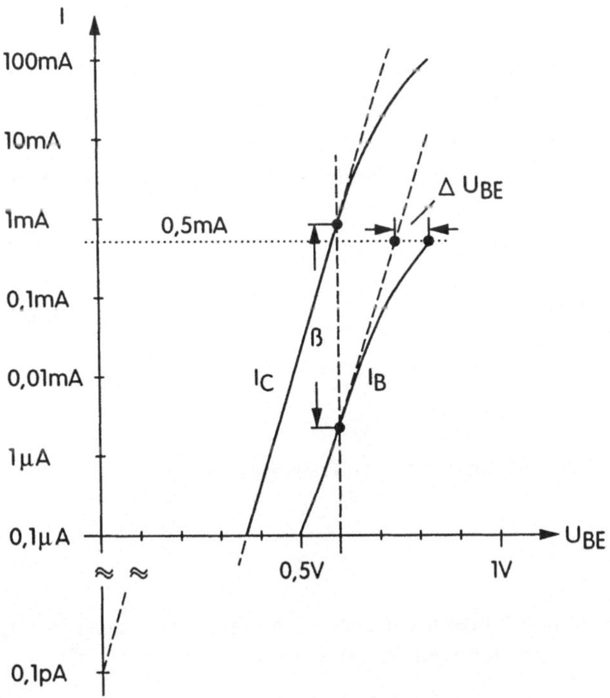

Bild 4.12 Gummel-Poon-Plot eines Standardtransistors. Hier lassen sich bequem Sperrsättigungsstrom, Stromverstärkung und Basisbahnwiderstand ablesen.

Bild 4.12 zeigt am Beispiel eines Standardtransistors, was unter einem Gummel-Poon-Plot zu verstehen ist. Wir tragen den Logarithmus von Kollektorstrom und Basisstrom als Funktion der Basis-Emitterspannung auf. Im Hochstrombereich des Transistors (z.B. für $I_C > 10$ mA) ergibt sich durch den Basisbahnwiderstand eine Abweichung zwischen dem idealen Verlauf des Basisstromes (gestrichelte Linie) und dem realen Verlauf (ausgezogene Linie). Aus dieser Spannungsdifferenz können wir den Basisbahnwiderstand gemäß Gleichung 4.21 errechnen.

Die Vorwärts-Early-Spannung VAF können wir auf zwei verschiedene Art und Weisen bestimmen. Nähern wir die Kennlinien im $I_C(U_{CE}, U_{BE})$-Feld im aktiven Bereich durch Geraden an und verlängern sie so weit, bis sie die negative U_{CE}-Achse schneiden, stellt der Schnittpunkt betragsmäßig den gesuchten Parameter dar.

In der Praxis hat VAF eine Größenordung von ca. 50 V, die auf der U_{CE}-Achse nicht mehr dargestellt ist. Wir ermitteln den Parameter daher analytisch. Die Steigung der oben erwähnten asymptotisch angenäherten Geraden ist der Ausgangswiderstand $r_{CE} = 1/h_{22e}$. Einen dieser Parameter bemötigen wir, und mit dessen Hilfe können wir die dazugehörige Geradengleichung aufstellen und daraus VAF errechnen. Wir erhalten:

$$\mathrm{VAF} = \frac{I_C}{h_{22e} - U_{CE}} \tag{4.22}$$

h22e wird in der Regel für einen bestimmten Kollektorstrom und die dazugehörige Kollektor - Emitterspannung angegeben.

Die wichtigsten statischen Parameter für den Vorwärtsbetrieb des Transistors haben wir nun bestimmt. Für den Rückwärtsbetrieb genügen im allgemeinen die Default-Werte.

Die wichtigsten dynamischen Parameter des Bipolartransistors sind die Größen CJE, CJC, TF und, betrachten wir zusätzlich das Rauschen, KF. Die beiden Kapazitäten ergeben sich direkt aus den Transistordaten für eine Spannung von 0 V:

$$\mathrm{CJE} = C_{EB0} \tag{4.23}$$

$$\mathrm{CJC} = C_{CB0} \tag{4.24}$$

TF ergibt sich aus der maximalen Transitfrequenz f_T des Transistors. Es gilt:

$$\mathrm{TF} = \frac{1}{\omega_T} = \frac{1}{2 \cdot \pi \cdot f_T} \tag{4.25}$$

Wollen wir TF noch genauer bestimmen, müssen wir zusätzlich den Einfluß der Basis-Emitter- und der Kollektor-Basis-Kapazität berücksichtigen. Es gilt dann:

$$\mathrm{TF} = \frac{1}{2 \cdot \pi \cdot f_T} - \frac{(\mathrm{CJE} + \mathrm{CJC}) \cdot U_T}{I_C} \tag{4.26}$$

Für I_C setzen wir den Kollektorstrom ein, bei dem die Transitfrequenz maximal ist.

Zur Bestimmung des Rauschparameters KF ist die Kenntnis der 1/f-Eckfrequenz erforderlich. Sie bestimmt den Übergang zwischen dem 1/f-Rauschen und dem Schrotrauschen. Betrachten wir alle Rauschquellen eines Transistors und rechnen diese in einen äquivalenten Eingangsrauschstrom um, erhalten wir:

$$I_{eq} = I_B + \frac{\mathrm{KF} \cdot I_B}{2 \cdot e \cdot f} + \frac{I_C}{|\beta(j\omega)|^2} \tag{4.27}$$

Für den Parameter KF sind nur die ersten zwei Summanden relevant, da der dritte aufgrund seiner geringen Größe vernachlässigbar ist und erst bei hohen Frequenzen eine Rolle spielt. An der 1/f-Eckfrequenz muß der erste Summand gleich dem zweiten sein. Daraus folgt für KF:

$$\mathrm{KF} = f_{1/f} \cdot 2 \cdot e \quad \text{mit } e = 1{,}602 \cdot 10^{-19}\ \mathrm{As} \tag{4.28}$$

Sperrschichtfeldeffekttransistor (JFET)

Auch die wichtigsten Parameter des JFETs können anhand des Datenblattes bestimmt werden. VTO ist direkt mit der Schwellspannung U_P gleichzusetzen.

$$\mathrm{VTO} = U_P \tag{4.29}$$

Die Ausgangskennliniengleichung eines JFETs im Sättigungsbetrieb hat bekanntlich die Form:

$$I_D = \frac{I_{DSS}}{U_P^2} \cdot (U_{GS} - U_P)^2 \cdot (1 + \lambda \cdot U_{DS}) \tag{4.30}$$

SPICE verwendet die Formel:

$$I_D = \mathrm{BETA} \cdot (U_{GS} - \mathrm{VTO})^2 \cdot (1 + \mathrm{LAMBDA} \cdot U_{DS}) \tag{4.31}$$

Korrelieren wir Gleichung (4.30) mit Gleichung (4.31), muß gelten:

$$\mathrm{BETA} = \frac{I_{DSS}}{U_P^2} \tag{4.32}$$

Mit der aus dem Datenblatt bekannten Größe I_{DSS} ist somit auch BETA bekannt.

LAMBDA charakterisiert ähnlich wie beim Bipolartransistor der Parameter VAF die Steigung der Ausgangskennlinien im Sättigungsbereich. Angegeben ist in der Regel der Ausgangswiderstand r_o bzw. -leitwert g_o für eine bestimmte Spannung U_{DS}. Differenzieren wir Gleichung (4.30) nach U_{DS} und stellen das Ergebnis nach LAMBDA um, so ergibt sich:

$$\mathrm{LAMBDA} = \frac{1}{(I_{DSS}/g_o) - U_{DS}} \tag{4.33}$$

Für die dynamische Beschreibung des JFETs fehlen die Kapazitäten CGS und CGD, die bei einer Spannung von 0 V definiert sind. Auch diese Größen enthält das Datenblatt, so daß sie direkt übernommen werden können.

$$\text{CGS} = C_{iss} \tag{4.34}$$

$$\text{CGD} = C_{rss} \tag{4.35}$$

Der Rauschparameter KF berechnet sich in ähnlicher Weise wie beim Bipolartransistor. Auch hier ist die Kenntnis der 1/f-Eckfrequenz erforderlich. Betrachtet man wieder alle Rauschquellen des JFETs und errechnet daraus den äquivalenten Eingangsrauschwiderstand, erhält man:

$$R_{eq} = \frac{2}{3 \cdot g_m} + \frac{\text{KF} \cdot I_D}{4 \cdot k \cdot T \cdot g_m^2 \cdot f} \tag{4.36}$$

Bei der 1/f-Eckfrequenz muß der erste Summand gleich dem zweiten sein. Das bedeutet:

$$\text{KF} = f_{1/f} \cdot \frac{8 \cdot k \cdot T \cdot g_m}{3 \cdot I_D} \tag{4.37}$$

Die noch unbekannten Größen sind die Steilheit g_m und der Drainstrom I_D. Die Größe g_m ist definiert als:

$$g_m = \frac{\delta I_D}{\delta U_{GS}} \tag{4.38}$$

Die Gleichung (4.30) ist daher nach U_{GS} abzuleiten. Gleichung (4.30) und (4.38) in Gleichung (4.37) eingesetzt, ergibt den endgültigen Parameter KF.

$$\text{KF} = f_{1/f} \cdot \frac{16 \cdot k \cdot T}{3 \cdot \left(U_{GS} - U_P\right)} \tag{4.39}$$

Gleichung (4.39) besagt, daß KF vom eingestellten Arbeitspunkt abhängig ist. In den Datenblättern ist daher auch die 1/f-Eckfrequenz nur für $U_{GS} = 0$ V angegeben.

Metalloxid-Feldeffekttransistor (MOSFET)

Zur Bestimmung der Parameter des MOSFETs geht man in ähnlicher Weise vor wie beim JFET. Die Ausgangskennliniengleichung im Abschnürbetrieb lautet:

$$I_D = \frac{\text{KP}}{2} \cdot \frac{\text{W}}{\text{L}} \cdot \left(U_{GS} - U_{TH}\right)^2 \cdot \left(1 + \lambda \cdot U_{DS}\right) \tag{4.40}$$

Die gleiche Form benutzt auch SPICE. Man kann daher sofort:

$$\text{VTO} = U_{TH} \tag{4.41}$$

setzen. Analog zum JFET ergibt sich für LAMBDA:

$$\text{LAMBDA} = \frac{1}{(I_D/g_o) - U_{DS}} \tag{4.42}$$

Für I_D und U_{DS} sind die Werte einzusetzen, für die g_o definiert ist.

Bevor KP ermittelt werden kann, muß zuerst die Kanallänge L und -weite W des MOSFETs bekannt sein. Da nicht beide bestimmbar sind, beläßt man die Kanalweite auf ihren Default-Wert von 100 µm. Zur Bestimmung von L müssen die dynamischen Eigenschaften des MOSFETs untersucht werden. Im Gegensatz zum JFET lassen sich diese nicht über zwei einzelne Kapazitäten beschreiben, so daß die Formeln, die SPICE zur Modellierung benutzt, näher betrachtet werden müssen. In den Datenblätter sind die Kapazitäten für den Kleinsignalbetrieb angegeben. Es genügen somit die passenden Formeln für den Sättigungsbetrieb.

$$C_{GS} = C_{iss} = \frac{2}{3} \cdot \frac{\text{W} \cdot \text{L} \cdot \varepsilon_0 \cdot \varepsilon_r}{\text{TOX}} \quad \text{mit } \varepsilon_r = 3{,}9 \tag{4.43}$$

TOX ist die Dicke des Gateoxids und hat in der Regel die realistische Größe von:

$$\text{TOX} = 100\text{n} \tag{4.44}$$

Mit diesem Wert berechnet sich die Kanallänge L aus Gleichung (4.43) zu:

$$\text{L} = \frac{3}{2} \cdot \frac{\text{TOX} \cdot C_{iss}}{\text{W} \cdot \varepsilon_0 \cdot \varepsilon_r} \quad \text{bzw.} \tag{4.45}$$

$$\text{L} = \frac{C_{iss}}{2{,}3 \cdot 10^{-8}} \tag{4.46}$$

Die Rückwirkungskapazität erhält man im Sättigungsbetrieb aus:

$$C_{rss} = \text{CGD0} \cdot \text{W} \tag{4.47}$$

bzw. für CGDO:

$$\text{CGD0} = \frac{C_{rss}}{1 \cdot 10^{-4}} \tag{4.48}$$

Mit Hilfe der bisher ermittelten Größen und Gleichung (4.40) kann nun KP errechnet werden.

$$\mathrm{KP} = 2 \cdot I_D \cdot \frac{\mathrm{L}}{\mathrm{W}} \cdot (U_{GS} - \mathrm{VTO})^2 \cdot (1 + \lambda \cdot U_{DS}) \tag{4.49}$$

Für ID, UGS und UDS ist ein Wertepaar zu wählen, das sich im Abschnürbereich des MOSFET's befindet.

Der Rauschparameter KF wird in gleicher Weise wie beim JFET berechnet.

Es gilt daher

$$\mathrm{KF} = f_{1/f} \cdot \frac{16 \cdot k \cdot T}{3 \cdot (U_{GS} - U_{TH})} \tag{4.50}$$

4.2.7 Konvergenzprobleme

Obwohl SPICE3 ein ausgefeiltes und robustes Programm ist, kann es unter bestimmten Bedingungen zu Konvergenzproblemen kommen. SPICE findet keine Lösung und bricht die weitere Berechnung ab. Diesen Konvergenzproblemen können wir begegnen, wenn wir SPICE über die .OPTIONS-Anweisung richtig konfigurieren. Hier ein paar Tips dazu:

DC- und AC-Analyse

Bei der DC- und AC-Analyse können wir SPICE über den Befehl .NODESET Anfangswerte vorgeben, die ein Finden des Arbeitspunktes erleichtern.

```
.NODESET V(5)=8.3 V(3)=2.5
```

Weiterhin läßt sich der Leitwert GMIN anpassen, den SPICE bei Konvergenzproblemen der Schaltung dazuaddiert.

```
.OPTIONS GMIN=1E-6
```

Sehr wirkungsvoll kann sein, die Anzahl der Iterationen in jedem Berechnungspunkt zu erhöhen.

```
.OPTIONS ITL1=500
.OPTIONS ITL2=200
```

Vielfach hilft es, bei einer DC-Analyse den Spannungsbereich, der durchfahren werden soll, so einzuschränken, daß keine Übersteuerungs- oder Sättigungseffekte auftreten. Zumindestens sollte der Start eines Durchlaufs nicht in diesen Bereichen erfolgen.

Transient-Analyse

Bei der Transient-Analyse können wir zusätzlich zur Vorgabe der Knotenspannungen über `.NODESET` mit Hilfe der `.IC`-Anweisung erreichen, daß SPICE geeignete Anfangswerte für die Simulation findet.

```
.IC V(5)=8.4 V(2)=-1.2
```

Hier sollten wir aber nicht vergessen, bei der Spezifikation der Transient-Analyse den Parameter `UIC` anzugeben. Hilfreich kann es auch sein, wenn wir die maximale Schrittweite für die Iterationschritte über den Parameter TMAX beschränken (im Beispiel der vierte Parameter).

```
.TRAN 1N 100N 0 0.5N UIC
```

Wie bei der DC- und AC-Analyse gibt es auch bei der Transient-Analyse die Möglichkeit, die Anzahl der Iterationen in jedem Schritt zu erhöhen.

```
.OPTIONS ITL4=40
```

Eine weitere Option haben wir beim Auftreten von Simulationsergebnissen, die offensichtlich nicht stimmen können. Wenn nämlich die Standardmethode (Trapezmethode, TRAP) zur numerischen Integration versagt, können wir auf die alternative Gear-Methode (GEAR) umschalten.

```
.OPTIONS METHOD=GEAR
```

4.3 Layoutsystem (LASI)

Zum computerunterstützten Entwurf eines Layouts würde strenggenommen ein einfaches Zeichenprogramm ausreichen. Und letztendlich sind alle im Handel erhältliche Layoutprogramme prinzipiell Zeichenprogramme, die durch Bibliotheken, Überprüfungsprogramme und Exportfilter ergänzt wurden. Die Vielzahl der erhältlichen Programme kann nur auf Computern höherer Leistungsklasse (Workstation) eingesetzt werden, so daß für den Anwender erhebliche Investitionen zu Buche schlagen. Für den Einsatz in der Ausbildung ist es immer vorteilhaft, eine kostenlose Demoversion einzusetzen, die auf einfachen PCs lauffähig ist (Beispiel: PSpice von Microsim). Der eingeschränkte Funktionsumfang reicht für Ausbildungszwecke meist aus und jeder Wißbegierige kann zu Hause auf seinem Computer in Ruhe üben. Daher wollen wir in diesem Buch auf die klassischen Layoutprogramme, wie sie bei Cadence, Mentor Graphics, Synopsis, Viewlogic oder Tanner enthalten sind, nicht eingehen. Wir möchten vielmehr eine Software beschreiben, die sich im Umgang mit Studenten sehr bewährt hat, auf jedem PC läuft und über das Internet kostenlos zu beziehen ist. Es handelt sich um das Programm LASI (sprich engl. „lazy") von Dr. David E. Boyce.

LASI gibt es als DOS basierendes Programm (bis LASI 5.2) mit einer eigenen graphischen Benutzeroberfläche, das problemlos auch unter Windows läuft oder als reine Windows-Version (ab LASI 6.0). Die Beschreibung soll in diesem Kapitel auf die Version LASI 6.0 beschränkt bleiben.

4.3.1 Installation

Die Installation des Softwaresystems ist einfach, denn ein mitgeliefertes Installationsprogramm sorgt für das Entpacken der Dateien, den korrekten Aufbau der Dateienstruktur und die nötigen Einstellungen. Nach der Installation finden wir auf unserem Computer ein Verzeichnis C:\LASI6 in dem eine Reihe von Unterverzeichnissen eingerichtet sind. Diese Unterverzeichnisse dienen als Arbeitsverzeichnisse.

4.3.2 Arbeitsverzeichnisse

Es hat sich bei der Arbeit mit LASI als sehr hilfreich herausgestellt, wenn wir für jedes Unterverzeichnis, daß wir bearbeiten wollen, ein eigenes Programm-Icon unter Windows anlegen und dieses Icon auf dem Desktop plazieren. Mit der Windows-Funktion „Eigenschaften" stellen wir als Programmname C:\LASI6.EXE ein und als Arbeitsverzeichnis das jeweilige Verzeichnis. Es ist auch noch sinnvoll, zu den Verzeichnissen als solches jeweils eine Verknüpfung mit auf den Desktop zu legen. Es erleichtert den Zugriff, wenn wir die Kommandodatei für unsere Netzliste editieren wollen, oder wenn wir zum Starten einer Simulation einfach das Icon der Netzliste auf das Icon des Simulators ziehen.

Wir benutzen also beispielsweise das Verzeichnis C:\LASI6\WCN20 als Arbeitsverzeichnis und starten WLASI. Es erscheint auf dem Bildschirm das Zeichenfenster von LASI wie es im Bild 4.13 dargestellt ist.

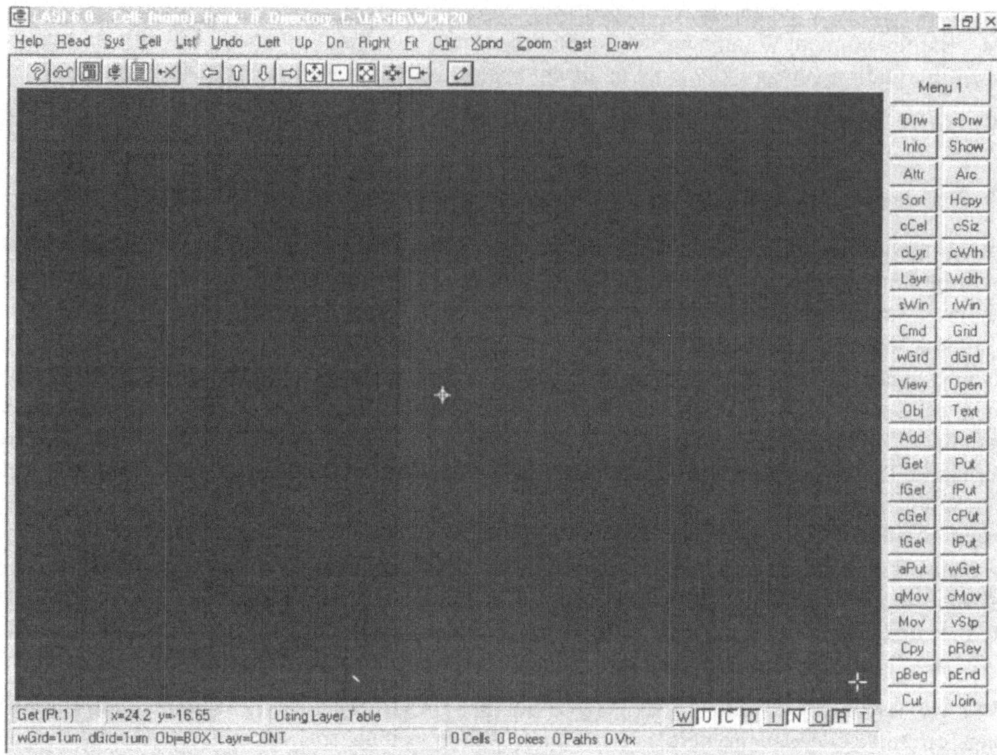

Bild 4.13 Der Startbildschirm des Layoutsystems LASI 6.0

4.3.3 Das Systemmenü

Wenn wir das Kommando *Sys* aus der oberen Menüleiste des LASI-Zeichenfensters mit der Maus anklicken, erreichen wir das „LASI-Systemmenü“. Dieses Menü ist nützlich, wenn es darum geht, LASI-Zeichnungen auf andere Plattformen zu übertragen. Wir werden später noch näher darauf eingehen. Durch Klicken auf das Kommando *Return* gelangen wir wieder zurück zum Zeichenfenster.

4.3.4 Zellen

LASI arbeitet hierarchisch. Das komplexe Design einer integrierten Schaltung wird aus einfacheren Objekten aufgebaut, die wir Zellen nennen. Solch eine Zelle kann beispielsweise ein Operationsverstärker oder ein Transistor sein. Eine Liste aller im aktuellen Verzeichnis vorhandenen Zellen können wir uns durch das Kommando *List* aus dem oberen Menü darstellen lassen. Hatten wir LASI gerade frisch installiert, so wird uns LASI zeigen, daß das Verzeichnis leer ist. Mit *Cancel* kehren wir zurück zum Zeichenfenster.

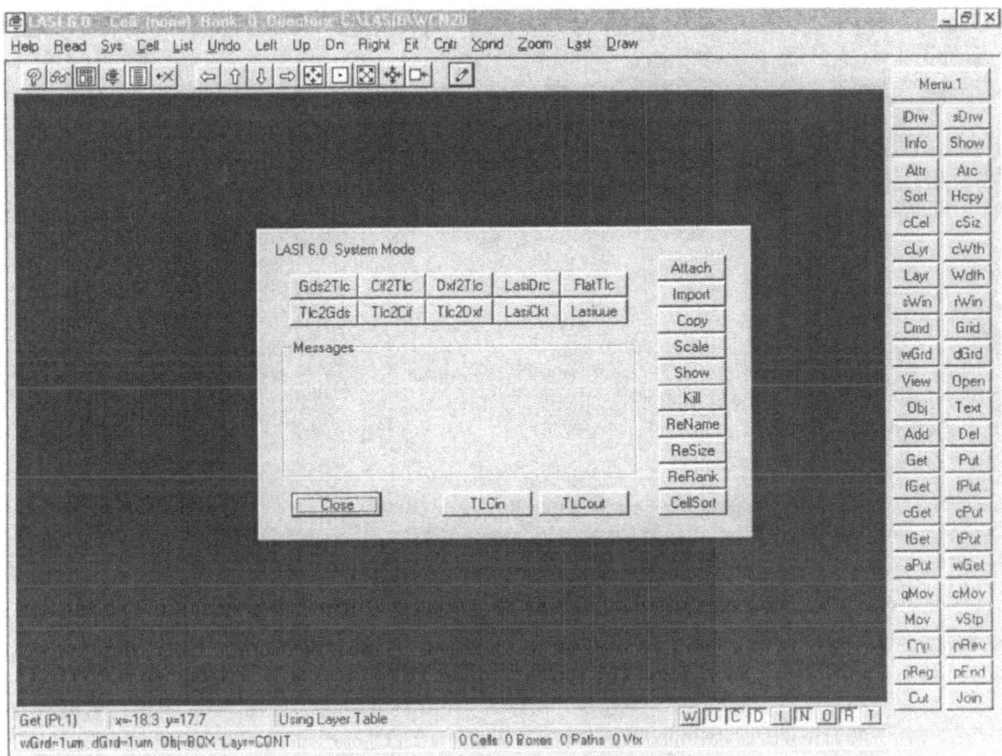

Bild 4.14 Das Systemmenü mit einer Reihe nützlicher Hilfsprogramme

4.3.5 TLC Dateien

LASI arbeitet mit verschiedenen Datenformaten. Für den Datenaustausch und zur Archivierung ist das TLC-Format gedacht. Es beschreibt in Textform die Elemente der Zeichnung. Das Zeichenprogramm selbst arbeitet aber mit einem binären Datenformat (Dateiendungen mit *.BP6 und *.CL6).

Rufen wir das Kommando *TLCin* aus dem LASI-Systemmenü auf, können wir die im Quellpfad vorhandenen Zellen vom TLC-Format in das interne Datenformat konvertieren, damit sie dem Zeichenprogramm zur Verfügung stehen. Bei einer Zellenhierarchie brauchen wir nur den Namen der obersten Zelle anzugeben, denn die in der Hierarchie darunterliegenden Zellen werden automatisch mitkonvertiert. Beim Kommando *TLCin* fragt LASI, ob schon existierende Zellen niedrigerer Hierarchie ersetzt werden sollen („replace lesser cells?"). Spezifizieren wir „*" im Dialogfeld zur Angabe des Zellnamens, dann werden alle im Verzeichnis befindlichen TLC-Dateien konvertiert. Wenn wir allerdings Zellen archivieren oder auf andere Rechner übertragen wollen, dann konvertiert uns das Kommando *TLCout* die spezifizierte Zellenhierarchie zurück in das TLC-Format. Haben wir unsere TLC-Dateien in das interne Format konvertiert, zeigt uns das Kommando *List* alle im Verzeichnis befindlichen Zellen. Ein Doppelklick auf einen Zellnamen zeigt uns die dazugehörige Zeichnung. Mit dem Kommando *Fit* aus der oberen Menüleiste bekommen wir die Zeichnung bildschirmfüllend angezeigt.

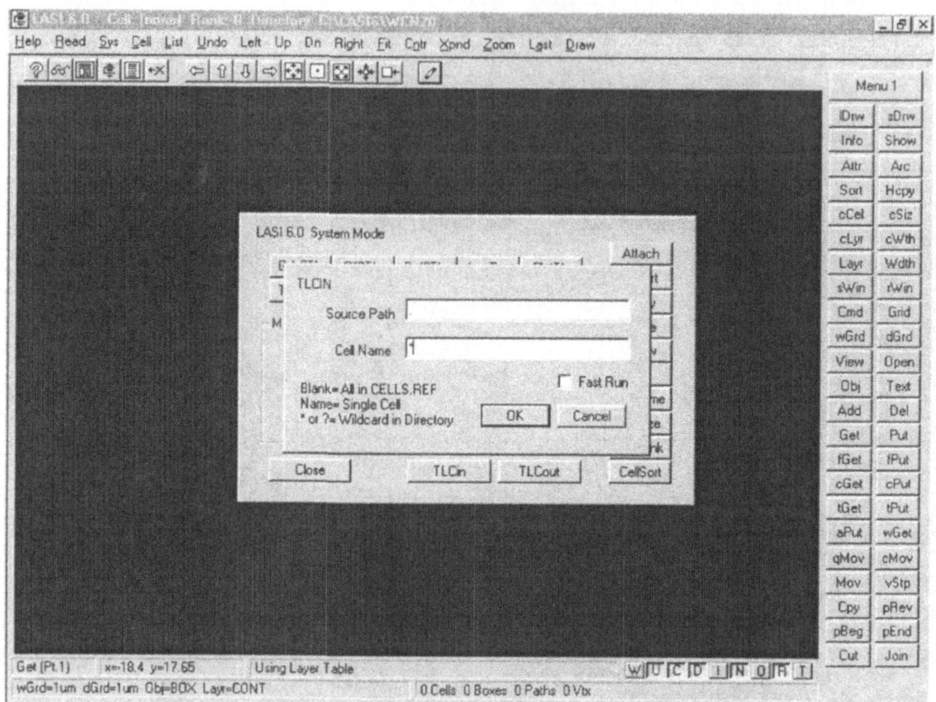

Bild 4.15 Das Konvertieren aus dem universellen TLC-Format in das interne Format mit dem Hilfsprogramm TLCin

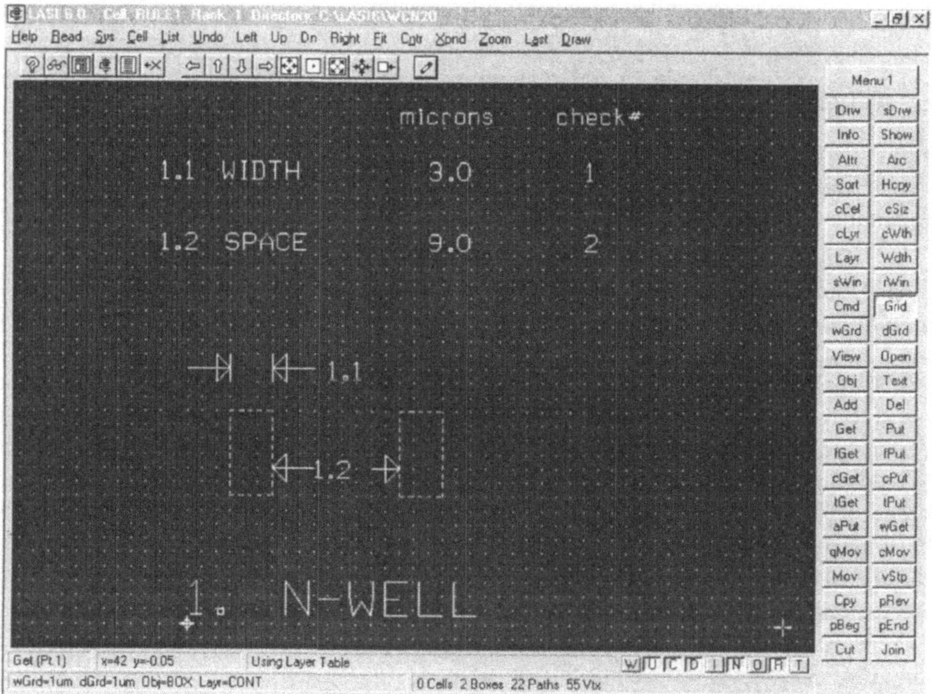

Bild 4.16 Der Aufruf einer Beispieldatei: Hier die Vorschrift für das Layout der n-Wanne

4.3.6 Umschalten zwischen den Menüs

Die Vielzahl der möglichen Befehle, die LASI kennt, lassen sich nicht in einem Menü unterbringen. Daher können wir durch Klicken auf das Feld *Menu 1* die Belegung des Menüs umschalten, wobei das Feld *Menu 1* zu *Menu 2* wechselt und vice versa. Befindet sich der Mauszeiger im Zeichenfenster, so läßt sich diese Umschaltung auch durch Drücken der rechten Maustaste vornehmen.

4.3.7 Erzeugen einer Zelle

Wollen wir das Layout einer neuen Zellen erstellen, benutzen wir das Kommando *Cell.* Wir müssen der Zelle einen Namen (beispielsweise NMOS) und eine Rangordnung geben. Ein NMOS-Transistor ist sicherlich ein Grundbaustein, daher ist es sinnvoll, diesem die niedrigste Rangordnung von 1 zu geben. Wenn wir eine Zelle erstellen wollen, die die Zelle NMOS benutzt, dann ist es sinnvoll dieser neuen Zelle eine Rangordnung von 2 oder höher zuzuweisen. Eine Zelle der Rangordnung 2 kann nur Zellen der Rangordnung 1 enthalten. Dagegen kann eine Zelle der Rangordnung 5 beliebige Zellen der Rangordnung 4 und darunter enthalten.

Wir wollen nun zum Experimentieren die Zelle „Test" entwerfen. Wir wählen das Kommando *Cell* und geben den Namen TEST mit der Rangordnung 1 ein. Die noch leere Zelle ist im Bild 4.17 dargestellt. Wir erkennen, daß der Name und die Rangordnung der Zelle am oberen Rand des Anzeigefenster aufgeführt ist.

4.3.8 Steuerelemente

Im Bild 4.17 sehen wir ein Fadenkreuz, das uns den Nullpunkt anzeigt. Das Anklicken des Feldes *R* in der unteren rechten Ecke des Fensters (oder die Taste *r* auf der Tastatur) schaltet uns diesen Bezugspunkt Ein oder Aus. Diese Änderung sehen wir aber nicht sofort. Bei allen Änderungen, die durch das Anklicken der Felder in der rechten unteren Fensterecke erfolgen sollen, müssen wir erst das Kommando *Draw* aus der oberen Menüleiste aufrufen, damit sie sichtbar werden. Führen wir den Mauszeiger über das Fadenkreuz, so zeigt uns der Abstandsmesser in der linken unteren Ecke 0,0. Der Abstandsmesser zeigt also immer den Abstand des Mauszeigers zum Nullpunkt an. Wenn der Abstandsmesser Entfernungen in der Größenordnung 10^6 oder mehr anzeigt (10^6 µm sind 1 Meter), dann sehen wir das gesamte Zeichenfeld. Dies kann leicht passieren, wenn wir beispielsweise bei einer leeren Zeichnung das Kommando *Fit* eingeben. Um wieder in den Bereich der µm zu kommen, brauchen wir nur das Kommando *Zoom* aufzurufen, den Mauszeiger auf das Fadenkreuz zu bringen und mit der linken Maustaste doppelt zu klicken. Wenn wir das Fadenkreuz nicht finden, dann hilft uns das Kommando *Fit*. Wir müssen aber dabei darauf achten, daß in der unteren rechten Ecke des Fensters die Taste *R* gedrückt ist. Ein weiteres nützliches Kommando ist das Kommando *Orig* aus der rechten Menüleiste. Es erlaubt uns, den Nullpunkt an eine beliebige Stelle der Zeichenfläche zu setzen.

Raster

Das Raster kann mit dem Kommando *Grid* aus der rechten Menüleiste an- und abgeschaltet werden. Die Anzeige des Rasters wird unterdrückt, wenn die dargestellte Zeichenfläche zu groß ist.

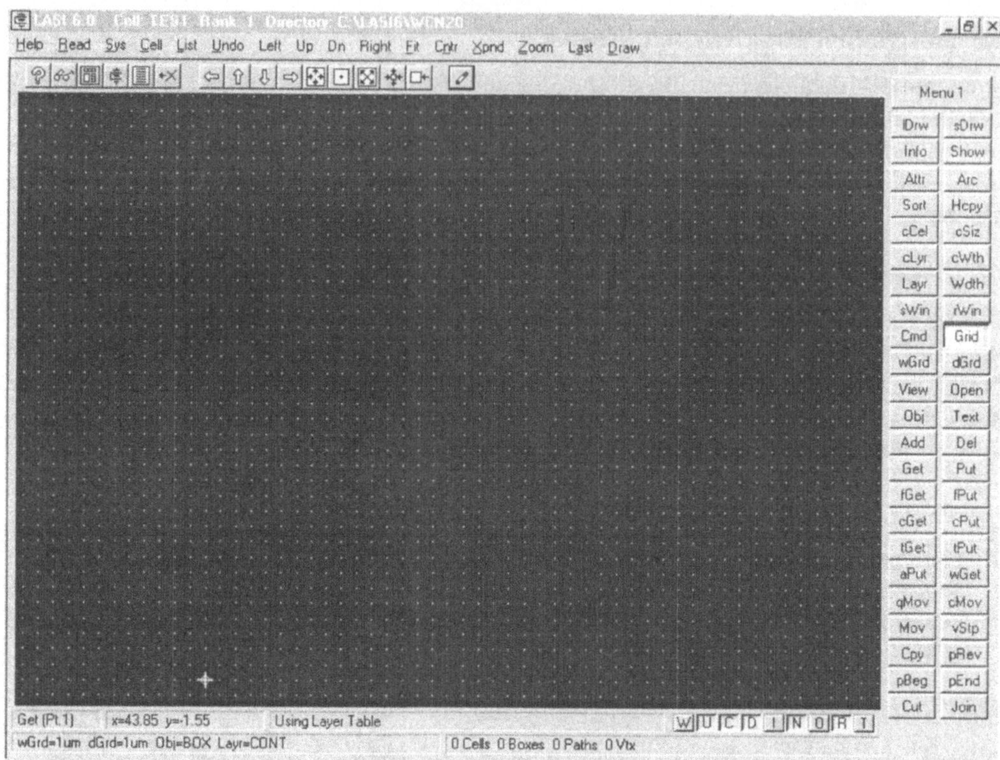

Bild 4.17 Die noch leere Zelle „Test“

Mauszeiger (Cursor)

Das Aussehen des Mauszeigers kann durch Drücken der Taste *Tab* auf der Tastatur zwischen einem kleinen Kreuz und einem bildschirmfüllenden Kreuz umgeschaltet werden.

Messungen

Drücken wir auf der Tastatur die Taste *z*, so erscheint an der Position des Mauszeigers ein vom Referenzpunkt unabhängiger Nullpunkt. Betätigen wir daraufhin die Leertaste, so zeigt uns LASI die Entfernung zwischen dem unabhängigen Nullpunkt und der Position des Mauszeigers. Das Drücken der Taste *w* auf der Tastatur läßt den Mauszeiger an den Rasterpunkten einrasten.

4.3.9 Hinzufügen von Objekten

Bevor wir mit dem Zeichnen beginnen, sollten wir die passende Zeichenebene (Layer) wählen. Dazu dient das Kommando *Layr* aus der rechten Menüleiste, das uns eine Tabelle der zur Verfügung stehenden Layer anzeigt. Wir wollen für die weiteren Beispiele den Layer 1 (NWEL 1) mitttels linker Maustaste auswählen. Wir bemerken, daß der aktuell verwendete Layer am unteren Rand des Bildschirms angezeigt wird. Als nächstes rufen wir das Kommando *Obj* auf. Es zeigt uns eine Liste der zur Verfügung stehenden Zeichenobjekte. Dies sind Rechtecke (box) und Linienzüge (polygons/path), sowie alle Zellen niedriger Rangordnung aus dem Arbeitsverzeichnis. Da wir Rechtecke zeichnen wollen, wählen wir aus der Liste das Wort „box“ durch Doppelklick mit der linken Maustaste aus. Am unteren Bildschirmrand sollten wir nun folgende

Anzeigen vorfinden: Das Fangraster (working grid) und das Anzeigeraster (dot grid) sollte jeweils 1 µm betragen. Das Zeichenobjekt ist ein Rechteck (box) und die Zeichenebene (Layer) ist „NWEL". Damit können wir jetzt mit dem Zeichnen anfangen.

Zunächst klicken wir auf das Kommando *Add* aus der rechten Menüleiste. Dann klicken wir mit der Maus auf den Nullpunkt und fahren mit dem Mauszeiger nach rechts oben, bis wir ein ähnliches Rechteck bekommen, wie es im Bild 4.18 dargestellt ist. Dort betätigen wir wieder die Maustaste.

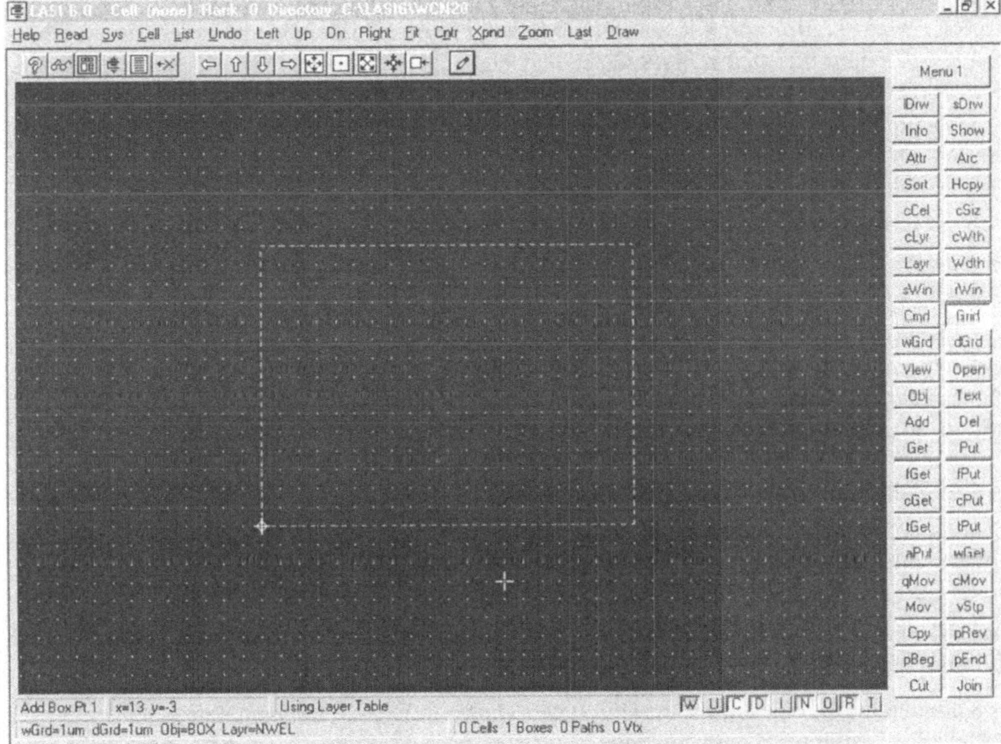

Bild 4.18 Das Zeichnen eines Rechtecks

Mit Hilfe der Cursor-Tasten, den Menüfeldern Left, Up, Dn, Right oder den Symbolfeldern mit den Pfeilen können wir die Schirmansicht verändern. Durch Selektieren von *Fit* (Tastenkombination Alt-f) wird das Rechteck wieder in das Zentrum gebracht. Das Kommando *Xpnd* (Alt-x) erweitert die Ansicht, die sichtbare Zeichenfläche wird größer. Mit Hilfe des Kommandos *Zoom* (Alt-z) können wir einen gewünschten Zeichnungsausschnitt durch Zeichnen eines Rahmens vergrößern.

Beim Zeichnen ist es immer sinnvoll ein Raster zu benutzen. Mit den Kommandos *wGrd* (für das Fangraster) und *dGrd* (für das Anzeigeraster) können wir zwischen verschiedenen voreingestellte Rasterweiten umschalten.

4.3.10 Das Editieren von Objekten

An unserem eben gezeichneten Rechteck können wir nur die Grundfunktion „verschieben" anwenden. Wir können dabei das komplette Rechteck oder eine der vier Seiten verschieben. Dies wird dadurch bewerkstelligt, indem wir das Objekt oder die zu verschiebende Seite erst einmal selektieren (Get). Danach führen wir die Verschiebung durch (Mov) und heben abschließend die Selektion wieder auf (Put).

Bezogen auf unser Beispiel benutzen wir das Kommando *Get* und rahmen den Teil des Rechtecks ein, der verschoben werden soll. Der selektierte Teil wird hervorgehoben dargestellt. Nun nehmen wir das Kommando *Mov* und klicken mit der linken Maustaste irgendwo innerhalb der Zeichenfläche hin. Wir verschieben den Mauszeiger ein wenig und drücken die linke Maustaste nochmals. Der hervorgehobene Teil unseres Rechtecks hat sich nun um genau die selbe Distanz verschoben. Mit dem Kommando *Put* rahmen wir die hervorgehobenen Teile der Zeichnung ein, deren Selektion aufgehoben werden soll. Um alle Selektionen aufzuheben, gibt es eine einfachere Methode, nämlich das Kommando *aPut* (all put).

Wenn wir das ganze Rechteck selektieren möchten, können wir auch das Kommando *fGet* (full get) benutzen. Dabei reicht es aus, mit der Maus nur einen Teil des Objektes einzurahmen, um es vollständig zu selektieren.

LASI erlaubt es, eine Folge von Kommandos mit einem einzigen Tastendruck auszuführen. Wir können dies dadurch bewerkstelligen, daß wir in die Datei formdbd eine entsprechende Befehlszeile einfügen. Genauere Informationen dazu finden sich in der ausführlichen Online-Hilfe von LASI, die über die Funktionstaste F1 abgerufen werden kann.

Das Anzeigen und Editieren bestimmter Layer

Angenommen wir haben ein kompliziertes Layout vor uns. Wenn wir nun aus Gründen der Übersicht nur ganz bestimmte Layer sehen wollen, dann hilft uns das Kommando *View*. Hier können wir beeinflussen, welche Layer angezeigt werden sollen. Aber wir sollten nach getaner Arbeit wieder alle Layer sichtbar machen, sonst könnte es frustrierend werden, wenn plötzlich bestimmte Zeichnungselemente nicht mehr da sind.

Das Kommando *Open* bestimmt, welche Layer selektiert werden können. Damit haben wir die Möglichkeit, bestimmte Layer uneditierbar zu machen. Die Objekte werden angezeigt, aber können beispielsweise nicht durch das Kommando *Get* selektiert werden. Auch hier kann es frustierend werden, wenn wir vergessen haben sollten, das bestimmte Layer nicht editierbar sind.

4.3.11 Die Eingabe von Text

Das Kommando *Text* erlaubt es, Texte zu Beschriftungszwecken einzugeben. Das Kommando *tLyr* bestimmt, auf welcher Zeichenebene der Text eingetragen wird. Über das Kommando *tSiz* können wir die Schriftgröße in Inkrementen von 1,5 μm verändern. Über die Taste *t* oder über das Menüfeld *T* am unteren rechten Bildschirmrand können wir die Einfügemarke des Textes sichtbar machen (dies geschieht allerdings erst nach Ausführung des Menübefehls *Draw*). Klicken wir nach Aktivierung des Kommandos *Text* auf solch eine Einfügemarke, so können wir damit recht einfach einen schon bestehenden Text editieren.

4.3.12 Besonderheiten der Linienzüge

Wir können über das Kommando *Wdth* die Breite eines Linienzuges eingeben. Für einen Schaltplan ist es sinnvoll eine Breite von 0 einzugeben! Bei einem Layout geben wir hier die Breite der Leitbahn ein. Wir können die Breite als positive und als negative Zahl eingeben. Bei einer positiven Zahl endet die Leitbahn mit dem Endpunkt. Ist die Breite negativ, wird die Leitbahn noch um die Hälfte ihrer Breite über den Endpunkt hinaus länger gemacht.

4.3.13 Das Arbeiten mit Zellen

Wir wollen nun mit Hilfe des Menüfeldes *Cell* eine neue Zelle erstellen. Diese Zelle soll „test2" heißen und die Rangordnung 2 haben. Wir können nun durch Aufruf des Kommandos *Obj* die vorher erstellte Zelle „test" als Einfügeobjekt auswählen. Mit Hilfe des Kommandos *Add* fügen wir diese Zelle in unsere neue Zeichnung ein. Dazu brauchen wir nur den Mauszeiger an die gewünschte Stelle zu bringen und die linke Maustaste zu drücken. Wenn wir das ein paar mal gemacht haben, dann sollte unser Bildschirm ähnlich aussehen, wie im Bild 4.19.

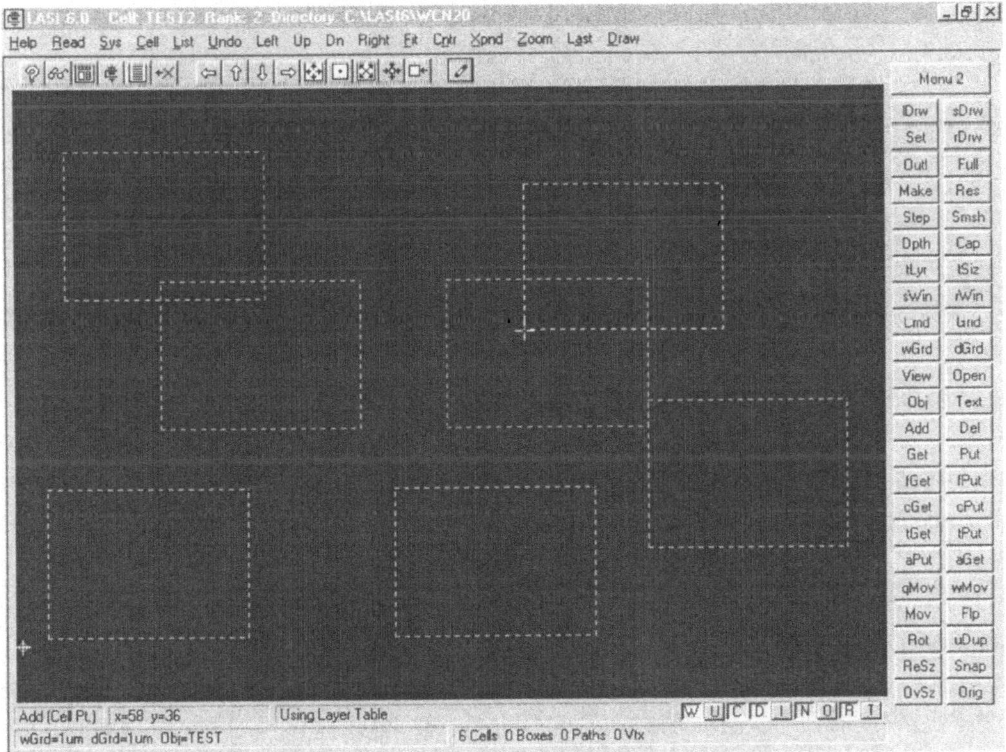

Bild 4.19 Das Einfügen von Zellen mit Hilfe des Kommandos **Add**

Die Darstellung komplexer Layouts

Um komplexe Layouts übersichtlicher darzustellen, können wir die Zellen nur durch Umrisse darstellen lassen. Dazu dient das Kommando *Outl*. Mit der Maus rahmen wir die Zellen ein, die wir nur durch Umrisse darstellen lassen wollen. Das Kommando *Full* macht diesen Vorgang wieder rückgängig. Weiterhin können wir, während LASI die Zeichnung aufbaut, die Taste ESC drücken, um zu erreichen, daß die restlichen Zellen als Umrisse gezeichnet werden, was die Zeit für den Bildaufbau wesentlich zu verkürzen hilft.

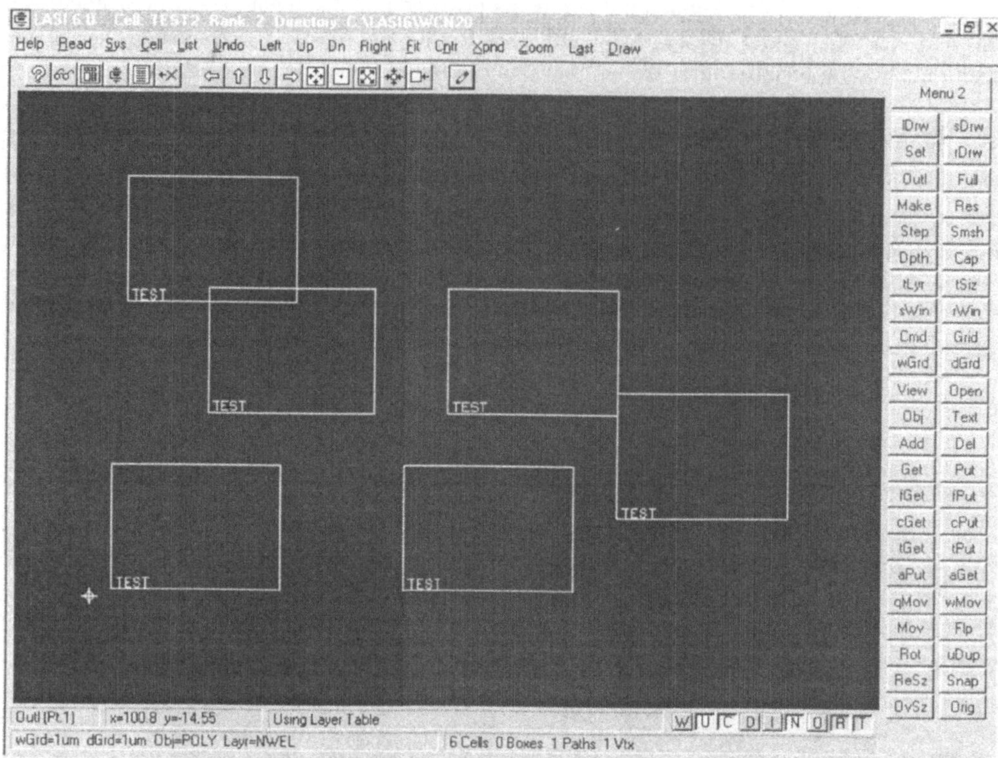

Bild 4.20 Die Benutzung des Kommandos OUTL

Verschieben von Zellen

Das Verschieben von Zellen funktioniert ähnlich wie oben geschildert. Nur müssen wir hier zur Selektion der Zelle das Kommando *cGet* benutzen. Die Selektion können wir nach dem Verschiebevorgang durch *cPut* oder durch *aPut* aufheben.

Darstellung der Zellen

Neben der oben beschriebenen Möglichkeit, nur die Umrisse einer Zelle anzuzeigen, können wir zusätzlich zum Layout der Zelle den Umriss mit Hilfe des Schaltfeldes *I* (unten rechts) oder der Taste *i* anzeigen lassen. Der Name der Zelle erscheint, wenn das Schaltfeld *N* aktiviert ist (oder die Taste *n* gedrückt wird). Diese Veränderungen werden jedoch erst dann sichtbar, wenn das Menüfeld *Draw* (Alt-d) aufgerufen wird.

Besonderheiten des Editierens

Nur die Objekte (box und polygons/path), die in der aktuellen Zelle gezeichnet wurden, lassen sich editieren. Importierte Zellen sind in der aktuellen Zeichnung nicht editierbar. So können wir in unserem Beispiel aus Bild 4.19 die Größe der Rechtecke nicht verändern, da wir uns in der

Zelle „test2“ befinden. Um eine Änderung an der Größe der Rechtecke vorzunehmen, müssen wir erst die Zelle „test“ aufrufen und diese dann editieren.

4.3.14 Sichern des Layouts

Die zuverlässigste Methode, eine Sicherungskopie unseres Layouts anzufertigen, ist es, wenn wir im Systemmenü über den Befehl TLCout die Daten auf einem Datenträger (z.B. auf Diskette) im TLC-Format abspeichern.

4.3.15 Oft auftretende Probleme

Nachdem ein Objekt eingefügt wurde, kann es nicht mehr gesehen werden.

Hier ist über das Kommando *View* zu überprüfen, daß der Layer nicht auf unsichtbar geschaltet wurde. Bitte beachten, daß danach das Menüfeld *Draw* aufgerufen werden muß, damit der Bildschirm neu aufgebaut wird. Probleme kann es auch geben, wenn das eingefügte Objekt Layer benutzt, die für unsere Zeichnung nicht vorgesehen sind. Dann können wir uns dadurch helfen, daß wir die Datei „form.dbd“ um die fehlenden Layer erweitern.

Ein Objekt läßt sich nicht selektieren.

Erstens wäre zu überprüfen, ob im Kommando *Open* der Zugriff auf den Layer freigegeben ist. Zweitens könnte es auch sein, daß das Objekt, das wir editieren möchten, Teil einer Zelle mit einer niedrigeren Rangordnung ist. Wollen wir eine Linienzug selektieren, dann müssen wir darauf achten, daß wir mindestens einen Eckpunkt einrahmen.

Das Dialogfeld des Kommandos Layr läßt sich nicht verändern.

LASI ist in einem Modus, in dem der Layer nur durch die Eingabe einer Nummer gewechselt werden kann. Mit der Tastenkombination „CNTRL-ENTER“ kommen wir wieder in den Modus, wo wir im Dialogfeld den gewünschten Layer anklicken können. Dieser Modus wird uns am unteren Bildschirmrand mit der Informationszeile „Using Layer Table“ angezeigt.

Fit vergrößert die Zeichenfläche wesentlich über die Zeichnungsgröße hinaus.

Irgendwo muß ein unbekanntes Objekt in der Zeichnung sein. Wir können dazu mit dem Kommando *fGet* versuchen, alle Objekte außerhalb unserer eigentlichen Zelle zu selektieren, um sie dann mit dem Kommando *Del* zu löschen.

Die Bewegung des Mauszeigers erfolgt nicht gleichmäßig.

Der Mauszeiger wird im oktagonalen Modus sein. Wenn wir die Taste *o* drücken bzw. im unteren rechten Menü das Feld *O* anklicken, sollte die Mauszeigerbewegung wieder homogen erfolgen.

4.3.16 Anzeigeoptionen

Die Bedeutung der Schaltfelder am unteren rechten Bildschirmrand ist im folgenden aufgeführt:

- **W** schaltet auf Rasterfang um
- **U** schaltet den Rasterfang aus
- **C** zeichnet eine gestrichelte Mittelinie bei einem als Leitbahn ausgebildeten Linienzug
- **D** markiert Anfangs- und Endpunkt einer Messung mit je einer kleinen Raute
- **I** zeichnet zusätzlich zur Zelle deren Umrisse und die Einfügeposition an

N trägt in die Umrisse von Zellen deren Namen ein
O schaltet den oktagonalen Modus für die Mausbewegung ein
(es können nur noch Winkel in 45° Schritten eingenommen werden)
R zeigt den Nullpunkt an
T zeigt die Einfügeposition von Texteingaben an (als kleine Raute)

4.3.17 Netzlistenerstellung mit LasiCkt

Ein wichtiger Schritt im Ablauf eines Entwurfsprozesses ist es, zu überprüfen, ob Schaltung und Layout übereinstimmen. Auch wollen wir in der Lage sein, von Schaltplan und Layout Netzlisten zu erstellen, um die Funktion unserer Schaltung mittels SPICE-Simulationen zu überprüfen. Der Vergleich der generierten Netzlisten gibt uns dann Auskunft über den Grad der Übereinstimmung. All diese Aufgaben können wir mit Hilfe des Programms *LasiCkt* erledigen.

Grundsätzlich eignet sich das Programmpaket LASI auch als Editor für Schaltpläne. Zum Zeichnen dieser Pläne benutzen wir den Layer *SCHM* (Schematics). Die benötigten Schaltsymbole können wir uns mit Hilfe der üblichen Zeichenobjekte *Box* und *Path/Polygon* als Basiszellen in der Hierarchieebene 1 zeichnen und dann in einer höheren Hierarchieebene verwenden. Die Verbindungen der Schaltsymbole durch Leitungen muß mit Linienzügen erfolgen, die eine Breite von null haben (Menüpunkt *Wdth*). Da LASI uns nicht anzeigt, ob zwei gekreuzte Leitungen miteinander verbunden sind oder nicht, sollten wir auf *verbundene* Leitungskreuzungen ganz

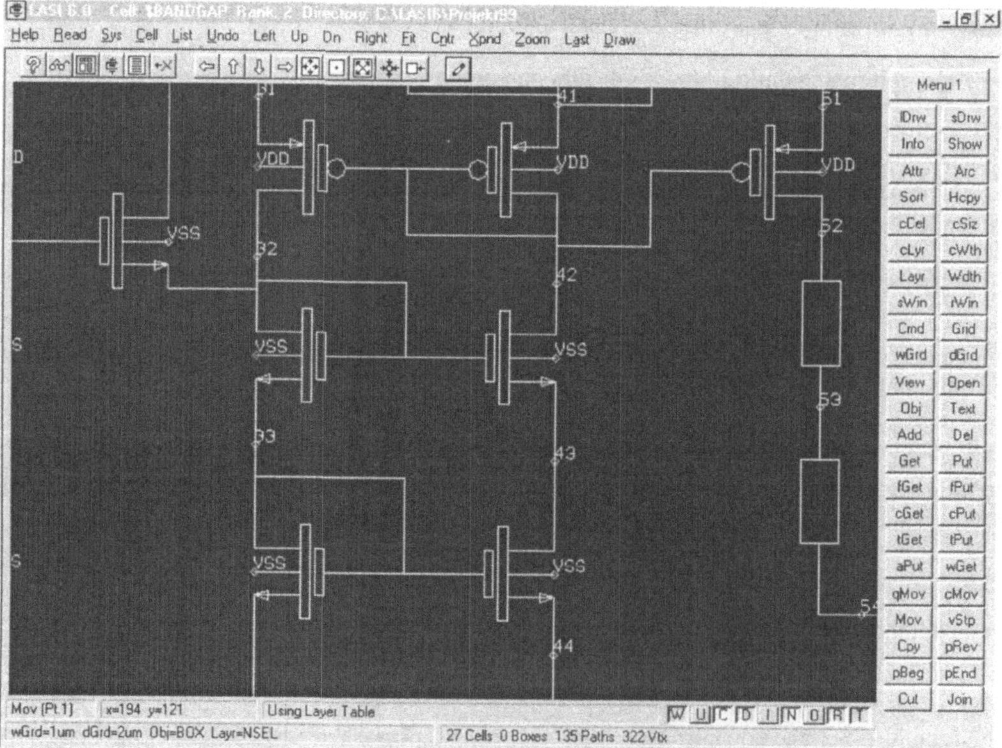

Bild 4.21 Die unproblematische Behandlung von Leitungskreuzungen ist, auf verbundene Leitungskreuzungen ganz zu verzichten.

verzichten. Jeder Abzweig stellt automatisch eine Verbindung dar, daher empfiehlt es sich, verbundene Leitungskreuzungen durch zwei benachbarte Abzweigungen herzustellen. Bild 4.21 zeigt diese Vorgehensweise am Knoten 32 und am Knoten 42.

Wenn LASI einen Schaltplan oder ein Layout in eine Netzliste umsetzen soll, müssen wir auf diversen Layern Angaben zu unserer Schaltung machen, die dann später von LasiCkt in die Netzliste mit aufgenommen werden. Es handelt sich dabei um insgesamt vier Layer. Der Layer *NTXT* dient zur Benennung von Knoten. Natürlich kann LasiCkt die Knotennamen auch selbständig vergeben, doch die Zuordnung ist dann mehr oder weniger willkürlich. Das hat zur Folge, daß wir erst mühsam die Netzliste inspizieren müssen, um herauszufinden, welchen Knoten wir uns bei der Simulation anschauen müssen. Besser ist es, wenn wir die Knotennummern bzw. Knotennamen selbst vorgeben. Dabei gewinnen wir den Vorteil, daß wir fehlerhafte Verbindungen, die uns beim Zeichnen unterlaufen sind, recht problemlos mit Hilfe von LasiCkt erkennen können. Jede Leitung, die noch nicht beschriftet war, wird von LasiCkt als virtueller Knoten (Virtual Node) erkannt und protokolliert.

Ein Netzlisteneintrag für ein Bauteil in SPICE besteht in der Regel aus dem Namen des Bauteils, einer Anzahl Knoten und dem Wert des Bauteils und/oder der Angabe eines Modellnamens. LasiCkt übernimmt die Zuordnung der Knoten. Die Bauteilnamen und die Bauteilwerte müssen wir LasiCkt über die beiden Layer *DTXT* und *PTXT* mitteilen. LasiCkt setzt aus unseren Angaben und den ermittelten Knoten den Netzlisteneintrag für das Bauteil zusammen. Über den Layer DTXT vergeben wir den Namen des Bauteils z.B. M31 oder R11. Der Bauteilwert wird durch den

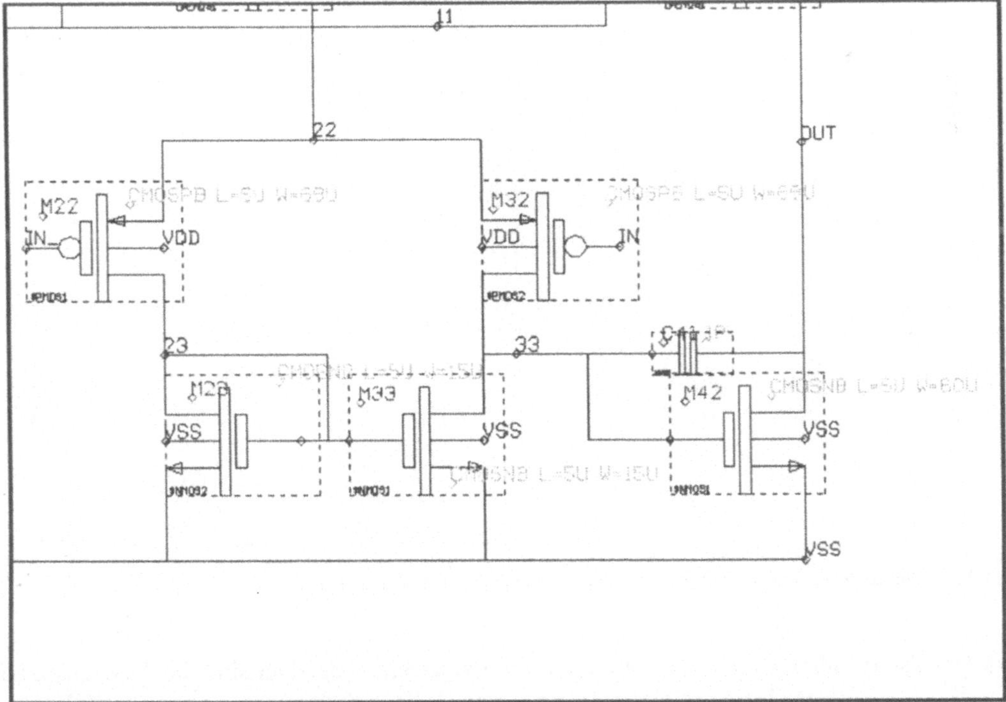

Bild 4.22 Die Beschriftung eines Schaltplanes zur Netzlistengenerierung unter LasiCkt. Der Layer CTXT wurde der Übersichtlichkeit halber ausgeblendet.

Layer PTXT zugeordnet. Hier findet sich beispielsweise die Angabe des Widerstandswertes von R11 oder die Länge, die Weite und der Modellname des Transistors M31.

Bild 4.22 zeigt uns, wie die Beschriftung eines Schaltplans zu erfolgen hat. Die Benennung der Knoten können wir überall auf den Leitungen vornehmen. Möchten wir einem Bauteilanschluß einen Knotennamen geben, so wie es im Bild 4.22 für den Substratanschluß der MOSFETs geschehen ist, so muß die Texteingabe exakt auf dem Anschlußpunkt erfolgen.

Zur Benennung der Bauteile und Spezifizierung der Bauteilwerte ist es sinnvoll, wenn wir uns per Aktivierung des Schaltfeldes *I* am rechten unteren Bildschirmrand die Umrisse der Zellen anzeigen lassen. Damit LasiCkt die eingegebenen Texte den einzelnen Bauelementen zuordnen kann, muß die Einfügeposition unserer Angaben, die wir im DTXT und PTXT-Layer machen, innerhalb der Umrisse der jeweiligen Zelle liegen.

Schauen wir uns den NMOS-Transistor rechts unten im Bild 4.22 an. Der Substratanschluß ist über die Spezifikation des Knotennamens „VSS" direkt mit der Versorgungsspannung verbunden. Die anderen Anschlüsse werden von LasiCkt durch die Leitungsführung zugeordnet. Innerhalb der Zellenumrisse wurde im DTXT-Layer der Name des Transistors mit „M42" eingetragen. Auf dem PTXT-Layer erfolgte die Spezifikation des Bauteils mit „CMOSNB L=5U W=60U".

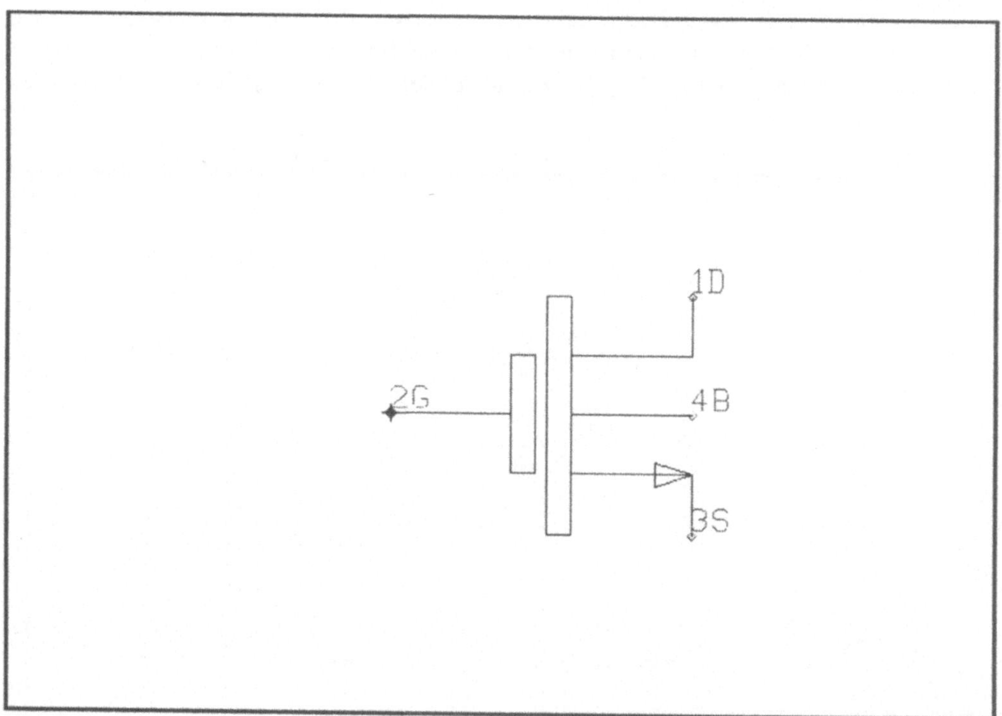

Bild 4.23 Die korrekte Beschriftung eines Transistorsymbols im Layer CTXT

Das Transistorsymbol als solches ist im Bild 4.23 dargestellt. Auch hier sind die Anschlüsse zu bezeichnen. Die Bezeichnung erfolgt auf dem Layer *CTXT* und dient dazu, die Reihenfolge der Bauteilknoten festzulegen. Die Anschlußnamen müssen Zahlen enthalten (z.B. 1D oder B-2), die

die Reihenfolge der Anschlüsse in der Netzliste festlegen. Diese Festlegung der Knotenreihenfolge muß auch dann geschehen, wenn wir mit mehreren Hierarchieebenen arbeiten wollen. Zellen aus der Hierarchieebene 1 werden als Bauteile in eine Netzliste eingebunden. Zellen aus einer Hierarchieebene größer 1, die wir in einer übergeordneten Ebene benutzen wollen, werden von LasiCkt als Unterschaltkreise eingebunden. Auch hier müssen wir die Reihenfolge der Übergabeknoten in der jeweiligen Zellebene spezifizieren.

Zum eben gezeigten Schaltungsauszug finden wir im Bild 4.24 das dazugehörige Layout. Auffällig am Layout ist, daß bestimmte Knotennamen (beispielsweise der Knotennamen „OUT“) recht häufig auftauchen. Das liegt daran, daß wir im Layout die Verdrahtung über mehrere Ebenen führen und dem Programm LasiCkt in jeder Ebene mitteilen müssen, um welchen Knoten es sich handelt.

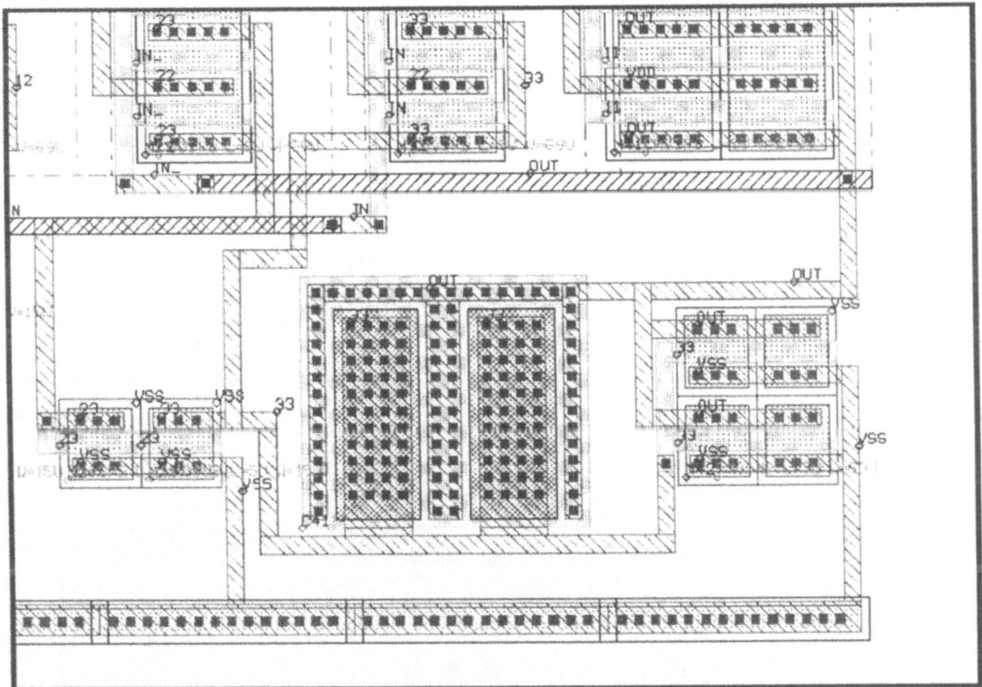

Bild 4.24 Die Beschriftung eines Layouts zur Netzlistengenerierung mit LasiCkt

Wir wollen uns den Bereich um Transistor M42 näher anschauen (Bild 4.26 und Bild 4.25). Die Knotennamen „OUT“ und „VSS“ sind exakt an den Stellen plaziert, an denen im Bild 4.25 die jeweilige Reihenfolgennummer angebracht wurde, um die richtige Zuordnung der Knotennamen zu garantieren. Solch eine Vorgehensweise ist besonders im Layout wichtig, da hier oft mehrere Leitbahnen und Flächen aus verschiedenen Layern übereinanderliegen. LasiCkt behandelt die Zuordnung von Text zu einer Leitbahn oder einer Zelle nach folgenden Prioritäten: Texte, deren Einfügemarke sich innerhalb einer Fläche befindet, bekommen die niedrigste Priorität. Mittlere Priorität haben Texte, deren Einfügemarke exakt auf dem Rand einer Leitbahn oder einer Zelle liegen. Die höchste Priorität wird erreicht, wenn Einfügemarken zusammenfallen. Das heißt, in einer sehr komplexen Anordnung von mehreren Layern können wir beispielsweise eine eindeu-

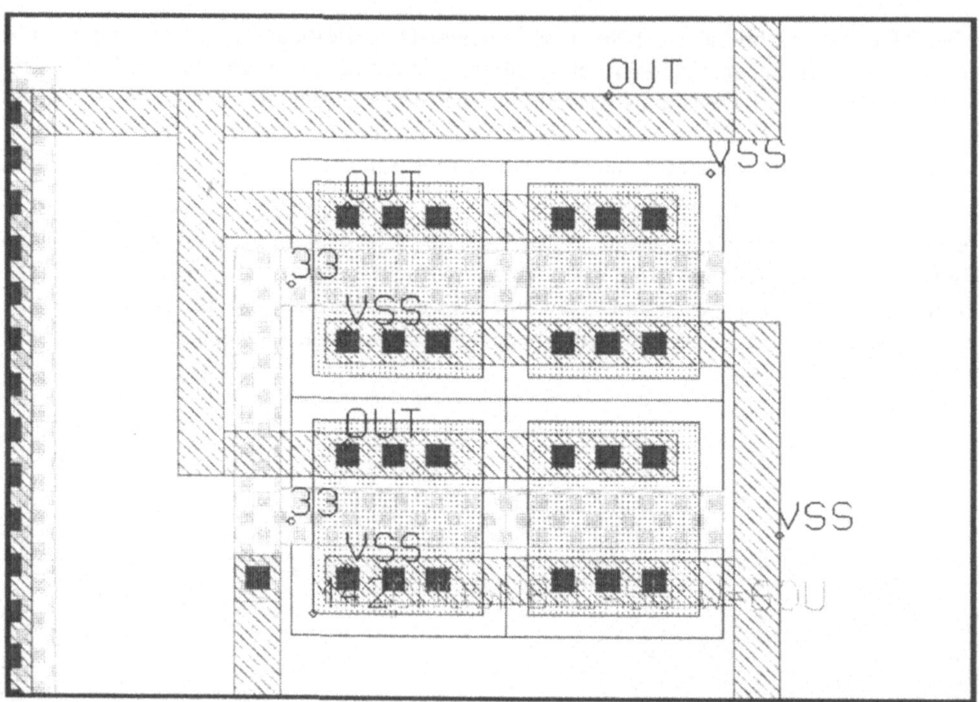

Bild 4.26 Detailvergrößerung des Layouts von Bild 4.24. Der Layer CTXT wurde der Übersichtlichkeit halber ausgeblendet.

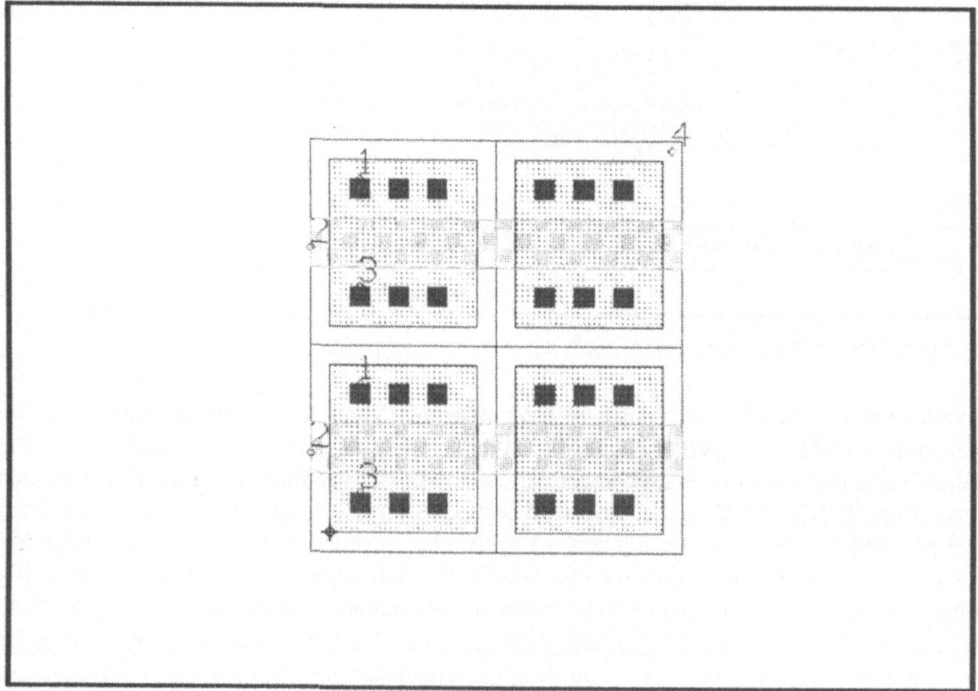

Bild 4.25 Beschriftung des Layouts der Bauteile im Layer CTXT

tige Zuordnung des Namenstextes „M42" zu unserer Zelle dadurch erreichen, daß wir den Text genau auf den Einfügepunkt der Zelle setzen (das Fadenkreuz links unten im Bild 4.25).

Haben wir unseren Schaltplan oder unser Layout entsprechend obiger Verfahrensweisen präpariert, so kann die Erstellung der Netzliste erfolgen. Wir starten das Programm LasiCkt aus dem Systemmenü. Auf unserem Bildschirm sollte eine Anzeige wie im Bild 4.27 erscheinen, wenn wir den Menüpunkt *Setup* gewählt haben. Im gezeigten Dialogfenster werden alle Einstellungen vorgenommen, die wir im Detail noch weiter unten behandeln. Nach dem Schließen des Fensters durch Drücken auf *OK*, starten wir die Netzlistenerstellung durch Aktivieren des Menüpunktes *Go*. Wenn wir Schaltplan und Layout nach dem eben diskutierten Schema angefertigt haben, wird uns LasiCkt problemlos die SPICE-Netzliste generieren, die wir beispielsweise per Drag-and-Drop über das Symbol des Simulators ziehen können, um die Simulation zu starten. Den Menüpunkt *Comp* können wir anwenden, wenn die Netzliste eines Schaltplanes mit der Netzliste eines Layouts verglichen werden soll.

Welche Einstellungen müssen wir nun im Setup vornehmen? Zuerst ist dies der Name der Zelle, die den gesamten Schaltplan oder das gesamte Layout enthält (*Name of Cell*). LASI trägt hier automatisch den Zellnamen ein, der zuletzt von LASI bearbeitet wurde. Neben der eigentlichen Schaltungsbeschreibung enthält eine Netzliste auch noch Strom- bzw. Spannungsquellen, Anweisungen über Analysearten und Ausgabespezifikationen. Alle diese Informationen können wir in einer Textdatei ablegen. Geben wir den Namen dieser Datei im Feld *Header File* ein, so werden diese Textpassagen vor der eigentlichen Schaltungsbeschreibung eingebunden. Wir wählen als

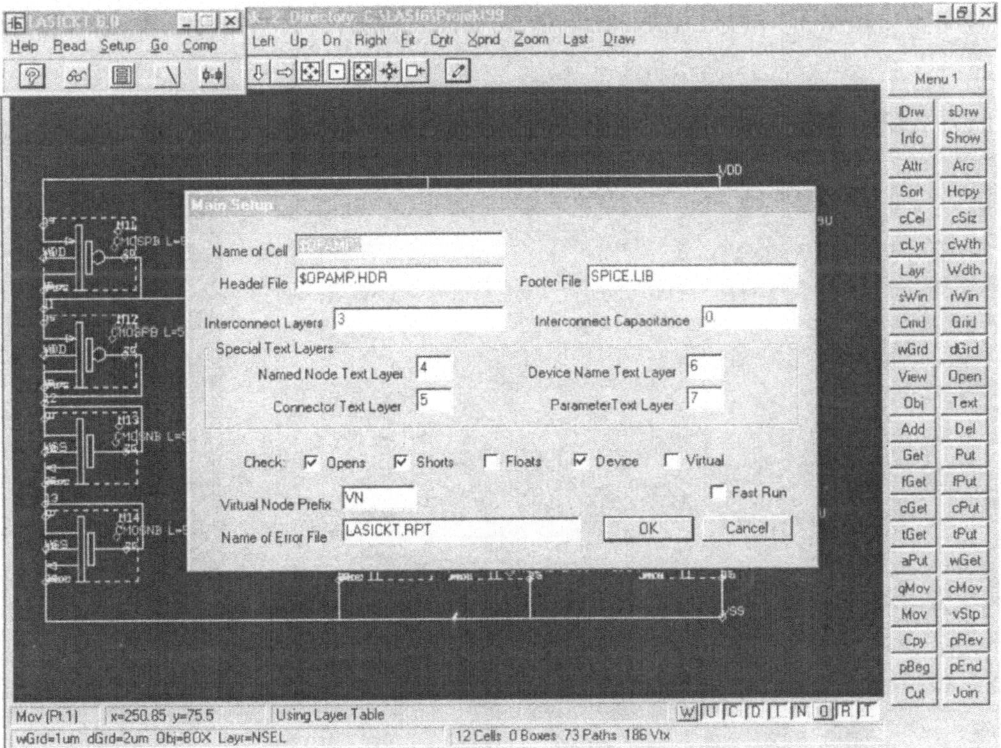

Bild 4.27 Der Setup-Dialog des Programms LasiCkt

Dateiname sinnvollerweise den Namen der Zelle mit der Dateierweiterung *.HDR*. Ähnliches gilt für das Feld *Footer File*. Es dient zur Einbindung einer Textdatei nach der eigentlichen Schaltungsbeschreibung. Hier bietet es sich an, eine Datei zu benennen, in der die Modellbeschreibungen der verwendeten Bauteile enthalten sind (z.B. SPICE.LIB). Im Dialogfeld *Interconnect Layers* geben wir an, welche Layer verwendet werden sollen, um die Bauteile miteinander zu verbinden. Benutzen wir wie im Bild 4.27 die skalierbaren Layoutregeln von MOSIS (siehe Ordner C:\LASI6\WMOSIS), so haben wir für Schaltpläne den Layer 3 (Schematic) einzugeben, während wir bei einem Layout die Layer 46 (Poly 1), Layer 49 (Metall 1), Layer 51 (Metall 2) und Layer 56 (Poly 2) angeben. Im Dialogfeld *Interconnect Capacitance* können wir den Wert des Kapazitätsbelages eingeben, wenn wir die Kapazität der Leitbahnflächen zum Substrat berücksichtigen wollen. Allerdings ist dies nur eine grobe Näherung, da der eingegebene Zahlenwert für alle Verbindungslayer gilt.

Die Layer für spezielle Texte sind: Layer 4 beschreibt die Knotennamen (NTXT), Layer 5 legt die Reihenfolge der Bauteilanschlüsse fest (CTXT), Layer 6 gibt den Bauteilen einen Namen (DTXT) und Layer 7 spezifiziert das Bauteil (PTXT).

Weiterhin können wir angeben, wie umfangreich die Überprüfungen durch LasiCkt sein sollen, welchen Namensvorsatz virtuelle Knoten bekommen und in welche Datei der Fehlerbericht geschrieben wird.

4.3.18 Überprüfen des Layouts (Design Rule Check)

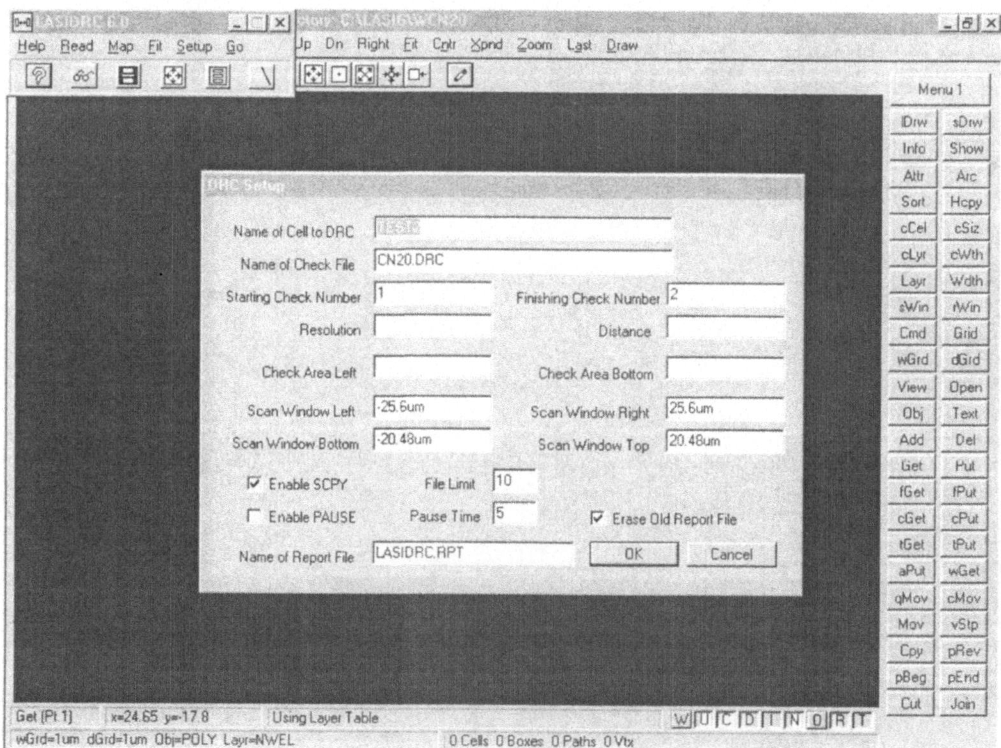

Bild 4.28 Der Setup-Dialog des Programms zur Überprüfung des Layouts mit LasiDrc

Um unser Layout daraufhin zu überprüfen, ob alle Abstände und Mindestmaße eingehalten werden (wir nennen das üblicherweise einen „Design Rule Check"), brauchen wir aus dem LASI-Systemmenü einfach nur *LasiDrc* aufzurufen. Der erste Schritt sind die Einstellungen für LasiDrc. Dazu rufen wir den Menüpunkt *Setup* auf. Es erscheint ein ähnliches Dialogfeld, wie es im Bild 4.28 dargestellt ist.

Wir haben hier eine Reihe von Angaben zu machen. Alle unsere Einträge werden von LasiDrc abgespeichert und stehen uns für spätere Überprüfungen zur Verfügung. Erstmal müssen wir den Namen der zu überprüfenden Zelle (hier TEST2) und den Namen der Datei angeben, die die Designregeln enthält (hier CN20.DRC[1]). Über die Felder *Start check* und *Finish Check* können wir festlegen, welcher der Designregeln überprüft werden soll. Für das zu überprüfende Gebiet trägt LasiDrc standardmäßig den Ausschnitt ein, den wir auch zuvor im Zeichenprogramm beim Editieren der Zelle hatten. Diese Eigenschaft liefert uns eine elegante Möglichkeit nur Teile unseres Layouts prüfen zu lassen, indem wir vor dem Layoutcheck im Editor über Zoom ein Fenster festlegen. Wir verlassen den Einstellungsdialog durch Klicken auf *OK* oder durch Drücken der Return-Taste.

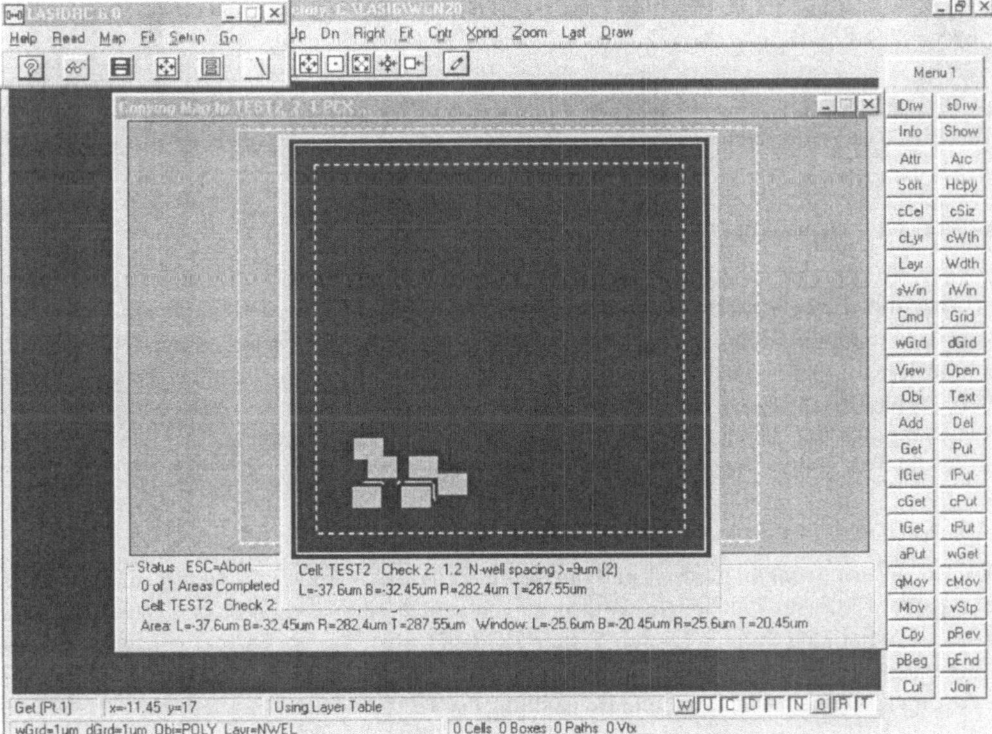

Bild 4.29 Die bildhafte Anzeige von LasiDrc, wo ein Fehler im Layout aufgetreten ist

1 Neben den Design Rules für den CN20-Prozeß enthält das Programmpaket LASI im Verzeichnis c:\lasi6\wmosis die universelleren skalierbaren Design Rules von MOSIS (mosis.drc)

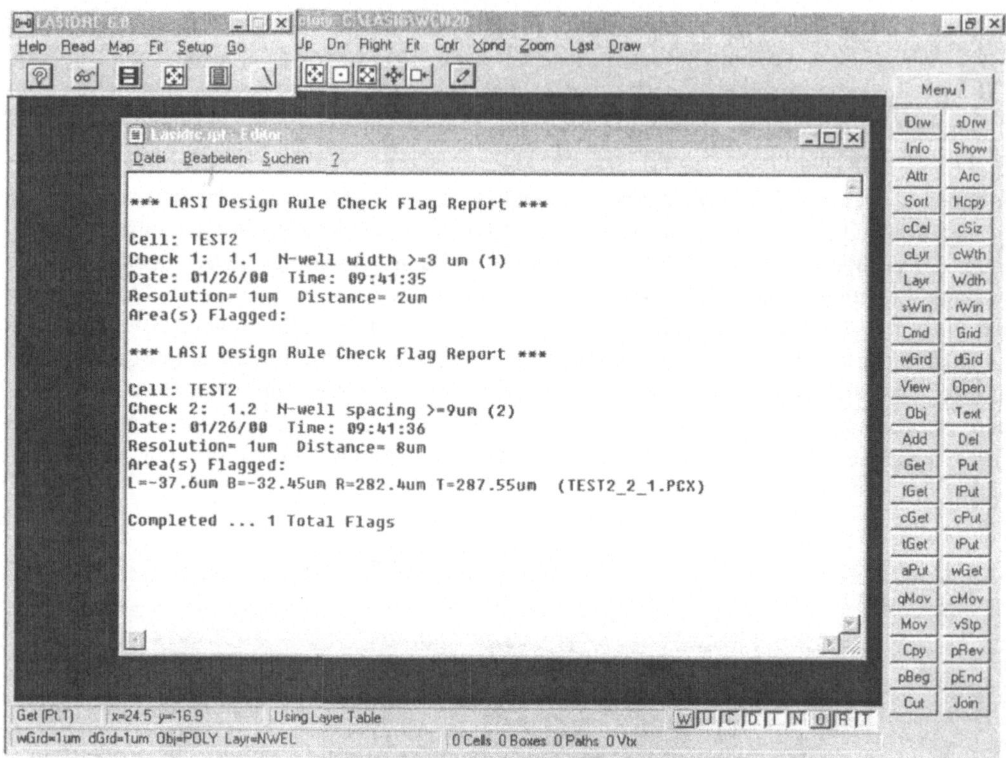

Bild 4.30 Die Beschreibung des Layoutfehlers in der Report-Datei

Der Überprüfungsvorgang wird durch Aufruf des Menüpunktes *Go* gestartet. Tritt ein Fehler auf, so zeigt das Programm für kurze Zeit an einer Art Landkarte, wo der Fehler aufgetreten ist. Nach Abschluß der Überprüfung haben wir über den Menüpunkt *Map* die Möglichkeit, diese Landkarten der Fehler nachträglich anzuschauen. Die andere Alternative ist die Inspektion der Report-Datei über den Menüpunkt *Read*. In der Report-Datei finden wir die exakten Angaben, bei welchem Test und bei welchen Koordinaten der Fehler aufgetreten ist.

4.3.19 Konvertierung in das GDS-Format

Haben wir unser Layout angefertigt und überprüft, so wollen wir es fertigen lassen. Dazu muß unser Layout in eines der üblichen Datenformate gebracht werden. Die gebräuchlichsten Formate sind das GDS-Format (Graphic Design System II, auch Calma Stream Format genannt) und das CIF-Format (CalTech Intermediate Form). LASI stellt Konverter für beide Formate zu Verfügung, doch wir wollen uns hier auf die Behandlung des GDS-Formates beschränken.

Um eine TLC-Datei in das GDS-Format zu übersetzen, rufen wir im LASI-Systemmenü das Kommando *Tlc2Gds* auf. Die nötigen Einstellungen erfolgen wieder über das *Setup*. Wir geben hier den Namen der Zelle mit der höchsten Rangordnung an (beispielsweise OURCHIP.TLC). Dies ist dann auch der Name des Layouts, das gefertigt werden soll. Alle Zellen niederer Rangordnung, die sich in der angegeben Zelle befinden, werden automatisch mitkonvertiert. Das Resultat der Konvertierung ist eine Binärdatei (z.B. OURCHIP.GDS). Vor der Konvertierung müssen wir allerdings sicherstellen, daß auch eine aktuelle Version unseres Layouts im TLC-For-

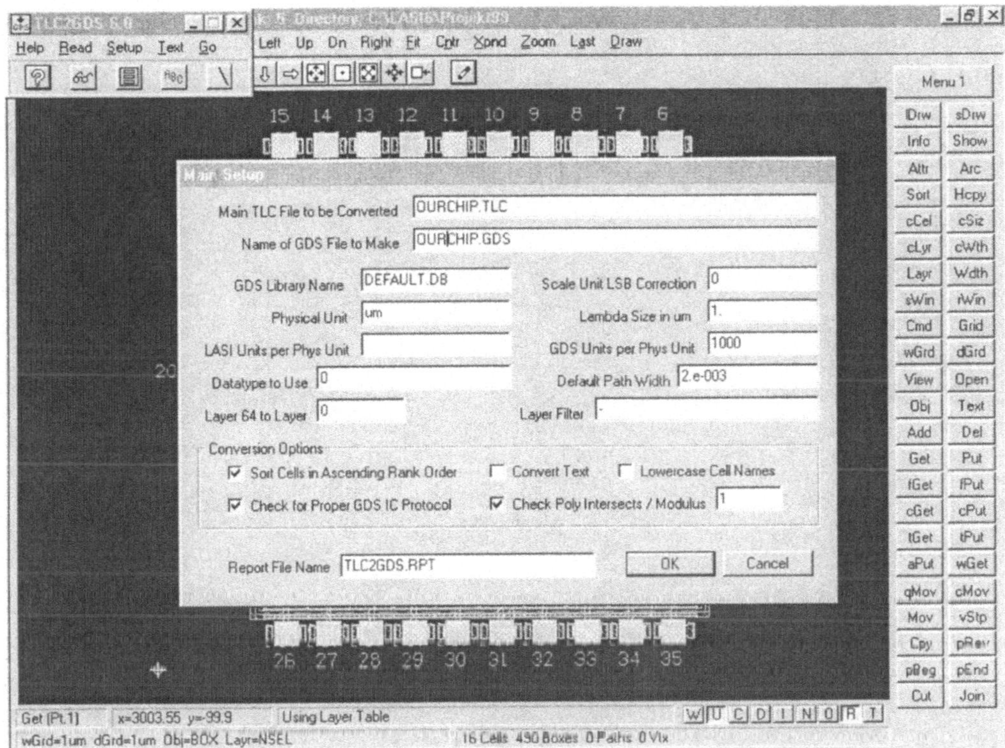

Bild 4.31 Die Konvertierung von TLC-Dateien in das GDS-Format mit dem Programm Tlc2Gds

mat vorliegt. Sicherheitshalber sollten wir vor jedem Aufruf von *Tlc2Gds* das Programm *TLCout* aufrufen. Die Konvertierung starten wir durch Aufruf des Menüpunktes *Go*.

Da wir unser Layout über das Internet versenden wollen und es im Internet immer noch Wege gibt, bei denen eine Übertragung nur mit einer Wortbreite von 7 Bit erfolgt, müssen wir die erzeugte Binärdatei in eine ASCII-Datei umwandeln. Dazu verwenden wir das Format UUEncode. LASI liefert uns dazu im Verzeichnis C:\Lasi6 die DOS-basierenden Programme UUEN und CKSUM. Wollen wir beispielsweise die binäre GDS-Datei OURCHIP.GDS umwandeln, so müssen wir folgenden Befehlszeile im DOS-Fenster eingeben:

```
C:\lasi6\uuen -j C:\lasi6\myproject\ourchip.gds C:\lasi6\myproject\ourchip.uue
```

Bevor wir jedoch unser Layout in ASCII-Form auf den Weg geben können, müssen wir die Anzahl der Bytes und eine Check-Summe bestimmen. Beide Zahlen werden von MOSIS zur Rückwandlung unseres Layouts in das Binärformat benötigt. Das Programm CKSUM liefert uns beides:

```
C:\lasi6\cksum C:\lasi6\myproject\ourchip.uue
```

Das Ergebnis sind zwei Zahlen, die wir uns notieren müssen.

5 Basiselemente

Die wesentlichen signalverarbeitenden Elemente in analoger integrierter Schaltungstechnik sind Differenzverstärker und Multiplizierer. Neben diesen Hauptelementen benötigen wir eine Reihe von Hilfsschaltungen. Bei einem Differenzverstärker benutzen wir eine Stromquelle im Emitterkreis, um eine hohe Gleichtaktunterdrückung zu erreichen. Ferner werden Stromquellen als aktive Lastelemente und zur Pegelverschiebung eingesetzt. In der analogen integrierten Schaltungstechnik ist es meist wichtig, daß die entworfene Schaltung unabhängig von Betriebsspannungsschwankungen bzw. Temperaturschwankungen ist. Die Arbeitspunkte einer Schaltung leiten wir dann aus einer Referenzspannungsquelle ab.

5.1 Stromquellen

Stromquellen sind die elementarsten Baugruppen in der analogen integrierten Schaltungstechnik. Wir finden sie eigentlich in jeder Schaltung.

5.1.1 Stromspiegel

In bipolarer Technik

Die einfachste Form einer Stromquelle besteht aus einem Widerstand und zwei Transistoren, wie sie im Bild 5.1 dargestellt ist.

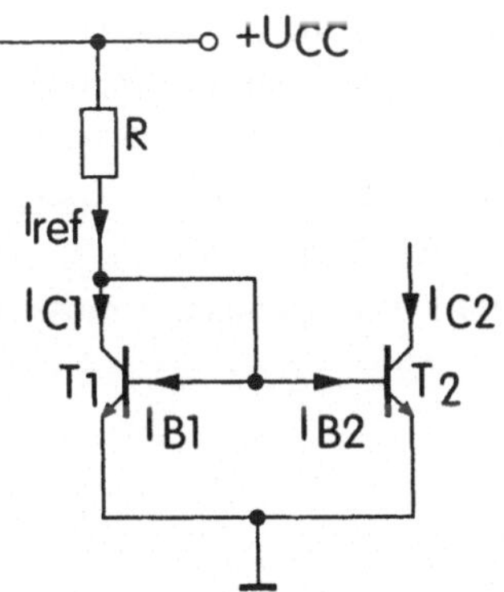

Bild 5.1 Einfachste Form einer Stromquelle bei der ein Referenzstrom I_{ref} durch die beiden Transistoren gespiegelt wird (Stromspiegelschaltung).

Transistor T_1 ist als Diode geschaltet, indem Kollektor und Basis miteinander verbunden sind. Dadurch, daß die Kollektor-Basisspannung Null ist (Kollektor-Basisdiode sperrt), wird der Transistor im üblichen aktiven Arbeitsbereich betrieben. Wir wollen annehmen, daß alle Restströme vernachlässigbar sind, daß beide Transistoren identisch sind und daß der Ausgangswiderstand des Transistors T_2 unendlich ist. Da beide Transistoren dieselbe Basis-Emitterspannung besitzen, müssen beide Kollektorströme gleich sein

$$I_{C1} = I_{C2} \tag{5.1}$$

Die Summation aller Ströme am Kollektor von T_1 liefert:

$$I_{ref} - I_{C1} - 2\frac{I_{C1}}{\beta} = 0 \tag{5.2}$$

und damit

$$I_{C1} = \frac{I_{ref}}{1+\dfrac{2}{\beta}} = I_{C2} \tag{5.3}$$

Wenn ß groß ist, dann ist der Kollektorstrom von T_2 annähernd gleich dem Referenzstrom.

$$I_{C2} \approx I_{ref} = \frac{U_{CC} - U_{BE}}{R} \tag{5.4}$$

Somit sind für den Fall identischer Transistoren T_1 und T_2, Ausgangsstrom und Referenzstrom gleich. Die Schaltung „spiegelt" den Referenzstrom im Masseanschluß. Eigentlich brauchen die Transistoren nicht identisch zu sein. Wir können die Emitterfläche beider Transistoren verschieden machen, was bedeutet, daß die Sperrsättigungsströme I_S beider Transistoren unterschiedlich werden. Die beiden Kollektorströme I_{C1} und I_{C2} werden dann ein konstantes Verhältnis zueinander haben, anstatt gleich zu sein. Dieses Verhältnis kann entweder kleiner oder größer als eins sein. Damit läßt sich jeder gewünschte Ausgangsstrom I_{C2} aus einem konstanten Referenzstrom ableiten. Natürlich läßt sich diese Methode nicht beliebig anwenden, da sonst die Transistorstrukturen zu viel Chipfläche benötigen. Für Anwendungen mit großem Stromverhältnis zwischen Referenzstrom und Ausgangsstrom eignet sich besser die Widlar-Stromquelle nach Kapitel 5.1.2.

Üblicherweise finden wir in analogen integrierten Schaltungen die Situation vor, daß eine Reihe von Stromquellen aus einem Referenzstrom abgeleitet werden. Mit jeweils unterschiedlichen Transistorgeometrien werden die benötigten Ströme generiert. Wir sprechen in diesem Fall von einer Strombank.

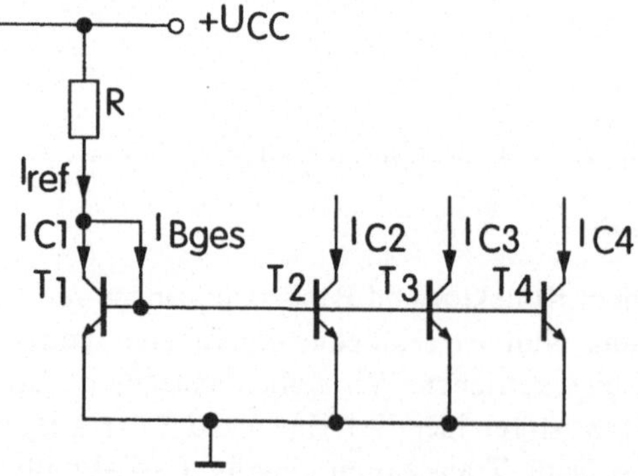

Bild 5.2 Prinzipieller Aufbau einer Strombank. Die Transistoren T_2 bis T_4 haben alle dieselbe Basis-Emitterspannung. Über ihre Geometrien wird der jeweilige Kollektorstrom eingestellt.

Nachteilig an der Strombank in Bild 5.2 ist, daß die Basisströme aller Transistoren ein Teil des Referenzstromes sind. Da wir nicht von einer unendlichen Stromverstärkung der Transistoren ausgehen können, stimmt der Kollektorstrom von T_1 nicht mehr mit dem Referenzstrom überein. Eine Verbesserung ergibt sich, wenn die Basisströme über einen weiteren Transistor geliefert werden. Die Stromdifferenz zwischen Referenzstrom und Kollektorstrom von T_1 reduziert sich dann um den Faktor β.

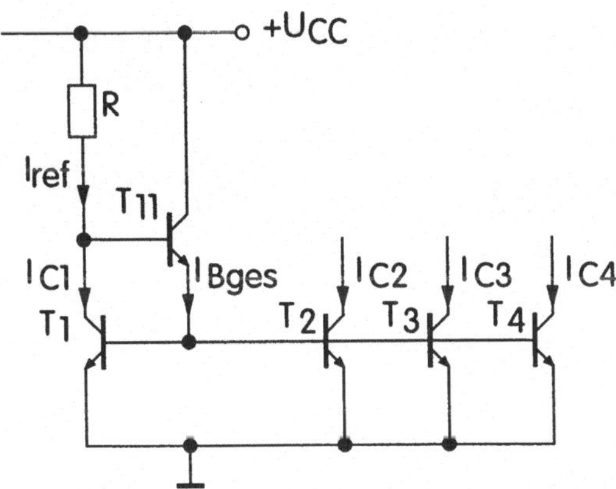

Bild 5.3 Strombank mit zusätzlichen Transistor T_{11}, der für Verringerung der Belastung des Referenzstromes sorgt.

In CMOS-Technik

Wir betreiben Feldeffekttransistoren in den meisten Anwendungen im Abschnürbereich (oft auch Sättigungsbereich oder „saturation region" genannt). Als Bedingung für die Abschnürung gilt

$$U_{DS} \geq U_{GS} - V_t \tag{5.5}$$

Die Grundgleichung eines MOSFETs in diesem Abschnürbereich ist nach Kapitel 2

$$I_D = \frac{KP}{2} \cdot \frac{W}{L} \left(U_{GS} - V_t\right)^2 \tag{5.6}$$

Generell können wir sagen, daß der Entwurf analoger Schaltungen sehr vereinfacht wird, wenn wir eine bestimmte Gate-Source-Spannung vorgeben. In bipolarer Technik rechnen wir in der Regel auch mit einer festen Basis-Emitterspannung von beispielsweise $U_{BE} = 0{,}7$ V. Die Frage ist nur, welcher Wert sinnvoll ist. Würden wir die Gate-Source-Spannung nahe an die Schwellenspannung bringen, benötigen wir wegen des dann sehr kleinen Terms $(U_{GS} - V_t)^2$ eine große Transistorweite W, um einen bestimmten Strom fließen zu lassen und damit große Transistorstrukturen. Wenn wir die Gate-Source-Spannung viel größer als die Schwellenspannung wählen würden, erreicht der Transistor zu früh den Anlaufbereich. Eine akzeptable Differenz zwischen Gate-Source-Spannung und Schwellenspannung, oft auch als „Überschußspannung" bezeichnet, beträgt einige hundert Millivolt.

Beispiel: Wir möchten einen N-Kanal-MOSFET mit KP = 50 μA/V^2 und V_t = 0,83 V bei I_D = 10 μA betreiben. Als Kanallänge geben wir L = 5μm vor. Welche Kanalbreite ergibt sich für eine Gate-Source-Spannung von U_{GS} = 1,2 V? Wir erhalten

$$W = \frac{2L \cdot I_D}{KP(U_{GS} - V_t)^2} = \frac{10\mu m \cdot 10\mu A}{50\frac{\mu A}{V^2}(1,2-0,83)^2 V^2} = 14,61\mu m \approx 15\mu m \tag{5.7}$$

Das ist eine akzeptable Breite, die wir bei einer Überschußspannung von ΔV = 0,37 V einstellen müssen. Die gleiche Rechnung ergibt für den P-Kanal-MOSFET mit KP = 17 μA/V^2 und V_t = 0,91 V

$$W = \frac{2L \cdot I_D}{KP(U_{GS} - V_t)^2} = \frac{10\mu m \cdot 10\mu A}{17\frac{\mu A}{V^2}(1,2-0,91)^2 V^2} = 69,94\mu m \approx 70\mu m \tag{5.8}$$

Auch hier erhalten wir eine angemessene Breite bei einer ähnlichen Überschußspannung von ΔV = 0,29 V.

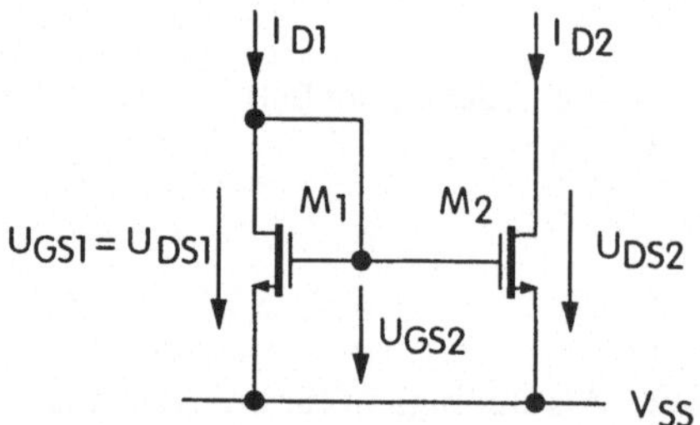

Bild 5.4 Stromspiegel aus NMOS-Transistoren. Der Substratanschluß ist mit V_{SS} verbunden und ist in dieser Darstellungsweise der Transistoren nicht mit eingezeichnet.

Ein Stromspiegel in CMOS-Technik ist ähnlich aufgebaut wie sein bipolares Pendant. Da die beiden Gate-Source-Spannungen gleich sind, gilt

$$\frac{I_{D2}}{I_{D1}} = \frac{W_2 \cdot L_1}{L_2 \cdot W_1} \quad \text{bzw.} \quad \frac{I_{D2}}{I_{D1}} = \frac{W_2}{W_1} \tag{5.9}$$

Das Verhältnis der Kanalbreite W und der Kanallänge L zwischen den beiden Transistoren bestimmt das Stromverhältnis I_{D2} zu I_{D1}. Um den Ausgangswiderstand der Transistoren hoch zu halten, und um Effekte der Kanallängenmodulation und der Beweglichkeitsmodulation zu vermeiden, werden wir eine bestimmte Mindestlänge (z.B. L = 5 μm) vorgeben. Damit wird letztendlich das Stromverhältnis nur durch das Verhältnis der Kanalbreiten W bestimmt.

Aus einer Referenzspannung (im Englischen V_{BIAS} genannt) können wir mehrere Stromquellen mit unterschiedlichen Stromstärken anschließen. Die Transistorgeometrie bestimmt dann die Größe des jeweiligen Stromes.

Beispiel: Die Referenzspannung V_{BIAS} wird über einen Referenzstrom von I_{D1} = 10 µA erzeugt. Die dazugehörige Transistorweite beträgt W_1 = 15 µm. Aus der Referenzspannung wollen wir einen Strom von I_{D3} = 30 µA ableiten. Dazu benötigen wir eine Transistorweite von W_3 = 45 µm. Für einen Strom von 70 µA ergibt sich eine Transistorweite von W = 105 µm.

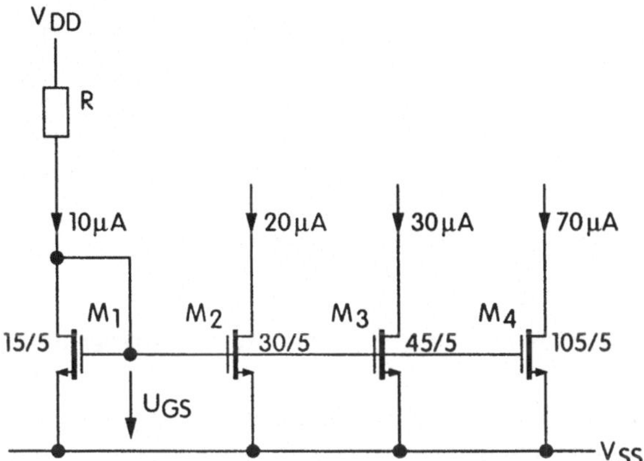

Bild 5.5 Strombank aus NMOS-Transistoren. Die Transistorweite bestimmt den Strom der Quelle.

Natürlich können wir auch eine Strombank aus PMOS-Transistoren verwirklichen. Auffällig ist hier nur, daß die Transistoren bei gleichem Ausgangsstrom breiter sein müssen als die entsprechenden NMOS-Transistoren, weil der Einschaltwiderstand der PMOS-Transistoren höher ist.

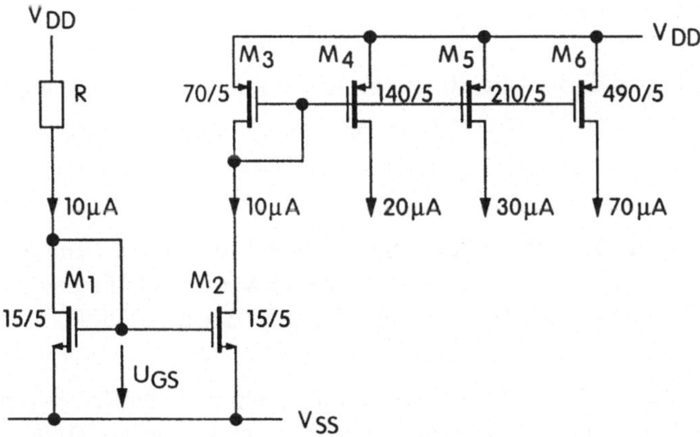

Bild 5.6 Strombank aus PMOS-Transistoren gespeist aus einem NMOS-Stromspiegel

5.1.2 Widlar-Stromquelle

Für Anwendungen mit großem Stromverhältnis zwischen Referenzstrom und Ausgangsstrom eignet sich besser die Schaltung in Bild 5.7.

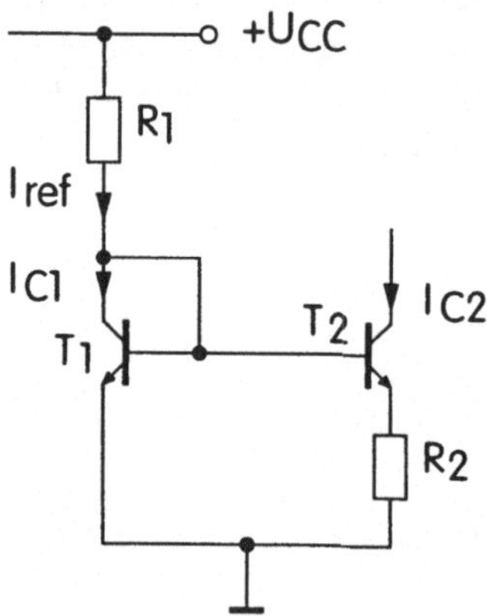

Bild 5.7 Schaltbild der Widlar-Stromquelle. Sie erlaubt eine große Variation des Ausgangsstromes.

Die Schaltung enthält einen zusätzlichen Widerstand R_2 in der Emitterleitung von T_2. Unter der Voraussetzung, daß die Basisströme vernachlässigbar sind und beide Transistoren unendlich hohen Ausgangswiderstand besitzen, können wir schreiben

$$U_{BE1} - U_{BE2} - I_{C2} \cdot R_2 = 0 \tag{5.10}$$

bzw.

$$U_T \cdot \ln \frac{I_{C1}}{I_{S1}} - U_T \cdot \ln \frac{I_{C2}}{I_{S2}} - I_{C2} \cdot R_2 = 0 \tag{5.11}$$

Für identische Transistoren T_1 und T_2 sind die Ströme I_{S1} und I_{S2} gleich und damit wird

$$I_{C2} \cdot R_2 = U_T \cdot \ln \frac{I_{C1}}{I_{C2}} \tag{5.12}$$

Diese transzendente Gleichung muß durch Versuch und Irrtum gelöst werden, wenn R_2 und I_{C1} bekannt sind und I_{C2} gefunden werden soll. Aber üblicherweise werden wir die beiden Ströme I_{C1} und I_{C2} vorgeben und können dann mit Hilfe der Gleichung 5.12 den benötigten Widerstand R_2 berechnen.

Die mit der Widlar-Stromquelle erzielbaren Ströme sind immer kleiner als der Referenzstrom, da die Basis-Emittterspannung von Transistor T_2 durch den Spannungsabfall am Widerstand R_2 immer kleiner ist als die Basis-Emitterspannung von Transistor T_1.

5.1.3 Ausgangswiderstand des Stromspiegels

Einer der wichtigsten Aspekte für die Qualität einer Stromquelle ist die Abhängigkeit des Ausgangsstromes von der Spannung am Ausgang. Diese Abhängigkeit wird bestimmt durch den Kleinsignalausgangswiderstand der Stromquelle. So ist die Gleichtaktunterdrückung eines Differenzverstärkers direkt von diesem Widerstand abhängig. Dies gilt auch für die Spannungsverstär-

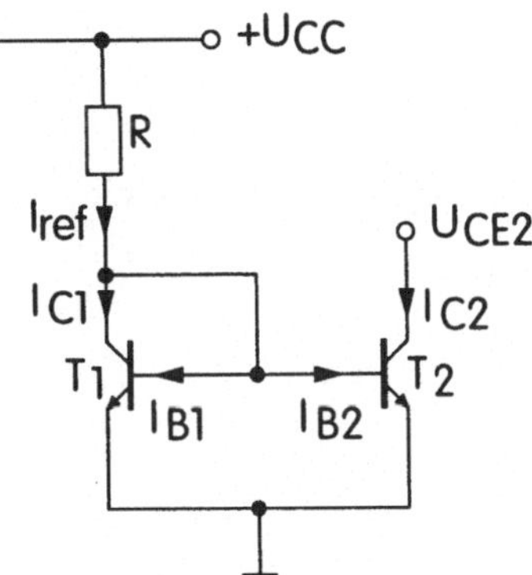

Bild 5.8 Der niedrige Ausgangswiderstand eines einfachen Stromspiegels führt dazu, daß der Ausgangsstrom nicht unabhängig von der Ausgangsspannung ist.

kung einer Verstärkerstufe mit aktiver Last. Bei bipolaren Transistoren ist dieser Ausgangswiderstand eine Funktion der Early-Spannung.

$$r_o = \frac{V_A + U_{CE}}{I_C} \tag{5.13}$$

Allgemein beschreiben wir die Abhängigkeit des Kollektorstromes von der Kollektor-Emitterspannung durch die Early-Spannung wie folgt

$$I_C = I_S \cdot e^{\frac{U_{BE}}{U_T}} \left(1 + \frac{U_{CE}}{V_A}\right) \tag{5.14}$$

Wenn wir zum Beispiel die Kollektor-Emitterspannung von Transistor T_1 auf $U_{BE} = 0{,}7$ V halten und wenn die Kollektorspannung von T_2 $U_{CE2} = 30$ V ist, dann würde bei einer Early-Spannung von $V_A = 100$ V das Verhältnis von I_{C2} zu I_{C1}

$$\frac{I_{C2}}{I_{C1}} = \frac{1 + \frac{U_{CE2}}{V_A}}{1 + \frac{U_{CE1}}{V_A}} = \frac{1 + \frac{30}{100}}{1 + \frac{0{,}7}{100}} = 1{,}29 \tag{5.15}$$

betragen. Somit würde bei einer Schaltung mit einer Versorgungsspannung von 30 V der Strom einer Stromquelle bis zu 29% von dem Wert abweichen, den wir unter Vernachlässigung des Transistorausgangswiderstandes errechnet hatten.

Ein weiteres Problem, neben der Variation des Ausgangsstromes mit der Ausgangsspannung, ist, daß sich der Strom I_{C2} um den Faktor 1 + 2/ß vom Referenzstrom unterscheidet. Wenn die Stromquelle aus niedrig verstärkenden PNP-Transistoren aufgebaut wird, dann kann ß klein genug sein, damit dieser Faktor signifikant wird. Eine Anordnung, die beide Problempunkte verringert, ist die Wilson-Stromquelle nach Kapitel 5.1.4.

Ein ähnliches Verhalten finden wir beim Stromspiegel in CMOS-Technik. Da hier der Kehrwert der Early-Spannung in Form des Parameters λ die Abhängigkeit von der Drain-Source-Spannung beschreibt, ergibt sich für den Ausgangswiderstand

$$r_{o2} = \frac{dU_{DS2}}{dI_{D2}} = \frac{1}{\lambda \cdot I_{D2}} + \frac{U_{DS2}}{I_{D2}} \tag{5.16}$$

So erhalten wir bei einem Drainstrom von I_{D2} = 10 µA und einem λ = 0,06 1/V einen Ausgangswiderstand in der Größenordnung r_{o2} = 1,67 MΩ.

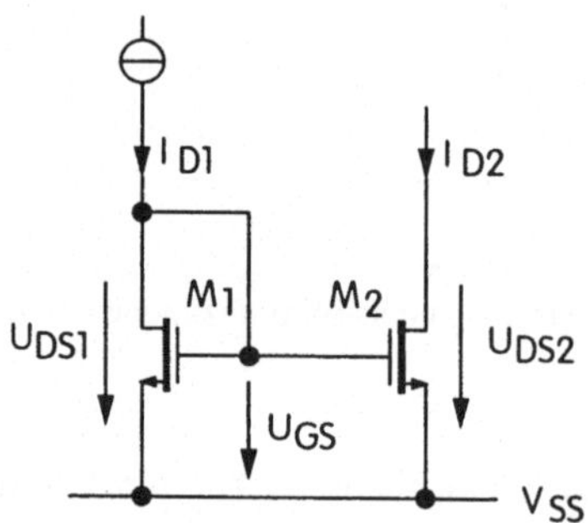

Bild 5.9 Der Ausgangswiderstand eines Stromspiegels in CMOS-Technik ist abhängig vom Parameter λ und der Drain-Source-Spannung.

Bild 5.10 zeigt die Abhängigkeit des Ausgangsstromes von der Ausgangsspannung eines Stromspiegels aus NMOS-Transistoren mit der Länge L = 5 µm und der Weite W = 15 µm.

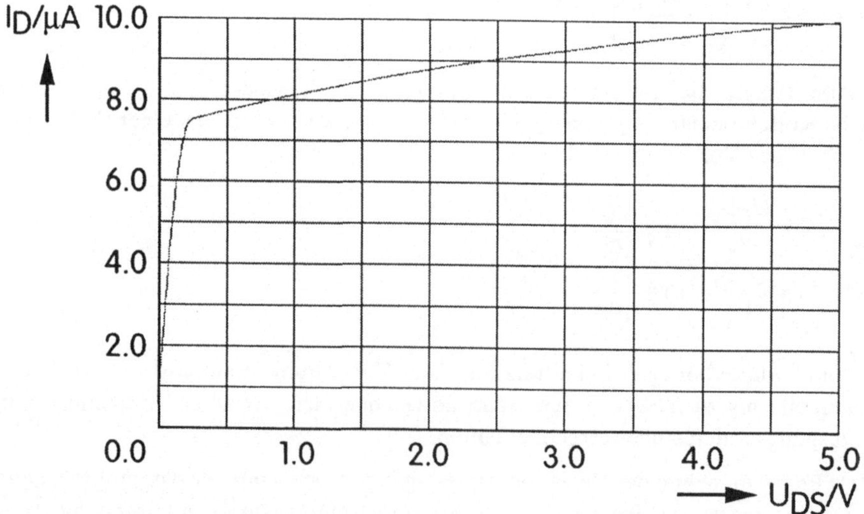

Bild 5.10 Simulation des Ausgangsstromes eines Stromspiegels in CMOS-Technik in Abhängigkeit von der Drain-Source-Spannung. Den Ausgangswiderstand der Schaltung erhalten wir beispielsweise durch Anlegen einer Tangente an die Kurve bei U_{DS} = 2,5 V.

Zur Erhöhung des Ausgangswiderstandes des Stromspiegels in CMOS-Technik wird gerne eine Kaskodenanordnung verwendet. Faktisch ist eine Kaskodenschaltung eine Hintereinanderschaltung von einer Source-Grundschaltung und einer Gate-Grundschaltung. Wir erhalten dadurch eine erhebliche Erhöhung des Ausgangswiderstandes. Es gilt

$$r_{out} = r_{o4} \cdot \left(1 + g_{m4} r_{o2}\right) + r_{o2} \approx g_{m4} \cdot r_o^2 \tag{5.17}$$

Im Bild 5.11 ist die Schaltung solch einer Kaskode aus NMOS-Transistoren gezeigt.

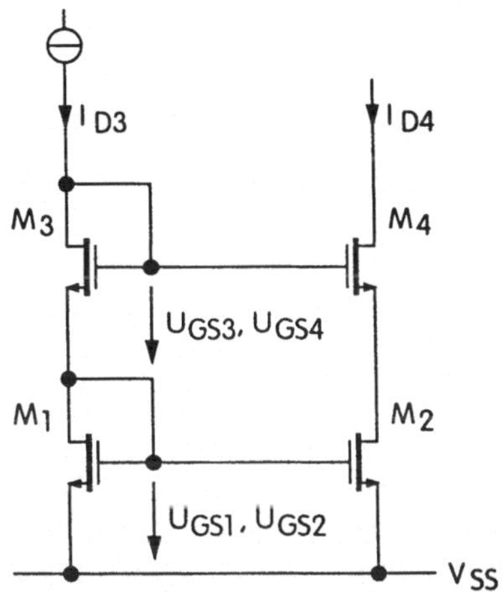

Bild 5.11 Kaskodenschaltung zur Erhöhung des Ausgangswiderstandes des Stromspiegels

Für eine Kaskode aus NMOS-Transistoren mit der Länge L = 5 µm und einer Weite von W = 15 µm erhalten wir

$$r_{out} \approx g_m \cdot r_o^2 = r_o^2 \cdot \sqrt{2 \cdot KP \cdot \frac{W}{L} \cdot I_D}$$

$$= (1{,}67 M\Omega)^2 \sqrt{2 \cdot \frac{50 \mu A}{V^2} \cdot \frac{15}{5} \cdot 10 \mu A} = 153 M\Omega \tag{5.18}$$

5.1.4 Wilson-Stromquelle

Diese Stromquellenschaltung (dargestellt in Bild 5.13) nutzt die Gegenkopplung aus, die durch Transistor T_3 gegeben ist, um den Ausgangswiderstand zu erhöhen. Des weiteren wird eine gewisse Unterdrückung des Basisstromeffekts erreicht, wodurch das Verhältnis Ausgangsstrom zu Referenzstrom unabhängiger von ß wird.

Zur Funktion der Anordnung: Die Differenz zwischen Referenzstrom und I_{C1} wird in die Basis von T_2 fließen. Dieser Basisstrom wird multipliziert mit (ß + 1) und fließt in den Transistor T_3, der als Diode geschaltet ist. Der Transistor T_3 sorgt dafür, daß der Transistor T_1 denselben Strom als Kollektorstrom bekommt. Somit ist eine Regelschleife aufgebaut, die dafür sorgt, daß I_{C1} nahezu gleich dem Referenzstrom wird. Zu bemerken ist auch, daß die Transistoren T_1 und T_3 an Kollektor-Emitterspannungen arbeiten, die sich nur durch eine Dioden-Durchlaßspannung unterscheiden, und daß die Kollektor-Emitterspannung nicht variiert, wenn die Ausgangsspannung der Stromquelle variiert. Damit bleibt der Kollektorstrom von T_3 ziemlich nahe bei dem Kollektor-

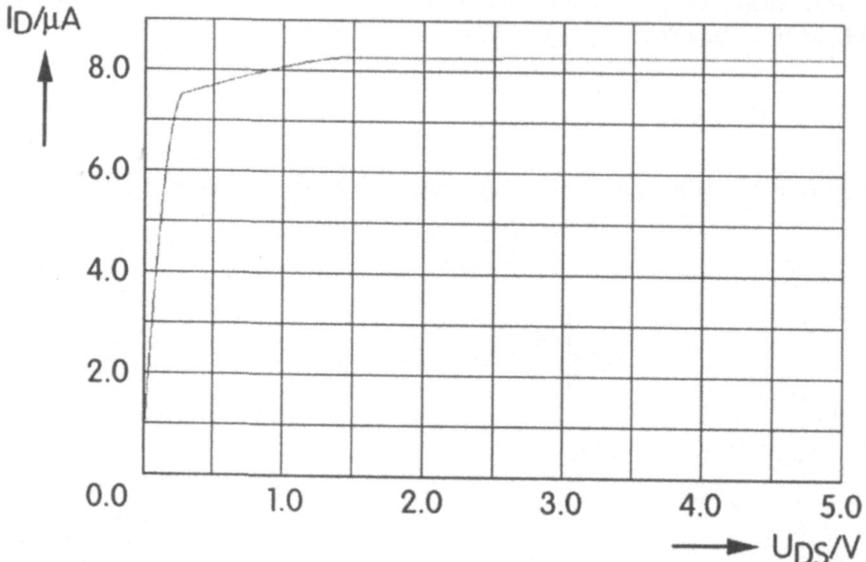

Bild 5.12 Simulation der Ausgangskennlinie einer Kaskodenschaltung. Ab U_{DS} = 1,5 V sind beide Transistoren im Abschnürbereich und wir können den hohen Ausgangswiderstand der Schaltung darin erkennen, daß der Ausgangsstrom nun weitgehend unabhängig von der Drain-Source-Spannung ist.

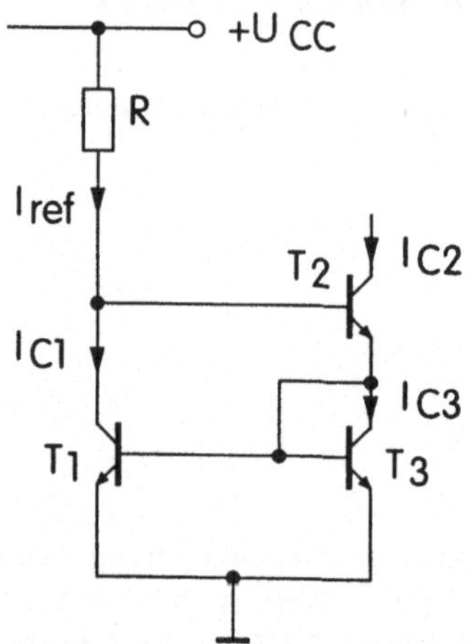

Bild 5.13 Schaltbild einer Wilson-Stromquelle in Bipolartechnik

strom von T_1, unabhängig von der Spannung am Kollektor von T_2. Das impliziert aber wiederum, daß der Kollektorstrom von T_2 konstant bleibt, und somit die Gesamtschaltung eine hohe Ausgangsimpedanz besitzt. Der Ausgangsstrom der Wilson-Stromquelle ist gegeben durch

$$I_{C2} = I_{ref} \cdot \left(1 - \frac{2}{\beta^2 + 2\beta + 2}\right) \tag{5.19}$$

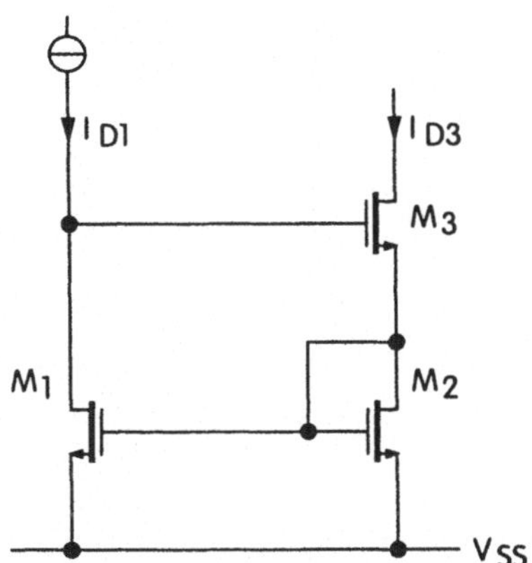

Bild 5.14 Anwendung der Wilson-Stromquelle unter Nutzung von NMOS-Transistoren

Somit differieren Referenzstrom und Ausgangsstrom nur um einen Faktor in der Größenordnung von $2/\beta^2$. Der Kleinsignalausgangswiderstand der Schaltung ist

$$r_{out} \approx \beta \cdot \frac{r_{o2}}{2} \tag{5.20}$$

Die Wilson-Stromquelle kann auch in CMOS-Technik angewandt werden. Der erzielbare Ausgangswiderstand ist

$$r_{out} \approx r_o + g_{m2} \frac{r_o^2}{2} \tag{5.21}$$

Er liegt also in einer ähnlichen Größenordnung wie bei der Kaskode-Schaltung.

5.1.5 Betriebsspannungsunabhängige Stromquelle

Die klassische Stromspiegelschaltung hat den Nachteil, daß der Ausgangsstrom proportional zur Versorgungsspannung ist. Wenn wir die Schaltung z.B. in einem Operationsverstärker benutzen wollen, dessen Betriebsspannung zwischen 10 V und 30 V schwanken können soll, dann würde der Strom im Arbeitspunkt über einen Bereich von 3:1 variieren. Das wiederum hat zur Folge, daß die Verlustleistung im Verhältnis 9:1 variiert, was üblicherweise nicht akzeptabel ist. Eine Anordnung mit der wir die Abhängigkeit von der Betriebsspannung vermindern können ist in Bild 5.15 dargestellt.

Die Schaltung ist ähnlich der Wilsonschaltung, nur daß wir hier den als Diode geschalteten Transistor durch einen Widerstand ersetzt haben. Der Referenzstrom soll wieder durch T_1 fließen, und, damit das geschehen kann, muß der Transistor T_2 genügend Strom an den Widerstand R_2 liefern, so daß die Basis-Emitterspannung von T_1 groß genug wird, um I_{ref} durch T_1 fließen lassen zu können. Wenn wir die Basisströme vernachlässigen, dann ist der Ausgangsstrom gleich dem Emitterstrom von T_2, der wiederum gleich dem Strom durch R_2 ist. Da an R_2 eine Spannung abfällt, die gleich einer Basis-Emitterspannung ist, ist der Ausgangsstrom proportional zu dieser Basis-Emitterspannung. Damit wird, wenn wir die Basisströme vernachlässigen

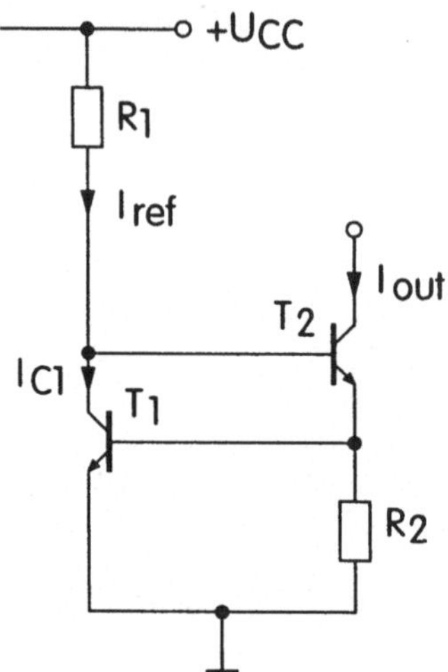

Bild 5.15 Stromquellenschaltung, die weitgehend unabhängig von der Betriebsspannung ist.

$$I_{out} = \frac{U_{BE1}}{R_2} = \frac{U_T}{R_2} \cdot \ln \frac{I_{ref}}{I_{S1}} \tag{5.22}$$

Die Schaltung ist nicht völlig unabhängig von der Versorgungsspannung, da die Basis-Emitter-spannung des Transistors T_1 geringfügig mit der Versorgungsspannung variieren wird. Das tritt deshalb auf, weil der Kollektorstrom von T_1 proportional zur Versorgungsspannung U_{CC} ist.

5.2 Lastelemente

5.2.1 Widerstände

Üblicherweise werden in diskret aufgebauten Differenzverstärkern Widerstände als Lastelemente im Kollektorkreis benutzt. Für solch eine Anordnung ist die Spannungsverstärkung gegeben durch

$$A_{vd} = -g_m \cdot R_C = -\frac{I_C \cdot R_C}{U_T} \tag{5.23}$$

Um eine hohe Spannungsverstärkung zu erzielen, müssen wir das Produkt $I_C \cdot R_C$ möglichst groß machen. Das erfordert eine hohe Betriebsspannung und einen hohen Widerstandswert. So würde sich, wenn wir eine Verstärkung von 500 einstellen wollen, eine Spannung von $I_C \cdot R_C = 13$ V ergeben. Wenn wir den Kollektorstrom zu $I_C = 100$ µA wählen, benötigen wir einen Widerstand von $R_C = 130$ kΩ. Bei einer Versorgungsspannung von $U_{CC} = 15$ V wäre erstens der Gleichtakt-eingangsbereich stark eingeschränkt und zweitens würden die beiden Widerstände eine zu große Chipfläche beanspruchen. In integrierter Schaltungstechnik werden wir immer damit konfrontiert, mit möglichst wenig Chipfläche auszukommen, da Chipfläche teuer ist. Wir sollten daher versuchen, alle Problemstellungen möglichst ausschließlich mit Hilfe von Transistoren zu lösen.

5.2.2 Stromquelle

Beim Entwurf rückgekoppelter Verstärker ist es wünschenswert, die benötigte Spannungsverstärkung mit so wenig Stufen wie möglich zu erzielen. Wir können daher durch Ausnutzung des Ausgangswiderstandes einer PNP-Stromquellenschaltung, die als Lastelement dient, eine hohe Spannungverstärkung erzielen, ohne eine hohe Betriebsspannung haben zu müssen. Da das Lastelement nicht aus Widerständen, sondern aus Transistoren besteht, nennen wir es ein aktives Lastelement. Das Bild 5.16 zeigt solch eine Anordnung.

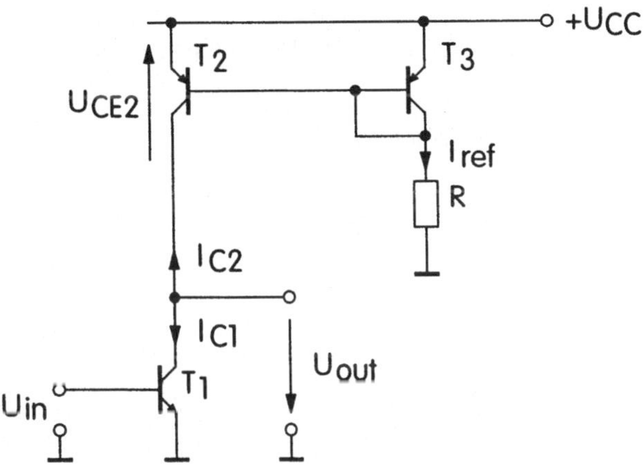

Bild 5.16 Verstärker in Emittergrundschaltung mit aktiver Last

Die Kleinsignalverstärkung der Schaltung ist

$$A_v = -g_{m1}\left(r_{o1} \| r_{o2}\right) \tag{5.24}$$

Sie wird also bestimmt aus der Parallelschaltung der beiden Ausgangswiderstände von Emittergrundschaltung und Stromquellenschaltung.

5.3 Differenzverstärker

Differenzverstärker sind neben den Stromquellen die meist verwendeten Schaltungskomponenten in analogen integrierten Schaltungen. Wir wollen zuerst den Differenzverstärker anhand seiner Grundschaltung in Bipolar- und CMOS-Technik charakterisieren. Anschließend werden wir verschiedene Varianten kennenlernen.

5.3.1 Grundschaltung

Transistoren besitzen eine beträchtliche Temperaturdrift, so beträgt die Basis-Emitterspannungsdrift bei bipolaren Transistoren ca. 2 bis 3 mV/°C. Solange es nur darum geht, Wechselspannungen zu verstärken, können wir die Gleichspannungsverstärkung klein halten und damit die temperaturabhängige Verschiebung des Arbeitspunktes reduzieren. Wollen wir jedoch Gleichspannungen verstärken, muß die Driftspannung im in Frage kommenden Temperaturbereich klein gegenüber der Signalspannung sein. Da sich die Drift eines Transistors praktisch nicht beeinflussen läßt, können wir uns dadurch helfen, daß wir einen Differenzverstärker verwenden, der lediglich die Differenz zweier Eingangsspannungen verstärkt. Dann wirkt sich nur noch die Driftdifferenz zweier Transistoren auf den Ausgang aus.

Wegen der niedrigen Drift, die ein Differenzverstärker besitzt, können wir ihn auch dann einsetzen, wenn wir keine Spannungsdifferenz, sondern nur eine Eingangsspannung verstärken wollen. In diesem Fall legen wir einen der beiden Eingänge auf Nullpotential.

In bipolarer Technik

Die Grundschaltung eines Differenzverstärkers in bipolarer Technik ist in Bild 5.17 dargestellt.

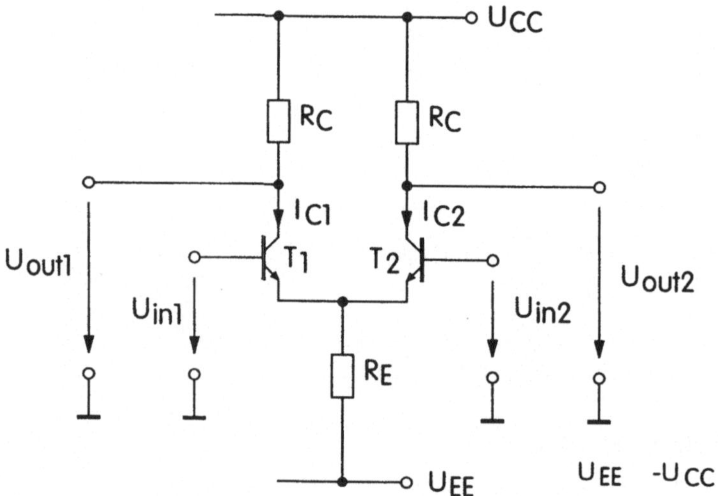

Bild 5.17 Grundschaltung eines Differenzverstärkers in bipolarer Technik

Ein Differenzverstärker ist ein symmetrischer Gleichspannungsverstärker mit zwei Eingängen und zwei Ausgängen. Kennzeichnend ist, daß Eingangsspannungsdifferenzen mit einem Faktor A_{vd}, gleiche Eingangsspannungen jedoch nur mit dem wesentlich kleineren Faktor A_{vc} verstärkt werden.

Zur Darstellung der Funktionsweise des Differenzverstärkers können wir die Eingangsspannung in zwei Anteile zerlegen, nämlich in eine Gleichtaktspannung U_{inc}, die gleich dem arithmetischen Mittel der Eingangsspannung ist, und in eine Differenzspannung U_{ind}, die gleich der Eingangsspannungsdifferenz ist:

$$U_{inc} = \frac{U_{in1} + U_{in2}}{2} \tag{5.25}$$

$$U_{ind} = U_{in1} - U_{in2} \tag{5.26}$$

Zur Berechnung der Differenzverstärkung soll

$$\Delta U_{in1} = -\Delta U_{in2} = \tfrac{1}{2} \cdot \Delta U_{ind} \tag{5.27}$$

sein.

Aus Symmetriegründen bleibt dabei das Emitterpotential konstant und wir erhalten

$$\Delta U_{BE1} = -\Delta U_{BE2} = \tfrac{1}{2} \cdot \Delta U_{ind} \tag{5.28}$$

Die beiden Transistoren arbeiten demnach so, als ob sie in Emitterschaltung betrieben würden und besitzen die Spannungsverstärkung

$$\frac{\Delta U_{out1}}{\Delta U_{ind}} = \frac{\Delta U_{out1}}{2 \cdot \Delta U_{BE1}} = -\beta \frac{R_C}{2 r_b} \tag{5.29}$$

und

$$\frac{\Delta U_{out2}}{\Delta U_{ind}} = \frac{\Delta U_{out2}}{-2 \cdot \Delta U_{BE2}} = +\beta \frac{R_C}{2 r_b} \tag{5.30}$$

Die Kollektorspannungsänderungen sind also entgegengesetzt gleich und nur halb so groß wie bei der klassischen Emitterschaltung, weil sich die Eingangsspannung hier gleichmäßig auf beide Transistoren aufteilt. Die Differenzspannungsverstärkung, die sich aus ΔU_{out} und ΔU_{ind} ergibt, ist demnach

$$A_{vd} = \frac{\Delta U_{out}}{\Delta U_{ind}} = -\beta \frac{R_C}{r_b} = -g_m R_C \tag{5.31}$$

Anders liegen die Verhältnisse bei der Gleichtaktaussteuerung. Legen wir an beide Eingänge dieselbe Spannung U_{inc}, teilt sich der Emitterstrom nach wie vor gleichmäßig auf die beiden Transistoren auf. Sie wirken in diesem Fall wie parallel geschaltete Emitterfolger. Bild 5.18 zeigt dazu das Kleinsignalersatzschaltbild der Anordnung bei Gleichtaktaussteuerung.

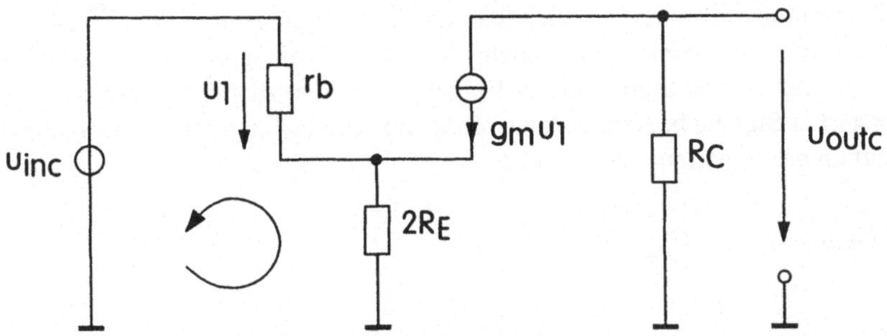

Bild 5.18 Ersatzschaltbild des Differenzverstärkers zur Bestimmung der Gleichtaktverstärkung

Der Umlauf liefert

$$u_{inc} - i_b r_b - i_b(\beta + 1) \cdot 2 \cdot R_E = 0 \tag{5.32}$$

Nach i_b aufgelöst erhalten wir

$$i_b = \frac{u_{inc}}{r_b + 2 \cdot R_E(\beta + 1)} \tag{5.33}$$

Die Ausgangsspannung ist gegeben durch

$$u_{outc} = -R_C \cdot i_c = -R_C \cdot \beta \cdot i_b = u_{inc}\left(\frac{-\beta \cdot R_C}{r_b + 2 \cdot R_E(\beta + 1)}\right) \tag{5.34}$$

Damit wird die Gleichtaktverstärkung

$$A_{vc} = \frac{u_{outc}}{u_{inc}} = -\frac{g_m \cdot R_C}{1 + 2 \cdot g_m \cdot R_E\left(1 + \frac{1}{\beta}\right)} \tag{5.35}$$

Um die unerwünschte Gleichtaktverstärkung klein zu halten, werden wir versuchen, R_E so groß wie möglich zu machen. Wenn die negative Betriebsspannung konstant ist, macht dies keinen Sinn, denn mit erhöhtem R_E sinkt dann auch der Kollektorstrom und damit die Differenzverstärkung, so daß die Gleichtaktunterdrückung (CMRR = Common Mode Rejection Ratio) praktisch gleich bleibt.

$$CMRR = 1 + 2 \cdot g_m \cdot R_E\left(1 + \frac{1}{\beta}\right) \tag{5.36}$$

Wünschen wir eine besonders hohe Gleichtaktunterdrückung, so müssen wir R_E durch eine Konstantstromquelle ersetzen, wie in Bild 5.19 gezeigt.

Sie ermöglicht ein hohes R_E ohne den Kollektorstrom herabzusetzen. Die Gleichtaktunterdrückung wird dann im wesentlichen durch Unsymmetrien der beiden Transistoren T_1 und T_2 bestimmt und kann in Größenordnungen von 80 - 100 dB kommen.

Die bisherigen Betrachtungen erstreckten sich über das Übertragungsverhalten des Differenzverstärkers im linearen Aussteuerbereich. Es ist auch wichtig das Großsignalverhalten des Differenzverstärkers zu betrachten, da es zeigt, daß der Eingangsspannungsbereich begrenzt ist, und daß der Differenzverstärker Signale begrenzen kann, ohne in Sättigung zu geraten. Dazu der folgende Spannungsumlauf an der Schaltung nach Bild 5.17

$$-U_{in1} + U_{BE1} - U_{BE2} + U_{in2} = 0 \tag{5.37}$$

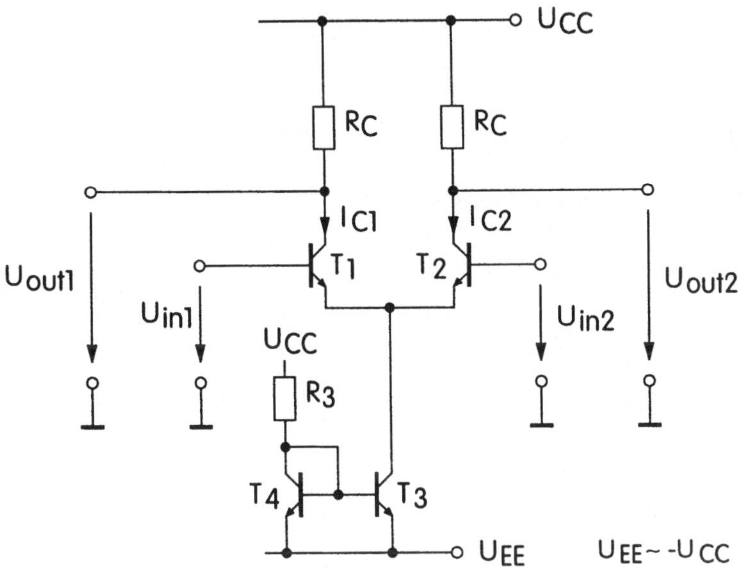

Bild 5.19 Verbesserung der Gleichtaktunterdrückung durch den Einsatz einer Stromquelle beim Differenz verstärker

Für die Basis-Emitterspannungen folgt

$$U_{BE1} = U_T \cdot \ln \frac{I_{C1}}{I_{S1}} \tag{5.38}$$

und

$$U_{BE2} = U_T \cdot \ln \frac{I_{C2}}{I_{S2}} \tag{5.39}$$

Das Einsetzen der Gleichungen liefert, unter der Annahme, daß $I_{S1} = I_{S2}$ ist

$$\frac{I_{C1}}{I_{C2}} = e^{\frac{U_{in1}-U_{in2}}{U_T}} = e^{\frac{U_{ind}}{U_T}} \tag{5.40}$$

mit U_{ind} als Differenzeingangsspannung. Die Summe der Kollektorströme an den Emittern der beiden Transistoren ist

$$I_E = \frac{1}{\alpha}\left(I_{C1} + I_{C2}\right) \tag{5.41}$$

Damit folgt für die einzelnen Kollektorströme

$$I_{C1} = \frac{\alpha \cdot I_E}{1 + e^{\left(\frac{-U_{ind}}{U_T}\right)}} \tag{5.42}$$

und

$$I_{C2} = \frac{\alpha \cdot I_E}{1 + e^{\left(\frac{U_{ind}}{U_T}\right)}} \tag{5.43}$$

Die Ausgangsspannung läßt sich wie folgt berechnen

$$U_{out1} = U_{CC} - I_{C1} \cdot R_C \tag{5.44}$$

und

$$U_{out2} = U_{CC} - I_{C2} \cdot R_C \tag{5.45}$$

Interessant ist hierbei die Ausgangsspannungsdifferenz U_{outd}, sie wird

$$U_{outd} = U_{out1} - U_{out2} = \alpha \cdot I_E \cdot R_C \cdot \tanh\left(\frac{-U_{ind}}{2 \cdot U_T}\right) \tag{5.46}$$

Die Differenzausgangsspannung als Funktion der Differenzeingangsspannung ist in Bild 5.20 aufgetragen.

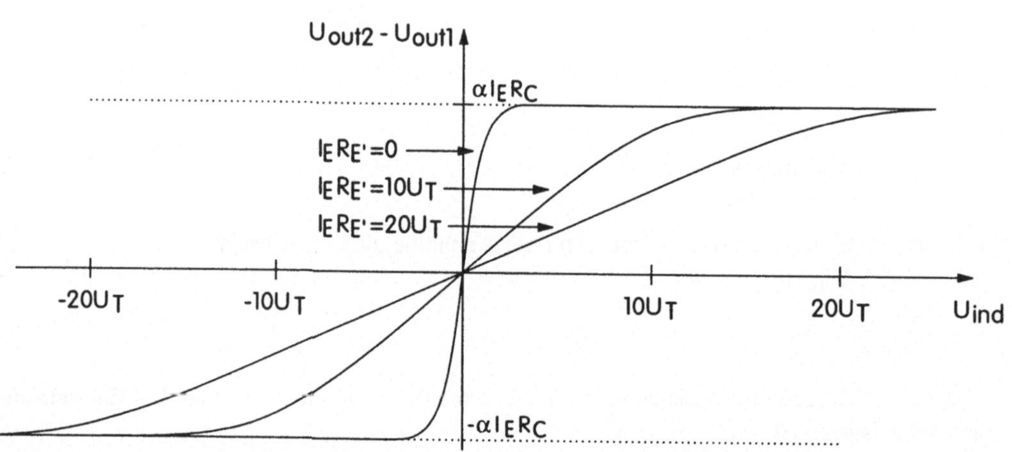

Bild 5.20 Ausgangsspannung des Differenzverstärkers in Abhängigkeit der Differenzeingangsspannung mit verschiedenen Gegenkopplungen

Wir sehen, daß die Ausgangsspannung bei Differenzeingangsspannungen größer 100 mV unabhängig von der Differenzeingangsspannung wird. Der gesamte Emittersummenstrom fließt dann durch einen der beiden Transistoren. Es tritt eine Art Sättigungseffekt ein, wobei aber der stromführende Transistor selbst nicht in Sättigung kommt. Bei Differenzeingangsspannungen unter 50 mV arbeitet der Differenzverstärker im linearen Bereich. Wenn wir diesen Eingangsspannungsbereich erhöhen wollen, können wir Gegenkopplungswiderstände R_E' in die Emitterleitungen der beiden Transistoren einbringen. Die Wirkung dieser Gegenkopplungswiderstände ist auch in Bild 5.20 gezeigt. Wir sehen, daß das Einbringen der zusätzlichen Emitterwiderstände nicht nur den Eingangsspannungsbereich vergrößert, sondern auch in gleichem Maße die Verstärkung der Schaltung herabsetzt.

Nun einige Betrachtungen zum Klirrfaktor der Schaltung. Die Ausgangsspannung ist gegeben durch

$$U_{outd} = \alpha \cdot I_E \cdot R_C \cdot \tanh\left(\frac{-U_{ind}}{2 \cdot U_T}\right) \tag{5.47}$$

Durch Reihenentwicklung läßt sich für den tanh-Term schreiben

$$U_{outd} = \alpha \cdot I_E \cdot R_C \left[-\frac{U_{ind}}{2 \cdot U_T} + \frac{U_{ind}^3}{24 \cdot U_T^3} - \ldots \right] \tag{5.48}$$

mit $U_{ind} = \hat{U}_{ind} \cdot \sin \omega t$ und Abbruch nach der dritten Potenz folgt daraus

$$U_{outd} \approx \alpha \cdot I_E \cdot R_C \left[-\frac{\hat{U}_{ind}}{2 \cdot U_T} \sin \omega t + \frac{\hat{U}_{ind}^3}{96 \cdot U_T^3} (3 \cdot \sin \omega t - \sin 3\omega t) \right] \tag{5.49}$$

Dabei zeigt sich, daß die Verzerrungen nur aus ungeraden Harmonischen bestehen. Aus dem Verhältnis der Oberwellenamplitude zur Grundwellenamplitude erhalten wir in erster Näherung den Klirrfaktor zu

$$k \approx \frac{\dfrac{\hat{U}_{ind}^3}{96 \cdot U_T^3}}{\dfrac{\hat{U}_{ind}}{2 \cdot U_T} - \dfrac{3 \cdot \hat{U}_{ind}^3}{96 \cdot U_T^3}} = \frac{1}{48}\left(\frac{\hat{U}_{ind}}{U_T}\right)^2 \tag{5.50}$$

Der Klirrfaktor nimmt also quadratisch mit U_{ind} zu. Wenn der Klirrfaktor den Wert 1% nicht überschreiten soll, läßt sich daraus die maximale Amplitude für die Differenzeingangsspannung berechnen

$$\hat{U}_{ind\,\max} = 0,7 \cdot U_T \approx 18mV \tag{5.51}$$

In CMOS-Technik

Grundsätzlich gilt hier ähnliches wie beim Bipolartransistor. Feldeffekttransistoren werden als Differenzverstärker da verwendet, wo es auf einen hohen Eingangswiderstand bzw. kleine Eingangsströme ankommt. Für Operationsverstärker werden gerne JFETs eingesetzt, da MOSFETs im niederfrequenten Bereich zu stark rauschen. Bild 5.21 zeigt einen Differenzverstärker, der aus selbstsperrenden MOSFETs aufgebaut ist. Die Schaltung arbeitet ähnlich, wie die einer Bipolarschaltung, d.h. eine positive Eingangsspannung am Gate von T_1 vergrößert den Drainstrom I_{D1}.

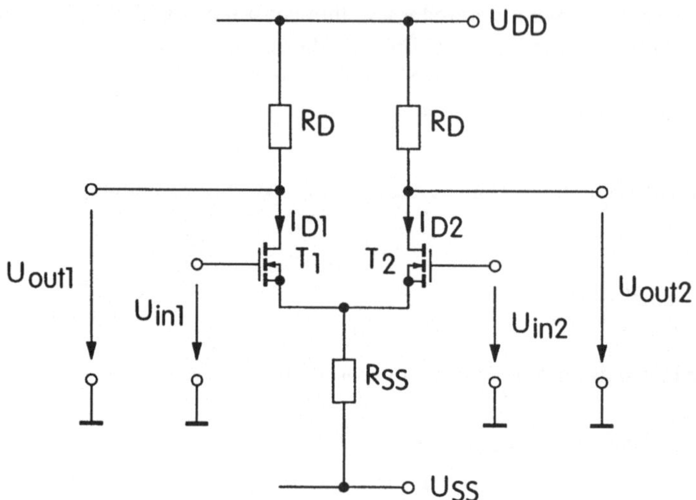

Bild 5.21 Differenzverstärker mit NMOS-Transistoren

Das Kleinsignalverhalten wird durch die Steilheit des verwendeten Transistors bestimmt. Für den MOSFET ist die Steilheit gegeben durch

$$g_m = KP \cdot \frac{W}{L}\left(U_{GS} - V_t\right) = \sqrt{2 \cdot KP \cdot \frac{W}{L} \cdot I_D} \tag{5.52}$$

In Analogie zum Bipolardifferenzverstärker folgt dann für die Differenzverstärkung

$$A_{vd} = -g_m \cdot R_D \tag{5.53}$$

Die Gleichtaktverstärkung ist dann

$$A_{vc} = \frac{-g_m \cdot R_D}{\left(1 + 2 \cdot g_m \cdot R_{SS}\right)} \tag{5.54}$$

und die Gleichtaktunterdrückung ist

$$CMRR = 1 + 2 \cdot g_m \cdot R_{SS} \tag{5.55}$$

Hierbei ist zu bemerken, daß der MOSFET im Vergleich zum bipolaren Transistor (unter gleichen Strombedingungen) eine geringere Steilheit besitzt, typisch um einen Faktor 10. Somit ergibt sich bei gleichem Lastwiderstand eine geringere Differenzverstärkung des MOSFETs. Andererseits hat der MOSFET-Differenzverstärker nahezu dieselbe Gleichtaktverstärkung wie der bipolare Differenzverstärker. Das bedeutet, daß der MOSFET Differenzverstärker im Vergleich zu seinem bipolaren Pendant eine schlechtere Gleichtaktunterdrückung besitzt.

Die Gleichtaktunterdrückung können wir allerdings durch Verwendung einer Stromquelle anstelle des Widerstandes R_{SS} verbessern.

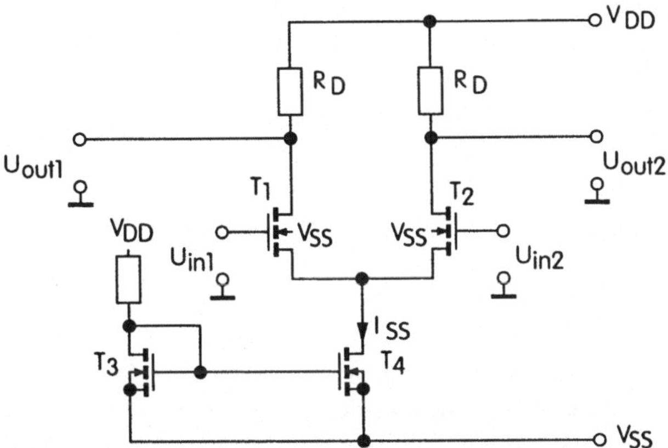

Bild 5.22 Der Einsatz einer Stromquelle zur Erzeugung des Stromes I_{SS} verbessert die Gleichtaktunterdrückung des Differenzverstärkers.

Wir wollen das Großsignalverhalten ableiten. Der Spannungsumlauf am Eingang der Schaltung nach Bild 5.21 ergibt

$$U_{in1} - U_{GS1} + U_{GS2} - U_{in2} = 0 \tag{5.56}$$

bzw.

$$U_{in1} - U_{in2} = U_{GS1} - U_{GS2} = U_{ind} \tag{5.57}$$

Der Drainstrom eines NMOS Transistors ist gegeben durch

$$I_D = A \cdot (U_{GS} - V_t)^2 \tag{5.58}$$

mit

$$A = \frac{KP}{2} \cdot \frac{W}{L} \tag{5.59}$$

Die Summe der beiden Drainströme ergeben den gemeinsamen Sourcestrom.

$$I_{D1} + I_{D2} = I_{SS} \tag{5.60}$$

Mit

$$U_{ind} = U_{GS1} - U_{GS2} = \sqrt{\frac{I_{D1}}{A}} + V_t - \sqrt{\frac{I_{D2}}{A}} - V_t \tag{5.61}$$

resultiert für den Drainstrom von Transistor T_1

$$I_{D1} = \frac{I_{SS}}{2} + \frac{U_{ind} \cdot A}{2} \sqrt{\frac{2 \cdot I_{SS}}{A} - U_{ind}^2} \tag{5.62}$$

bzw. für T_2

$$I_{D2} = \frac{I_{SS}}{2} - \frac{U_{ind} \cdot A}{2} \sqrt{\frac{2 \cdot I_{SS}}{A} - U_{ind}^2} \tag{5.63}$$

Die maximale Eingangsspannung, die angelegt werden kann, ist bei festgelegten Transistorparametern abhängig von der Stromverteilung zwischen beiden Transistoren. Wenn der gesamte Sourcesummenstrom durch einen Transistor fließt, kann der Drainstrom dieses Transistors durch Spannungserhöhung nicht weiter erhöht werden. Der Punkt, wo ein Transistor den gesamten Sourcesummenstrom I_{SS} übernimmt, bestimmt also die maximal mögliche Eingangsspannung. Dieser Punkt ist gegeben durch

$$\frac{U_{ind\max} \cdot A}{2} \sqrt{\frac{2 \cdot I_{SS}}{A} - U_{ind\max}^2} = \frac{I_{SS}}{2} \tag{5.64}$$

Daraus folgt dann

$$U_{ind\max} = \pm \sqrt{\frac{I_{SS}}{A}} \tag{5.65}$$

Der Eingangsspannungsbereich wird also durch A und damit durch die Geometrien des MOS-Transistors bestimmt.

Die Ausgangsspannung des MOSFET-Differenzverstärkers ist gegeben durch

$$U_{outd} = -\left(I_{D1} \cdot R_D - I_{D2} \cdot R_D\right) \tag{5.66}$$

Durch Einsetzen von Gleichung 5.62 und 5.63 ergibt sich dann daraus

$$U_{outd} = -R_D \cdot U_{ind} \sqrt{2 \cdot A \cdot I_{SS}} \sqrt{1 - \frac{U_{ind}^2 \cdot A}{2 \cdot I_{SS}}} \tag{5.67}$$

Für U_{inmax} wird dann

$$U_{outd} = -R_D \cdot I_{SS} \tag{5.68}$$

Das ist dann die maximale Ausgangsspannung.

Zum Klirrfaktor der Schaltung: Der letzte Wurzelterm von Gleichung 5.67 läßt sich durch eine Reihenentwicklung approximieren, die nach dem linearen Term abgebrochen wird

$$\sqrt{1-\frac{U_{ind}^2\cdot A}{2\cdot I_{SS}}}\approx 1-\frac{1}{2}\cdot\frac{U_{ind}^2\cdot A}{2\cdot I_{SS}} \tag{5.69}$$

Durch diese Vereinfachung wird

$$U_{outd}=-R_D\cdot\sqrt{2\cdot A\cdot I_{SS}}\cdot\left(U_{ind}-\frac{U_{ind}^3\cdot A}{4\cdot I_{SS}}\right) \tag{5.70}$$

Mit $U_{in} = \hat{U}_{in} \cdot \sin \omega t$ wird der Ausdruck in der Klammer

$$\hat{U}_{ind}\cdot\sin\omega t-\frac{\hat{U}_{ind}^3\cdot A}{4\cdot 4\cdot I_{SS}}(3\cdot\sin\omega t-\sin 3\omega t) \tag{5.71}$$

bzw.

$$\hat{U}_{ind}\cdot\left(1-\frac{\hat{U}_{ind}^2\cdot A\cdot 3}{16\cdot I_{SS}}\right)\cdot\sin\omega t+\frac{\hat{U}_{ind}^3\cdot A}{16\cdot I_{SS}}\cdot\sin 3\omega t \tag{5.72}$$

Der Klirrfaktor k ist in erster Näherung als Verhältnis von Oberwelle zu Grundwelle definiert und wird für den MOSFET-Differenzverstärker zu

$$k\approx\frac{\hat{U}_{ind}^3\cdot A}{16\cdot I_{SS}\cdot\hat{U}_{ind}\left(1-\frac{\hat{U}_{ind}^2\cdot A\cdot 3}{16\cdot I_{SS}}\right)} \tag{5.73}$$

bzw.

$$k=\frac{\hat{U}_{ind}^2\cdot A}{16\cdot I_{SS}-\hat{U}_{ind}^2\cdot A\cdot 3} \tag{5.74}$$

Wenn der Klirrfaktor unter k = 1% bleiben soll, folgt für die maximale Signaleingangsspannung

$$\frac{\hat{U}'_{ind\,\max}\cdot A}{16\cdot I_{SS}-\hat{U}'_{ind\,\max}\cdot A\cdot 3}=0{,}01 \tag{5.75}$$

Auflösen nach U'_{inmax} liefert dann

$$\hat{U}'_{ind\,\max}=0{,}394\cdot\sqrt{\frac{I_{SS}}{A}} \tag{5.76}$$

Der Ausdruck unter der Wurzel bezeichnet aber den maximalen Eingangsspannungsbereich, der durch die Stromverteilung in den beiden Transistoren vorgegeben ist. Somit wird

$$\hat{U}'_{ind\,\max}=0{,}394\cdot U_{ind\,\max} \tag{5.77}$$

Das ist also 40% des maximal möglichen Eingangsspannungsbereiches. Wie wir sehen konnten, hängt beim MOSFET U_{inmax} von verschiedenen Parametern ab. So können wir einerseits den Ausgangshub über die Wahl von Drainstrom und Drainwiderstand festlegen, andererseits können wir über die Transistorgeometrien die Verstärkung einstellen.

5.3.2 Eingangswiderstände

Wir wollen hier speziell die Verhältnisse am bipolaren Differenzverstärker studieren, da die Feldeffekttransistoren sowieso einen sehr hohen Eingangswiderstand besitzen.

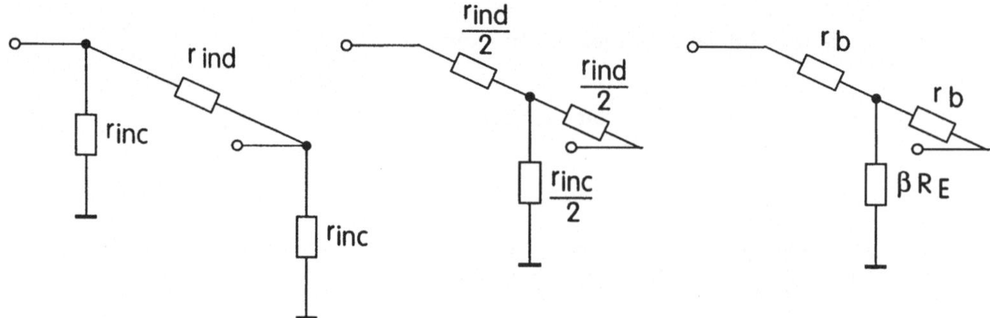

Bild 5.23 Eingangswiderstände des Differenzverstärkers

Den Eingangswiderstand des Differenzverstärkers wollen wir in zwei Anteilen betrachten. Diese sind der Differenzeingangswiderstand r_{ind} und der Gleichtakteingangswiderstand r_{inc}. Den Differenzeingangswiderstand definieren wir als Verhältnis der Kleinsignaldifferenzeingangsspannung zum Kleinsignaldifferenzeingangsstrom. Betrachten wir die Teilschaltung aus einem Transistor, so ist deren Eingangswiderstand gegeben durch

$$\frac{U_{ind}}{2} = i_b \cdot r_b \tag{5.78}$$

Damit folgt für den Differenzeingangswiderstand

$$r_{ind} = \frac{U_{ind}}{i_b} = 2 \cdot r_b = 2 \cdot \frac{\beta \cdot U_T}{I_C} \tag{5.79}$$

Damit hängt der Differenzeingangswiderstand vom Eingangswiderstand des Transistors ab und ist damit abhängig von ß und dem Kollektorstrom. Einen hohen Differenzeingangswiderstand können wir dadurch erreichen, indem wir die Schaltung bei niedrigen Strömen betreiben.

Der Gleichtaktwiderstand ist definiert als Verhältnis zwischen Kleinsignalgleichtakteingangsspannung und Kleinsignaleingangsstrom eines Eingangs. Für den Verstärker der dabei als Emitterfolger arbeitet, ergibt sich

$$r_{inc} = \frac{U_{inc}}{i_b} = \left(r_b + 2 \cdot R_E \cdot \beta\right) \tag{5.80}$$

Die Kleinsignaleingangsströme können bei gemischter Betriebsart durch Superposition ermittelt werden

$$i_{b1} = \frac{U_{ind}}{r_{ind}} + \frac{U_{inc}}{r_{inc}} \tag{5.81}$$

und

$$i_{b2} = -\frac{U_{ind}}{r_{ind}} + \frac{U_{inc}}{r_{inc}} \tag{5.82}$$

Damit lassen sich die Eingangswiderstände als Pi-Ersatzschaltbild angeben, wie in Bild 5.23 geschehen. Alternativ dazu können wir das Pi-Ersatzschaltbild in ein T-Ersatzschaltbild umrechnen. Die Umrechnung basiert auf der Voraussetzung, daß der Gleichtaktwiderstand sehr viel größer als der Differenzeingangswiderstand ist.

5.3.3 Offset

Ein wichtiger Aspekt für die Qualität eines Differenzverstärkers ist, welche minimale Gleichspannung der Differenzverstärker verarbeiten kann. Durch Ungleichheit der beiden Transistoren und der Widerstände und durch ungleiche Temperaturdrift der Bauelemente können zusätzliche Differenzausgangsspannungen auftreten, die sich nicht mehr vom eigentlichen Signal trennen lassen. In vielen analogen Systemen bestimmt diese Fehlerquelle die Auflösung des Systems und ist daher ein zentraler Punkt beim Design von analogen Schaltungen.

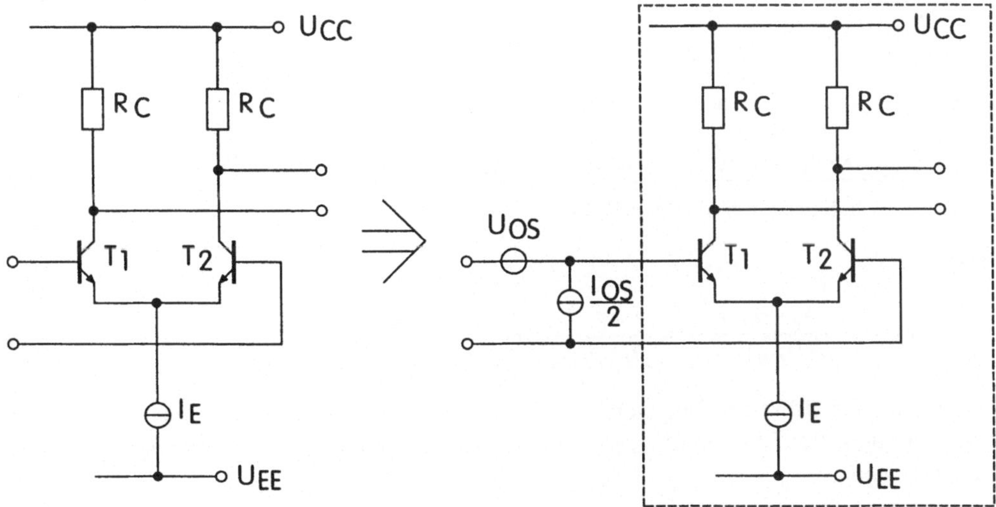

Bild 5.24 Die linke Schaltung mit Unsymmetrien wird in eine völlig symmetrische Schaltung überführt. Die Unsymmetrien werden in einer entsprechenden Offsetspanung und in einem entsprechenden Offsetstrom modelliert.

Wir beschreiben diesen Effekt der Unsymmetrie durch zwei Elemente, die Eingangsoffsetspannung und den Eingangsoffsetstrom. Diese Elemente repräsentieren alle Ungleichheiten der

Schaltung und beziehen sie auf den Eingang der Schaltung. In Bild 5.24 ist dies gezeigt. Wir ersetzen den fehlerhaften Differenzverstärker durch einen idealen Differenzverstärker und addiert eine Offsetspannungsquelle und eine Offsetstromquelle zum Eingang dieses idealen Differenzverstärkers.

In bipolarer Technik

Die meisten Quellen des „Offsetfehlers" eines Differenzverstärkers sind Unsymmetrien in der Basisweite, dem Basisdotierungsgrad und dem Kollektordotierungsgrad der Transistoren, Unsymmetrien in der effektiven Emitterfläche der Transistoren und die Unsymmetrien der Kollektorwiderstände.

Die Offsetspannung gibt an, welche Differenzeingangsspannung angelegt werden muß, damit die Differenzausgangsspannung zu Null wird. Unter der Annahme, daß die Differenzausgangsspannung null ist, können wir schreiben

$$U_{OS} - U_{BE1} + U_{BE2} = 0 \tag{5.83}$$

Damit wird die Offsetspannung

$$U_{OS} = U_T \cdot \ln\frac{I_{C1}}{I_{S1}} - U_T \cdot \ln\frac{I_{C2}}{I_{S2}} \tag{5.84}$$

bzw.

$$U_{OS} = U_T \cdot \ln\frac{I_{C1} \cdot I_{S2}}{I_{C2} \cdot I_{S1}} \tag{5.85}$$

Die Sättigungsströme der beiden Transistoren sind

$$I_{S1} = \frac{e \cdot A_1 \cdot D_n \cdot n_i^2}{w_{B1}(U_{CB}) \cdot N_{A1}} = \frac{e \cdot n_i^2 \cdot D_n}{Q_{B1}(U_{CB})} A_1 \tag{5.86}$$

und

$$I_{S2} = \frac{e \cdot A_2 \cdot D_n \cdot n_i^2}{w_{B2}(U_{CB}) \cdot N_{A2}} = \frac{e \cdot n_i^2 \cdot D_n}{Q_{B2}(U_{CB})} A_2 \tag{5.87}$$

Das Produkt aus effektiver Basisweite und Löcherdichte in der Basis läßt sich zur Gesamtstörstellendotierung der Basis $Q_B(U_{CB})$ zusammenfassen. Damit die Differenzausgangsspannung null wird, muß

$$I_{C1} \cdot R_{C1} = I_{C2} \cdot R_{C2} \tag{5.88}$$

sein. Kombinieren wir diese Gleichungen, erhalten wir

$$U_{OS} = U_T \cdot \ln\left[\left(\frac{R_{C2}}{R_{C1}}\right)\left(\frac{A_2}{A_1}\right)\left(\frac{Q_{B1}(U_{CB})}{Q_{B2}(U_{CB})}\right)\right] \tag{5.89}$$

Berücksichtigen wir nur die Abweichung vom Nominalwert und nehmen wir an, daß diese Abweichung gering gegenüber dem Nominalwert ist, läßt sich Gleichung 5.89 wie folgt vereinfachen

$$U_{OS} = U_T \cdot \ln\left[\left(1-\frac{\Delta R_C}{R_C}\right)\left(1-\frac{\Delta A}{A}\right)\left(1+\frac{\Delta Q_B}{Q_B}\right)\right] \tag{5.90}$$

Berücksichtigen wir nur den linearen Term der Logarithmusfunktion, wird

$$U_{OS} = U_T\left(-\frac{\Delta R_C}{R_C}-\frac{\Delta A}{A}+\frac{\Delta Q_B}{Q_B}\right) \tag{5.91}$$

Damit zeigt sich, daß wir die Offsetspannung durch die lineare Überlagerung aus den Unsymmetrien der verschiedenen Bauelemente darstellen können.

Der Eingangsoffsetstrom ist gleich der Differenz der Eingangsströme beider Transistoren und damit abhängig von ß und I_C der beiden Transistoren.

$$I_{OS} = \frac{I_{C1}}{\beta_1}-\frac{I_{C2}}{\beta_2} = \frac{I_{C2}}{\beta_1}\left(\frac{I_{C1}}{I_{C2}}-\frac{\beta_1}{\beta_2}\right) \tag{5.92}$$

Berücksichtigen wir auch hier die Abweichungen vom Nominalwert, wird

$$I_{OS} = \frac{I_C}{\beta}\left(\frac{\Delta I_C}{I_C}-\frac{\Delta\beta}{\beta}\right) \tag{5.93}$$

Unsymmetrien in den Kollektorströmen ergeben sich aus den Unsymmetrien der Kollektorwiderstände

$$\frac{\Delta I_C}{I_C} = -\frac{\Delta R_C}{R_C} \tag{5.94}$$

Somit wird

$$I_{OS} = -\frac{I_C}{\beta}\cdot\frac{\Delta R_C}{R_C}-\frac{I_C}{\beta}\cdot\frac{\Delta\beta}{\beta} \tag{5.95}$$

In CMOS-Technik

MOSFETs haben einen höheren Eingangswiderstand als Bipolartransistoren, aber aus der geringeren Steilheit der FETs resultiert generell eine schlechtere Offsetspannung und eine schlechtere Gleichtaktunterdrückung als beim Bipolartransistor. Die Offsets entstehen beim FET durch ungleiche Geometrien, wie ungleiche Kanallänge L, ungleiche Kanalbreite W bzw. ungleiche Oxiddicke d_{ox} und durch ungleiche Schwellenspannungen, deren Wert vom Dotierungsprofil und von der Oxiddicke abhängt. Unter der Annahme, daß die Differenzausgangsspannung null ist, folgt

$$U_{OS} - U_{GS1} + U_{GS2} = 0 \tag{5.96}$$

bzw.

$$U_{OS} = \sqrt{\frac{I_{D1}}{A_1}} + V_{t1} - \sqrt{\frac{I_{D2}}{A_2}} - V_{t2} \tag{5.97}$$

Beschreiben wir die Unsymmetrien mit

$$V_{t1} = V_t + \frac{\Delta V_t}{2}; \quad V_{t2} = V_t - \frac{\Delta V_t}{2} \tag{5.98}$$

und

$$I_{D1} = I_D + \frac{\Delta I_D}{2}; \quad I_{D2} = I_D - \frac{\Delta I_D}{2} \tag{5.99}$$

und

$$A_1 = A + \frac{\Delta A}{2}; \quad A_2 = A - \frac{\Delta A}{2} \tag{5.100}$$

ergibt sich für die Offsetspannung

$$U_{OS} = \sqrt{\frac{I_D + \frac{\Delta I_D}{2}}{A + \frac{\Delta A}{2}}} - \sqrt{\frac{I_D - \frac{\Delta I_D}{2}}{A - \frac{\Delta A}{2}}} + V_t + \frac{\Delta V_t}{2} - V_t + \frac{\Delta V_t}{2} \tag{5.101}$$

Durch Reihenentwicklung der Wurzelterme und Abbruch nach dem linearen Glied erhalten wir

$$U_{OS} = \sqrt{\frac{I_D}{A}} \cdot \left(\frac{\Delta I_D}{2 \cdot I_D} - \frac{\Delta A}{2 \cdot A} \right) + \Delta V_t \tag{5.102}$$

Wir sehen, daß Unsymmetrien in der Schwellenspannung direkt in die Offsetspannung eingehen und somit im wesentlichen das Offsetverhalten von MOSFET-Differenzverstärkern bestimmen. Die Schwellenspannung eines MOSFET ist gegeben durch

$$V_t \sim \frac{d_{ox}}{\varepsilon_{ox}} \sqrt{2 \cdot e \cdot \varepsilon \cdot N_A} \tag{5.103}$$

Wenn nun die Oxiddicke um 1% schwankt, bedeutet das bei einer Schwellenspannung von $V_t = 0{,}8$ V eine Offsetspannung von $U_{OS} = 8$ mV. In Gleichung 5.102 gehen die Unsymmetrien der Drainwiderstände in ΔI_D ein. In ΔA gehen die Unsymmetrien der Transistorgeometrien ein.

Wie wir aber aus dem obigen Beispiel ersehen können, ist es vor allem der Unterschied der Schwellenspannung, der die Offsetspannung ausmacht.

Eingangsoffsetspannung und Eingangsoffsetstrom müssen für viele Anwendungen minimiert werden, so beispielsweise in der Eingangsstufe eines Operationsverstärkers. Bei vielen im Handel erhältlichen Operationsverstärkern läßt sich durch Einspeisen einer zusätzlichen abgleichbaren Spannung der Offsetfehler kompensieren.

5.3.4 Aktive Last

Wir haben im Kapitel 5.2.2 gesehen, daß wir die Spannungsverstärkung einer Verstärkerstufe maximieren können, wenn wir eine Stromquelle als Lastelement einsetzen. Wenn wir diese Technik anwenden wollen, um bei einem Differenzverstärker eine hohe Differenzverstärkung zu erzielen, müßten wir konsequenterweise jeden Kollektorwiderstand durch eine eigene Stromquelle ersetzen. Die dadurch erreichbare Differenzverstärkung ist in der Tat recht hoch, doch der Nachteil dieser Anordnung ist, daß der Ruhewert der Gleichtaktausgangsspannung sehr empfindlich auf Änderungen des Emittersummenstromes oder des Nominalstromes der aktiven Lastelemente reagiert. Damit ergibt sich auch eine hohe Sensitivität der Gleichtaktausgangsspannung auf Unsymmetrien und Bauteiltoleranzen. Der Ersatz der Widerstände durch unabhängige Stromquellen ist also vom Standpunkt der Arbeitspunkteinstellung nicht praktikabel.

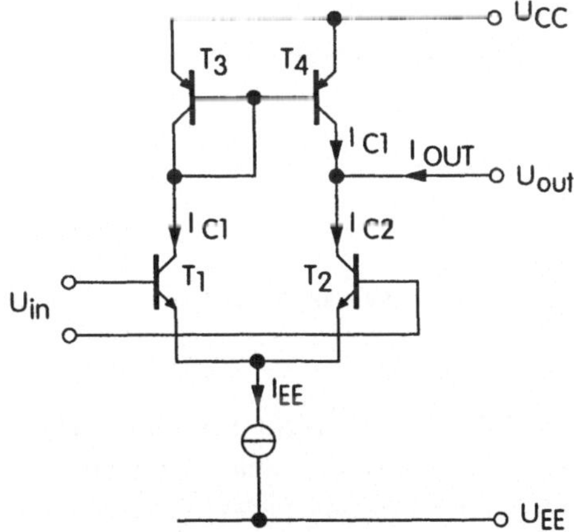

Bild 5.25 Differenzverstärker mit Stromspiegel als aktive Last

Eine alternative Lösung ist in Bild 5.25 dargestellt. Wir steuern den Strom der Laststromquelle auf der einen Seite unseres Differenzverstärkers mit dem Kollektorstrom der anderen Seite, indem wir einen Stromspiegel einsetzen. Diese Anordnung beseitigt nicht nur das Gleichtaktproblem, sondern wir können das Ausgangssignal an nur einem Ausgang abnehmen und bekommen eine viel höhere Unterdrückung des Gleichtaktsignals, als wenn wir das Signal an einem der beiden Kollektoranschlüsse eines Differenzverstärkers abnehmen würden, der mit Widerständen als Lastelemente arbeitet.

Wenn wir die Einflüsse des Early-Effekts, der Offsetspannung und der endlichen Stromverstärkung von Transistor T_3 und T_4 vernachlässigen, ist der Ausgangsstrom gleich der Differenz der beiden Kollektorströme

$$I_{out} = I_{C2} - I_{C1} \tag{5.104}$$

und damit ein Differenzsignal, obwohl wir das Signal nur an einer Klemme abnehmen.

Der Stromspiegel als Lastelement liefert uns nicht nur eine hohe Spannungsverstärkung, sondern erlaubt uns eine Konvertierung von einem differentiellen Signal zu einem Signal, das massebezogen ist. Diese Konvertierung wird für alle Verstärker benötigt, die Differenzeingänge besitzen aber nur einen einfachen Ausgang. Das beste Beispiel dafür ist der Operationsverstärker.

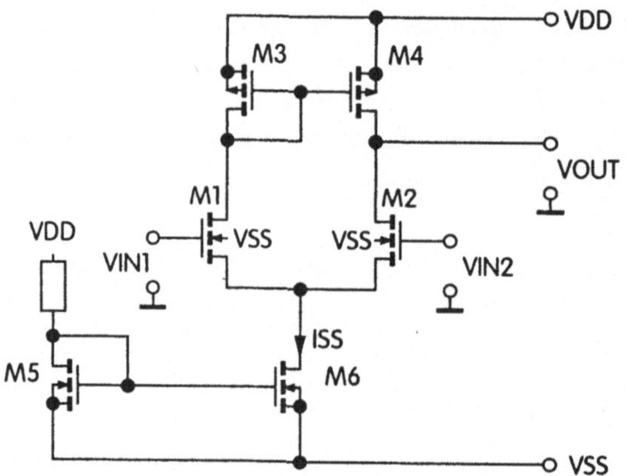

Bild 5.26 Differenzverstärker in CMOS-Technik mit Stromspiegel als aktive Last und zur Erzeugung des Source-Summenstromes

Das Bild 5.26 zeigt die gleiche Schaltung in CMOS-Technik. Die Simulation der Übertragungscharakteristik im Differenzbetrieb zeigt Bild 5.27. Die Transistoren haben alle eine Kanallänge von L = 5 µm. Die NMOS-Transistoren M_1, M_2, M_5 und M_6 haben jeweils eine Kanalweite von W = 15 µm, während die PMOS-Transistoren M_3 und M_4 eine Kanalweite von W = 70 µm haben. Der Sourcesummenstrom beträgt ca. 20 µA und als Versorgungsspannung ist VDD = -VSS = 2,5 V vorgesehen.

5.3.5 Kompensation der Eingangskapazität

In den Differenzverstärkerschaltungen, die wir bisher kennengelernt haben, werden die beiden gekoppelten Transistoren in Emittergrundschaltung (oder Source-Grundschaltung) betrieben. Durch den Millereffekt erscheint die Kollektor-Basiskapazität (oder Drain-Gate-Kapazität) um den Faktor 1 + A_{vd} vergrößert am Eingang des Transistors. Wird der Differenzverstärker aus hochohmigen Quellen betrieben, kann diese erhöhte Eingangskapazität das Hochfrequenzverhalten der Schaltung negativ beeinflussen. Um den Millereffekt zu kompensieren, können wir die Schaltung nach Bild 5.28 einsetzen.

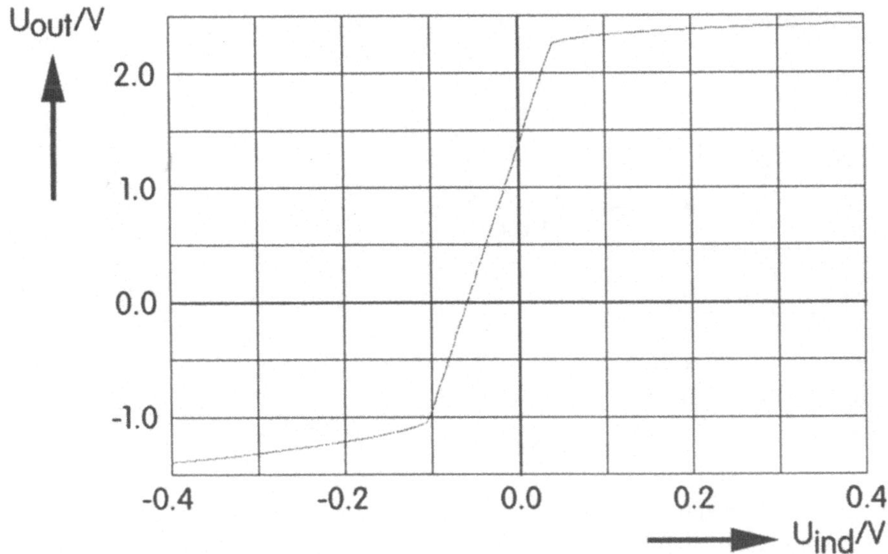

Bild 5.27 Simulation des Übertragungsverhaltens des Differenzverstärkers in CMOS-Technik nach Bild 5.26 mit Stromspiegel als aktiver Last

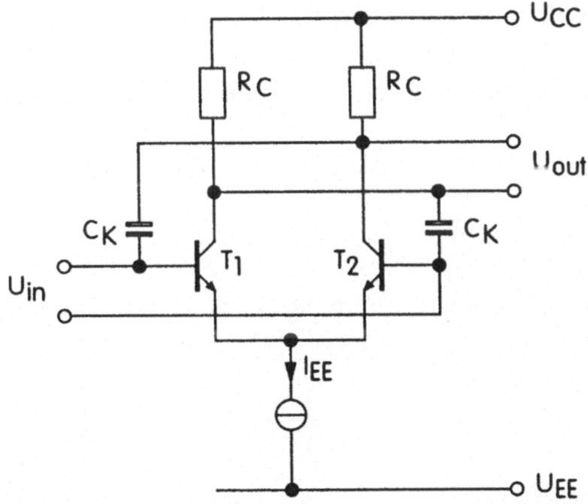

Bild 5.28 Methode zur Kompensation der Eingangskapazität der Transistoren

Die Kompensationskapazitäten C_K werden gegenphasig zum jeweiligen Kollektor angesteuert und gleichen die Wirkung der Kollektor-Basiskapazität aus. Bei geeigneter Wahl der Kapazitäten C_K können wir prinzipiell eine vernachlässigbar kleine Eingangskapazität erreichen. Der nachwievor wirkende Millereffekt hat allerdings zur Folge, daß bei dieser Schaltung nun zusätzlich eine Kapazität $C_K/2$ zwischen den beiden Ausgängen wirkt.

5.3.6 Basiskopplung

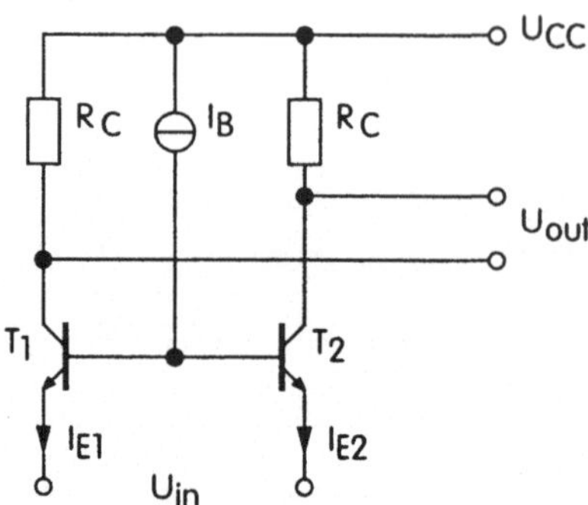

Bild 5.29 Differenzverstärker mit Basiskopplung

Alternativ zum emittergekoppelten Differenzverstärker können wir einen Differenzverstärker mit Basiskopplung aufbauen. Statt in Emittergrundschaltung arbeiten die Transistoren nun in Basisgrundschaltung. Dadurch zeigt der Differenzverstärker die typischen Eigenschaften der Basisgrundschaltung, wie niedriger Eingangswiderstand und keine Stromverstärkung. Der Eingangsstrom ist hoch, denn er besteht aus dem Emitterstrom. Vorteilhaft ist allerdings, daß der Differenzverstärker mit Basiskopplung geringere Eingangskapazitäten aufweist, als der klassische Differenzverstärker mit Emitterkopplung. Wenn wir diese Vorteile der Basiskopplung nutzen wollen, ohne daß die Nachteile des geringen Eingangswiderstandes und des hohen Eingangsstromes ins Gewicht fallen, können wir Emitterfolger vor den basisgekoppelten Differenzverstärker schalten.

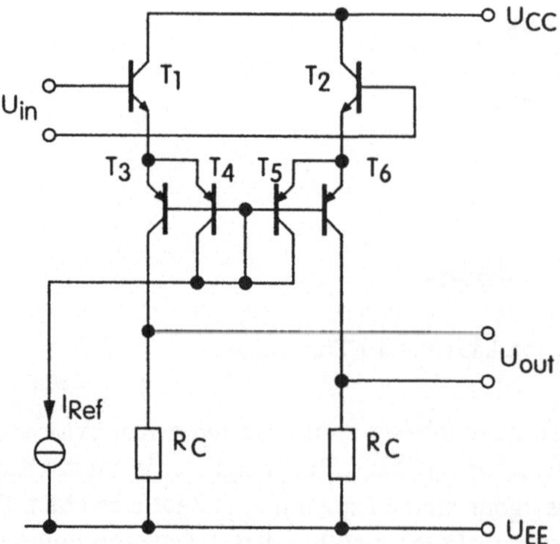

Bild 5.30 Differenzverstärker mit Basisankopplung und vorgeschalteten Emitterfolgerstufen

Die Schaltung, die in Bild 5.30 gezeigt ist, ist die Basis für eine breite Palette handelsüblicher Operationsverstärker. Anhand des Bildes stellen wir fest, daß im Gegensatz zur vorherigen

Schaltung nun PNP-Transistoren für den Differenzverstärker benutzt werden. Dieser basisgekoppelte Differenzverstärker mit vorgeschaltetem Emitterfolger ist funktionell äquivalent zu einem Differenzverstärker in Standardschaltung, aufgebaut mit komplementären Transistoren. Die scheinbar unnötig verkomplizierte Schaltung beseitigt die Schwierigkeiten, die durch die Nutzung von niedrig verstärkenden, lateralen PNP-Transistoren in der Standardschaltung entstehen würde. Zusätzlich erhalten wir den Vorteil, daß die Schaltung einen großen Gleichtakt- und Differenzeingangsspannungsbereich besitzt.

Faktisch ist der Differenzverstärker aus den beiden Stromspiegeln T_3, T_4 und T_5, T_6 aufgebaut, die zur Einstellung des Arbeitspunktes dienen. Der Referenzstrom teilt sich gleichmäßig auf die Transistoren T_4 und T_5 auf. Die Stromspiegel sorgen dafür, daß durch die Transistoren T_3 und T_4 jeweils $I_{REF}/2$ fließen.

Auch hier können wir wieder einen Stromspiegel als aktive Last einsetzen, um das Differenzeingangssignal auf ein massebezogenes Ausgangssignal zu transformieren (siehe Bild 5.31).

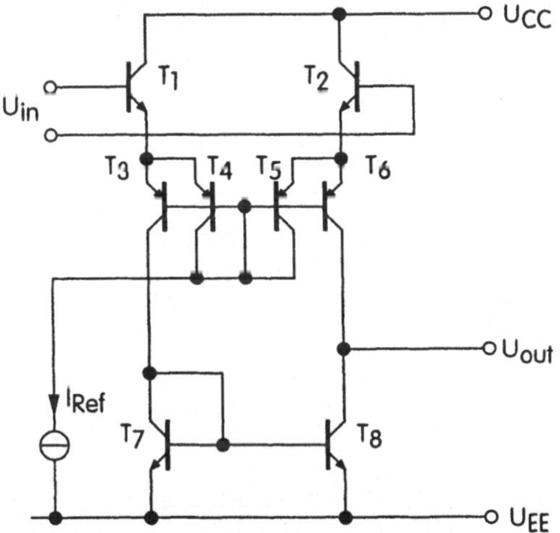

Bild 5.31 Differenzverstärker mit Basiskopplung und vorgeschalteten Emmitterfolgern, der mit einem Stromspiegel als aktive Last betrieben wird.

Eine andere Art der Arbeitspunkteinstellung verwendet die Schaltung nach Bild 5.32. Hier wird der Arbeitspunkt über einen Regelkreis eingestellt. Der Referenzstrom setzt sich zusammen aus dem Kollektorstrom von Transistor T_7 und den beiden Basisströmen von T_3 und T_4. Wenn wir davon ausgehen, daß die Stromverstärkung der Transistoren groß genug ist, um den Basisstromanteil zu vernachlässigen, können wir in erster Näherung sagen, daß der Kollektorsummenstrom von T_1 und T_2 gleich dem Referenzstrom ist. Allerdings hat die Schaltung den Nachteil, daß nun, bedingt durch die Regelschaltung, der Gleichtakteingangsspannungsbereich nicht mehr bis zur positiven Versorgungsspannung reicht.

5.3.7 Reduktion des Eingangsruhestroms

Eine oft gestellte Anforderung an einen Operationsverstärker, besonders wenn er als Meßverstärker eingesetzt werden soll, ist ein hoher Differenzeingangswiderstand bzw. ein kleiner Ein-

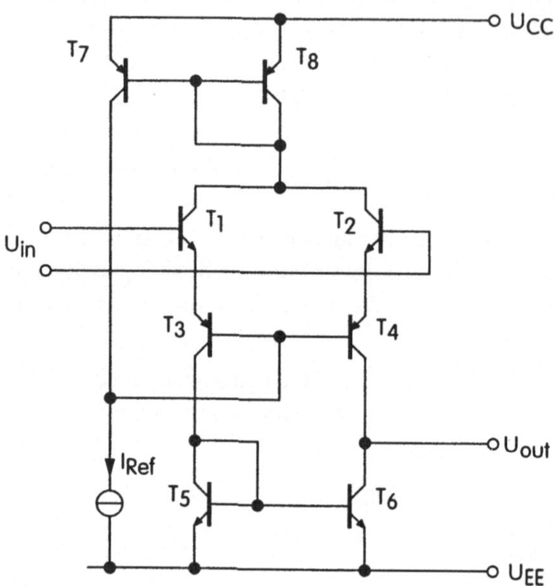

Bild 5.32 Differenzverstärker mit Basiskopplung und vorgeschaltenen Emitterfolger. Der Arbeitspunkt des Verstärkers wird hier durch eine Regelschaltung eingestellt.

gangsstrom. Ein Differenzverstärker in CMOS-Technik hat diesbezüglich keine Probleme, sein Eingangswiderstand ist sowieso sehr hoch. Aber Differenzverstärker in CMOS-Technik haben gewisse Nachteile: Höhere Offsetspannung und stärkeres NF-Rauschen sind hier zu nennen. Daher gibt es gute Gründe einen Operationsverstärker in bipolarer Technik aufzubauen. Um der Forderung nach hohem Eingangswiderstand bzw. kleinen Eingangströmen nachzukommen, wollen wir einige gebräuchliche Techniken studieren.

Der Differenzeingangswiderstand des Differenzverstärkers mit Emitterkopplung ist umgekehrt proportional zum Basisstrom. Je kleiner der Basistrom werden kann, desto höher wird der Eingangswiderstand. Was liegt näher, als besonders hoch verstärkende Transistoren zu verwenden. Diese „Super-ß-Transistoren" haben aber den Nachteil, daß ihre maximale Kollektor-Basisspannung wesentlich kleiner als die herkömmlicher Transistoren ist. Wir wissen, daß die effektive Basisweite eines Transistors durch das Anlegen einer Kollektor-Basisspannung reduziert wird. Wir nennen das den Early-Effekt. Dieser Effekt hat zur Folge, daß bei steigender Kollektor-Emitterspannung der Kollektorstrom ansteigt, weil durch die reduzierte Basisweite die Stromverstärkung des Transistors ansteigt. Bei Super-ß-Transistoren ist die effektive Basisweite schon so klein, daß nur noch ein geringer Spielraum für die Kollektor-Emitterspannung besteht. Wird die Kollektor-Emitterspannung zu groß, würde die effektive Basisweite zu null. Der Transistor läßt sich nicht mehr über die Basis steuern, wir sprechen dann von einem „Punch-Through". Wenn wir Super-ß-Transistoren einsetzen wollen, müssen wir dafür sorgen, daß die Kollektor-Emitterspannung ihren Maximalwert nicht überschreitet.

Die Schaltung nach Bild 5.33 erfüllt diese Aufgabe. Die Transistoren T_3 und T_4 werden in Basisschaltung betrieben und stellen für die Super-ß-Transistoren T_1 und T_2 eine niederohmige Last dar. Durch die Dioden D_1 und D_2 wird über die Transistoren T_3 und T_4 das Kollektor-Emit-

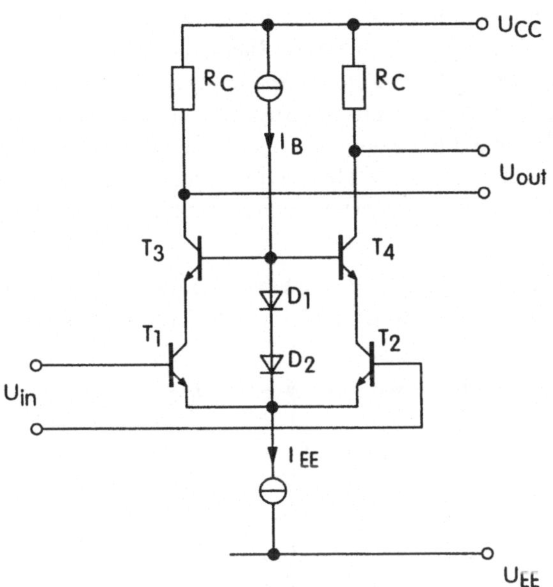

Bild 5.33 Verringerung des Eingangsstromes durch Verwendung von Super-ß-Transistoren für T_1 und T_2. Für die Fixierung der Kollektor-Emitterspannung sorgen die Dioden und die Transitoren T_3 und T_4.

terpotential der Transistoren T_1 und T_2 auf 0,7 V festgehalten und zwar unabhängig von der angelegten Gleichtakteingangsspannung.

Leider ist die Herstellung der Super-ß-Transistoren mit zusätzlichen Prozeßschritten verbunden, aber wir können eine hohe Stromverstärkung beispielsweise auch durch Darlingtontransistoren oder durch vorgeschaltete Emitterfolger realisieren.

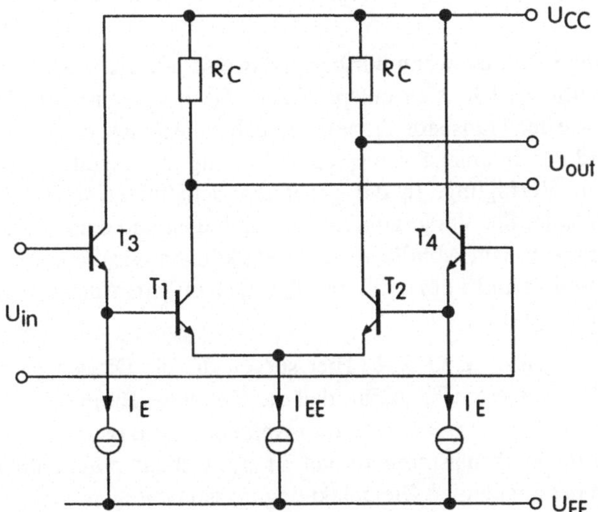

Bild 5.34 Verringerung des Eingangsstromes durch Vorschalten von Emitterfolgern

Das Bild 5.34 zeigt uns die Verwendung von Emitterfolgern als Vorstufe eines Differenzverstärkers. Der Differenzeingangswiderstand steigt gegenüber einem Standarddifferenzverstärker ungefähr um den Faktor 2 (1 + ß). Allerdings wird die Differenzspannungsverstärkung gegenüber dem Standarddifferenzverstärker in etwa halbiert, wenn der Strom I_E klein gewählt wird. Die Spannungsverstärkung steigt mit zunehmenden I_E an und nähert sich der Spannungsverstärkung des einfachen Differenzverstärkers, aber gleichzeitig erhöht sich der Eingangsruhestrom wieder. Wir müssen also einen Kompromiss zwischen Ruhestrom und Verstärkung finden, wenn wir diese Schaltung anwenden wollen.

Eine andere Variante, die gerne in Operationsverstärkern angewandt wird, kompensiert mit einer Rückkopplungsschaltung die Eingangsruheströme. In Bild 5.35 ist das Prinzip gezeigt.

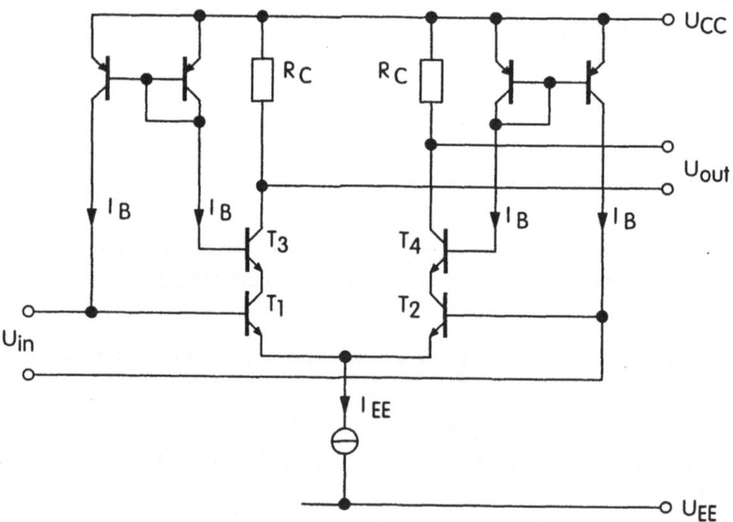

Bild 5.35 Prinzipschaltung zur Verringerung des Eingangstromes durch Bereitstellen des Basisstromes

Für das Verständnis der Schaltung reicht es, wenn wir beispielsweise nur die linke Schaltungshälfte betrachten. Die rechte Hälfte verhält sich entsprechend. Da der Transistor T_3 nahezu denselben Kollektorstrom führt, wie der Transistor T_1, wird er auch nahezu denselben Basisstrom wie T_1 führen. Dieser Strom wird nun in einer Stromspiegelschaltung gespiegelt und steht dem Transistor T_1 als Basisstrom zur Verfügung. In der gezeigten Schaltungsvariante wird das Emitterpotential von T_3 ca. 1,4 V unter der Versorgungsspannung liegen und damit den Hub der Ausgangsspannung stark einschränken. Um Abhilfe zu schaffen, können wir die beiden Widerstände R_C zwischen die Transistoren T_3 und T_1 bzw. T_4 und T_2 setzen und die Ausgangsspannung an den Kollektoren von T_1 und T_2 abgreifen.

Eleganter ist dagegen die Schaltung nach Bild 5.36. Hier sorgen die als Dioden geschalteten Transistoren T_9 und T_{10} sowie der Transistor T_{11} dafür, daß die Kollektor-Emitterspannung der Transistoren T_1 und T_2 immer ca. 0,7 V betragen. Die Stromspiegelschaltungen aus T_5, T_6 und T_7, T_8 sowie die basisstrommessenden Transistoren T_3 und T_4 „schweben" potentialmäßig. Sie passen sich mit ihren Potentialen der angelegten Gleichtakteingangsspannung an.

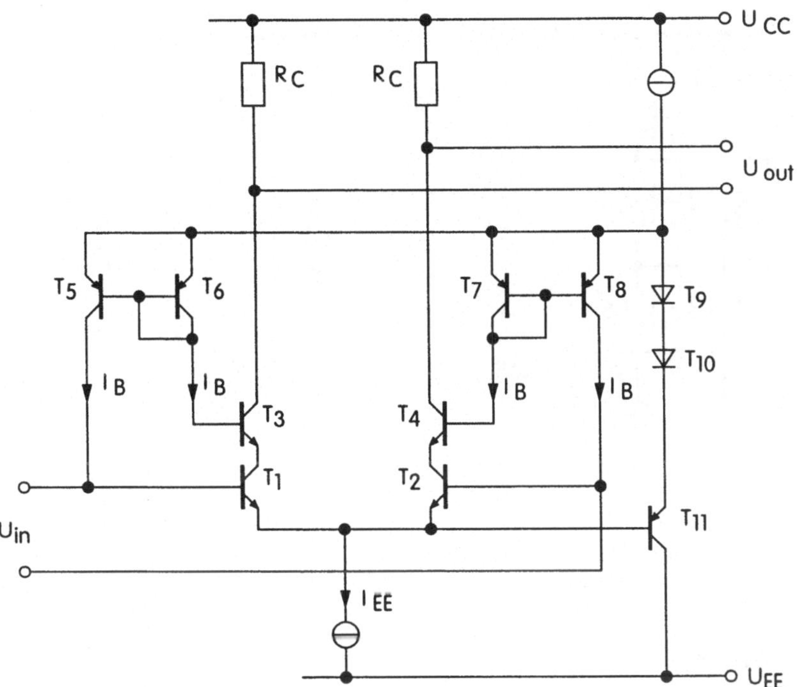

Bild 5.36 Kompensation des Eingangsstroms durch eine „schwebende" Basisstromeinspeisung. Die Kollektor-Emitterspannung der Transistoren T_1 und T_2 werden immer auf ca. 0,7 V gehalten.

Die in Bild 5.35 dargestellte Anordnung können wir allerdings dann einsetzen, wenn wir den Differenzverstärker mit einem Stromspiegel als aktiver Last betreiben wollen.

5.4 Pegelverschiebung

Bei kaskadierten Differenzverstärkern erhöht sich der Gleichtaktarbeitspunkt mit jeder weiteren Stufe. Um nicht an die Betriebsspannungsgrenze zu stoßen, ist es notwendig, ab und zu eine Verschiebung des Gleichtaktarbeitspunktes zu niedrigeren Pegeln vorzunehmen.

5.4.1 Temperaturabhängige Pegelverschiebung

Im Bild 5.37 links ist eine Anordnung dargestellt, die diese Aufgabe erfüllt. Die Schaltung bedient sich des Spannungsabfalls an Basis-Emitterstrecken zur Verschiebung des Pegels. Dadurch ist die erzielteVerschiebung temperaturabhängig. Daher eignet sich die Schaltung vor allem dann, wenn wir ein Differenzsignal weiterverarbeiten möchten.

5.4.2 Temperaturunabhängige Pegelverschiebung

Möchten wir ein massebezogenes Signal verschieben, so eignet sich die rechte Schaltung im Bild 5.37 besser. Bei dieser temperaturunabhängigen Schaltung kompensieren sich die Spannungsabfälle an den beiden Basis-Emitterstrecken und somit deren Temperaturabhängigkeit. Die Pegelverschiebung erreichen wir hier durch den Spannungsabfall, der sich aus Widerstandswert und Konstantstrom ergibt.

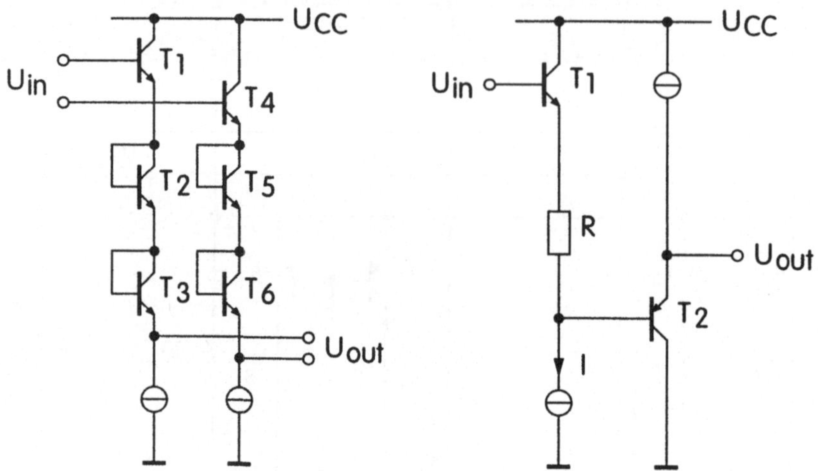

Bild 5.37 Anordnungen zur Verschiebung des Pegels. In der linken Schaltung ist die Verschiebung temperaturabhängig und sollte nur für differentielle Signale eingesetzt werden. Massebezogene Signale sollten mit der rechten Schaltung verschoben werden.

5.5 Leistungsstufen

Eine integrierte Schaltung muß in der Lage sein, eine externe Last zu treiben. Wir benutzen Leistungs- oder Ausgangsstufen als Bindeglied (Interface) zur Außenwelt. Solch eine Ausgangsstufe muß eine Reihe von speziellen Anforderungen erfüllen. Eines der wichtigsten dieser Anforderungen ist, eine bestimmte Signalleistung an ein Lastelement zu liefern, ohne zu hohe Verzerrungen zu produzieren. Eine weitere Anforderung, die wir an den Entwurf einer Ausgangsstufe zu stellen haben, ist es, die Ausgangsimpedanz so klein wie möglich zu halten, damit die Verstärkung weitgehend unabhängig von der Größe der Lastimpedanz ist. Eine gut entworfene Ausgangsstufe sollte all diese Anforderungen erfüllen und dabei möglichst wenig Ruheleistung verbrauchen. Weiterhin sollte die Ausgangsstufe nicht der Teil der Schaltung sein, der über den Frequenzgang der Gesamtschaltung entscheidet. Wir werden in diesem Kapitel verschiedene Konfigurationen kennenlernen und auf ihre Tauglichkeit überprüfen. Da bipolare Transistoren bei gleicher Chipfläche wesentlich höhere Ströme verarbeiten können, sind sie die eigentlichen Favoriten zum Entwurf von Ausgangs- bzw. Leistungsstufen.

5.5.1 Emitterfolger (Kollektorgrundschaltung)

Die nahezu lineare Übertragungscharakteristik und der niedrige Ausgangswiderstand eines Emitterfolgers prädestinieren ihn für eine Ausgangsstufe. Die Schaltung im linken Teil von Bild 5.38 zeigt eine Ausgangstufe mit einem einfachen Emitterfolger. Transistor T_2 repräsentiert eine Stromquelle die den Ruhestrom I_Q für den Emitter von T_1 bereitstellt. Diese Anordnung vermeidet, daß der Ruhestrom durch den Lastwiderstand fließt. Würde der Ruhestrom durch die Last fließen, so entstünde im Lastwiderstand eine nicht unerhebliche Ruheleistung.

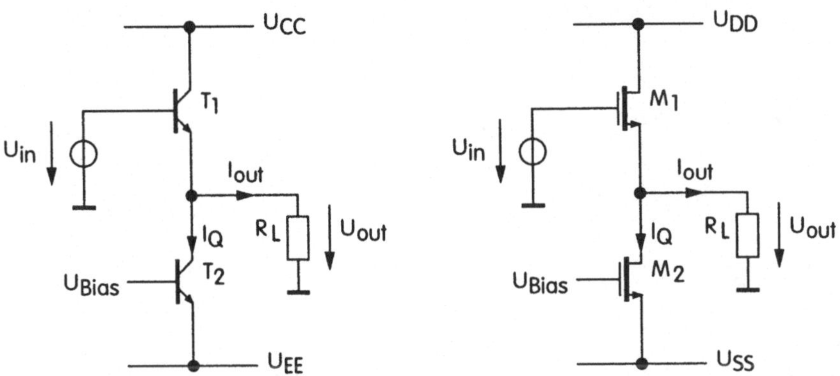

Bild 5.38 Emitterfolger (links) bzw. Source-Folger (rechts) als Ausgangsstufe

Die Ausgangsspannung der Schaltung ist

$$U_{out} = U_{in} - U_{BE} = U_{in} - U_T \cdot \ln\left(\frac{I_{C1}}{I_{S1}}\right) \tag{5.105}$$

mit

$$I_{C1} = \alpha \cdot I_{E1} = \alpha\left(I_Q + I_{out}\right) = \alpha\left(I_Q + U_{out}/R_L\right) \tag{5.106}$$

Eingesetzt in Gleichung 5.105 liefert uns das

$$U_{out} + U_T \cdot \ln\left[\frac{\alpha\left(I_Q + U_{out}/R_L\right)}{I_{S1}}\right] = U_{in} \tag{5.107}$$

Die Nichtlinearität dieser Übertragungsfunktion ist logarithmischer Natur. Daher gilt für Lastwiderstände, bei denen U_{out}/R_L wesentlich kleiner als der Ruhestrom I_Q ist, daß der Ausgang sehr linear ist. Auch wenn der Ausgangsstrom steigt, bleibt die Nichtlinearität gering (Größenordnung 0,1%).

Die maximale positive Ausgangsspannung ist U_{CC} - U_{BE}. Die maximale negative Ausgangsspannung hängt vom Wert des Lastwiderstandes bezogen auf den Ruhestrom ab. Bei großen Werten von R_L wird die maximale negative Ausgangsspannung durch die Sättigung des Transistors T_2 begrenzt. Bei kleinen Werten von R_L ist die maximale negative Ausgangsspannung durch das Produkt aus Ruhestrom und Lastwiderstand gegeben. Transistor T_1 ist in diesem Falle stromlos, der gesamte Strom fließt durch den Lastwiderstand.

Die Schaltung leidet, wie alle Verstärker im A-Betrieb, unter einem schlechten Wirkungsgrad. Dadurch, daß der Ruhestrom immer fließt, auch wenn die Leistung am Lastwiderstand null ist, ergibt sich eine ständige Ruheleistung von $(U_{CC} - U_{EE}) \cdot I_Q$. Der maximale Wirkungsgrad ist somit auf etwa 25% beschränkt.

Im rechten Teil von Bild 5.38 sehen wir die gleiche Anordnung mittels MOSFETs. Für diese Schaltung gilt

$$U_{out} = U_{in} - U_{GS} = U_{in} - V_t - \sqrt{\frac{2 \cdot I_{D1} \cdot L_1}{KP \cdot W_1}} \tag{5.108}$$

Mit

$$I_{D1} = I_Q + \frac{U_{out}}{R_L} \tag{5.109}$$

erhalten wir

$$U_{out} + \sqrt{\frac{2 \cdot \left(I_Q + U_{out}/R_L\right) \cdot L_1}{KP \cdot W_1}} = U_{in} - V_t \tag{5.110}$$

Wir sehen, daß hier die Nichtlinearität eine Wurzelfunktion ist, die für eine etwas weniger lineare Übertragungscharakteristik sorgt, als bei der bipolaren Transistorstufe. Ansonsten gilt das oben gesagte auch hier.

5.5.2 Emittergrundschaltung

Die Emittergrundschaltung wird in Ausgangsstufen integrierter Schaltungen wesentlich weniger häufig eingesetzt als Emitterfolger, weil Emitterfolger grundsätzlich bessere Eigenschaften aufweisen (niedriger Ausgangswiderstand und geringe Verzerrungen). Aber wegen ihrer hohen Verstärkung werden Emittergrundschaltungen häufig eingesetzt, um die Ausgangsstufen anzusteuern, daher ist ihr Verhalten hier von Interesse.

Wir sehen in Bild 5.39 die schon bekannte Emittergrundschaltung mit aktiver Last. Der Einfachheit halber legen wir die Eingangsspannung zwischen der Basis von T_1 und der negativen Versorgungsspannung an. Die Stromquelle mit Transistor T_2 sorgt für einen Ruhestrom I_Q. Ist die Ausgangsspannung und der Ausgangstrom gleich null, so ist der Kollektorstrom von T_1 gleich dem Ruhestrom. Wir gehen davon aus, daß der Innenwiderstand des Transistors T_1 und der Stromquelle mit Transistor T_2 so hoch sind, daß der Widerstand der Last die Verstärkung der Stufe bestimmt. Wir erhalten als Ausgangsstrom

$$I_{out} = I_Q - I_{C1} \tag{5.111}$$

Dieser ist aber auch gleich

$$I_{out} = \frac{U_{out}}{R_L} \tag{5.112}$$

Mit der Gleichung des bipolaren Transistors erhalten wir

$$U_{out} = -R_L \cdot \left(I_S \cdot e^{\frac{U_{in}}{U_T}} - I_Q \right) \tag{5.113}$$

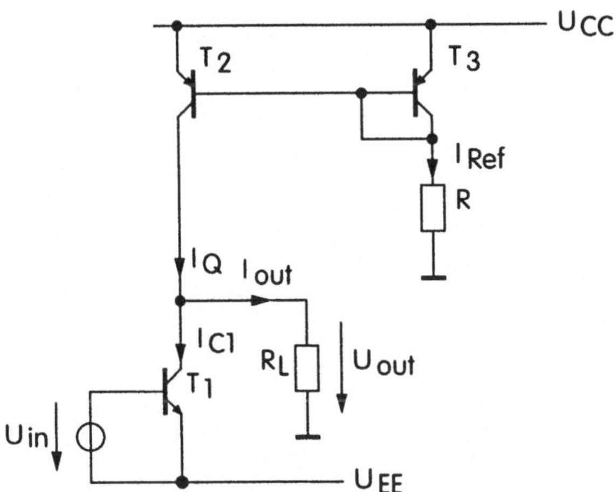

Bild 5.39 Emittergrundschaltung mit aktiver Last als Ausgangsstufe

Hier fallen jetzt im Gegensatz zum Emitterfolger einige Unterschiede auf. Erstens, die Gleichung, die die Übertragungscharakteristik beschreibt, ist eine e-Funktion. Daraus folgt, daß die Übertragungscharakteristik eine stärkere Krümmung besitzt und damit mehr Verzerrungen produziert als ein Emitterfolger. Andererseits reicht am Eingang eine Spannung von einigen 10 mV aus, um den Ausgang voll auszusteuern.

Der Wirkungsgrad der Emittergrundschaltung ist identisch zu dem des Emitterfolgers, weil es sich auch hier um den A-Betrieb handelt.

5.5.3 Komplementärendstufe im B-Betrieb

Der Hauptnachteil des A-Betriebs ist, daß eine erhebliche Leistung in der Verstärkerstufe selbst verbraucht wird, sogar dann, wenn kein Eingangssignal anliegt. In vielen Applikationen kann es vorkommen, daß die Schaltkreise längere Zeit im Stand-by betrieben werden. Die Leistung, die die Schaltung während dieser Pausenzeiten umsetzt, wird dann unnötigerweise verbraucht. Die Erkenntnis aus diesem Zusammenhang ist aus zweierlei Hinsicht wichtig. Erstens, wenn wir ein batteriebetriebenes Gerät einsetzen, sollten wir die Stromversorgung möglichst wenig belasten, um eine lange Lebensdauer der Batterie zu gewährleisten. Zweitens, die unnötig verbrauchte Leistung heizt die Schaltung auf, und wir bekommen wegen der höheren Temperatur eine höhere Ausfallwahrscheinlichkeit der Bauelemente. Die Leistung, die wir in einem Bauteil umsetzen müssen, beeinflußt die Größe des Bauteils. Größere Bauteile beanspruchen mehr Chipfläche und sind damit teurer. Die Ausgangsstufe im B-Betrieb verringert diese Probleme, da sie grundsätzlich keine Leistung verbraucht, wenn kein Eingangssignal anliegt.

Zur Realisierung dieser Ausgangsstufe benötigen wir 2 aktive Bauelemente. Die Bauelemente leiten den Strom abwechselnd für jeweils eine halbe Periode. In der englichsprachigen Literatur sprechen wir vom „Push-Pull"-Verstärker, weil, bildlich gesprochen, ein Bauteil an der Last drückt und das andere zieht. Im deutschen nennen wir es den „Gegentakt"-Betrieb.

Ein weiterer Vorteil des B-Betriebs ist, daß der Wirkungsgrad sehr viel höher als im A-Betrieb ist. Idealerweise erreichen wir im B-Betrieb einen Wirkungsgrad von 78,6%.

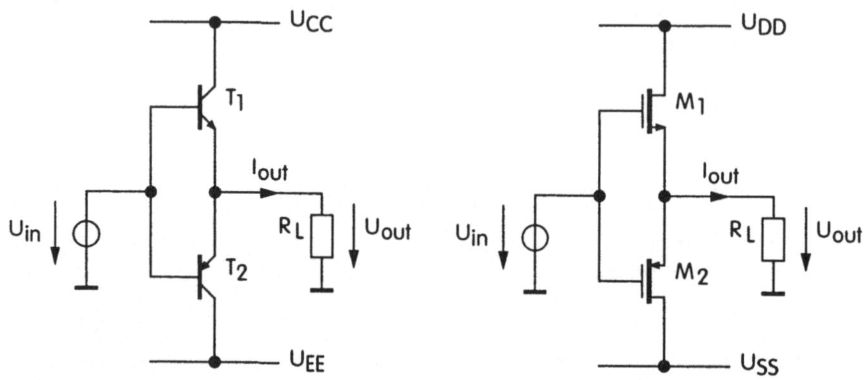

Bild 5.40 Prinzipschaltung einer Ausgangsstufe im B-Betrieb. Die linke Schaltung ist in bipolarer Technik, die rechte Schaltung in CMOS-Technik ausgeführt.

Die typische Realisierung einer Ausgangsstufe im B-Betrieb ist in Bild 5.40 dargestellt. Wir benutzen in dieser „komplementären" Ausgangsstufe jeweils einen NPN- und einen PNP-Transistor bzw. einen NMOS- und einen PMOS-Transistor. Der PNP-Transistor ist üblicherweise ein Substrat-PNP-Transistor. Die Last ist an den Emittern (bzw. Source-Anschlüssen) der Bauteile angeschlossen, daher arbeiten beide Transistoren als Emitterfolger.

Die Ausgangsleistung für sinusförmige Aussteuerung beträgt

$$P_L = \frac{U_{CC}^2}{2R_L} \tag{5.114}$$

Die maximale Verlustleistung in einem Transistor ist bei sinusförmiger Aussteuerung

$$P_{T1} = P_{T2} = \frac{U_{CC}^2}{\pi^2 R_L} \approx 0,2\, P_L \tag{5.115}$$

Die Übertragungscharakteristik der Ausgangsstufe im B-Betrieb ist in Bild 5.41 links dargestellt. In Nullpunktnähe wird der Strom auch in dem leitenden Transistor sehr klein und sein Innenwiderstand hoch. Daher ändert sich die Ausgangsspannung bei Belastung in diesem Bereich weniger als die Eingangsspannung. Dies ist die Ursache für den Kennlinienknick in Nullpunktnähe. Die damit verbundenen Verzerrungen der Ausgangsspannung bezeichnen wir mit „Übernahmeverzerrungen". Lassen wir durch beide Transistoren einen kleinen Ruhestrom fließen, verkleinert sich ihr Widerstand in Nullpunktnähe, und wir erhalten die Übertragungscharakteristik, wie sie im Bild 5.41 rechts dargestellt ist. Wir erkennen, daß sich die Übernahmeverzerrungen bei geeigneter Wahl des Ruhestromes beträchtlich verkleinern lassen. Wir bezeichnen diese Betriebsart als Gegentakt-AB-Betrieb. Um in den AB-Betrieb zu gelangen, legen wir zwischen die Basisanschlüsse (bzw. Gate-Anschlüsse) eine Gleichspannung, die so groß ist, daß der gewünschte Ruhestrom fließt.

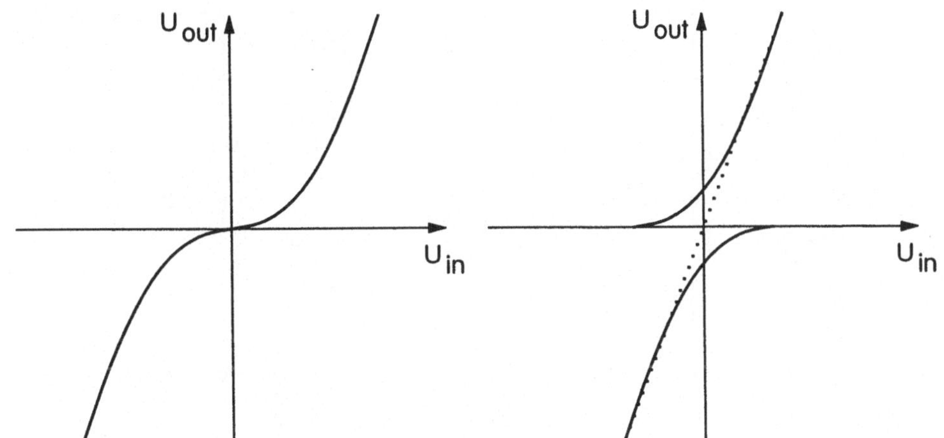

Bild 5.41 Übernahmeverzerrungen im B-Betrieb (links) und Ausgleich der Verzerrungen durch den Übergang zum AB-Betrieb (rechts)

5.5.4 Komplementärendstufe im AB-Betrieb

Im Bild 5.42 links ist beispielhaft eine Komplementarendstufe mit bipolaren Transistoren dargestellt, die im AB-Betrieb arbeitet. Die beiden als Diode geschalteten Transistoren T_1 und T_2 sorgen für einen Spannungsabfall von $2 \cdot U_{BE}$ zwischen den Basisanschlüssen von T_3 und T_4. Ist die Ausgangsspannung $U_{out} = 0$, führen diese beiden Transistoren einen kleinen Ruhestrom I_Q. Dieser Ruhestrom ist abhängig von den Sperrsättigungsströmen der Transistoren.

$$I_Q = I_{Bias} \sqrt{\frac{I_{S3} I_{S4}}{I_{S1} I_{S2}}} \tag{5.116}$$

Die Ausgangsspannung ist in der gezeigten Anordnung um den Wert einer Basis-Emitterspannung höher als die Eingangsspannung.

Die rechte Seite von Bild 5.42 zeigt die gleiche Anordnung in CMOS-Technik. Auch hier sorgen die beiden Transistoren M_1 und M_2 für einen geeigneten Spannungsabfall von $2 \cdot U_{GS}$ zwischen den Gate-Anschlüssen der Transistoren M_3 und M_4. Der fließende Ruhestrom ist abhängig von den Transistorgeometrien und beträgt

$$I_Q = I_{Bias} \left[\frac{(W/L)_3 (W/L)_4}{(W/L)_1 (W/L)_2} \cdot \left(\frac{\sqrt{KP(W/L)_1} + \sqrt{KP(W/L)_2}}{\sqrt{KP(W/L)_3} + \sqrt{KP(W/L)_4}} \right)^2 \right] \tag{5.117}$$

Die Ausgangsspannung ist um den Betrag U_{GS} höher als die Eingangsspannung.

Bipolare Transistoren zeichnen sich dadurch aus, daß sie bei gleichem Flächenbedarf einen wesentlich höheren Strom tragen können. Steht uns ein BiCMOS-Prozeß zur Verfügung, so können wir die Endstufe flächenökonomischer realisieren.

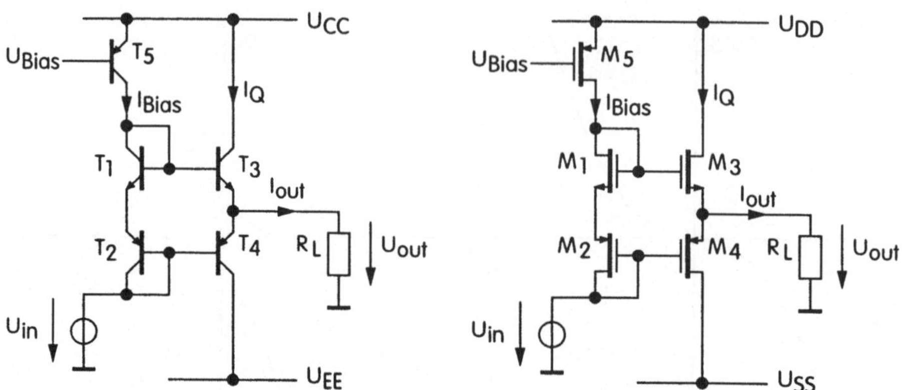

Bild 5.42 Prinzipschaltung für eine komplementäre Ausgangsstufe im AB-Betrieb in bipolarer Technik (links) und in CMOS-Technik (rechts)

Das Bild 5.43 zeigt uns solch eine Ausgangsstufe. Der bipolare Transistor T_4 bildet mit dem PMOS-Transistor M_2 ein quasikomplementäres Bauteil. Die Transistoren M_1 und T_2 sorgen für den korrekten Spannungsabfall, der für den AB-Betrieb gebraucht wird.

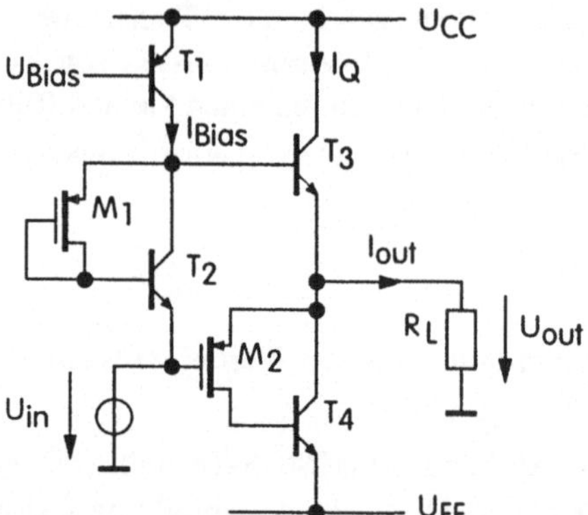

Bild 5.43 Quasikomplementäre Ausgangsstufe im BiCMOS-Technik

5.5.5 Überlastschutz

Die gebräuchlichste Art des Überlastschutzes für Ausgangsstufen in integrierten Schaltungen ist die Kurzschlußstrombegrenzung. Im Falle eines Kurzschlusses kann die Verlustleistung des Ausgangstransistors so hoch werden, daß dies eine Zerstörung des Bauelementes zur Folge hat. Wir müssen also für eine Begrenzung des Ausgangsstromes auf unschädliche Werte sorgen. Im einfachsten Fall können wir in die Emitterleitungen (bzw. Source-Leitungen) der Ausgangstransistoren Widerstände zwischenschalten. Sollen diese Widerstände im Kurzschußfall wirksam schützen, so muß deren Wert so hoch gewählt werden, daß für den Normalbetrieb der Hub der Ausgangsspannung zu stark eingeschränkt wird. Eine bessere Effizienz können wir erreichen, wenn wir anstatt strombegrenzender Widerstände nichtlineare Bauelemente einsetzen. Beispielhaft ist dazu die Schaltung in Bild 5.44 gezeigt.

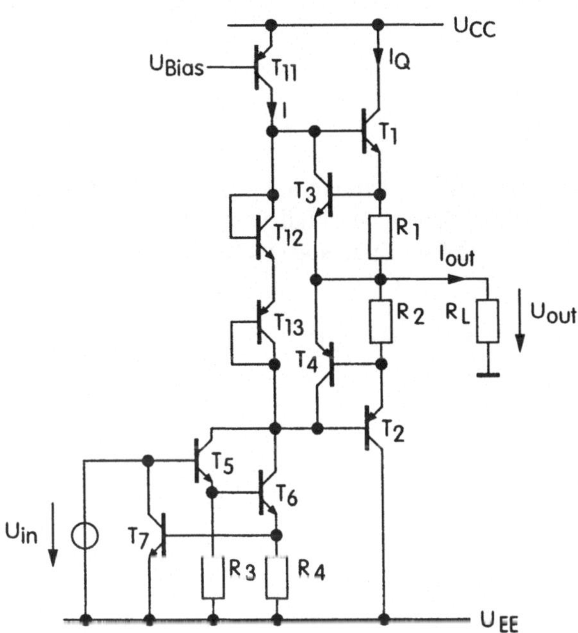

Bild 5.44 Schaltung zum Schutz vor Kurzschluß an einer Ausgangsstufe im AB-Betrieb

Ohne Last sind die Basis-Emitterspannungen der Transistoren T_3 und T_4 nahezu null. Ein positiver Ausgangsstrom hat einen Spannungsabfall am Widerstand R_1 zur Folge. Wird die Belastung am Ausgang zu hoch, wird der Transistor T_3 leitend und sorgt für eine Ableitung des Stromes I in den Ausgang und somit weg von der Basis des Transistors T_1. Ein negativer Kurzschlußstrom wird in ähnlicher Weise begrenzt. Hierbei wird der kurzgeschlossene Ausgang über den Transistor T_4 an den Transistor T_6 übertragen, der vom Eingangssignal angesteuert wird. Um diesen Transistor zu schützen, müssen wir eine weitere Schutzschaltung aus R_4 und T_7 vorsehen, die den Eingangsstrom nach U_{EE} ableitet.

5.6 Spannungsreferenzen

Wir haben uns in Kapitel 5.1.5 mit betriebsspannungsunabhängigen Stromquellen beschäftigt. In der Regel werden wir die Arbeitspunkte unserer Schaltung aus einer Referenz ableiten, die dann zumindestens unabhängig von der Betriebsspannung ist. Dabei spielt es keine Rolle, ob wir einen Strom oder eine Spannung als Referenz benutzen.

5.6.1 Temperaturspannung als Referenz

Eine mögliche Spannungsreferenz, neben der der Basis-Emitterspannung eines Transistors, ist die Temperaturspannung U_T. Die Differenz im Potential zweier Sperrschichten ist proportional zur Temperaturspannung U_T, wenn sie mit unterschiedlichen Stromdichten betrieben werden. Für die

Widlar-Stromquelle haben wir in Gleichung 5.12 gezeigt, daß die Spannung über dem Widerstand R_2

$$U_X = I_{C2} \cdot R_2 = U_T \cdot \ln \frac{I_{C1} \cdot I_{S2}}{I_{C2} \cdot I_{S1}} \tag{5.118}$$

ist. Sorgen wir nun mit Hilfe einer Stromspiegelschaltung dafür, daß das Verhältnis der beiden Kollektorströme konstant ist, dann ist der Spannungsabfall über U_X tatsächlich nur von der Temperaturspannung U_T abhängig. Das Bild 5.45 zeigt eine solche Anordnung.

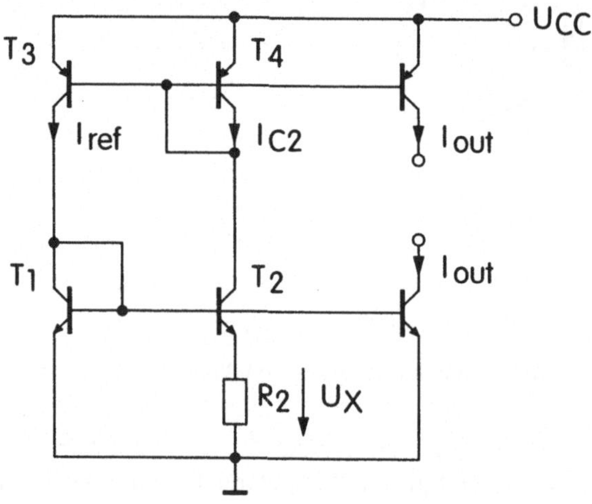

Bild 5.45 Schaltungsanordnung, die einen Strom liefert, der proportional zur Temperaturspannung U_T ist.

5.6.2 Bandabstandsreferenz

Die vorgezeigten Schaltungen bieten ein gewisses Maß an Unabhängigkeit von Betriebsspannungsschwankungen, aber es bleibt die Abhängigkeit von der Temperatur. Die Basis-Emitter-spannung als Referenz hat einen negativen Temperaturkoeffizienten, und die Temperaturspannung als Referenz hat einen positiven Temperaturkoeffizienten. Kombinieren wir beide Referenzen in geeigneter Weise, so erhalten wir eine temperaturunabhängige Spannungsreferenz.

Bild 5.46 zeigt schematisch solch eine Bandabstandsreferenz (Band-Gap-Reference). In dieser Anordnung wird eine Ausgangsspannung erzeugt, die

$$U_{out} = U_{BE} + K \cdot U_T \tag{5.119}$$

ist.

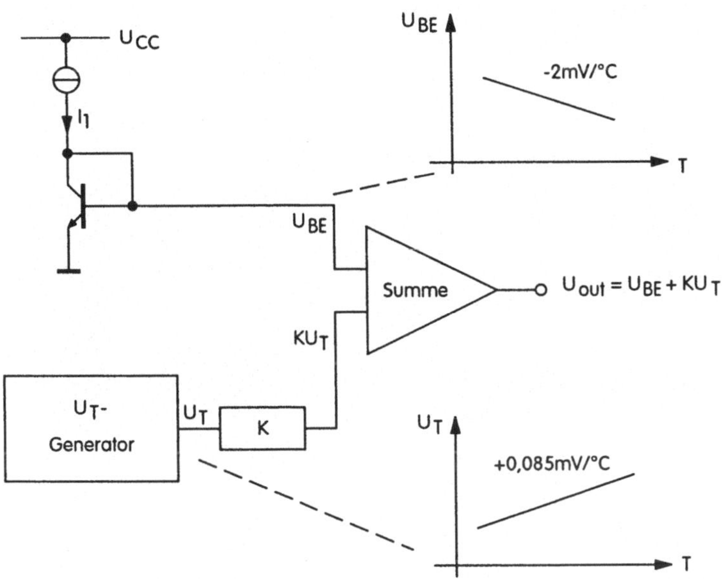

Bild 5.46 Prinzipieller Aufbau einer versorgungsspannungs- und temperaturunabhängigen Referenzspannung. Da die Ausgangsspannung proportional zum Bandabstand ist, wird sie Bandabstandsreferenz genannt.

Um K bestimmen zu können, muß die Temperaturabhängigkeit der Basis-Emitterspannung näher untersucht werden. Die Basis-Emitterspannung ist bei Vernachlässigung des Basisstromes gegeben durch

$$U_{BE} = U_T \cdot \ln \frac{I_1}{I_S} \qquad (5.120)$$

Der Sperrsättigungsstrom I_S ist abhängig von der Struktur des Bauelements und ist gegeben durch

$$I_S = \frac{e \cdot A \cdot n_i^2 \cdot D_n}{Q_B} \qquad (5.121)$$

Betrachten wir die Temperaturabhängigkeit der einzelnen Größen und fassen alle abhängigen und unabhängigen Größen zusammen, so können wir schreiben

$$I_S = \frac{B \cdot T^{\gamma}}{e^{U_{EG}/U_T}} \qquad (5.122)$$

mit B einer temperaturunabhängigen Konstante und $\gamma = 4 - n$, wobei n abhängig von der Dotierungsstärke in der Basis ist (üblicher Wert $n \approx 0{,}8$). Die Spannung U_{EG} repräsentiert den Bandabstand zwischen Leitungsband und Valenzband (daher der Name: Bandabstandsreferenz).

Die Basis-Emitterspannung wird dann

$$U_{BE} = U_T \cdot \ln \frac{I_1}{B} \cdot T^{-\gamma} \cdot e^{\frac{U_{EG}}{U_T}} \tag{5.123}$$

Setzen wir für die Temperaturabhängigkeit des Stromes I_1

$$I_1 = G \cdot T^{\alpha} \tag{5.124}$$

ein, so erhalten wir

$$U_{BE} = U_{EG} - U_T \left[(\gamma - \alpha) \ln T - \ln \frac{G}{B} \right] \tag{5.125}$$

Nach Gleichung 5.119 ist

$$U_{out} = U_{BE} + K \cdot U_T$$

Setzen wir Gleichung 5.125 ein, so erhalten wir

$$U_{BE} = U_{EG} - U_T (\gamma - \alpha) \ln T + U_T \left[K + \ln \frac{G}{B} \right] \tag{5.126}$$

Diese Gleichung repräsentiert nun die Temperaturabhängigkeit der Ausgangsspannung von den Bauteilparametern. Interessant ist jedoch, wie die Bauteilparameter zu wählen sind, damit der Temperaturkoeffizient zu null wird. Dazu ist Gleichung 5.126 zu differenzieren und zu null zu setzen. Das Ergebnis liefert eine Gleichung, in der T_0 die Temperatur ist, bei der der Temperaturkoeffizient null ist.

$$\left(K + \ln \frac{G}{B} \right) = (\gamma - \alpha) \ln T_0 + (\gamma - \alpha) \tag{5.127}$$

Für verschiedene Bauteilparameter resultieren dann verschiedene Werte für T_0. Die Ausgangsspannung in Abhängigkeit von T_0 ist dann

$$U_{out} = U_{EG} + U_T (\gamma - \alpha) \left(1 + \ln \frac{T_0}{T} \right) \tag{5.128}$$

In Bild 5.47 sind die Kurvenverläufe der Ausgangsspannung in Abhängigkeit von der Temperatur für verschiedene Werte von T_0 aufgetragen.

Eine praktische Realisierung einer Bandabstandsreferenz ist in Bild 5.48 gezeigt.

Die Ausgangsspannung dieser Schaltung ist

$$U_{out} = U_{BE1} + \frac{R_2}{R_3} \cdot U_T \cdot \ln \frac{R_2 \cdot I_{S2}}{R_1 \cdot I_{S1}} = U_{BE1} + K \cdot U_T \tag{5.129}$$

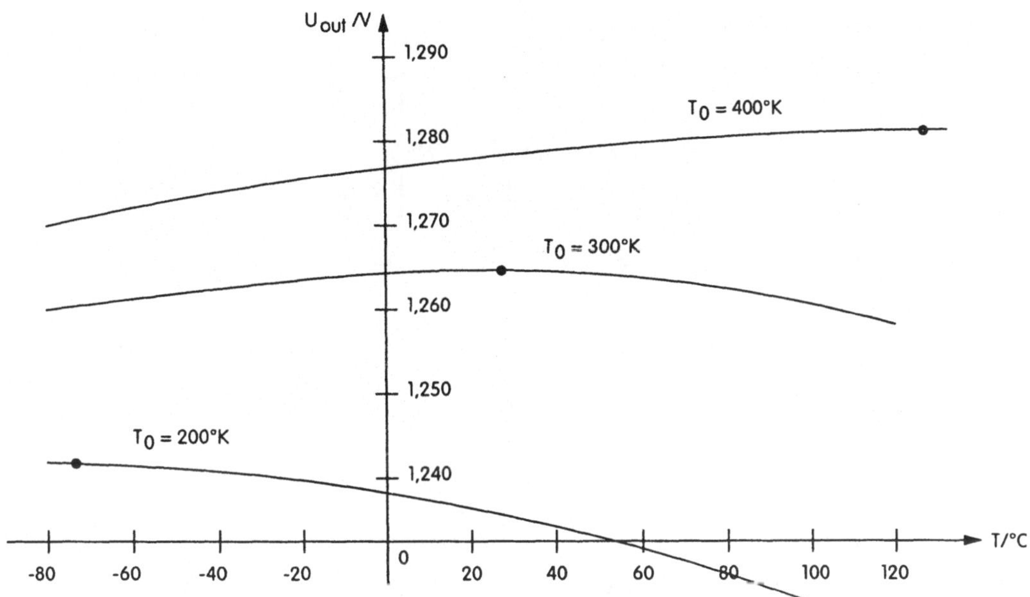

Bild 5.47 Abhängigkeit der Bandabstandsreferenzspannung von der Temperatur

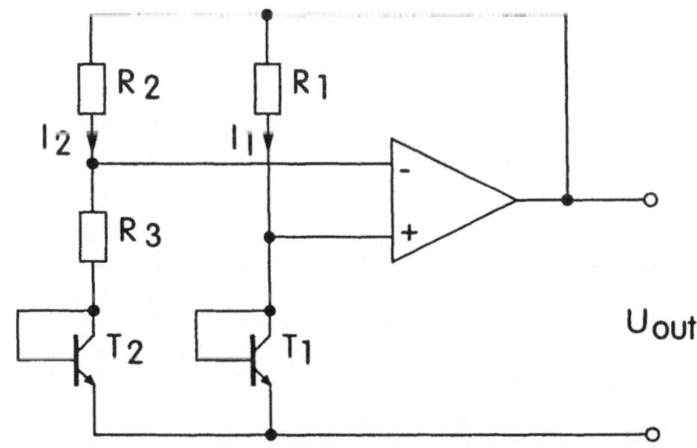

Bild 5.48 Eine mögliche Realisierung einer Bandabstandsreferenz

Der korrekte Wert für K wird über R_2/R_1, R_2/R_3 und I_{S2}/I_{S1} eingestellt.

Möchten wir eine Bandgap-Referenz in CMOS-Technik realisieren, so bietet sich die Schaltung nach Bild 5.49 an. Wir wollen zunächst nur den rechten Teil der Schaltung betrachten. Die PNP-Transistoren T_{41} und T_{51} haben dieselbe Größe, sind aber um den Faktor K größer als der Transistor T_{31}. Der Widerstand in Serie mit T_{51} ist um den Faktor L größer als der Widerstand in Serie zu T_{41}. Der Strom I im Bild 5.49 ist gegeben durch

$$I = \frac{nU_T \cdot \ln K}{R} \qquad (5.130)$$

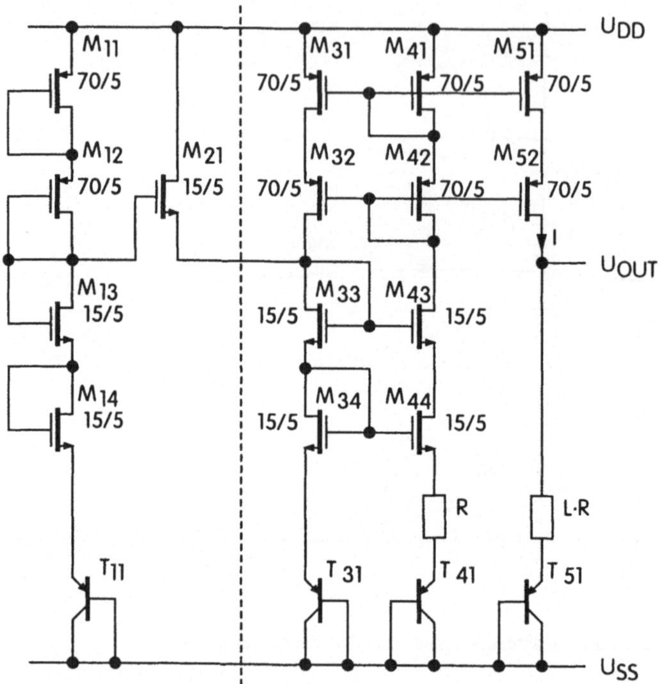

Bild 5.49 Realisierung einer Bandabstandsreferenz in CMOS-Technik

Die Größe n bezeichnet das Stromverhältnis des Stromspiegels aus M_{31} und M_{41} bzw. M_{32} und M_{42}, dieses Verhältnis ist in unserem Falle gleich eins. Die Ausgangsspannung der Bandgap-Referenz bezogen auf die Spannung U_{SS} ist gegeben durch

$$U_{Ref} = I \cdot L \cdot R + U_{T51} \tag{5.131}$$

oder

$$U_{Ref} = (L \cdot n \cdot \ln K) \cdot U_T + U_{T51} \tag{5.132}$$

Der Temperaturkoeffizient der Bandabstandsreferenz ist dann null, wenn

$$\begin{aligned} \frac{\partial U_{Ref}}{\partial T} &= L \cdot n \cdot \ln K \cdot \frac{\partial U_T}{\partial T} + \frac{\partial U_{T51}}{\partial T} \\ &= L \cdot n \cdot \ln K \cdot 0{,}085\, mV/°C - 2\, mV/°C = 0 \end{aligned} \tag{5.133}$$

Das gilt, wenn

$$L \cdot n \cdot \ln K = \frac{2}{0{,}085} = 23{,}5 \tag{5.134}$$

Mit n = 1 und K = 8 müssen wir den Faktor L zu 11,3 wählen, wenn der Temperaturkoeffizient zu null werden soll. Wir wollen den Faktor L zu 12 aufrunden und erhalten als Referenzspannung bezogen auf U_{SS}

$$U_{Ref} = (L \cdot n \cdot \ln K) \cdot U_T + n \cdot U_T \cdot \ln \frac{I}{K \cdot I_S} \tag{5.135}$$

Die Referenzspannung wird bei einer Temperatur von 300°K, einem Strom von I = 10µA, einem Sperrsättigungsstrom der PNP-Transistoren von $I_S = 10^{-15}$A, n = 1, K = 8 und L = 12 den Wert von U_{Ref} = 1,25 V aufweisen.

Der linke Teil der Schaltung dient als Startschaltung, damit die Bandgap-Referenz während des Einschaltvorgangs ihren richtigen Arbeitspunkt findet.

Das Bild 5.50 zeigt das Layout solch einer Bandgap-Referenz. Im Bild 5.51 sehen wir das Chipfoto einer nach diesem Schema realisierten Bandgap-Referenz.

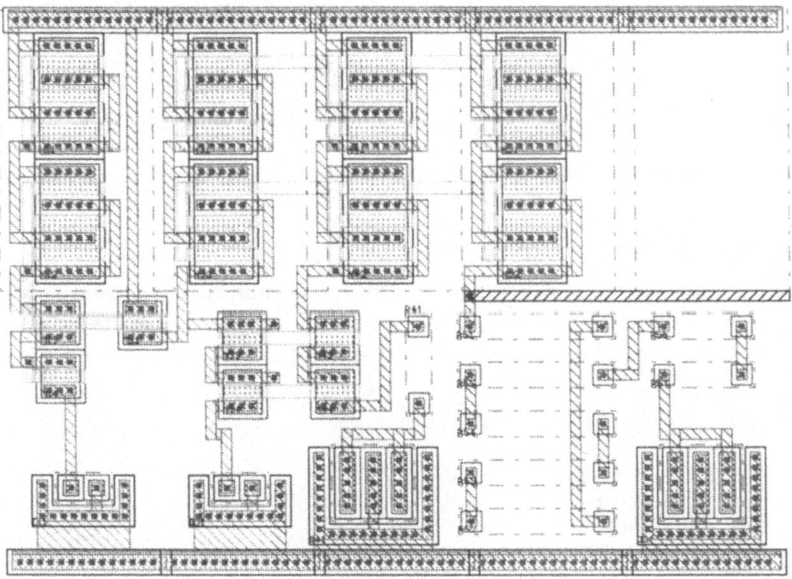

Bild 5.50 Layout einer Bandabstandsreferenz in CMOS-Technik

5.7 Addierer und Subtrahierer

Das Verarbeiten analoger Signale beschränkt sich nicht nur auf das Verstärken, sondern es ist oft mit der Realisierung mathematischer Operationen verknüpft. Die einfachsten Operationen sind hierbei die Addition und die Subtraktion von Spannungen und Strömen.

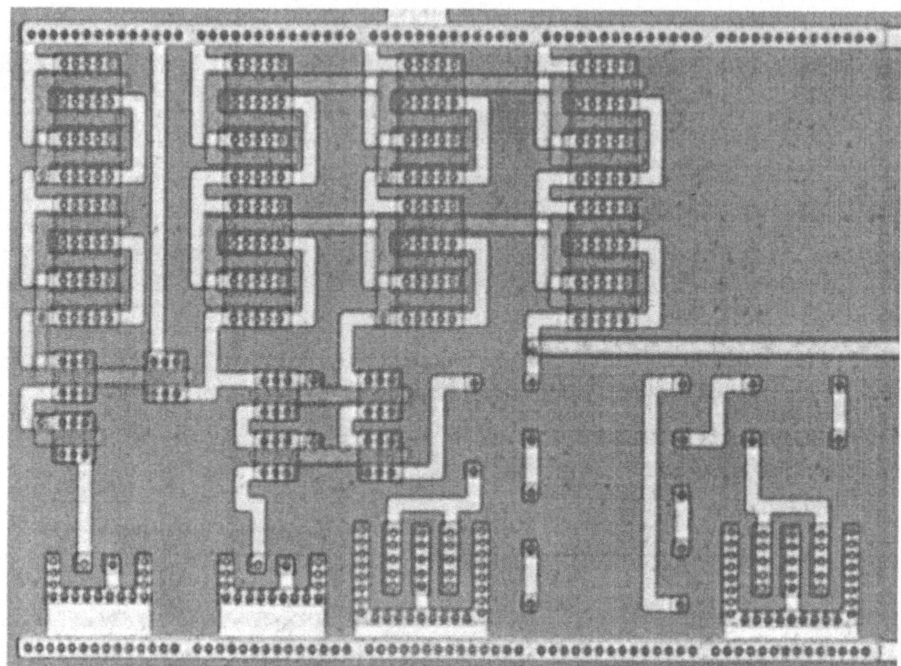

Bild 5.51 Chipfoto einer in CMOS realisierten Bandabstandsreferenz

5.7.1 Addition und Subtraktion von Strömen

Die Addition von Strömen ist trivial, wir brauchen die Ströme nur einem Knoten zuzuführen. Wenn wir Ströme voneinander subtrahieren wollen, benötigen wir eine Anordnung zur Invertierung eines Stromes. Diese Aufgabe kann ein Stromspiegel übernehmen. In Bild 5.52 ist dies dargestellt.

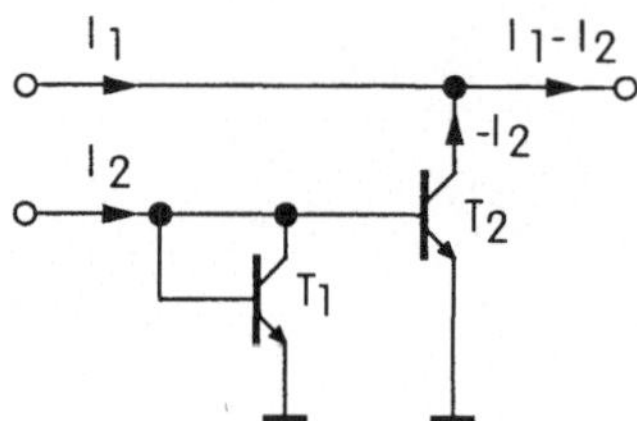

Bild 5.52 Schaltungsanordnung zur Subtraktion von Strömen

Die Schaltung eignet sich allerdings nur für positive Werte des Stromes I_2.

5.7.2 Addition und Subtraktion von Spannungen

Wenn wir Spannungen verarbeiten wollen, dann eignet sich eine Anordnung aus zwei Differenzverstärkern, die auf gemeinsame Kollektorwiderstände (bzw. Drain-Widerstände) arbeiten. Das Bild 5.53 zeigt das Prinzip.

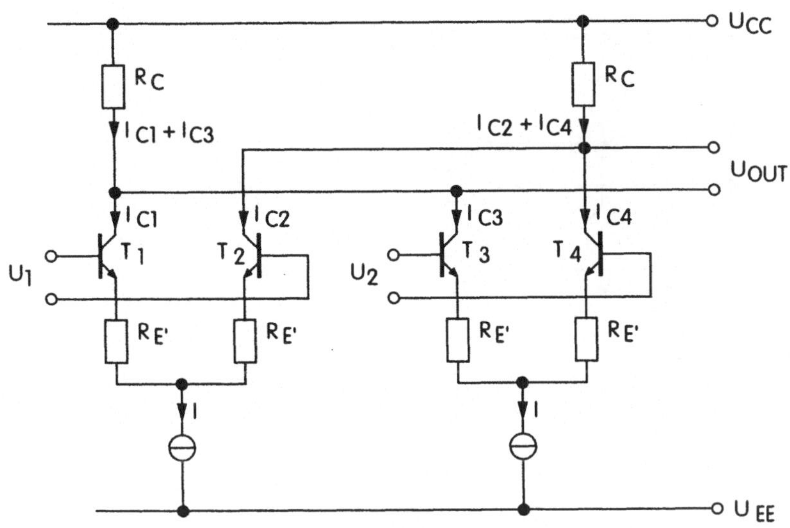

Bild 5.53 Schaltungsanordnung zur Addition bzw. Subtraktion von Spannungen

Die Schaltung arbeitet wie folgt: Wir setzen die Eingangsspannung durch die Transistoren T_1, T_2 bzw. T_3, T_4 in proportionale Ströme um. Diese Ströme werden addiert und erzeugen an den Widerständen R_C eine entsprechende Spannung. Ist, wie im Bild 5.53 gezeigt, der Kollektor von T_1 mit dem Kollektor von T_3 und der Kollektor von T_2 mit dem Kollektor von T_4 verbunden, so wird die Ausgangsspannung proportional zur Summe der Eingangsspannungen sein. Vertauschen wir beispielsweise die Kollektoranschlüsse von den Transistoren T_3 und T_4 miteinander, so erhalten wir eine Ausgangsspannung, die der Differenz der Eingangsspannung proportional ist. Die Schaltung arbeitet dabei für alle Polaritäten der Eingangsspannungen. Die Emitterwiderstände R_E dienen zur Linearisierung der Differenzverstärker und müssen dem Eingangsspannungsbereich angepaßt werden. Wir können die gezeigte Schaltung in ähnlicher Weise auch in CMOS realisieren.

5.8 Multiplizierer

Eine weitere oft genutzte mathematische Funktion ist die Multiplikation zweier Signale.

5.8.1 Differenzverstärker mit gesteuerter Stromquelle

Die einfachste Form einer Multiplikation bietet schon der Differenzverstärker.

Die Differenz seiner Ausgangsströme ist gegeben durch

$$\Delta I_C = I_{C1} - I_{C2} = I_{EE} \cdot \tanh\left(\frac{U_{ind}}{2 \cdot U_T}\right) \tag{5.136}$$

Wenn die Differenzeingangsspannung klein gegenüber U_T ist, wird

$$\tanh\left(\frac{U_{ind}}{2 \cdot U_T}\right) \approx \frac{U_{ind}}{2 \cdot U_T} \tag{5.137}$$

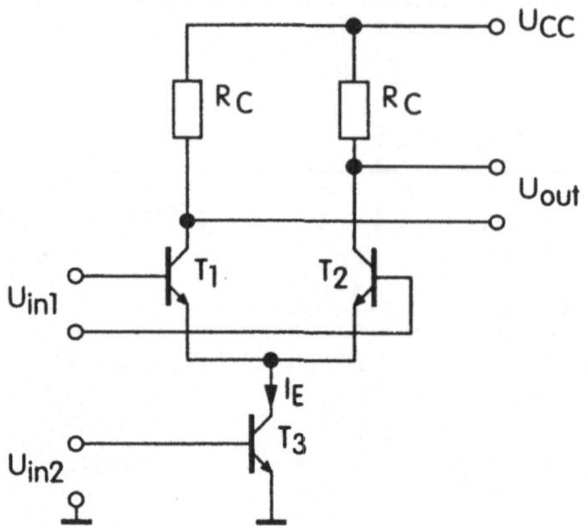

Bild 5.54 Differenzverstärker als 2-Quandrantenmultiplizierer

und damit

$$\Delta I_C = I_{EE} \cdot \left(\frac{U_{ind}}{2 \cdot U_T} \right) \tag{5.138}$$

Wenn wir nun den Emittersummenstrom steuerbar machen (z.B. durch einen Stromspiegel) erhalten wir einen Multiplizierer. Da der Emittersummenstrom nicht negativ werden kann, arbeitet dieser einfache Multiplizierer nur in zwei Quadranten der I_{EE}-U_{ind}-Ebene. Daher bezeichnen wir diese Art von Multiplizierer als 2-Quadrantenmultiplizierer.

5.8.2 Die Gilbert-Zelle

Die Beschränkung auf zwei Quadranten ist für viele Anwendungen nicht ausreichend. Die Möglichkeit in allen vier Quadranten zu multiplizieren bietet die Schaltung nach Bild 5.55.

Diese Anordnung wird in der englischsprachigen Literatur als „Gilbert Cell“ bezeichnet und findet sich häufig in integrierten Schaltungen. Zur Ermittlung der Übertragungsfunktion soll erst das emittergekoppelte Transistorpaar T_3 und T_4 betrachtet werden. Die Kollektorströme der beiden Transistoren sind gegeben durch

$$I_{C3} = \frac{I_{C1}}{1 + e^{(-U_1/U_T)}} \tag{5.139}$$

bzw.

$$I_{C4} = \frac{I_{C1}}{1 + e^{(U_1/U_T)}} \tag{5.140}$$

Der Kollektorstrom I_{C1} ist gegeben durch

$$I_{C1} = \frac{I_{EE}}{1 + e^{(-U_2/U_T)}} \tag{5.141}$$

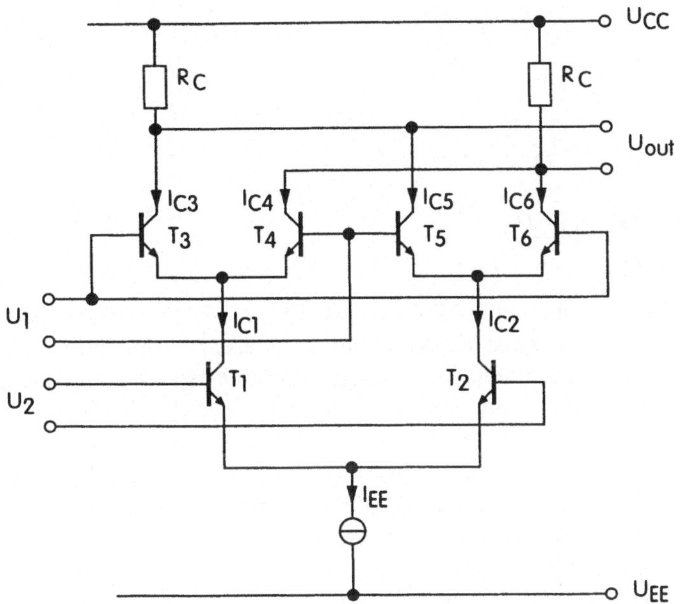

Bild 5.55 Die Schaltung eines 4-Quadrantenmultiplizierers, in der englischsprachigen Literatur auch als „Gilbert-Cell" bezeichnet.

In Gleichung 5.139 und 5.140 eingesetzt ergibt

$$I_{C3} = \frac{I_{EE}}{\left(1+e^{-U_1/U_T}\right)\left(1+e^{-U_2/U_T}\right)} \tag{5.142}$$

bzw.

$$I_{C4} = \frac{I_{EE}}{\left(1+e^{-U_2/U_T}\right)\left(1+e^{U_1/U_T}\right)} \tag{5.143}$$

Für die Kollektorströme des Transistorpaares T_5 und T_6 folgt dann

$$I_{C5} = \frac{I_{EE}}{\left(1+e^{U_1/U_T}\right)\left(1+e^{U_2/U_T}\right)} \tag{5.144}$$

bzw.

$$I_{C6} = \frac{I_{EE}}{\left(1+e^{U_2/U_T}\right)\left(1+e^{-U_1/U_T}\right)} \tag{5.145}$$

Der Differenzausgangsstrom der Gesamtschaltung ist

$$\Delta I = \left(I_{C3}+I_{C5}\right)-\left(I_{C6}+I_{C4}\right) \tag{5.146}$$

bzw.

$$\Delta I = (I_{C3} - I_{C6}) - (I_{C4} - I_{C5}) \tag{5.147}$$

Einsetzen der Gleichung 5.142 bis 5.145 ergibt dann

$$\Delta I = I_{EE}\left[\tanh\left(\frac{U_1}{2 \cdot U_T}\right)\right]\left[\tanh\left(\frac{U_2}{2 \cdot U_T}\right)\right] \tag{5.148}$$

Somit ist die Übertragungscharakteristik ein Produkt aus den Tangens-Hyperbolicus-Funktionen der beiden Eingangsspannungen. Die praktischen Anwendungen dieser Multipliziererzelle lassen sich in drei Kategorien einteilen und zwar abhängig von der Amplitude der Eingangsspannungen U_1 und U_2 bezogen auf U_T. Wenn die Amplitude der Signale U_1 und U_2 klein gegenüber U_T gehalten werden, dann können wir die tanh-Funktion als lineare Funktion betrachten, und die Schaltung arbeitet wie gewünscht als Multiplizierer. In Anwendungen als Phasenkomparator, z.B. in einer PLL, stören die Verzerrungen durch die tanh-Funktion nicht, so daß hier mit höheren Amplituden gearbeitet werden kann. In Anwendungen als Mischer für HF-Signale können wir Verzerrungen des Oszillatorsignals zulassen (wenn ausreichende Vorselektion gewährleistet ist), aber auf keinen Fall Verzerrungen des HF-Signales.

5.8.3 Linearisierung des Multiplizierers

Hier bietet sich eine Linearisierung des Transistorpaares T_1 und T_2 (siehe Bild 5.56) durch Emitterwiderstände an. Die Transistorpaare T_3,T_4 und T_5,T_6 lassen sich durch Emitterwiderstände nicht linearisieren. Hier müssen wir den exponentiellen Verlauf der Transistoreingangskenn-

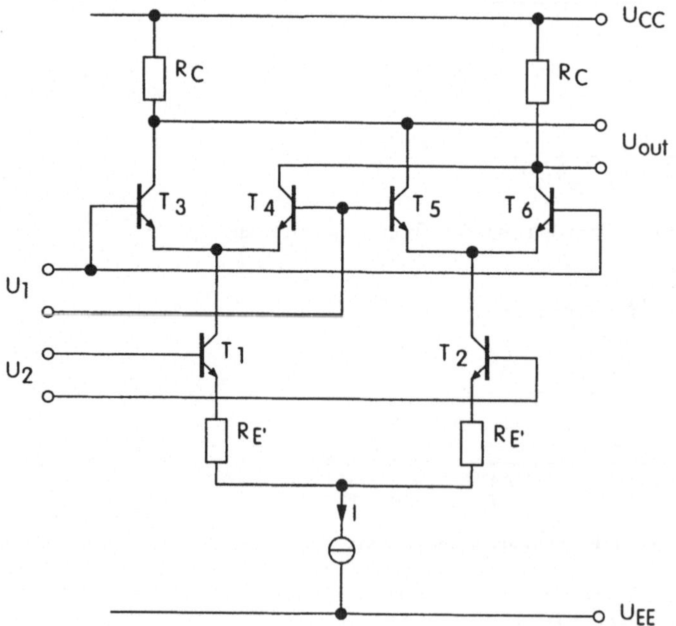

Bild 5.56 Die Linearisierung der Transistoren T_1 und T_2 kann schon für viele Zwecke ausreichend sein.

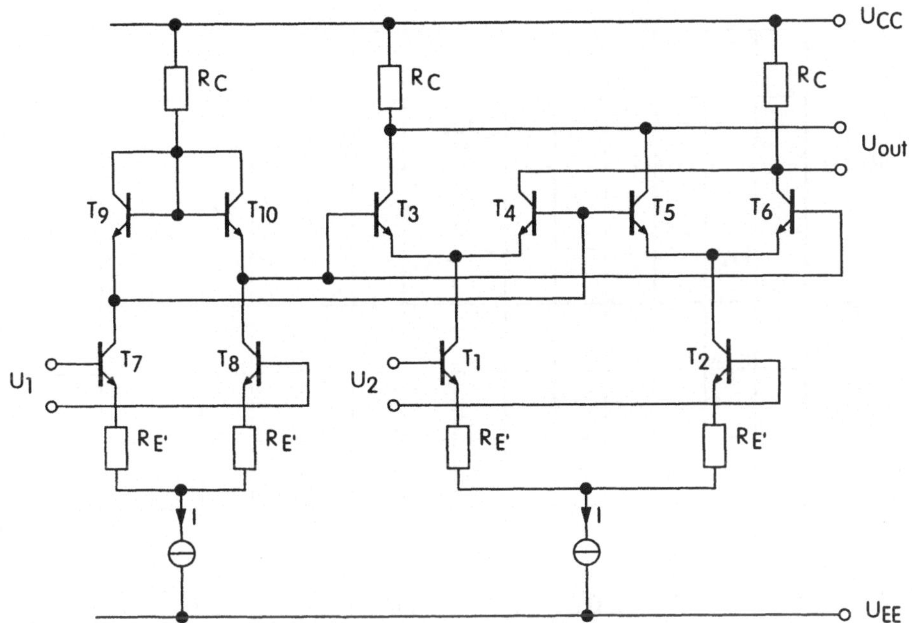

Bild 5.57 Vollständige Linearisierung der Gilbert-Zelle mit Hilfe einer logarithmisch arbeitenden Kompensationsschaltung

linie durch einen entsprechenden logarithmischen Verlauf einer Kompensationsschaltung kompensieren. Dann läßt sich der Bereich der Eingangsspannung beträchtlich erweitern. Bild 5.57 zeigt solch einen 4-Quadranten-Analogmultiplizierer.

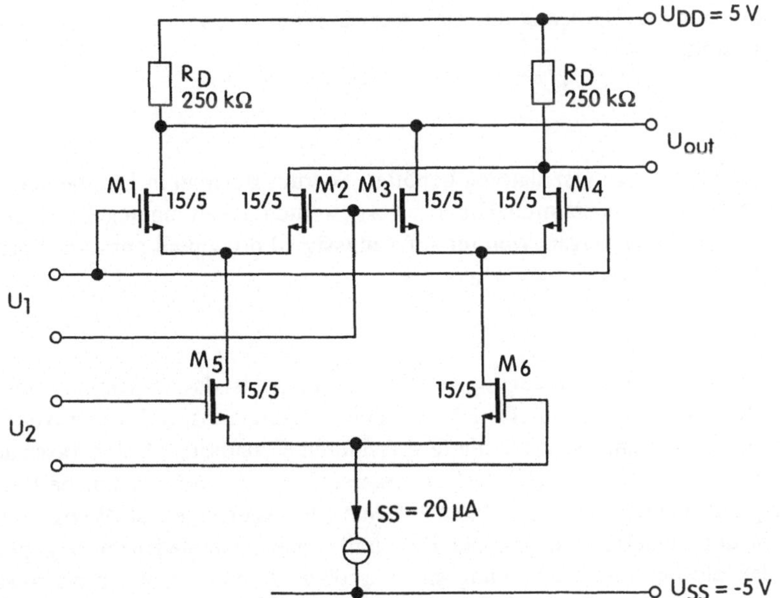

Bild 5.58 4-Quandrantenmultiplizierer in CMOS-Technik

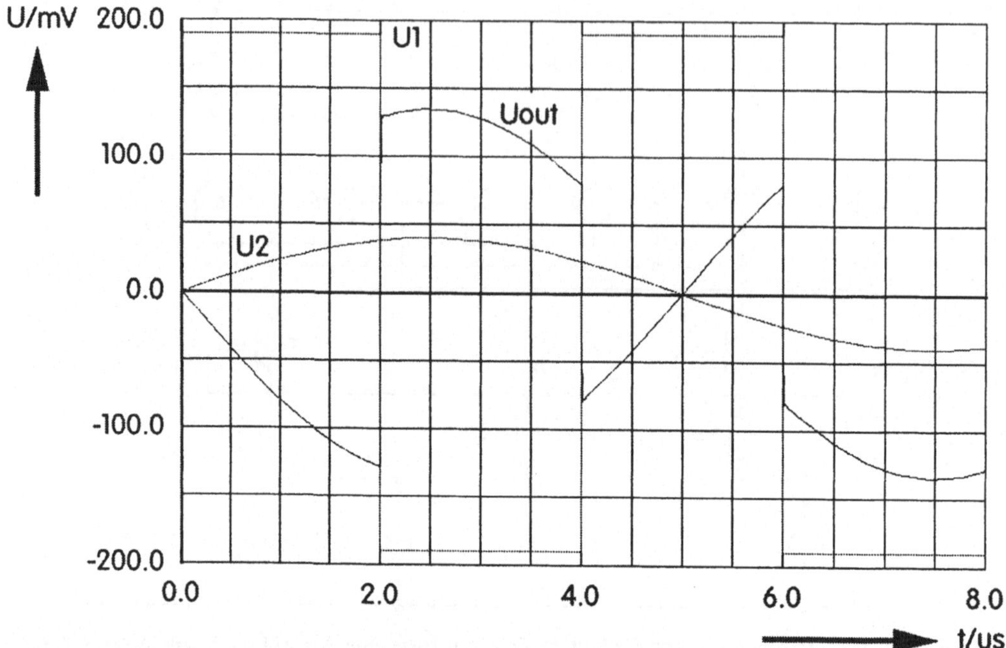

Bild 5.59 Simulation des 4-Quadrantenmultiplizierers in CMOS-Technik

Die obigen Ausführungen lassen sich natürlich auch auf die CMOS-Technik übertragen. Dazu zeigt das Bild 5.58 die Schaltung eines Multiplizierers mit NMOS-Transistoren. Die Funktionsweise der Schaltung soll das Ergebnis einer SPICE-Simulation in Bild 5.59 verdeutlichen. Es wird deutlich, daß im Ausgangssignal die Polarität der Rechteckspannung U_1 die Polarität der sinusförmigen Eingangsspannung U_2 bestimmt. Das Ausgangssignal also ein Produkt der beiden Eingangssignale darstellt.

5.9 Oszillatoren

In vielen Anwendungen werden Oszillatoren benötigt. So zum Beispiel in Empfängerschaltungen, PLLs, Synthesizer oder Generatoren. Die hier vorgestellten Schaltungen gehören eigentlich zur Spezies der digitalen Schaltungen, weil ihr Ausgangssignal prinzipiell nur zwei Spannungszustände annimmt.

5.9.1 Ringoszillator

Ein häufig verwandtes Prinzip zur Erzeugung von Schwingungen ist das des Ringoszillators. Wir realisieren einen Ringoszillator dadurch, daß wir eine ungerade Anzahl von invertierenden Verstärkerstufen zu einer geschlossenen Schleife verschalten. Grundsätzlich sind die so angeordneten Verstärker gegengekoppelt. Aber jede Verstärkerstufe hat ca. 90° zusätzliche Phasendrehung bei der Frequenz, bei der die Verstärkung auf eins zurückgegangen ist. Wenn mindestens drei Verstärker in der Schleife sind und die Ein- und Ausgangsimpedanzen angepaßt sind, garantiert dies, daß die Schleifenverstärkung sicher größer als eins ist, wenn die zusätzliche Phasendrehung in der Schleife 180° beträgt. Das bedeutet, daß die Schaltung schwingt. In einer

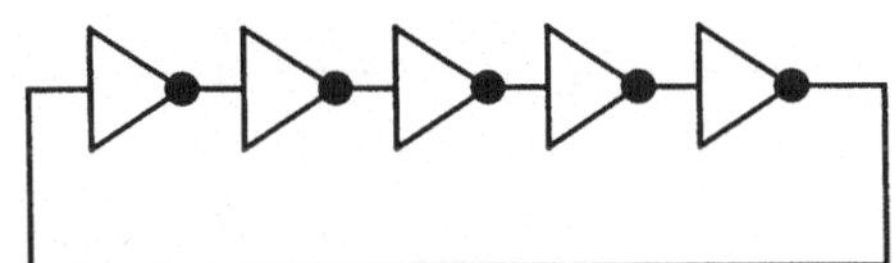

Bild 5.60 Prinzip des Ringoszillators

halben Periodendauer der Schwingung durchläuft ein Signalzustand (Low oder High) die Schleife, um dann invertiert zu werden. Mit der Verzögerungszeit τ eines Verstärkers erhalten wir

$$f_{osz} = \frac{1}{2N\tau} \tag{5.149}$$

Wenn wir die Verzögerungszeit der Verstärkerstufen über eine Spannung einstellbar machen, bekommen wir einen spannungsgesteuerten Oszillator.

Bild 5.61 zeigt einen Ringoszillator in bipolarer Technik. Über U_{ref} kann die Schwingfrequenz in gewissen Grenzen eingestellt werden, da die Bandbreite eines Differenzverstärkers vom Kollektorstrom der Transistoren abhängt. Über eine Basisschaltung und einem Emitterfolger wird das Oszillatorsignal ausgekoppelt.

Ein Ringoszillator in CMOS-Technik ist im Bild 5.62 dargestellt. Die Transistoren M2 und M3 arbeiten als Inverter, während die Transistoren M1 und M4 als Stromquellen arbeiten. Die Stromquellen begrenzen den Versorgungsstrom der Inverter. Der Strom durch die Transistoren M5 und M6 ist, gegeben durch die Stromspiegelanordnungen, derselbe wie in den Stromquellen und wird über die Eingangsspannung eingestellt.

Um das Übertragungsverhalten zu ermitteln, berechnen wir zuerst die Gesamtkapazität an den Drainanschlüssen von M2 und M3. Diese Kapazität setzt sich zusammen aus der Ausgangskapazität der Transistoren M2 und M3 und der Eingangskapazität der folgenden Transistoren.

$$C_{tot} = C_{out} + C_{in} = C'_{ox}\left(W_p L_p + W_n L_n\right) + \frac{3}{2} C'_{ox}\left(W_p L_p + W_n L_n\right) \tag{5.150}$$

zusammengefaßt erhalten wir:

$$C_{tot} = \frac{5}{2} C'_{ox}\left(W_p L_p + W_n L_n\right) \tag{5.151}$$

Die Zeit, die benötigt wird, um diese Kapazität von null auf eine Spannung U_{sp} aufzuladen, beträgt:

$$t_1 = C_{tot} \cdot \frac{U_{sp}}{I_{D4}} \tag{5.152}$$

Die Entladezeit beträgt dann:

$$t_2 = C_{tot} \cdot \frac{U_{DD} - U_{sp}}{I_{D1}} \tag{5.153}$$

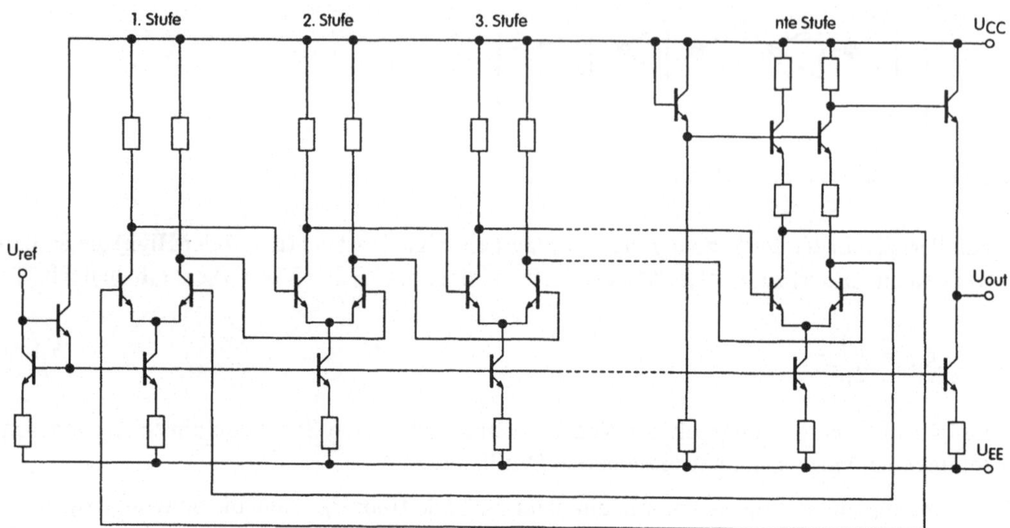

Bild 5.61 Schaltung eines Ringoszillators in bipolarer Technik

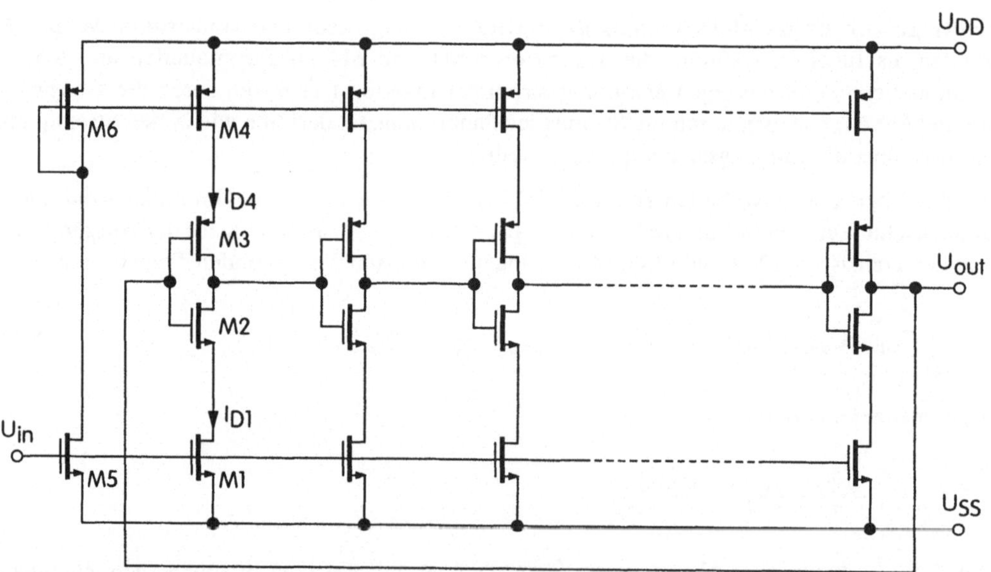

Bild 5.62 Schaltung eines Ringoszillators in CMOS-Technik

Gehen wir davon aus, daß die beiden Drainströme gleich sind, ergibt sich die Oszillatorfrequenz aus der Summe der beiden Zeiten zu:

$$f_{osz} = \frac{I_D}{N \cdot C_{tot} \cdot U_{DD}} \tag{5.154}$$

Sicherlich sollten wir bei der Schaltung in Bild 5.62 noch einen Ausgangspuffer vorsehen. Denn eine zu große Lastkapazität am Ausgang der gezeigten Schaltung kann die Oszillatorfrequenz erheblich beeinflussen oder die Schleifenverstärkung so stark herabsetzen, daß die Schwingungen aussetzen.

5.9.2 Astabiler Multivibrator

Eine sehr gebräuchliche Konfiguration eines bipolaren spannungsgesteuerten Oszillators ist der emittergekoppelte Multivibrator. Es ist eine Art Kippschwingungserzeuger, dessen Schaltung in Bild 5.63 dargestellt ist.

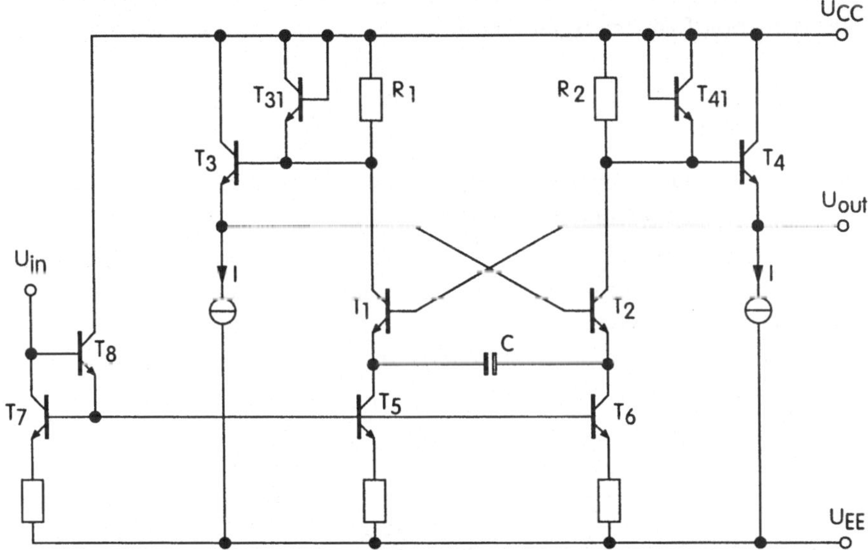

Bild 5.63 Astabiler Multivibrator in bipolarer Technik

In diesem Oszillator schalten die Transistoren T_1 und T_2 abwechselnd ein und aus. Wenn beispielsweise der Transistor T_1 abgeschaltet hat, dann sinkt langsam die Spannung an seinem Emitter, weil der Kondensator C durch die Stromquelle T_5 mit dem Strom I entladen wird. Während dieses Zeitpunktes fließt durch den Transistor T_2 der doppelte Strom. Die Kollektorspannung des Transistors T_2 ist um eine Diodenspannung kleiner als die Versorgungsspannung. Nehmen wir für die Versorgungsspannung $U_{CC} = 5$ V an, dann beträgt sie $U_{C2} = 4{,}3$ V. Die Spannung am Kollektor von Transistor T_1 ist ungefähr 5 V, da der Transistor sperrt. Die Transistoren T_3 und T_4 arbeiten beide als Emitterfolger und haben an ihren Emittern eine Spannung, die ca. 0,7 V kleiner als an ihrer Basis ist. Daraus ergibt sich, daß die rechte Seite des Kondensators auf 3,6 V gehalten wird, während die linke Seite eine Spannung irgendwo zwischen 4,3 V und 2,9 V aufweisen wird. Die Spannungsänderung am linken Anschluß des Kondensators ist:

$$\frac{dU_C}{dt} = \frac{I}{C} \qquad (5.155)$$

Die gesamte Spannungsänderung geht von 4,3 V nach 2,9 V und beträgt zwei Diodenspannungen. Die Zeit, die für diese Spannungsänderung gebraucht wird, ist die Hälfte der gesamten Schwingungsdauer und beträgt:

$$\frac{T}{2} = \frac{2 \cdot U_D \cdot C}{I} \tag{5.156}$$

Wenn die Spannung am Emitter von Transistor T_1 unter 2,9 V fällt, beginnt er zu leiten. Dadurch sinkt seine Kollektorspannung, was zu einer Verminderung der Leitfähigkeit von Transistor T_2 führt. Da beide Transistoren T_1 und T_2 in Mitkopplung betrieben werden, ändert sich der Zustand der beiden Transistoren sehr schnell, so daß jetzt Transistor T_1 voll durchgesteuert ist und Transistor T_2 vollständig sperrt. Nun wiederholt sich der gesamte Ladevorgang in umgekehrter Richtung. Die Oszillationsfrequenz ergibt sich zu:

$$f_{osz} = \frac{I}{4 \cdot U_D \cdot C} \tag{5.157}$$

Über den Strom der Stromquellentransistoren T_5 und T_6 (und damit über den Wert der Eingangsspannung U_{in}) können wir die Frequenz verändern.

Eine ähnlich arbeitende Anordnung in CMOS-Technik ist im Bild 5.64 dargestellt. Die Oszillationsfrequenz wird neben dem Strom I_D und der Kapazität C von der Schwellenspannung der Transistoren bestimmt und beträgt:

$$f_{osz} = \frac{I_D}{4 \cdot C \cdot V_{th}} \tag{5.158}$$

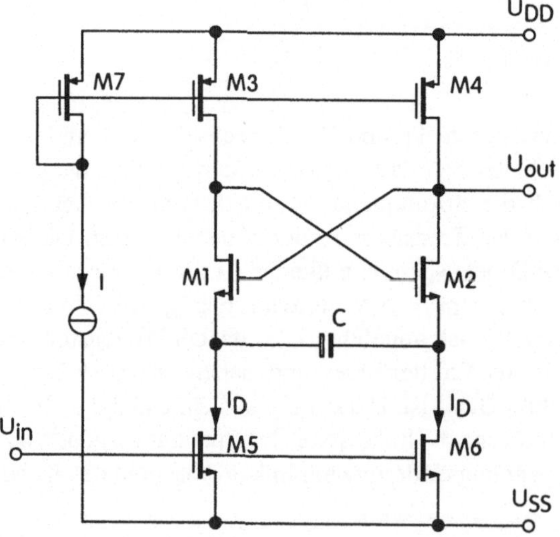

Bild 5.64 Astabiler Multivibrator in CMOS-Technik

6 Komplexere Funktionen

6.1 Operationsverstärker

Ein idealer Operationsverstärker ist ein Verstärker mit Differenzeingang und einfachem Ausgang. Er hat eine unendlich hohe Verstärkung A_V, einen unendlich hohen Eingangswiderstand R_{in} und einen Ausgangswiderstand R_{out} von null.

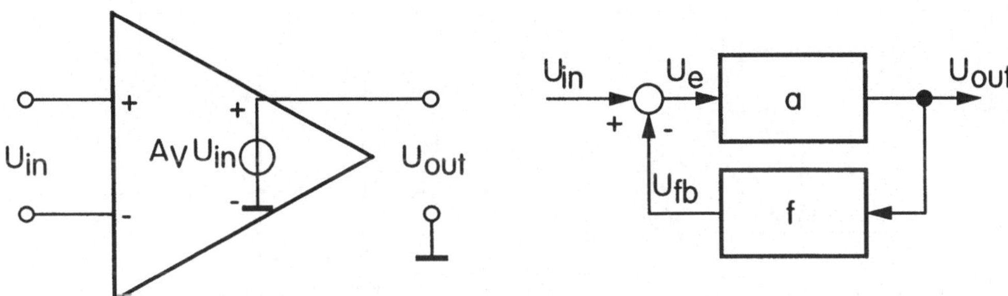

Bild 6.1 Der ideale Operationsverstärker (links) und das Prinzipschaltbild eines rückgekoppelten Verstärkers (rechts)

Obwohl reale Operationsverstärker diese idealen Eigenschaften nicht haben, sind sie doch üblicherweise so gut, daß sie in den meisten Anwendungen dem Verhalten idealer OPs sehr nahe kommen. Praktisch alle Anwendungen von Operationsverstärkern bauen auf dem Prinzip der Rückkopplung auf. Das Prinzip eines rückgekoppelten Verstärker ist im Bild 6.1 (rechts) dargestellt. Der Block mit der Beschriftung „a" stellt den Basisverstärker ohne Rückkopplung dar. Seine Verstärkung wollen wir als *Leerlaufverstärkung a* bezeichnen. Die Verstärkung U_{out}/U_{in}, die der rückgekoppelte Verstärker an seine Umwelt abgibt, wollen wir *äußere Verstärkung* nennen.

Das Ausgangssignal solch eines rückgekoppelten Verstärkers ist

$$U_{out} = a \cdot U_e = a\left(U_{in} - U_{fb}\right) = a\left(U_{in} - f \cdot U_{out}\right) \tag{6.1}$$

Die äußere Verstärkung wird dann

$$\frac{U_{out}}{U_{in}} = \frac{a}{1 + a \cdot f} \tag{6.2}$$

Wenn das Produkt aus a·f, genannt *Schleifenverstärkung T*, sehr viel größer als eins wird, folgt

$$\lim_{a \to \infty} \frac{a}{1 + a \cdot f} = \frac{1}{f} \tag{6.3}$$

d.h. wenn das Rückkopplungsnetzwerk aus passiven Komponenten besteht, kann der Wert für f beliebig genau eingestellt werden. Damit wird eine ebenso genaue Verstärkungseinstellung 1/f erreicht, die unabhängig von den Variationen der Leerlaufverstärkung a ist. Diese Unabhängigkeit ist der primäre Grund für den vielfältigen Einsatz von Operationsverstärkern.

6.1.1 Aufbau von Operationsverstärkern

In bipolarer Technik

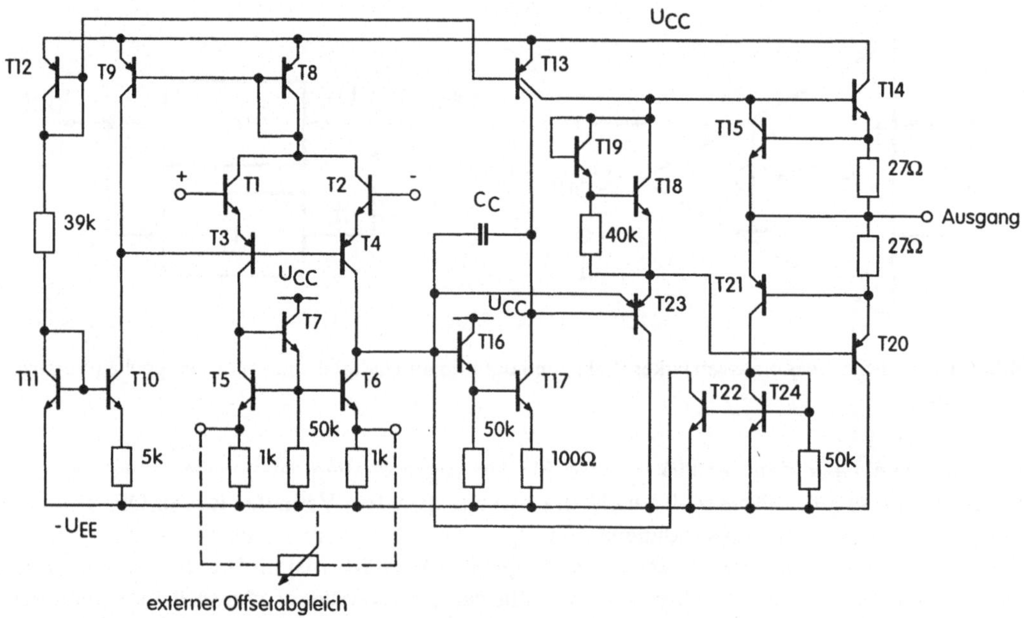

Bild 6.2 Innenschaltung des Standardoperationsverstärkers μA741

Bild 6.2 zeigt das „Innenleben" des Standardoperationsverstärkers μA741. Der Schaltkreis wurde 1966 zum erstenmal vorgestellt und erfreut sich auch heute noch großer Beliebtheit. Seine Popularität resultierte aus der Tatsache, daß er intern kompensiert ist, und daß er eine recht einfache Schaltung besitzt, die auf etwa 1 mm^2 Chipfläche untergebracht werden kann. Er hat eine hohe Spannungsverstärkung und einen guten Gleichtakt- und Gegentakteingangsspannungsbereich.

Eine vereinfachte Schaltung zeigt Bild 6.3. Die Eingangstransistoren T_1 und T_2 sind Emitterfolger, die für eine hohe Eingangsimpedanz sorgen. Diese steuern die Emitter von zwei PNP-Transistoren T_3 und T_4 an, die in einer differentiellen Basisgrundschaltung arbeiten. Die Transistoren T_5 und T_6 stellen eine aktive Last für die Transistoren T_3 und T_4 dar. Diese sechs Transistoren erfüllen in ihrer Gesamtheit 3 separate Funktionen, die bei der Realisierung von monolithischen Operationsverstärkern zu beachten sind.

- Sie bilden einen differentiellen Eingang, der relativ unempfindlich gegenüber Gleichtakteingangsspannungen ist, der einen hohen Eingangswiderstand hat und der ein gewisses Maß an Spannungsverstärkung bereitstellt. Diese Spannungsverstärkung in der Eingangsstufe ist

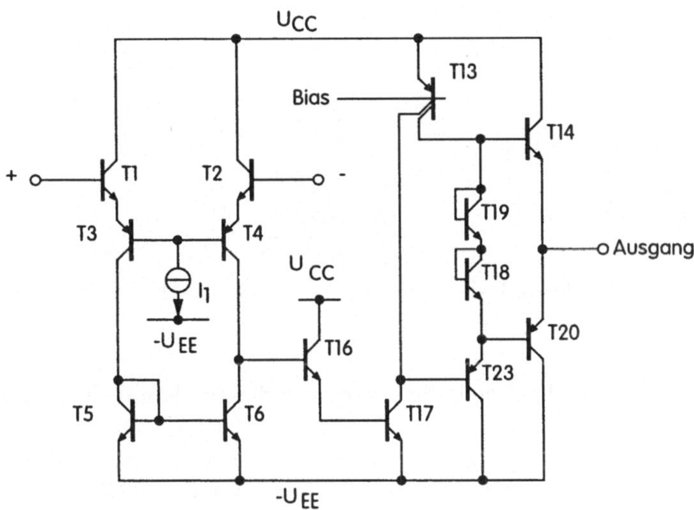

Bild 6.3 Vereinfachte Innenschaltung des Standardoperationsverstärkers µA741

wichtig, da Rauschen und Offsetspannungen der weiteren Stufen durch die Spannungsverstärkung der Eingangsstufe geteilt werden, wenn wir das Rauschen und die Offsetspannung wie üblich auf den Eingang beziehen.

- Pegelverschiebung. Die PNP-Transistoren, die durch den Standardprozeß hergestellt werden können, haben ein sehr schlechtes Frequenzverhalten. Somit wäre es das vernünftigste, zur Realisierung einer Operationsverstärkerschaltung ausschließlich NPN-Transistoren zu verwenden. Ab und zu muß aber der Pegel eines Signalpfades in die negative Richtung verschoben werden. Bei den Universaloperationsverstärkern wie beim µA741 wird dies üblicherweise durch den Einsatz lateraler PNP-Transistoren bewerkstelligt.
- Konvertierung von differentiellem zu einfachem Ausgang. Operationsverstärker haben einen differentiellen Eingang und einen einfachen Ausgang. Daher muß in solch einem Schaltkreis eine Konvertierung vorgenommen werden. Die primitivste Lösung ist, einfach einen Ausgang des Differenzverstärkerpaares zu nehmen und diesen dem weiteren unsymmetrischen Signalweg zuzuführen. Diese Lösung hat aber eine hohe Sensitivität gegenüber Gleichtakteingangsspannungen. Daher wird typischerweise eine aktive Lastschaltung benutzt, wie sie durch T_5 und T_6 realisiert ist.

Der Transistor T_{16} ist ein Emitterfolger, der die Belastung durch T_{17} von der aktiven Lastschaltung T_5 und T_6 fernhalten soll. Der Transistor T_{17} ist ein Verstärker in Emittergrundschaltung, der eine aktive Last in Form von T_{13b} hat. Diese Verstärkerstufe liefert eine hohe Spannungsverstärkung.

Transistor T_{23} ist ein weiterer Emitterfolger, der die Spannungsverstärkerstufe vor der Belastung durch die Ausgangsstufe schützt. Die Transistoren T_{14} und T_{20} bilden eine Ausgangsstufe im AB-Betrieb.

Der Transistor T_{13} ist ein laterater Multikollektor-PNP. Die Geometrie dieses Transistors ist in Bild 6.4 gezeigt. Der Kollektorring ist hier in zwei Teile aufgetrennt. Ein Teil umfaßt drei Viertel des Emitterrandes und sammelt die Löcher aus diesem Emitterrand. Ein zweiter Teil umfaßt ein

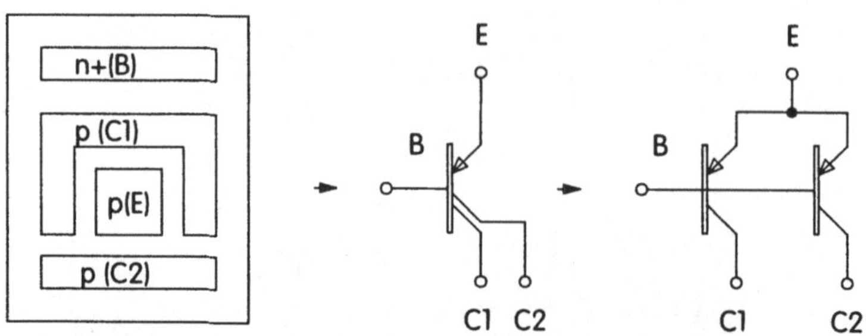

Bild 6.4 Layout eines Multikollektor-PNP-Transistors (links) und sein schaltungstechnisches Äquivalent (mitte und rechts)

Viertel des Emitterrandes und sammelt die Löcher von diesem. Somit ist die Struktur analog zu zwei PNP-Transistoren, deren Basis-Emitterstrecken parallel geschaltet sind. Einer dieser Transistoren hat ein Sättigungsstrom I_S, der ein Viertel dessen eines Standardtransistors beträgt, und der andere hat ein Sättigungsstrom I_S, der drei Viertel des Standard-PNPs beträgt. Es gilt also:

$$I_{C1} = I_{S1} \cdot e^{U_{BE}/U_T} = 0{,}75 \cdot I_S \cdot e^{U_{BE}/U_T}$$
$$I_{C2} = I_{S2} \cdot e^{U_{BE}/U_T} = 0{,}25 \cdot I_S \cdot e^{U_{BE}/U_T} \tag{6.4}$$

Diese Äquivalenz ist schaltungsmäßig im Bild 6.4 gezeigt.

In CMOS-Technik

Ein typischer Vertreter der ersten Generation eines Operationsverstärkers in CMOS-Technik ist der CA 3160, dessen Innenschaltung in Bild 6.5 gezeigt ist. Eigentlich müssen wir von BiCMOS-Technik reden, da der Operationsverstärker drei bipolare Transistoren enthält. Zur Funktionweise der Schaltung: Die Eingangsstufe wird aus der kaskadierten Stromquelle mit den Transistoren T_2 und T_4 gespeist. Die PMOS-Transistoren T_6 und T_7 bilden den Differenzverstärker. Das Netzwerk aus den Dioden ZD_2, ZD_3 und ZD_4 schützen die Gate-Anschlüsse der Eingangsstufentransistoren vor Überspannung von außen. Ein Stromspiegel mit den bipolaren Transistoren T_9 und T_{10} koppelt das differentielle Signal aus. Hier können wir durch Hinzuschalten eines Trimmpotentiometers, dessen Schleiferanschluß mit der negativen Versorgungsspannung verbunden ist, eine Symmetrierung der Eingangsstufe vornehmen und so eine Kompensation der Offsetspannung erreichen. Das ausgekoppelte Signal wird im Transistor T_{11} weiter verstärkt, der mit einer kaskadierten Stromquelle aus den PMOS-Transistoren T_3 und T_5 als aktive Last betrieben wird. Eine Frequenzgangkompensation wird durch die Kapazität C_1 und den Widerstand R_7 erreicht. Die Ausgangsstufe bilden die zwei komplementären Transistoren T_8 und T_{12}. Transistor T_1 und die Dioden D_1 bis D_5 stellen den Arbeitspunkt der Stromquellen ein. Damit dieser Arbeitspunkt von der Versorgungsspannung unabhängig ist, wird die Spannung an dem Knoten, an dem die Widerstände R_1 und R_2 angeschlossen sind, über die Zenerdiode ZD_1 konstant gehalten.

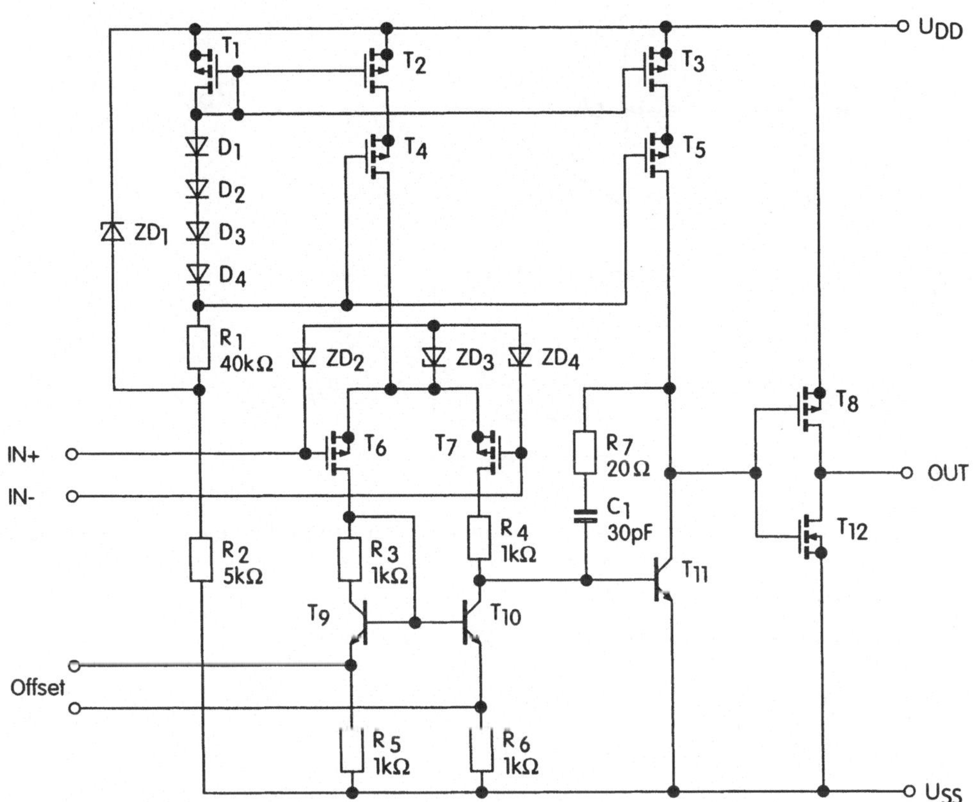

Bild 6.5 Schaltbild des CMOS-Operationsverstärkers CA3160

6.1.2 Frequenzgangkompensation

Stabilität von Operationsverstärkern

Der Vorteil eines Operationsverstärkers ist, daß sein Übertragungsverhalten durch externe Bauelemente eingestellt werden kann. Diesen Vorgang nennen wir Gegenkopplung. Das Grundprinzip der Gegenkopplung haben wir eingangs kurz erläutert. Die Gegenkopplung reduziert die Empfindlichkeit gegenüber Verstärkungsschwankungen, die sich auf Grund von Parameterschwankungen einstellen können. Die Gegenkopplung reduziert auch Verzerrungen, die durch Nichtlinearitäten im aktiven Schaltungsbereich auftreten können. Allerdings verändert die Gegenkopplung auch den Frequenzgang der Gesamtschaltung. Dabei kann die Gegenkopplung die Gesamtschaltung zum Oszillieren bringen. Daher müssen wir unter Umständen eine „Frequenzgangkompensation" durchführen. Nach Gleichung 6.03 ist das Übertragungsverhalten der Gesamtschaltung (Basisverstärker plus Gegenkopplung)

$$\frac{U_{out}}{U_{in}} = A = \frac{a}{1+T} \qquad (6.5)$$

mit T = a · f, der Schleifenverstärkung. Wir sehen, daß die Gesamtverstärkung um den Betrag (1 + T) reduziert wird. Die charakteristischen Eigenschaften der Schaltung werden um den Faktor

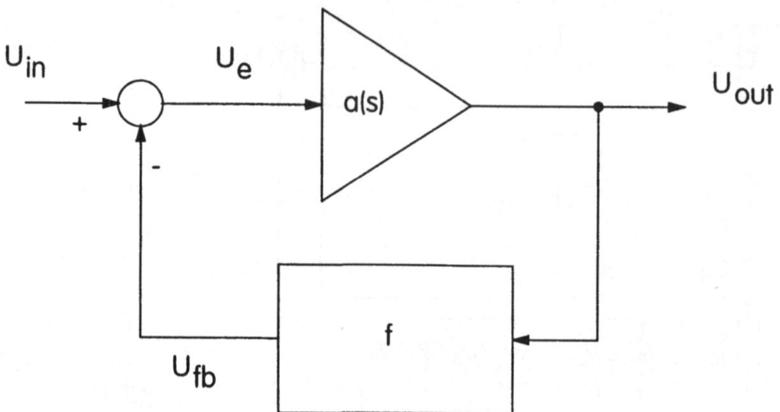

Bild 6.6 Frequenzabhängiger Verstärker mit Gegenkopplung

(1 + T) verbessert. Daneben führt die Gegenkopplung zur Vergrößerung der Bandbreite der Gesamtschaltung. Dazu zeigt Bild 6.6 die Prinzipschaltung eines gegengekoppelten Verstärkers mit frequenzabhängigen Basisverstärker.

Die Frequenzabhängigkeit des Basisverstärkers sei gegeben durch

$$a(s) = \frac{a_0}{1 - \frac{s}{p_1}} \tag{6.6}$$

mit a_0 = Verstärkung bei niedrigen Frequenzen und p_1 = Polstelle des Verstärkers.

Wenn die Gegenkopplung nur durch Widerstände erfolgt, ist f frequenzunabhängig. Dann ist die Gesamtverstärkung der Schaltung

$$A(s) = \frac{U_{out}}{U_{in}} = \frac{a(s)}{1 + a(s) \cdot f} \tag{6.7}$$

Einsetzen von Gleichung 6.06 liefert

$$A(s) = \frac{a_0}{1 + a_0 \cdot f} \cdot \frac{1}{1 - \frac{s}{p_1} \cdot \frac{1}{1 + a_0 \cdot f}} \tag{6.8}$$

Für niedrige Frequenzen wird A(s) = A_0

$$A(s) = \frac{a_0}{1 + T_0} \tag{6.9}$$

mit $T_0 = a_0 \cdot f$, der Schleifenverstärkung bei niedrigen Frequenzen.

Damit wird

$$A(s) = A_0 \cdot \frac{1}{1 + \frac{s}{p_1(1+T_0)}} \qquad (6.10)$$

Die Grenzfrequenz (der -3 dB Punkt) der Gesamtschaltung ist $p_1 \cdot (1 + T_0)$. Damit hat die Gegenkopplung die niederfrequente Verstärkung um den Faktor $(1 + T_0)$ verringert, gleichzeitig ist die Grenzfrequenz um denselben Faktor gestiegen. Das Verstärkungs-Bandbreitenprodukt ist jedoch konstant geblieben. Bild 6.7 zeigt die Ergebnisse im Bodediagramm.

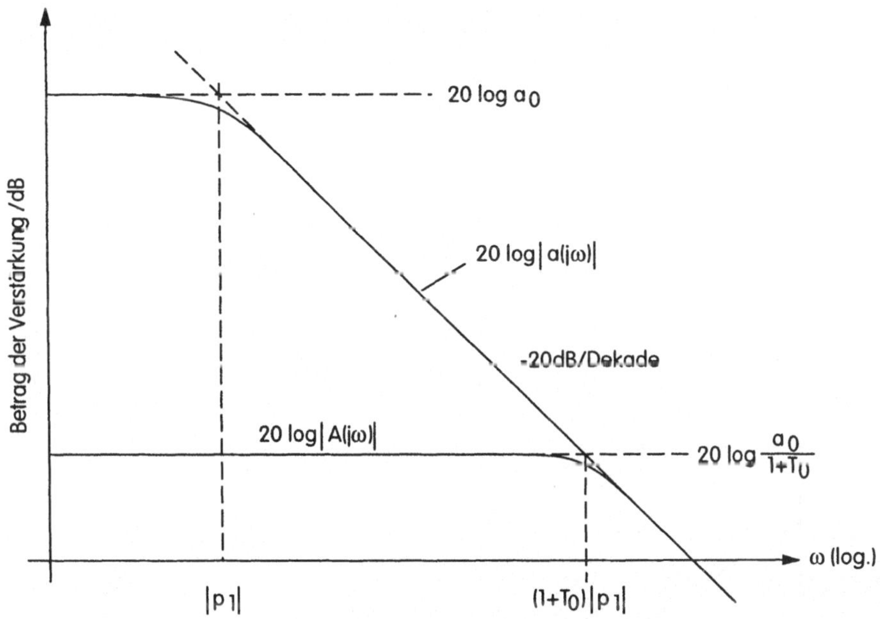

Bild 6.7 Frequenzabhängige Verstärkung des Basisverstärkers und des gegengekoppelten Verstärkers

Wir sehen, daß sich die Verstärkungskurven für jeden Wert von T_0 innerhalb eines Feldes befinden, das durch $a(j\omega)$ begrenzt ist. Die Gegenkopplung erlaubt es, Verstärkung gegen Bandbreite einzutauschen. Diese Methode wird zur Realisierung von Breitbandverstärkern benutzt. Der dabei auftretende Verstärkungsverlust wird durch zusätzliche Verstärkerstufen ausgeglichen.

Das obige einfache Beispiel geht von der Annahme aus, daß der Basisverstärker einen einfachen Pol in seiner Übertragungsfunktion hat. Dies trifft dann zu, wenn die Operationsverstärker intern kompensiert wurden. Ein unkompensierter Operationsverstärker hat dagegen eine Übertragungsfunktion mit mehreren Polen. Dadurch verändern sich obige Resultate und wir müssen, wie wir später sehen werden, den Operationsverstärker kompensieren, um die entstehenden Stabilitätsprobleme zu lösen.

Wir wollen einen Verstärker annehmen, dessen Übertragungsfunktion 3 Pole besitzt.

$$a(s) = \frac{a_0}{\left(1 - \frac{s}{p_1}\right)\left(1 - \frac{s}{p_2}\right)\left(1 - \frac{s}{p_3}\right)} \tag{6.11}$$

Die Frequenzen der Pole sollen um mindestens jeweils eine Dekade auseinanderliegen. Bild 6.8 zeigt das Bodediagramm dieser Leerlaufverstärkung.

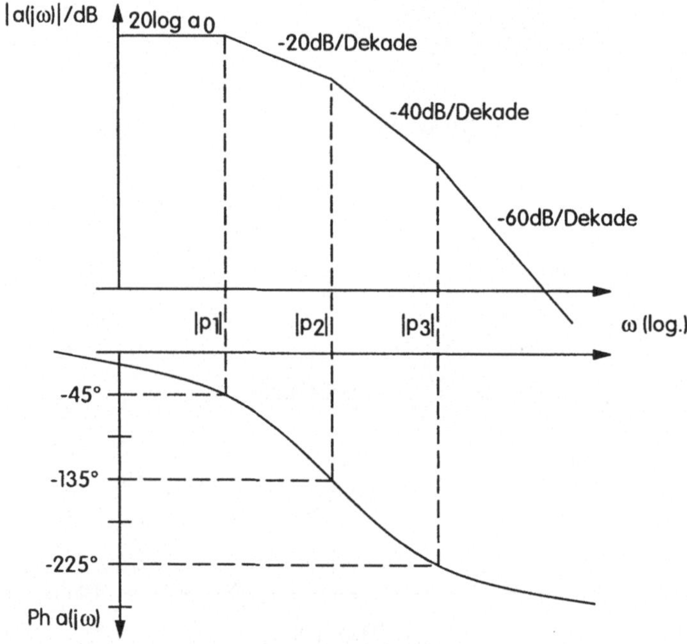

Bild 6.8 Frequenz- und Phasengang eines Verstärkers, dessen Übertragungsfunktion drei Pole besitzt.

Für den Betrag der Leerlaufverstärkung ist nur der asymptotische Verlauf gezeigt. Nach dem ersten Pol fällt die Verstärkung mit 20 dB/Dekade, und der Phasenwinkel erreicht -90°. Oberhalb des zweiten Pols fällt sie mit 40 dB/Dekade, und Ph erreicht -180°. Oberhalb des dritten Pols fällt die Verstärkung mit 60 dB/Dekade, und Ph erreicht -270°. Wenn die Pole weit genug auseinander liegen, beträgt die Phasenverschiebung bei $|p_1|$, $|p_2|$ und $|p_3|$ jeweils -45°, -135° bzw. -225°.

Ist der Verstärker mit konstantem f gegengekoppelt, wie in Bild 6.6, dann wird die Schleifenverstärkung

$$T(j\omega) = a(j\omega) \cdot f \tag{6.12}$$

dieselbe Frequenzabhängigkeit besitzen wie der Basisverstärker.

Wenn nun der Betrag der Schleifenverstärkung bei der Frequenz, bei der der Phasenwinkel der Schleifenverstärkung Ph T(jω) = -180° beträgt, größer als eins ist, also

$$|T(j\omega)| > 1 \tag{6.13}$$

dann ist die Anordnung instabil und wird oszillieren. Das wollen wir anhand des Verstärkers mit der 3 poligen Übertragungsfunktion näher erläutern. Bild 6.9 zeigt das Bodediagramm des Verstärkers, in der als gestrichelte Linie der Betrag der äußeren Verstärkung des geschlossenen Kreises eingetragen ist.

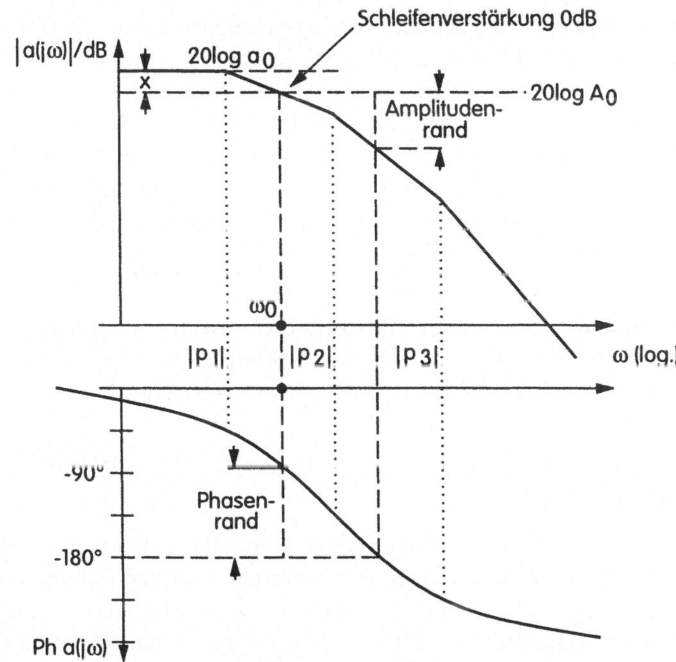

Bild 6.9 Amplituden- und Phasenrand des Verstärkers nach Bild 6.8 bei einer äußeren Verstärkung A_0. Der Abstand x bezeichnet die Schleifenverstärkung in dB.

Der Betrag der äußeren Verstärkung des geschlossenen Kreises $|A_0|$ ist ungefähr gleich dem Reziproken des Gegenkopplungsfaktors f, wenn $T_0 = a_0 \cdot f > 1$ ist.

Betrachten wir nun den Abstand x zwischen Leerlaufverstärkung und der äußeren Verstärkung des geschlossenen Kreises in Bild 6.9, so folgt

$$x = 20 \cdot \log|a(j\omega)| - 20 \cdot \log \frac{1}{f} \tag{6.14}$$

$$x = 20 \cdot \log(|a(j\omega)| \cdot f) \tag{6.15}$$

$$x = 20 \cdot \log|T(j\omega)| \tag{6.16}$$

Somit ist der Abstand x ein direktes Maß der Schleifenverstärkung. Der Punkt, wo die Kurve $20 \cdot \log |a(j\omega)|$ die Linie $20 \cdot \log |A_0|$ schneidet, ist die Stelle, wo die Schleifenverstärkung $|T(j\omega)|$ zu 0dB geworden ist, bzw. eins ist. Damit können wir die Kurve der Leerlaufverstärkung als Kurve der Schleifenverstärkung $|T(j\omega)|$ ansehen, wenn wir die gestrichelte Linie als neue Nullachse annehmen.

Daraus folgt, daß die Verstärkung des geschlossenen Kreises der gestrichelten Linie ($20 \cdot \log |A_0|$) bis zum Schnittpunkt folgt, um dann bei höheren Frequenzen der Leerlaufverstärkung des Basisverstärkers ($20 \cdot \log |a(j\omega)|$) zu folgen. Dies ist einleuchtend, denn bei höheren Frequenzen geht die Schleifenverstärkung $|T(j\omega)|$ gegen null und die Gegenkopplung hat keinen Einfluß mehr auf die Verstärkung der Gesamtschaltung. Bild 6.9 zeigt, daß der Betrag der Schleifenverstärkung $|T(j\omega)|$ bei der Frequenz ω_0 zu eins geworden ist. Bei dieser Frequenz hat die Phase von $|T(j\omega)|$ im gezeigten Fall den -180° Wert noch nicht erreicht, und daher ist die Anordnung stabil. Außerdem ist der Betrag der Schleifenverstärkung $|T(j\omega)|$ kleiner eins, wo die Phase der Schleifenverstärkung Ph $T(j\omega)$ = -180° ist. Wenn der Punkt $|T(j\omega)| = 1$ näher an die Frequenz gebracht wird, wo die Phasenlage Ph $T(j\omega)$ = -180° beträgt, hat die Anordnung einen geringeren Stabilitätsspielraum. Diesen Spielraum können wir auf 2 Wegen spezifizieren. Der übliche Weg ist die Definition des Phasenrandes.

Der *Phasenrand* ist gegeben durch die Addition von 180° zum Phasenwinkel der Schleifenverstärkung bei der Frequenz, bei der der Betrag der Schleifenverstärkung $|T(j\omega)| = 1$ geworden ist. Dieser Phasenrand ist in Bild 6.9 eingezeichnet und muß größer Null sein, damit Stabilität herrscht.

Ein anderes Maß ist der *Amplitudenrand.* Hier muß die Schleifenverstärkung kleiner 0 dB sein, wenn der Phasenwinkel zu -180° geworden ist.

Die Größe des Phasenrandes ist ein wichtiges Kriterium. Bei der einfachen Verstärkeranordnung zu Beginn des Kapitels, deren Leerlaufverstärkungsfunktion nur einen einzigen Pol enthielt, ist der Phasenrand mindestens 90°, und damit handelt es sich um eine stabile Anordnung. Der Phasenrand bestimmt den Verlauf des Amplitudenganges der geschlossenen Schleife in der Nähe des Punktes ω_0, wo die Schleifenverstärkung $|T(j\omega)| = 1$ geworden ist. Ist der Phasenrand zu gering, tritt Überschwingen (engl. „Peaking“) auf. Der Verlauf des Amplitudenganges für verschiedene Phasenränder ist in Bild 6.10 aufgetragen.

Die Frequenz ist auf den Wert normiert, bei dem der Betrag der Schleifenverstärkung zu eins geworden ist. Wenn der Phasenrand kleiner wird, erhöht sich die Verstärkungsspitze (Peak), bis sie unendlich wird und die Schaltung schwingt. Den optimalsten Verlauf erreichen wir bei einem Phasenrand von 60°.

Für die Anordnung nach Bild 6.9 war der Phasenrand groß genug, und damit war die Anordnung stabil. Wenn wir nun den Grad der Gegenkopplung vergrößern, in dem wir f größer machen (und damit A_0, die äußere Verstärkung, kleiner machen), kann es dazu kommen, daß die Anordnung schwingt. Wir müssen den Verstärker durch eine geeignete Maßnahme stabilisieren. Diesen Vorgang nennen wir „Kompensation des Frequenzgangs“. Dazu gibt es verschiedene Methoden.

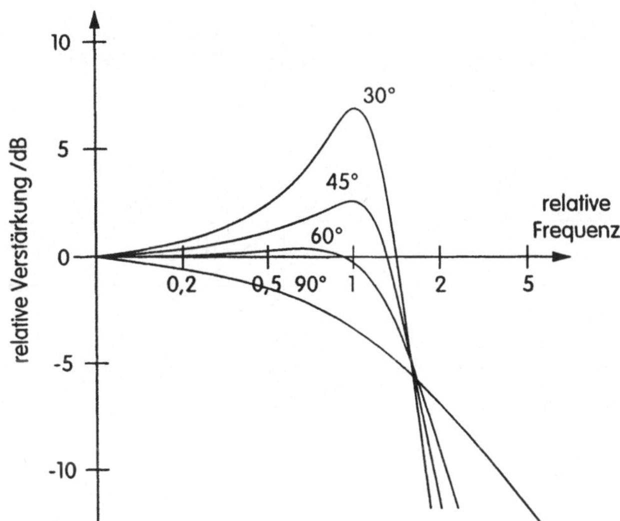

Bild 6.10 Normierte Verstärkung eines gegengekoppelten Verstärkers als Funktion der normierten Frequenz für verschiedene Phasenränder

Dominant-Pol-Kompensation

Die einfachste und die üblichste Methode zur Kompensation ist es, die Bandbreite des Operationsverstärkers zu reduzieren. Das erreichen wir durch Schaffung eines dominanten Pols in der Übertragungsfunktion des Operationsverstärkers. Dieser dominante Pol sorgt dafür, daß die Schleifenverstärkung gegen eins geht, solange die Phasenverschiebung noch geringer als -180° ist. Damit wird natürlich direkt das Frequenzverhalten des Operationsverstärkers beeinflußt.

Die universellste Kompensation des Frequenzganges erhalten wir, wenn wir die Anordnung für $f = 1$ kompensieren (äußere Verstärkung der Gesamtschaltung $A_0 = 1$). In diesem Fall ist die Schleifenverstärkung identisch mit der Leerlaufverstärkung des Operationsverstärkers.

Nehmen wir nun diesen Fall an, und nehmen wir ferner an, daß die Leerlaufverstärkung des Operationsverstärkers die in Bild 6.11 gezeigte Charakteristik hat, so müssen wir den Pol bei der Frequenz $|p_1|$ zur Frequenz $|p_D|$ verschieben, um die Anordnung zu kompensieren (im englischen „lag compensation“ genannt). Durch die Schaffung dieses dominanten Pols bei der Frequenz $|p_D|$ in der Übertragungsfunktion der Leerlaufverstärkung des Operationsverstärkers, fällt die Verstärkung mit 20 dB/Dekade bis die Frequenz $|p_2|$ erreicht ist. In diesem Frequenzbereich wird sich der Phasenwinkel asymptotisch dem Wert -90° nähern.

Wählen wir die Frequenz $|p_D|$ so, daß bei der Frequenz $|p_2|$ die Verstärkung $|a(j\omega)| = 1$ ist, wie es in Bild 6.11 gezeigt wird, dann ist auch für den angenommenen Fall $f = 1$ die Schleifenverstärkung an dieser Stelle eins. Der Phasenrand ist in diesem Falle 45° und das bedeutet, daß die Anordnung stabil ist. Der unkompensierte Verstärker wäre an dieser Stelle für $f = 1$ instabil!

Der Preis für die Stabilität ist, daß der kompensierte Basisverstärker nur noch ein Verstärkungsbandbreitenprodukt von $|p_2|$ hat, was sehr viel niedriger ist als zuvor.

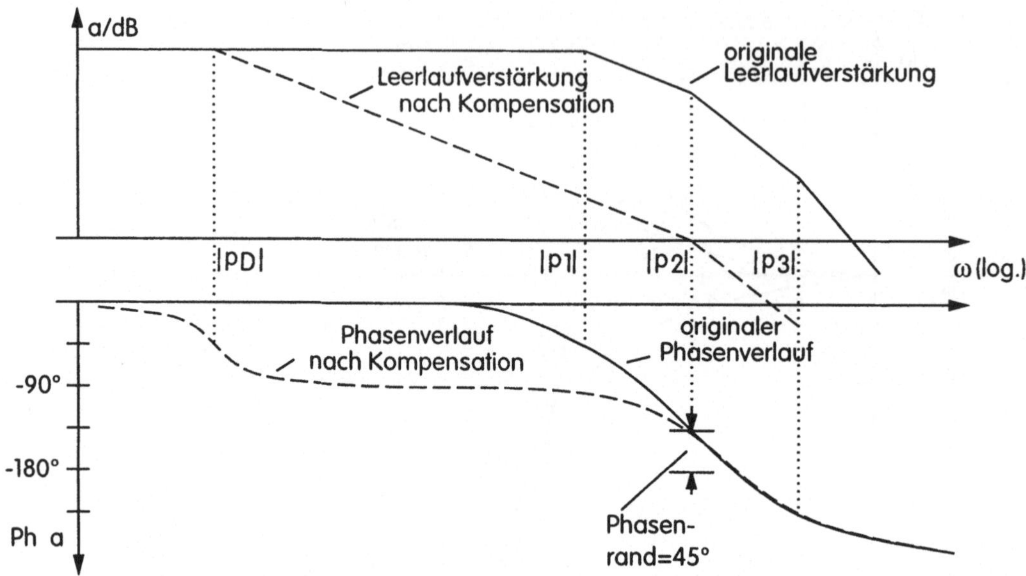

Bild 6.11 Das Prinzip der Dominant-Pol-Kompensation

Prinzipiell gibt es viele Möglichkeiten, den dominanten Pol in einer Operationsverstärkerschaltung zu schaffen. Wegen der niedrigen Frequenz des dominanten Pols erfordert das in der Regel hohe Kapazitätswerte. Am effektivsten ist es, wenn wir den Millereffekt an der meist hoch verstärkenden Zwischenstufe in Emitter- bzw. Source-Grundschaltung ausnutzen. Dann kommen wir schon mit kleinen Kapazitätswerten aus.

Als Beispiel für eine Frequenzgangkompensation nach dem Dominant-Pol-Prinzip soll uns die Schaltung eines einfachen Operationsverstärkers in CMOS-Technologie dienen, wie sie in Bild 6.12 dargestellt ist.

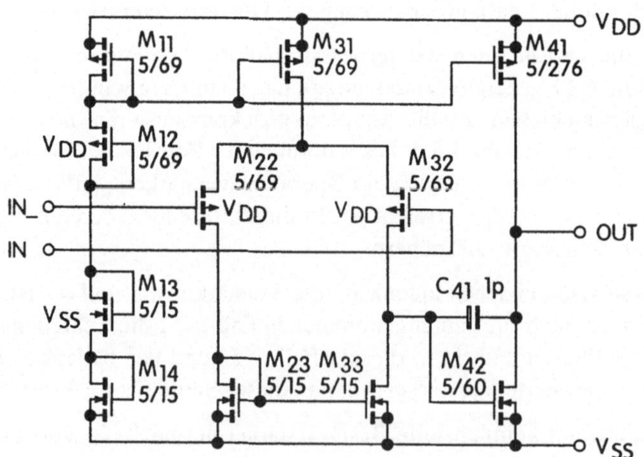

Bild 6.12 Schaltbild eines einfachen Operationsverstärkers in CMOS-Technologie mit Dominant-Pol-Kompensation

Der Differenzverstärker mit den Transistoren M22 und M32 wird gespeist aus der Stromquelle M31. Als aktive Last dient dem Differenzverstärker der Stromspiegel aus M23 und M33. Der Stromspiegel sorgt auch für Konvertierung des differentiellen Eingangssignals auf ein massebezogenes Signal. Transistor M42 führt das Signal zum Ausgang. Er arbeitet als Source-Grundschaltung mit der Stromquelle M41 als aktive Last. Am Transistor M42 setzt auch die Frequenzgangkompensation an. Durch die hohe Spannungsverstärkung dieser Stufe genügt eine kleine Kapazität von 1 pF zur Kompensation. Wir sprechen hier von einem zweistufigen Operationsverstärker, denn er besteht nur aus Differenzverstärker und Ausgangsverstärker. Die Transistoren M11 bis M14 dienen lediglich zur Einstellung des Arbeitspunktes für die Stromquellen. Dieser einfache Operationsverstärker hat eine Leerlaufverstärkung von ungefähr 45 entsprechend 33 dB. Durch die relativ niedrige Leerlaufverstärkung können wir hier zur Frequenzgangkompensation problemlos die Dominant-Pol-Methode einsetzen.

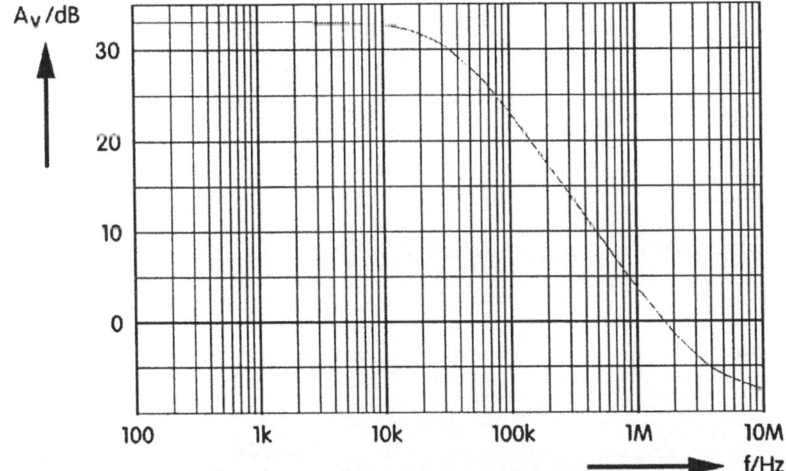

Bild 6.13 Amplitudengang des einfachen Operationsverstärkers nach Bild 6.12

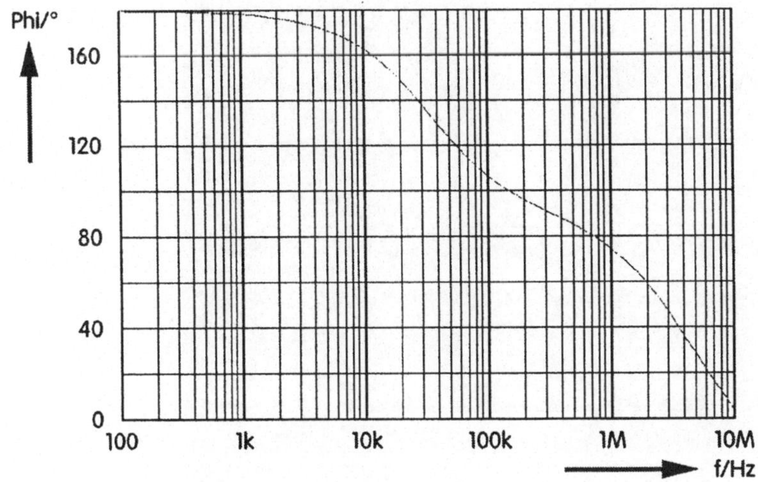

Bild 6.14 Phasengang des einfachen Operationsverstärkers nach Bild 6.12

Im Bild 6.13 ist der Amplitudengang über der Frequenz des kompensierten Operationsverstärkers gezeigt. Wir sehen, daß der dominante Pol ab einer Frequenz von ca. 30 kHz wirkt. Die Leerlaufverstärkung wird 0 dB bei einer Frequenz von ungefähr 2 MHz. Bei dieser Frequenz hat, wie im Bild 6.14 dargestellt ist, der Operationsverstärker einen Phasenrand von 60°. Der Operationsverstärker wird also auch als vollständig gegengekoppelter Spannungfolger noch stabil arbeiten.

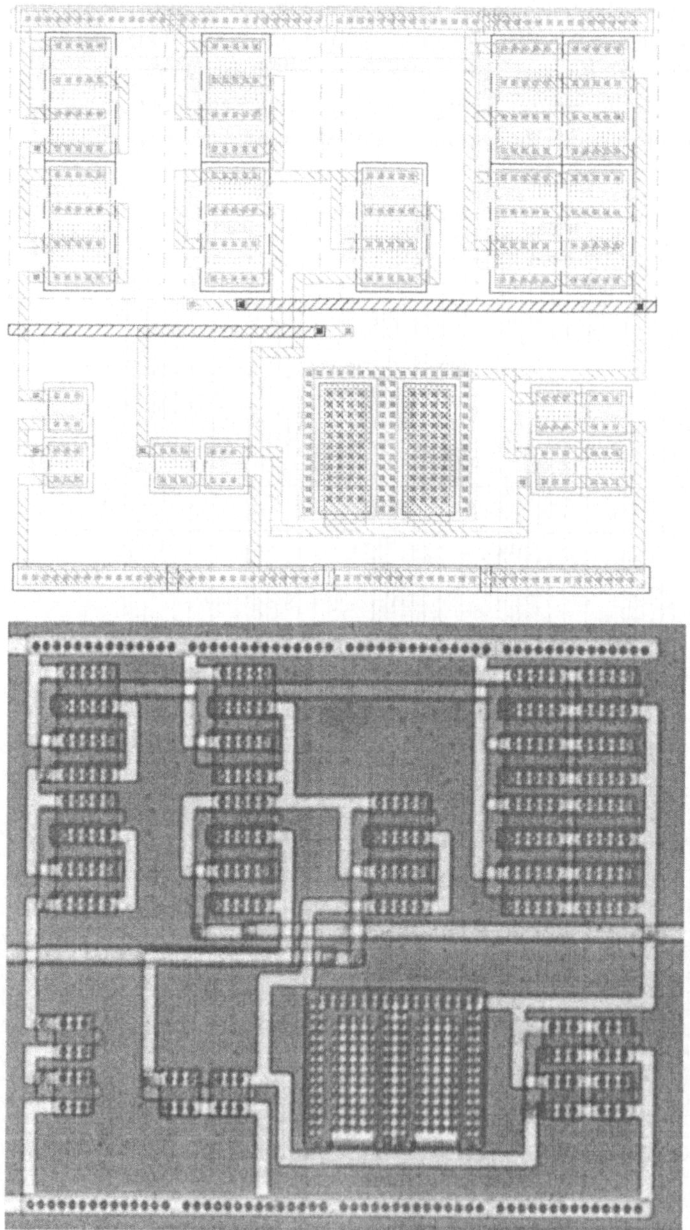

Bild 6.15 Layout und Chipfoto des einfachen CMOS-Operationsverstärkers nach Bild 6.12

Pol-Nullstellen-Kompensation (Lag lead compensation)

Wir haben vorhin gesehen, daß bei einem Operationsverstärker mit einer geringen Leerlaufverstärkung die Dominant-Pol-Kompensation wirkungsvoll eingesetzt werden kann. Wir hatten ein hohes Verstärkungs-Bandbreiten-Produkt und konnten die Kompensation mit einer kleinen Kapazität erreichen. Die Verhältnisse sehen anders aus, wenn wir einen Operationsverstärker aufbauen, wie er in Bild 6.16 dargestellt ist. Dieser Operationsverstärker zeichnet sich durch eine wesentlich höhere Leerlaufverstärkung aus. Wir werden später sehen, daß die Übertragungsfunktion dieses Operationsverstärkers eine Nullstelle aufweist, die sich in der rechten komplexen Halbebene befindet. Die Phasendrehung dieser Nullstelle verringert den Phasenrand zusätzlich. Daher ist es nicht möglich, die Kompensation mittels eines einfachen dominanten Pols durchzuführen. Die in der rechten Halbebene liegende Nullstelle muß durch eine entsprechende Nullstelle in der linken Halbebene kompensiert werden. Durch diese Maßnahme vergrößert sich wieder der Phasenrand, und wir bekommen einen stabilen Operationsverstärker.

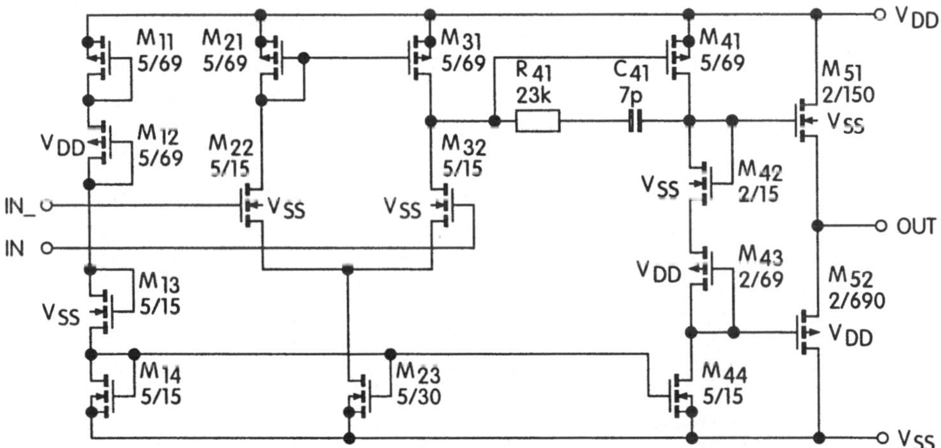

Bild 6.16 Schaltung eines zweistufigen Operationsverstärkers mit Ausgangspufferstufe in CMOS-Technologie

Wir wollen uns aber zuerst die Schaltung dieses Operationsverstärkers in CMOS-Technologie näher anschauen. Es handelt sich auch um einen zweistufigen Operationsverstärker, der allerdings um einen Ausgangspuffer erweitert wurde. Die erste Stufe ist der Differenzverstärker aus den Transistoren M_{22} und M_{32}, der von der Stromquelle M_{23} gespeist wird. Der Stromspiegel mit den Transistoren M_{21} und M_{31} dient dem Differenzverstärker als aktive Last. An den Drain-Anschlüssen der Transistoren M_{31} und M_{32} wird das Signal zur zweiten Stufe weitergeleitet. Diese besteht im wesentlichen aus dem in Source-Grundschaltung betriebenen Transistor M_{41} mit der Stromquelle M_{44} als aktive Last. Zwischen Drain und Gate des Transistors M_{41} finden wir die R-C-Kombination zur Frequenzgangkompensation. Die Transistoren M_{42} und M_{43} dienen zur Erzeugung der Vorspannung für die im AB-Betrieb arbeitenden Endstufentransistoren M_{51} und M_{52}. Die Transistoren M_{11} bis M_{14} dienen wieder zur Einstellung des Arbeitspunktes für die Stromquellen.

Schauen wir uns zunächst den Amplitudengang und den Phasengang des unkompensierten Operationsverstärkers an (Siehe Bild 6.17 und Bild 6.18). Der Operationsverstärker hat eine

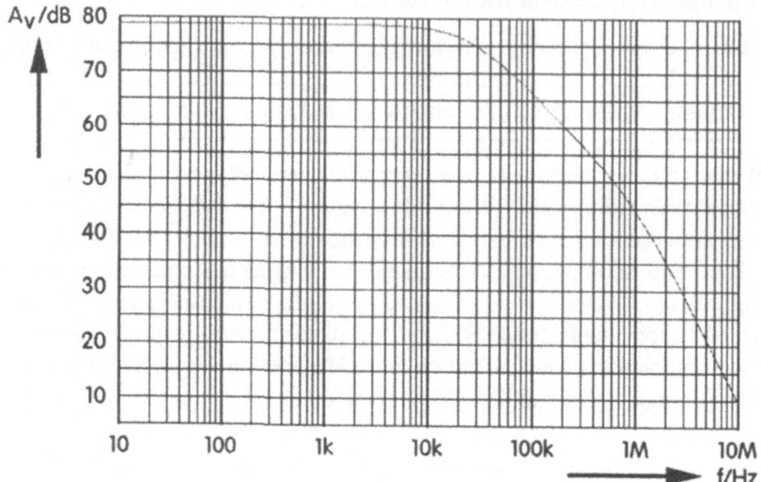

Bild 6.17 Leerlaufverstärkung des Operationsverstärkers nach Bild 6.16 in Abhängigkeit von der Frequenz

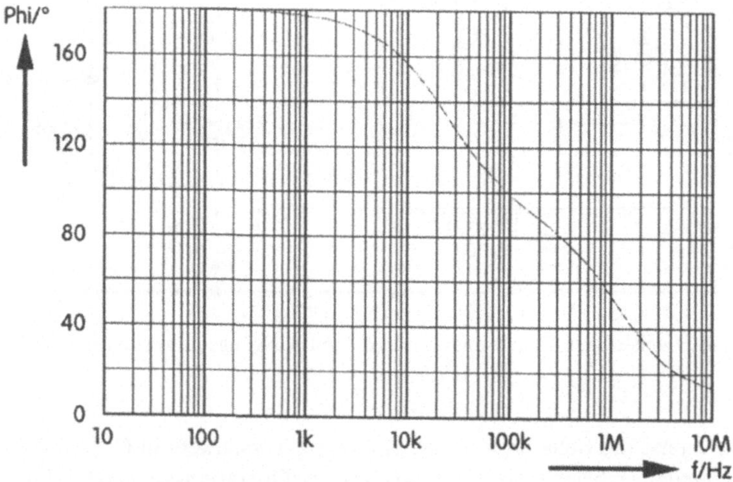

Bild 6.18 Phasengang des unkompensierten Operationsverstärkers nach Bild 6.16

Leerlaufverstärkung von knapp 80 dB. Die dargestellte Übertragungsfunktion weist einen Pol bei ca. 20 kHz und einen weiteren Pol bei ca. 1,5 MHz auf. Bei dem zweiten Pol beträgt die Verstärkung ungefähr 40 dB. Für eine korrekte Kompensation nach den Dominant-Pol-Prinzip müssen wir den ersten Pol in seiner Frequenz um zwei Dekaden tiefer schieben, damit die Verstärkung beim zweiten Pol zu 0 dB wird. Dies geschieht mit Hilfe eines Kondensators zwischen Drain und Gate des Transistors M_{41}. Unter Ausnutzung des Millereffektes wird dieser dominante Pol durch den RC-Tiefpaß bestimmt, der sich im wesentlichen aus der Parallelschaltung der Ausgangsleitwerte der Transistoren M_{31} und M_{32} sowie der um die Spannungsverstärkung des Transistors M_{41} vergrößerten Kapazität C_{41} ergibt. Der Ausgangswiderstand des Transistors M_{32} läßt sich mit $\lambda = 0{,}029\ V^{-1}$ und $I_D = 10\ \mu A$ mit Hilfe der Gleichung

2.91 zu 3,4 MΩ berechnen. Für den Transistor M31 erhalten wir mit $\lambda = 0{,}0423\ V^{-1}$ einen Widerstand von 2,36 MΩ. Die Simulation der Schaltung liefert uns für den Transistor M41 eine Spannungsverstärkung von 80 bzw. 38 dB. Wenn wir den dominanten Pol bei 200 Hz haben wollen, ergibt sich für die Kapazität von C41 folgender Wert:

$$C_{41} = \frac{(r_{o31} + r_{o32})}{2\pi f \cdot r_{o31} \cdot r_{o32} \cdot (|A_{v41}| + 1)} = \frac{(2{,}36 M\Omega + 3{,}4 M\Omega)}{2\pi 200 \cdot 2{,}36 M\Omega \cdot 3{,}4 M\Omega \cdot 81} = 7\,pF \tag{6.17}$$

Fügen wir nun diesen Kondensator in unsere Schaltung ein und schauen uns das Simulationsergebnis an, so stellen wir fest, daß wir zwar den Amplitudengang in der gewünschten Weise verändert haben, aber der Phasengang signalisiert uns, daß wir nach wie vor ein Problem haben.

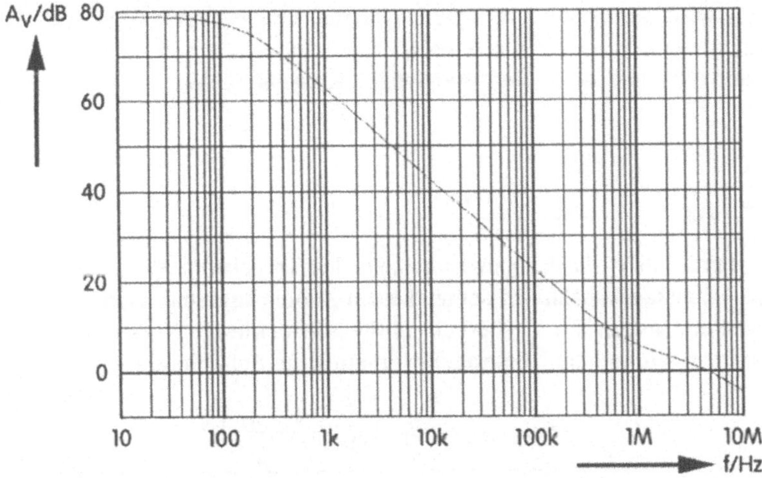

Bild 6.19 Amplitudengang nach Durchführung der Dominant-Pol-Kompensation

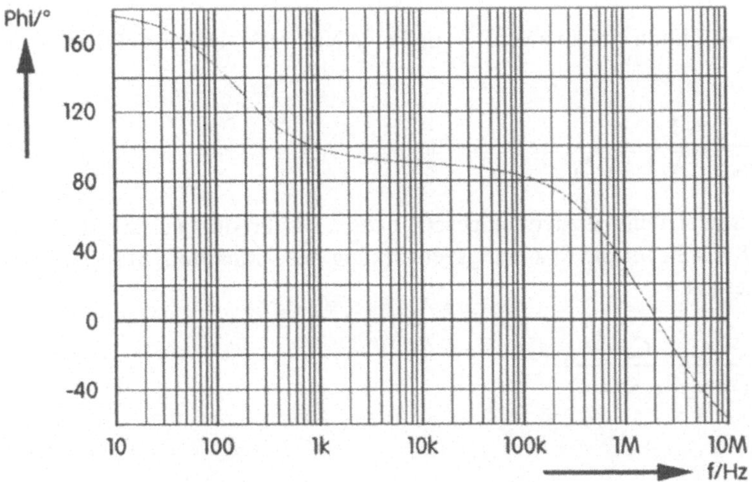

Bild 6.20 Phasengang nach Durchführung der Dominant-Pol-Kompensation

Um das Problem besser zu verstehen, schauen wir uns das Kleinsignalersatzschaltbild des Operationsverstärkers an.

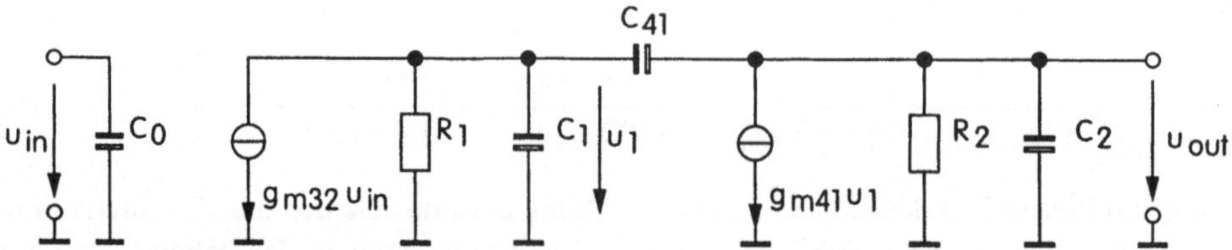

Bild 6.21 Kleinsignalersatzschaltbild des Operationsverstärkers nach Bild 6.16

Der Transistor M_{32} wird durch die Stromquelle $g_{m32}u_{in}$ und der Transistor M_{41} durch die Stromquelle $g_{m41}u_1$ modelliert. Der Widerstand R_1 repräsentiert die Summe der Ausgangsleitwerte von Transistor M_{31} und M_{32}. Der Widerstand R_2 steht für den Ausgangsleitwert des Transistors M_{41}:

$$R_1 = \frac{1}{g_{o31} + g_{o32}}; \quad R_2 = \frac{1}{g_{o41}} \tag{6.18}$$

Die Kapazität C_0 repräsentiert die Eingangskapazität des Transistors M_{32}. Die Kapazität C_1 vereint alle Aus- und Eingangskapazitäten der an diesem Knoten angeschlossenen Bauteile außer dem Kompensationskondensator C_{41}. C_2 berücksichtigt alle an diesem Knoten angeschlossenen Kapazitäten. Bestimmen wir nun die Übertragungsfunktion der Schaltung, so erhalten wir

$$\frac{u_{out}}{u_{in}} = \frac{g_{m32} \cdot g_{m41} \cdot R_1 \cdot R_2\left(1 - \frac{s \cdot C_{41}}{g_{m41}}\right)}{s^2 R_1 R_2\left[C_1 C_2 + C_{41}(C_1 + C_2)\right] + s\left[R_1(C_1 + C_{41}) + R_2(C_2 + C_{41}) + g_{m41} R_1 R_2 C_{41}\right] + 1} \tag{6.19}$$

Diese Übertragungsfunktion enthält zwei Pole und eine Nullstelle. Der erste Pol kann angenähert werden zu

$$p_1 \approx \frac{-1}{(1 + g_{m41} \cdot R_2) \cdot C_{41} R_1} \tag{6.20}$$

Es ist der dominante Pol, den wir zuvor eingesetzt hatten. Das Produkt aus der Steilheit g_{m41} und dem Widerstand R_2 steht für die Spannungsverstärkung des Transistors M_{41}. Den zweiten Pol können wir annähern zu

$$p_2 \approx \frac{-g_{m41} \cdot C_{41}}{C_2 C_1 + C_2 C_{41} + C_1 C_{41}} \tag{6.21}$$

Die Nullstelle befindet sich in der rechten komplexen s-Halbebene und läßt sich zu

$$z = \frac{g_{m41}}{C_{41}} \tag{6.22}$$

bestimmen. Am Simulationsergebnis (Bild 6.19) sehen wir, daß diese Nullstelle ungefähr auf derselben Frequenz zu liegen kommt wie der 0 dB-Punkt der Schleifenverstärkung. Da sich die Nullstelle in der rechten komplexen s-Halbebene befindet, wird der Phasenrand durch die Nullstelle zusätzlich verschlechtert. Wir können uns den Effekt so vorstellen: Das Ausgangssignal der ersten Stufe wird über den Kompensationskondensator direkt an den Ausgang der zweiten Stufe weitergeleitet und zwar ohne eine Phasendrehung um 180°. Dadurch verringert der Kompensationskondensator im Endeffekt den zu Verfügung stehenden Phasenrand. Abhilfe schafft die Beseitigung dieser Nullstelle bzw. das Einbringen einer Nullstelle mit der richtigen Phasenlage. Zur Beseitigung der Nullstelle müssen wir zum Kondensator C_{41} einen Widerstand R_{41} in Serie schalten. Der Wert dieses Widerstandes muß dann gleich dem reziproken Wert der Steilheit des Transistors M_{41} sein. In unserem Falle wäre das ein Widerstand mit R_{41} = 16,1 kΩ. Besser ist es allerdings, eine Nullstelle mit der richtigen Phasenlage einzubringen, weil sich dadurch der Phasenrand verbessern läßt. Die Frequenz der Nullstelle wäre in unserem Falle f = 1 MHz, und damit berechnet sich der Widerstand R_{41} zu

$$R_{41} = \frac{1}{2\pi f \cdot C_{41}} = \frac{1}{2\pi 1 \cdot 10^{6} \cdot 7 \cdot 10^{-12}} = 23k\Omega \tag{6.23}$$

Das Ergebnis dieser Pol-Nullstellen-Kompensation ist in Bild 6.22 und Bild 6.23 dargestellt. Wir können erkennen, daß wir durch das Einbringen der Nullstelle mit der richtigen Phasendrehung den Phasenrand auf ca. 70° verbessern konnten.

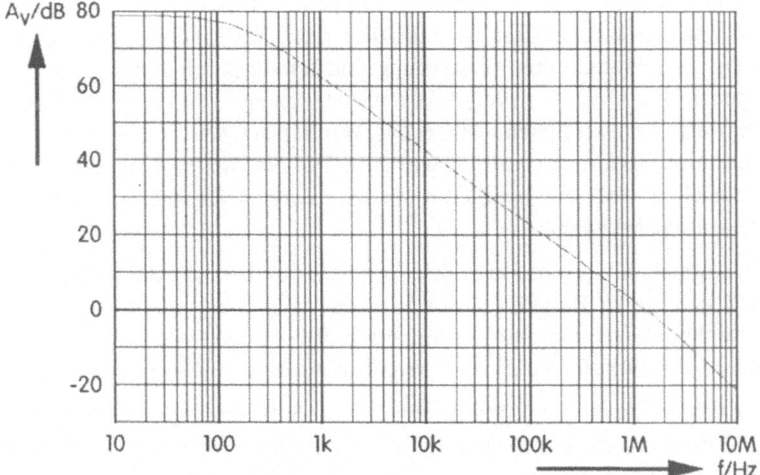

Bild 6.22 Amplitudengang des Operationsverstärkers nach Bild 6.16 nach Kompensation mit dominanten Pol und Nullstelle. Der 0 dB-Punkt der Schleifenverstärkung liegt bei ca. 1,5 MHz.

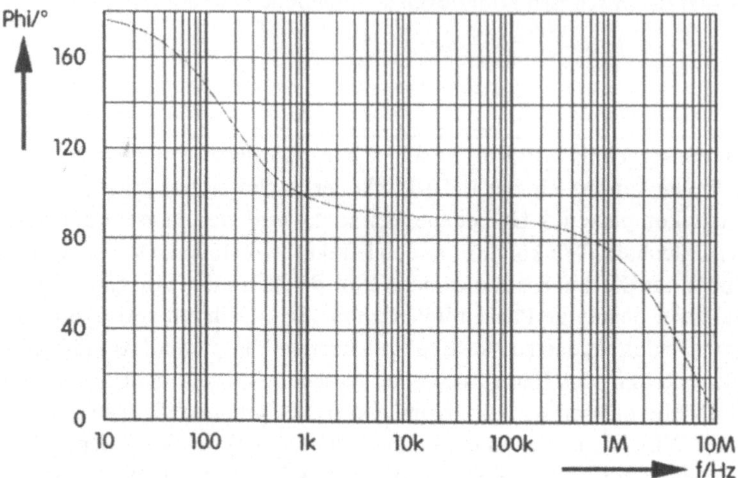

Bild 6.23 Phasengang des kompensierten Operationsverstärkers nach Bild 6.16. Durch das Einbringen der richtig drehenden Nullstelle hat sich der Phasenrand deutlich verbessert.

6.2 Current Feedback Amplifier

Ein Current-Feedback-Amplifier ist im Gegensatz zu einem klassischen Operationsverstärker ein Verstärker, bei dem statt einer Spannung ein Strom gegengekoppelt wird.

Diese Verstärker werden bevorzugt für Videoapplikationen eingesetzt, wo eine hohe Bandbreite und eine gute Stabilität benötigt wird. Ihr Vorteil ist, daß wir ihre äußere Verstärkung verändern können, ohne die Bandbreite oder die Stabilität zu beeinflussen.

Schauen wir uns den klassischen spannungsgegengekoppelten Operationsverstärker an. Ist dieser Operationsverstärker intern kompensiert, so reduziert sich die Bandbreite bei Erhöhung der äußeren Verstärkung. Das Produkt aus Verstärkung und Bandbreite bleibt konstant. Bei einem intern nicht kompensierten Operationsverstärker verschlechtert sich die Stabilität, wenn die äußere Verstärkung verringert wird (siehe Bild 6.24). Wir haben zwar die Möglichkeit, durch ein geeignetes Kompensationsverfahren (beispielsweise die Pol-Nullstellen-Kompensation) die Stabilität wieder herzustellen, aber wir benötigen für jede äußere Verstärkung ein entsprechend angepaßtes Kompensationsnetzwerk.

Bei einem gegengekoppelten Current-Feedback-Amplifier können wir die äußere Verstärkung variieren, ohne daß sich an der Bandbreite der äußeren Verstärkung oder an der Stabilität der Anordnung wesentliches ändert. Durch diese Eigenschaft benötigen wir selbst bei einer weiten Variation der äußeren Verstärkung nur einen einzigen Wert für den Kompensationskondensator.

Den prinzipiellen Aufbau eines stromgegengekoppelten Verstärkers zeigt Bild 6.25. Der Verstärker hat einen 1:1 Pufferverstärker zwischen dem invertierenden und dem nichtinvertierenden Eingang, der dafür sorgt, daß die Spannung an beiden Eingängen gleich ist. Der ideale Current - Feedback-Amplifier hat am invertierenden Eingang eine Impedanz von null und am nichtinvertierenden Eingang eine Impedanz von unendlich. Der Ausgang wird von einer stromgesteuerten Spannungsquelle getrieben. Die Ausgangsspannung des Verstärkers ist proportional zum Strom I_F, der in den invertierenden Eingang hineinfließt. Bei einer hohen Transimpedanz k und der gezeigten Außenbeschaltung kann der Strom I_F vernachlässigt werden, und es ergibt sich

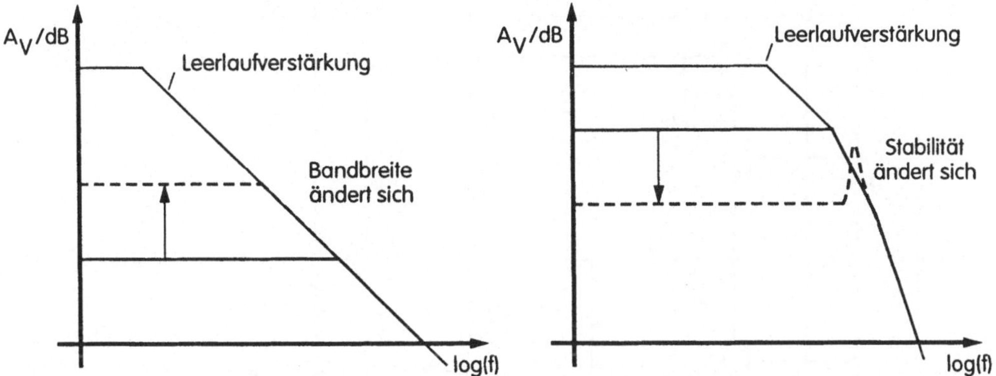

Bild 6.24 Bei einem intern kompensierten Operationsverstärker ändert sich die Bandbreite (links) und bei einem unkompensierten OP ändert sich die Stabilität (rechts), wenn die äußere Verstärkung verändert wird.

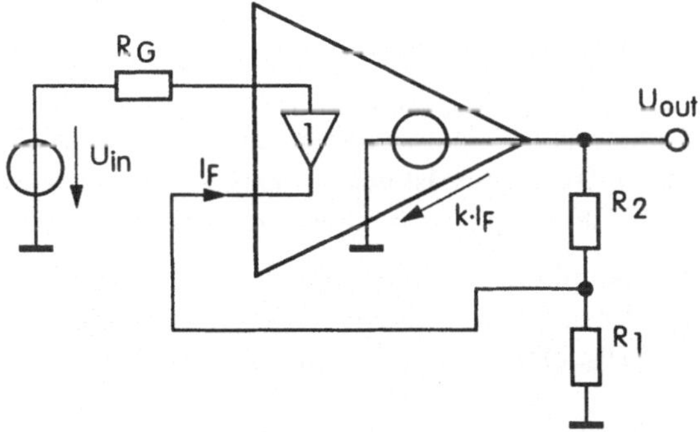

Bild 6.25 Prinzipschaltbild eines Current-Feedback-Amplifiers beschaltet als nichtinvertierender Verstärker

für die äußere Verstärkung die vom klassischen Operationsverstärker bekannte Beziehung für einen nichtinvertierenden Verstärker.

$$A_v = \frac{U_{out}}{U_{in}} = \frac{R_2 + R_1}{R_1} \tag{6.24}$$

Schauen wir uns das Innenleben eines Current-Feedback-Amplifier näher an. Ein Pufferverstärker verbindet den Eingang U_{in+} mit dem Eingang U_{in-}. Die Ströme durch die Treibertransistoren am Eingang U_{in-} dienen als Referenzströme für die Stromspiegel. Die gespiegelten Ströme erzeugen am Widerstand R_0 und an der Kapazität C_0 eine Spannung, die vom zweiten Pufferverstärker an die Ausgangsklemme U_{out} weitergegeben wird. Die Kapazität C_0 dient zur Frequenzgangkompensation des Current-Feedback-Amplifier. Der Widerstand R_0 repräsentiert den Eingangswiderstand des zweiten Pufferverstärkers.

Um den Rückkopplungsmechanismus zu verstehen, wollen wir einige Vereinfachungen annehmen. Erstens soll die Stromverstärkung ß der Transistoren unendlich sein. Weiterhin soll die Ausgangsimpedanz der Treibertransistoren T_1 und T_2 wesentlich kleiner sein als die Parallel-

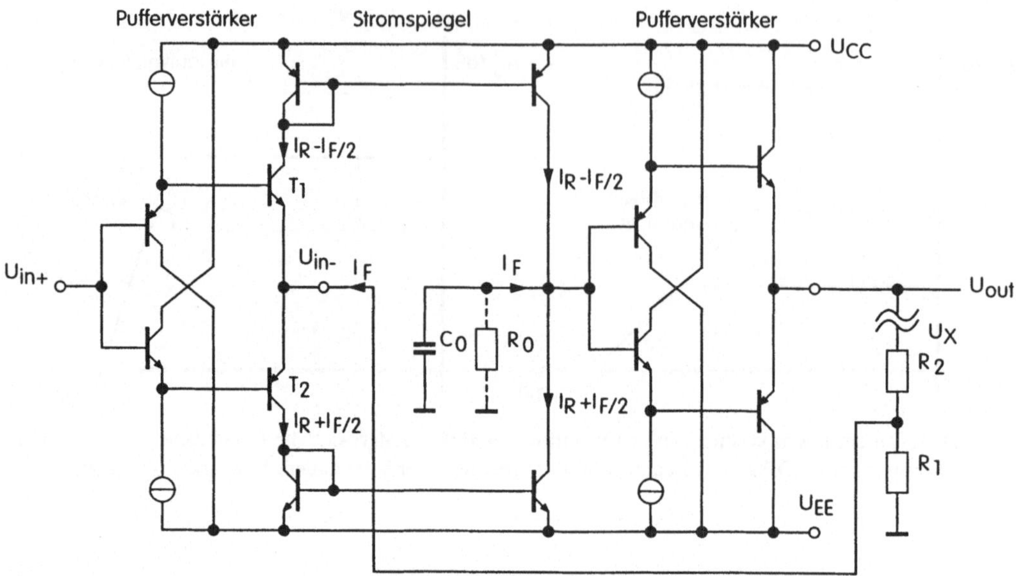

Bild 6.26 Detailierteres Schaltbild eines Current-Feedback-Amplifier

schaltung der Widerstände R_2 und R_1. Schließlich wollen wir annehmen, daß sich der rückgekoppelte Strom I_F gleichmäßig auf die beiden Treibertransistoren T_1 und T_2 aufteilt. Obwohl die gleichmäßige Aufspaltung des Stromes I_F nicht nötig ist, macht es doch die Erklärung einfacher.

Das Signal, das in den Current-Feedback-Amplifier zurückgekoppelt wird, ist der Strom I_F aus dem Rückkopplungsnetzwerk R_1 und R_2, der in die Emitter der Transistoren T_1 und T_2 fließt. Da wegen dem Pufferverstärker die Spannung U_{in-} gleich der Spannung U_{in+} ist, gilt für diesen Strom

$$I_F = I_{R_2} - I_{R_1} = \frac{U_{out} - U_{in+}}{R_2} - \frac{U_{in+}}{R_1} = \frac{U_{out}}{R_2} - U_{in+} \cdot \left(\frac{1}{R_1} + \frac{1}{R_2}\right). \tag{6.25}$$

Da die Stromverstärkung der Transistoren T_1 und T_2 unendlich sein soll, ist der Kollektorstrom von T_1 und T_2 gleich dem Querstrom I_R und einem Anteil am Rückkopplungsstrom $I_F/2$. Die Kollektorströme werden in den Stromspiegeln gespiegelt, deren Ausgangsströme sich am Widerstand R_0 und an der Kompensationskapazität C_0 aufsummieren. Der Widerstand R_0 ist hochohmig. Er bildet sich aus der Parallelschaltung der Ausgangswiderstände der Stromquellen mit den Eingangswiderständen der Emitterfolger des zweiten Pufferverstärkers. Die Schleifenverstärkung der Schaltung können wir ermitteln, indem wir am oberen Ende des Widerstandes R_2 die Schleife auftrennen und dort ein Signal U_x einspeisen. Die Schleife am oberen Ende von Widerstand R_2 aufzutrennen hat den Vorteil, daß wir den Fehler, der durch den Wegfall des Rückkopplungsnetzwerkes am niederohmigen Ausgang verursacht wird, vernachlässigen können. Die Schleifenverstärkung T ist durch das Verhältnis U_{out} zu U_x gegeben, wobei U_{in+} zu Null gesetzt wird. Mit dem Minuszeichen durch die Stromspiegelung ergibt sich dann

$$T(s) = -1 \cdot \frac{U_{out}}{U_x}. \tag{6.26}$$

Den Nenner von Gleichung 6.26 können wir mit Hilfe der Gleichung 6.25 finden, indem wir U_{in+} zu Null setzen und U_{out} durch U_x ersetzen.

$$U_x = I_F \cdot R_2 \tag{6.27}$$

Zur Ermittlung des Zählers benutzen wir den Spannungsabfall an R_0 und C_0 und erhalten

$$U_{out} = \frac{-I_F}{sC_0 + 1/R_0}. \tag{6.28}$$

Das Zusammenführen der beiden Gleichungen liefert uns die frequenzabhängige Schleifenverstärkung

$$T(s) = \frac{R_0/R_2}{1+sC_0R_0} \approx \frac{1}{sC_0R_2} \tag{6.29}$$

wobei die Näherung für hohe Frequenzen gilt. Wir sehen, daß das höherfrequente Verhalten der Schleifenverstärkung vom Widerstand R_1 unabhängig ist. Wir können daher R_1 zur Einstellung der äußeren Verstärkung in einem weiten Rahmen ändern, ohne daß sich die Frequenz, bei der die Schleifenverstärkung zu eins wird, ändert oder daß sich die Stabilität der Schaltung ändert. Die Frequenz, bei der die Schleifenverstärkung zu eins wird, erhalten wir zu

$$\omega_t = \frac{1}{C_0R_2}. \tag{6.30}$$

Zur Bestimmung der äußeren Verstärkung brauchen wir nur Gleichung 6.28 in Gleichung 6.25 einzusetzen und bekommen

$$A_v(j\omega) = \frac{U_{out}}{U_{in}} = \frac{1/R_1 + 1/R_2}{j\omega C_0 + 1/R_2 + 1/R_0} = \frac{R_0(R_1+R_2)}{(R_0+R_2)R_1}\frac{1}{1+j\omega C_0(R_0\|R_2)}. \tag{6.31}$$

Da R_0 typischerweise wesentlich größer als R_2 ist, vereinfacht sich die Gleichung zu

$$A_v(j\omega) \approx \frac{R_1+R_2}{R_1}\left(\frac{1}{1+j\omega C_0R_2}\right). \tag{6.32}$$

Die 3 dB-Grenzfrequenz der äußeren Verstärkung wird dann

$$\omega_{-3dB} = \frac{1}{C_0R_2}. \tag{6.33}$$

Diese Frequenz ist dieselbe wie die Frequenz, bei der die Schleifenverstärkung zu eins wird. Sie ist unabhängig von R_1 und der niederfrequenten äußeren Verstärkung. Die Kapazität C_0 kann für einen gegebenen Widerstand R_2 optimiert werden und bleibt auch in erster Näherung optimal, unabhängig von R_1 bzw. der Wahl der äußeren Verstärkung. Diese Unabhängigkeit ist einer der Hauptvorteile bei der Nutzung von Current-Feedback-Amplifier. Speziell läßt sich eine hohe Bandbreite bei hoher Verstärkung erzielen, also ein großes Verstärkungsbandbreitenprodukt.

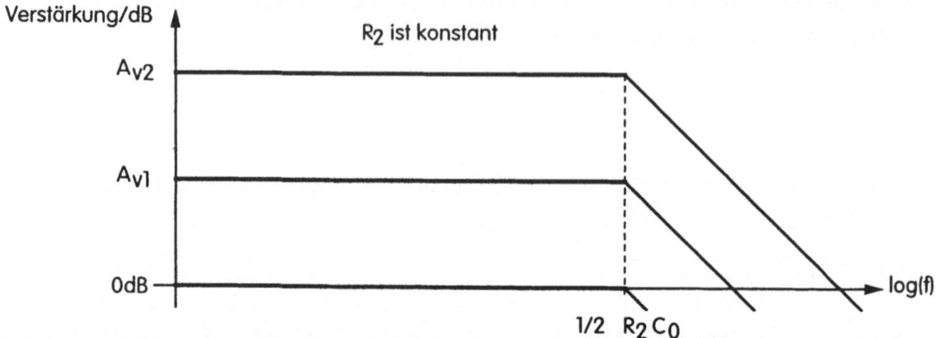

Bild 6.27 Bei einem Current-Feedback-Amplifier bleibt die Bandbreite konstant, wenn die Verstärkung geändert wird.

Ein Beispiel: Ein Verstärker mit einer äußeren Verstärkung von eins und einer 3dB-Frequenz von 100MHz hat ein Verstärkungsbandbreitenprodukt von 100MHz. Derselbe Verstärker kann nun eine äußere Verstärkung von 20 haben, aber die 3dB-Frequenz ist nach wie vor bei 100MHz, daher ist in diesem Fall das Verstärkungsbandbreitenprodukt gleich 2GHz! Dabei muß bemerkt werden, daß die Verstärkung oberhalb von 100MHz etwas stärker als mit -20dB/Dekade abfällt, da die nichtdominanten Pole etwas oberhalb von 100MHz zum Tragen kommen.

Für den praktischen Einsatz von Current-Feedback-Amplifier müssen wir uns vergegenwertigen, daß in erster Linie der Widerstand R_2, also der Widerstand zwischen Ausgang und invertierendem Eingang, für die Stabilität der Anordnung verantwortlich ist. Dieser Widerstand sollte auch wirklich ein Widerstand sein und keine kapazitiven Elemente enthalten. Eine Erhöhung dieses Widerstandes verlangsamt den Current-Feedback-Amplifier und macht die Anordnung stabiler. Wenn beispielsweise der Verstärker aufgrund kapazitiver Belastung zum Überschwingen neigt, müssen wir den Wert von R_2 erhöhen. Im folgenden einige Beispielschaltungen, die uns zeigen sollen, wie man Current-Feedback-Amplifier richtig einsetzt. Der Anschaulichkeit halber im Vergleich mit der klassischen Operationsverstärkerschaltung.

Einstellung der Verstärkung

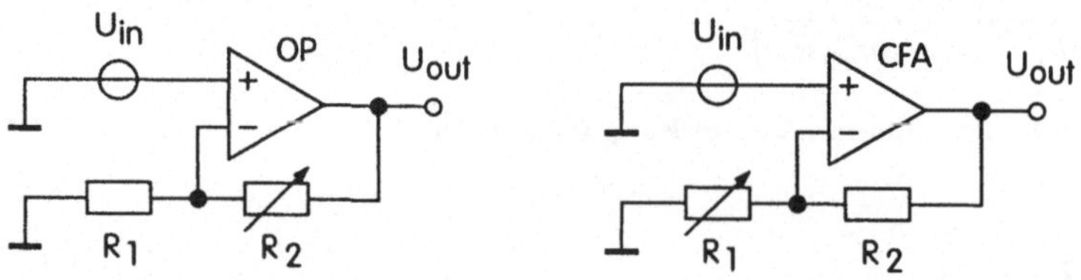

Bild 6.28 Einstellung der Verstärkung bei einem Operationsverstärker (links) und bei einem Current-Feedback-Amplifier (rechts)

Bei einem Standardoperationsverstärker können wir die äußere Verstärkung entweder durch Variation von Widerstand R_1 oder Widerstand R_2 verstellen. Die einzige Beschränkung ist die Belastung des Operationsverstärkerausganges durch das Rückkopplungsnetzwerk. Bei einem Current-Feedback-Amplifier darf der Widerstand R2 nicht variiert werden. Wäre der Widerstand

R_2 ein Potentiometer, würde sich die Bandbreite der äußeren Verstärkung verringern, wenn die Verstärkung verkleinert wird. Der Current-Feedback-Amplifier wird schwingen, wenn wir den Widerstand R_2 zu klein machen.

Reduktion der Bandbreite

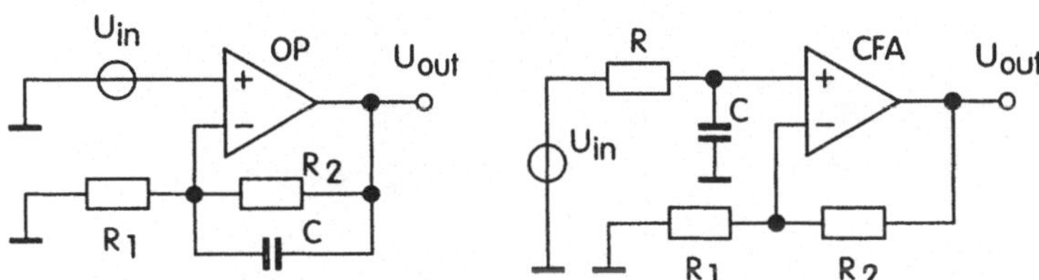

Bild 6.29 Reduzierung der Bandbreite bei einem Operationsverstärker (links) und bei einem Current-Feedback-Amplifier (rechts)

Bei einem Standardoperationsverstärker ist es üblich, parallel zu R2 eine kleine Kapazität zu schalten. Das funktioniert bei allen Operationsverstärkern, die intern kompensiert sind. Bei einem Current-Feedback-Amplifier darf niemals eine, auch wenn noch so kleine, Kapazität zwischen invertierenden Eingang und irgendeinen Punkt der Schaltung angeschlossen werden, besonders nicht an den Ausgang des Current-Feedback-Amplifier. Der Kondensator am invertierenden Eingang wird Überschwinger oder Oszillationen hervorrufen. Wenn wir die Bandbreite reduzieren möchten, dann sollten wir einen RC-Tiefpaß am nichtinvertierenden Eingang benutzen. Diese Technik reduziert auch bis zu einem gewissen Grade die Wirkung der Streukapazitäten am invertierenden Eingang. Unglücklicherweise reduziert diese Methode nicht das Rauschen am Verstärkerausgang, so wie das bei einem Operationsverstärker der Fall wäre.

Integrator

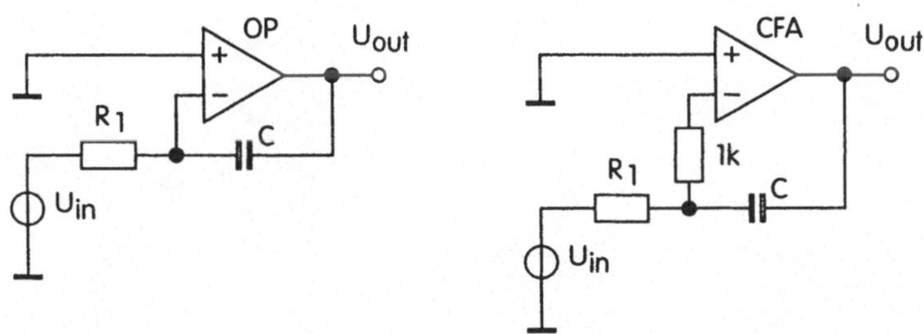

Bild 6.30 Realisierung eines Integrators mit einem Operationsverstärker (links) und mit einem Current-Feedback-Amplifier (rechts)

Ein Integrator ist die einfachste Schaltung bei einem Operationsverstärker. Wenn wir sie bei einem Current-Feedback-Amplifier einsetzen wollen, müssen wir die Schaltung zuvor modifizieren. Da der invertierende Eingang immer einen Widerstand sehen will, müssen wir solch einen zur Standardschaltung dazu addieren. Es entsteht ein neuer Summationsknoten, an dem der Rückkopplungskondensator dann angeschlossen werden kann. Diese neue Schaltung arbeitet so, wie wir es von ihr erwarten. Sie hat eine exzellente Großsignalfähigkeit und die richtige Phasenverschiebung bei hohen Frequenzen.

Beispielhaft ist in den folgenden Bildern ein Current-Feedback-Verstärker in CMOS-Technologie gezeigt.

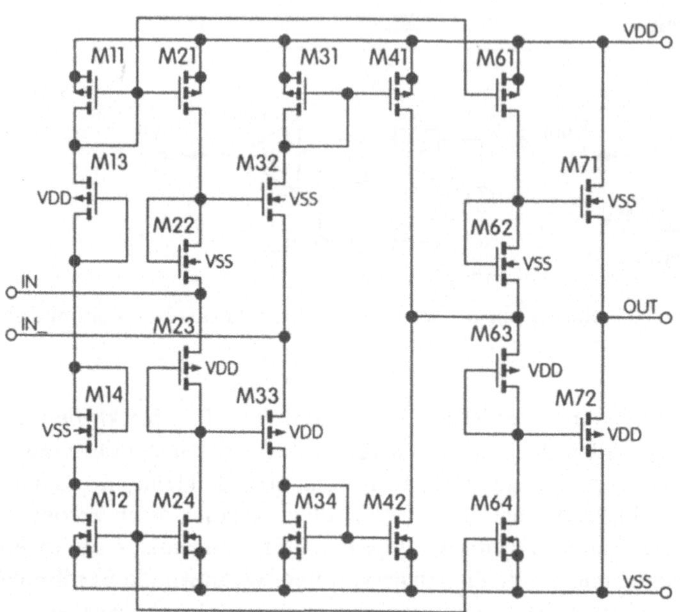

Bild 6.31 Schaltplan eines Current-Feedback-Verstärkers in CMOS-Technologie

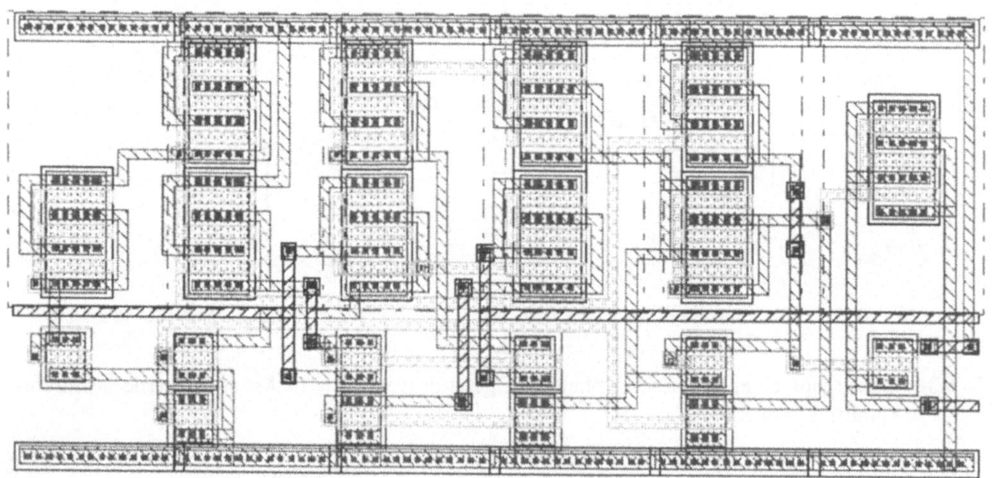

Bild 6.32 Layout des Current-Feedback-Verstärkers nach Bild 6.31

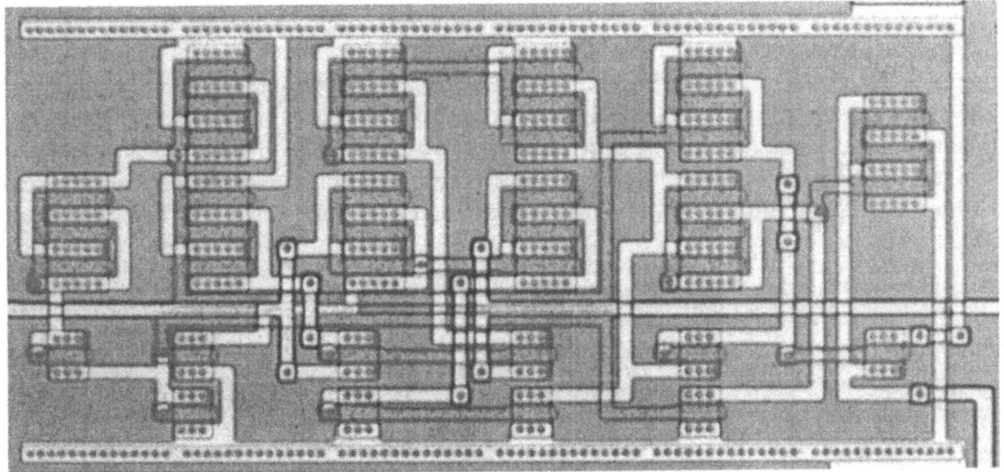

Bild 6.33 Chipfoto des Current-Feedback-Verstärkers nach Bild 6.31

6.3 Transconductance-Verstärker (Leitwertverstärker)

Eine interessante Variante programmierbarer Verstärker stellt der Transconductance-Verstärker dar. Transconductance steht für Übertragungsleitwert und dieser spielt bei der Einstellung der Verstärkung eine Rolle. Die Verstärkung von Transconductance-Verstärkern wird nämlich nicht durch eine Gegenkopplung sondern durch einen Leitwert eingestellt. Dadurch entfallen Stabilitätsprobleme, wie sie beispielsweise bei Operationsverstärkern auftreten. Durch seinen einfachen Aufbau erreicht der Transconductance-Verstärker hohe Bandbreiten und ist damit für Videoapplikationen prädestiniert. Wir wollen uns das Funktionsprinzip an einem vereinfachten Schaltbild verdeutlichen.

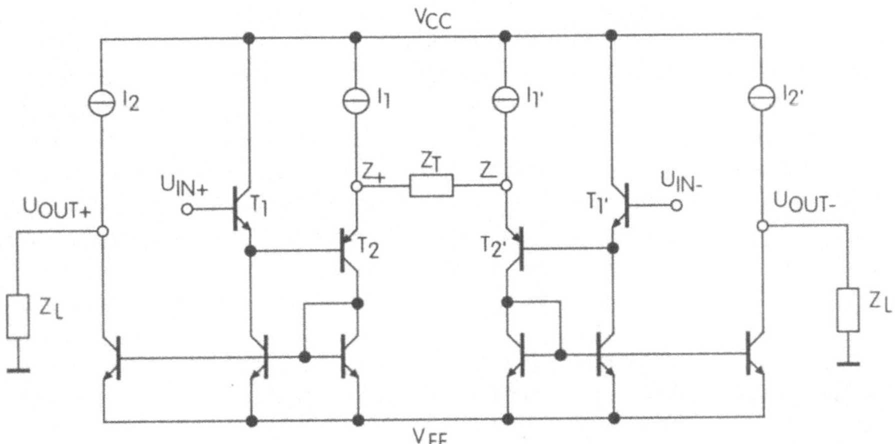

Bild 6.34 Vereinfachtes Funktionsschaltbild eines Transconductance-Verstärkers

Im wesentlichen besteht der symmetrisch aufgebaute Transconductance-Verstärker aus zwei Stromspiegeln. Zwischen den beiden Anschlüssen Z_+ und Z_- befindet sich eine externe Impedanz

Z_T, mit der wir die Verstärkung einstellen können. Die Transistoren T_1, T_2 und T_1‘, T_2‘ sind als komplemetäre Emitterfolger geschaltet. Sie sorgen dafür, daß das Potential zwischen U_{IN+} und Z_+ bzw. zwischen U_{IN-} und Z_- gleich bleibt. Solange die Spannung zwischen den Eingängen U_{IN+} und U_{IN-} gleich null ist, ergibt sich keine Spannungsdifferenz über der externen Impedanz Z_T, und die Ströme der Stromquellen I_1 und I_1‘ werden vollständig in den jeweiligen Stromspiegeln gespiegelt. Da die Stromquellen I_2 und I_2‘ denselben Strom liefern, tritt an den Klemmen I_{OUT+} bzw. I_{OUT-} keine Stromdifferenz auf, und an den externen Lastelementen wird keine Spannung abfallen.

Die Situation ändert sich, wenn wir zwischen den Eingängen U_{IN+} und U_{IN-} eine Spannung anlegen. Die Emitterfolger sorgen dafür, daß an der Impedanz Z_T dieselbe Spannung anliegt. Es fließt ein Strom durch Z_T, der der Spannungsdifferenz proportional ist. Der Stromfluß verändert die Balance zwischen den beiden Stromspiegeln. Je nach Polarität der angelegten Spannung bekommt einer der Stromspiegel mehr Strom und der andere weniger Strom. Da die Stromquellen I_2 und I_2‘ konstanten Strom liefern, entstehen am Knoten I_{OUT+} und am Knoten I_{OUT-} jeweils eine Stromdifferenz, die einen entsprechenden Spannungsabfall am externen Lastelement hervorruft. Die Ausgangsspannung U_{OUT} ist somit proportional der auftretenden Stromdifferenz, wobei das Lastelement Z_L als Proportionalitätsfaktor wirkt. Die Stromdifferenz wiederum ist proportional zur Eingangsspannung mit dem Kehrwert der externen Impedanz Z_T als Proportionalitätsfaktor. Es gilt:

$$U_{OUT} = K \cdot \frac{Z_L}{Z_T} \cdot U_{IN} = K \cdot Z_L \cdot Y_T \cdot U_{in} \tag{6.34}$$

Meist arbeiten die Stromspiegel mit einem konstanten Verstärkungsfaktor K, der in der Größenordnung zwischen vier und acht liegt. Da die Lastimpedanz in einer Applikation meist vorgegeben ist, werden wir die Verstärkung über die Admittanz $Y_T=1/Z_T$ einstellen. Das hat diesem Verstärker seinen Namen gegeben.

Der Transconductance-Verstärker hat eine hohe Eingangsimpedanz, denn das Einggangssignal wird über Emitterfolger eingekoppelt. Eine hohe Bandbreite garantieren die geringe Anzahl der aktiven Bauelemente und die Tatsache, daß die Signalführung nur über die Umleitung von Strömen geschieht, und damit Sättigungseffekte ausgeschlossen sind. Da der Verstärker ohne Gegenkopplung arbeitet, haben wir auch nicht die Stabilitätsprobleme zu erwarten, die bei Operationsverstärkern durch fehlende oder nicht richtig angepaßte Frequenzgangkompensation entstehen. Da das Ausgangssignal des Transconductance-Verstärkers ein Strom ist, können auch kapazitive Lasten keine Stabilitätsprobleme verursachen. Außerdem lassen sich dadurch die Ausgänge mehrere Verstärker problemlos zu einer Summationsstufe zusammenschalten. Werden die Stromquellen I_1, I_1‘ und I_2, I_2‘ in einer Weise ausgeführt, daß sie über ein externes Signal schaltbar sind, so läßt sich damit der gesamte Verstärker ein- und ausschalten. Durch alle diese Eigenschaften eignet sich der Transconductance-Verstärker besonders für Applikationen im Videobereich und als schneller Meßverstärker. Durch seine differentielle Anordnung können wir ihn auch als Hochgeschwindigkeitstreiber und -empfänger für verdrillte Übertragungsleitungen (Twisted Pair) einsetzen.

Auf den nächsten Bildern ist solch ein, in CMOS aufgebauter, Transconductance-Verstärker dargestellt.

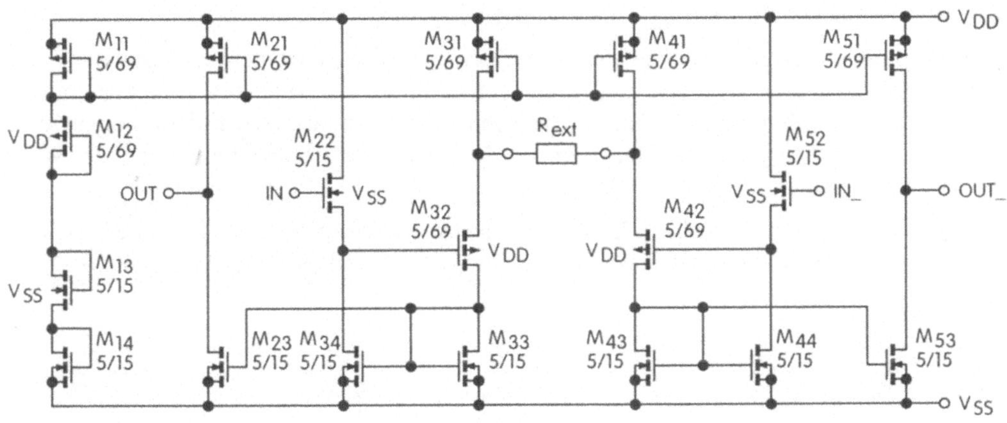

Bild 6.35 Transconductance-Verstärker in CMOS-Technologie

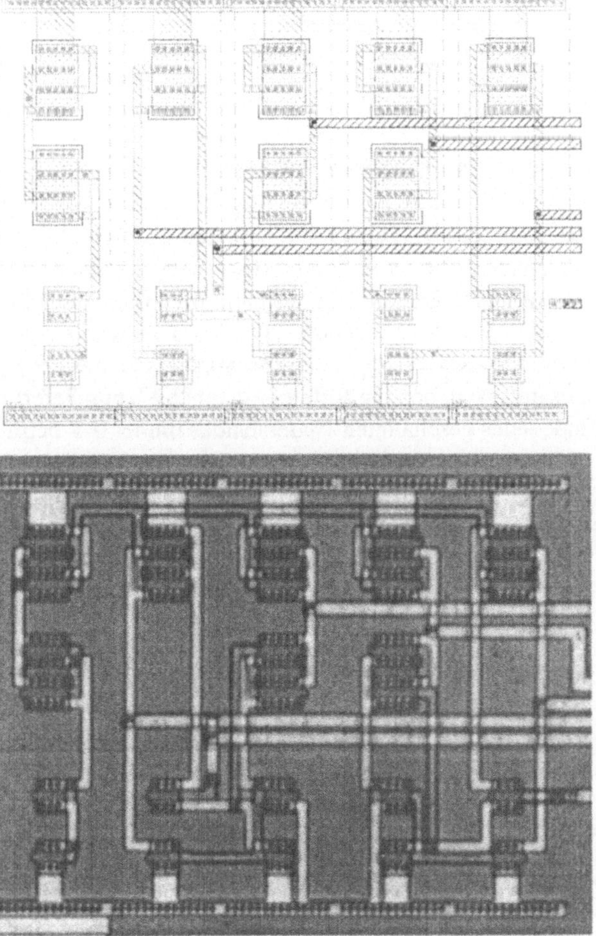

Bild 6.36 Layout und Chipfoto des Transconductance-Verstärkers nach Bild 6.35

6.4 D/A-Wandler

Analog-Digital- und Digital-Analog-Wandler spielen in der Zeit zunehmender Digitalisierung als Bindeglied zur analogen Welt eine ganz entscheidene Rolle. Das Thema ist jedoch so umfangreich, daß es den Rahmen dieses Buches sprengen würde, um ausführlich darauf eingehen zu können. Daher sind folgende Ausführungen auf die beispielhafte Behandlung populärer Wandlertypen beschränkt.

Dazu gehört bei den D/A-Wandlern die als R-2R-Netzwerk benannte Achitektur. Sie besteht aus einem Netzwerk von Widerständen, deren Werte zwischen R und 2R abwechseln. Bild 6.37 zeigt das Prinzip.

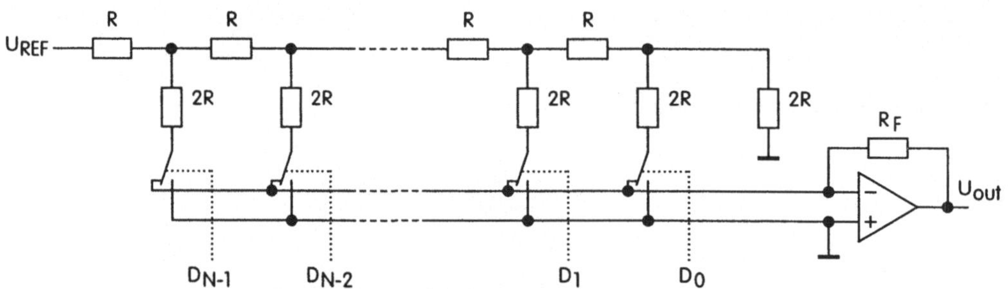

Bild 6.37 Prinzip des D/A-Wandlers mit R-2R-Netzwerk

Beginnen wir am rechten Ende des Netzwerkes. Wir stellen fest, daß der Widerstandswert, den wir von jedem Knoten aus nach rechts in Richtung Masse sehen, immer 2R beträgt. Der digitale Eingang bestimmt, ob die Widerstände mit Masse (nicht invertierender Eingang des OPs) oder mit dem invertierenden Eingang des OPs verbunden werden. Jede Knotenspannung hat ein festes, binär gewichtetes Verhältnis zur Referenzspannung V_{REF}, das sich aus der Spannungsteilung im Netzwerk ergibt. Der Gesamtstrom, den die Referenzspannung V_{REF} liefert, ist konstant, da das Potential am unteren Ende jedes geschalteten Widerstandes immer 0 V beträgt (entweder Masse oder virtuelle Masse). Daher bleiben die Knotenspannungen immer konstant, egal welcher Wert am digitalen Eingang anliegt. Die Ausgangsspannung ist abhängig vom Strom, der durch den Gegenkopplungswiderstand R_F fließt.

$$U_{out} = -I_{ges} \cdot R_F \tag{6.35}$$

Der Strom I_{ges} ist die Summe aus den Strömen, die durch den digitalen Eingang gewählt wurden.

$$I_{ges} = \sum_{k=0}^{N-1} D_k \cdot \frac{U_{REF}}{2^{N-k}} \cdot \frac{1}{2R} \tag{6.36}$$

D_k ist das k-te Bit des digitalen Eingangswertes, das entweder 0 oder 1 sein kann.

Bild 6.38 zeigt den Schaltplan eines im Rahmen einer Projektgruppenarbeit entstandenen 4 Bit-D/A-Wandlers in CMOS-Technologie. Die Projektgruppe hatte die Widerstände durch entsprechend dimensionierte Transistoren ersetzt.

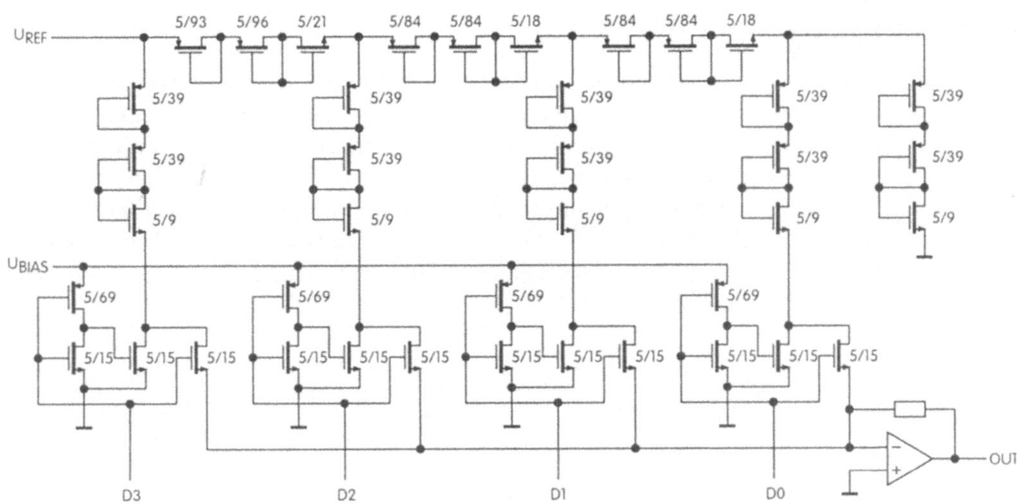

Bild 6.38 Schaltbild eines 4 Bit D/A-Wandlers nach dem Prinzip des R-2R-Netzwerkes

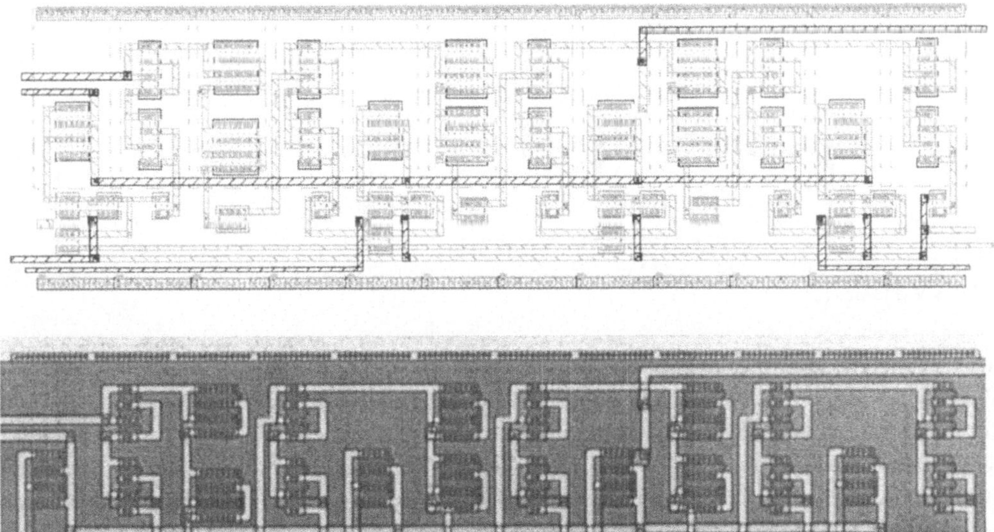

Bild 6.39 Layout und Chipfoto des Wandlers nach Bild 6.38

6.5 A/D-Wandler

Eine hohe Popularität hat, vor allem durch Anwendung in der digitalen Audiotechnik, der Sigma-Delta-Wandler erreicht. Er gehört zu der Klasse der „Oversampling Converter", d.h. der Wanlder arbeitet mit einem Vielfachen (ca. Faktor 100) der Nutzabtastrate. Der Wandler quantisiert nur 1 Bit und erzielt durch Färbung des Quantisierungsrauschens für das Nutzsignal einen hohen Signal-Rauschabstand. Färbung heißt, daß das Quantisierungsrauschen über die Frequenz nicht gleich verteilt ist, vielmehr hat das Quantisierungsrauschen bei niedrigen Frequenzen sehr kleine Werte, während es für hohe Frequenzen höhere Werte annimmt. Ein Sigma-Delta-Wandler erster Ordnung ist im Bild 6.40 a) dargestellt.

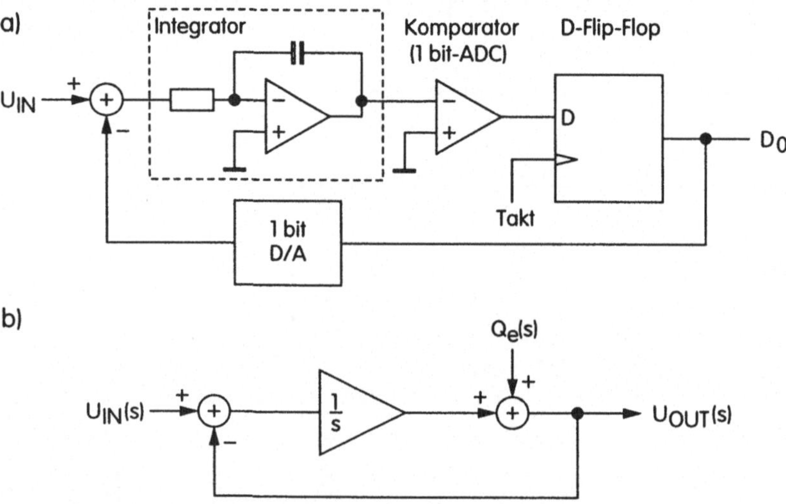

Bild 6.40 Prinzipschaltbild eines Sigma-Delta-A/D-Wandlers erster Ordnung (a). Kleinsignalersatzschaltbild des Wandlers (b).

Im Vorwärtszweig der Rückkopplungschleife befindet sich ein Integrator und ein 1 Bit A/D-Wandler, im Rückwärtszweig ein 1 Bit D/A-Wandler. Der 1 Bit A/D-Wandler ist ein einfacher Komparator, der das analoge Eingangssignal entweder in ein High- oder ein Low-Pegel konvertiert. Das D-Flip-Flop sorgt für die nötige Zeitverzögerung in dieser getakteten Rückkopplungschleife. Der 1 Bit D/A-Wandler bestimmt in Abhängigkeit des Komparatorausgangssignals, ob zum Eingangssignal entweder $+U_{REF}$ oder $-U_{REF}$ dazu summiert wird.

Bild 6.40 b) zeigt das Ersatzschaltbild des Sigma-Delta-Wandlers im s-Bereich. Der Integrator wird durch die Übertragungsfunktion 1/s repräsentiert. Der 1 Bit A/D-Wandler ist als einfache Störquelle $Q_e(s)$ modelliert. Stellen wir die Gleichung für die Schleife auf, dann ergibt sich:

$$U_{OUT}(s) = Q_e(s) + \frac{1}{s} \cdot \left[U_{IN}(s) - U_{OUT}(s) \right] \tag{6.37}$$

Aufgelöst nach der Ausgangsspannung erhalten wir:

$$U_{OUT}(s) = Q_e(s) \cdot \frac{s}{s+1} + U_{IN}(s) \cdot \frac{1}{s+1} \tag{6.38}$$

Wir sehen, daß die Übertragungsfunktion zwischen Ausgangsspannung und Eingangsspannung einer Tiefpaßfunktion folgt. Die Übertragungsfunktion zwischen Ausgangsspannung und Störspannung dagegen folgt einer Hochpaßfunktion. In niederen Frequenzbereich, der für das Nutzsignal entscheidend ist, bekommen wir für das Nutzsignal eine hohe Verstärkung, während das Störsignal durch die Hochpaßfunktion stark abgeschwächt wird.

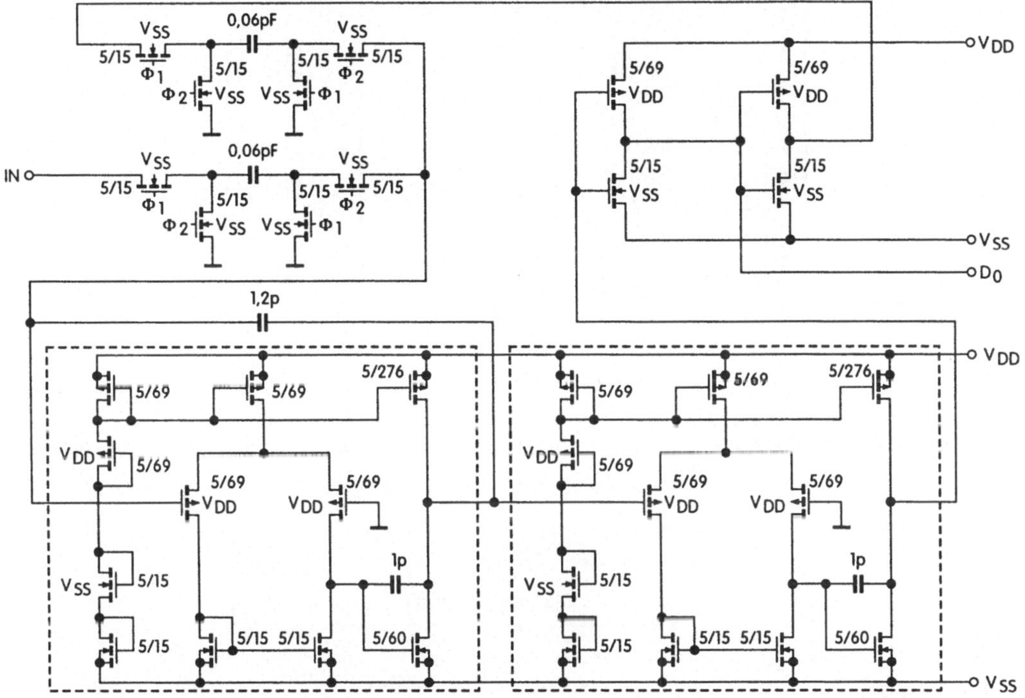

Bild 6.41 Schaltbild eines Sigma-Delta-Wandlers erster Ordnung

Die schaltungsmäßige Realisierung eines Sigma-Delta-Wandlers erster Ordnung ist in Bild 6.41 dargestellt. Ein Integrator nach dem Prinzip der geschalteten Kapazitäten (Switched Capacitors) sorgt für das Aufsummieren und die nötige Zeitverzögerung. Ein einfacher als Komparator geschalteter Operationsverstärker arbeitet als 1 Bit A/D-Wandler, und zwei hintereinander geschaltete digitale Inverterstufen übernehmen die Funktion eines 1 Bit D/A-Wandlers.

Bild 6.42 zeigt das Ergebnis einer Transient-Analyse, mit der dieser Wandler simuliert wurde. Deutlich können wir die Abhängigkeit der Impulsdichte von der angelegten Sinuseingangsspannung erkennen.

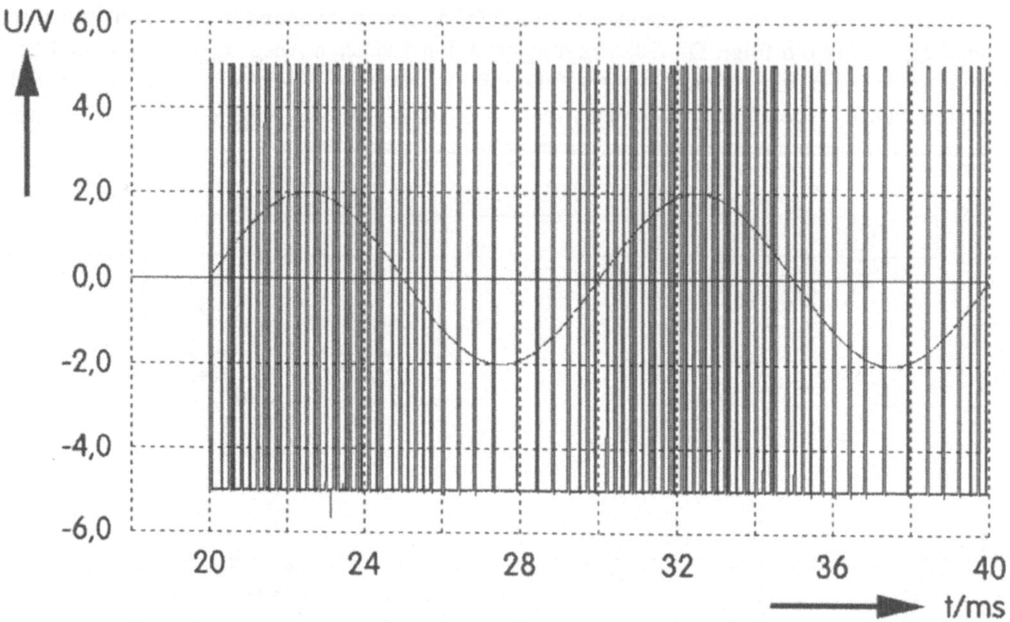

Bild 6.42 Ergebnis der Transient-Analyse einer Simulation des Sigma-Delta-Wandlers nach Bild 6.41

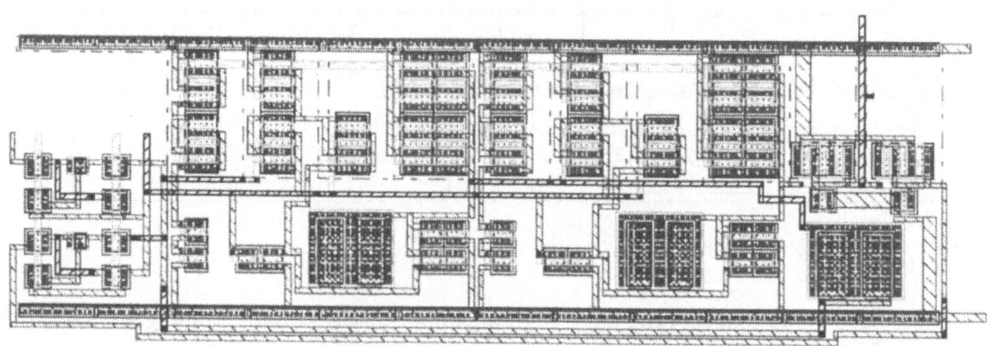

Bild 6.43 Layout des Sigma-Delta-Wandlers nach Bild 6.41

A Anhang

A.1 Design Rules

Die Layer der „Scaleable Design Rules“ von MOSIS

LAYERS

cont 25	Contact
pads 26	pads
pwel 41	p-well
nwel 42	n-well
actv 43	active
psel 44	pselect
nsel 45	nselect
pol1 46	poly 1
met1 49	metal 1
via1 50	via connection between metals 1 and 2
met2 51	metal 2
ovgl 52	Overglass used to cut openings for pads in top passive
pol2 56	poly 2 (electrode)
pbas 58	pbase
cwel 59	cap well
via2 61	Via 2, metal 2 to metal 3
met3 62	metal 3

COMMENT LAYERS

arrw 1	Layer used to draw arrows in schematics
otln 2	Cell outline layer
schm 3	Schematic layer used for drawing circuit schematics
ntxt 4	used to label nodes for LASI to SPICE list, LASICKT
ctxt 5	Labels contacts so LASICKT knows order, i.e. D G S
dtxt 6	Gives device number, such as M1, M55, etc
ptxt 7	Used to specify part type, model size etc

	Lambdas	check#
1.1 WIDTH	10	1
1.2 WELLS AT DIFFERENT POTENTIAL, SPACING	9	2
1.3 WELLS AT SAME POTENTIAL, SPACING	0 or 6	not tested
1.4 WELLS OF DIFFERENT TYPE, SPACING (IF BOTH ARE DRAWN)	0	3

1.2 1.3

1.4

1.1

1. WELL

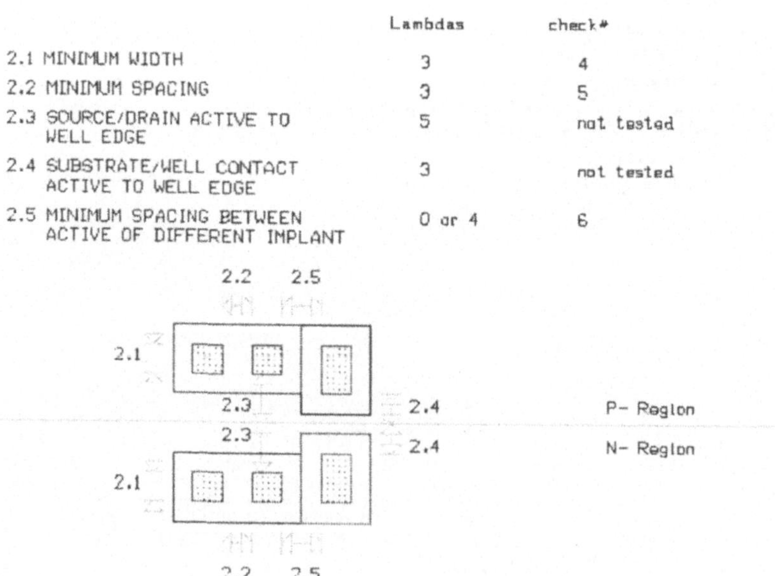

	Lambdas	check#
2.1 MINIMUM WIDTH	3	4
2.2 MINIMUM SPACING	3	5
2.3 SOURCE/DRAIN ACTIVE TO WELL EDGE	5	not tested
2.4 SUBSTRATE/WELL CONTACT ACTIVE TO WELL EDGE	3	not tested
2.5 MINIMUM SPACING BETWEEN ACTIVE OF DIFFERENT IMPLANT	0 or 4	6

2. ACTIVE

	Lambdas	check#
3.1 MINIMUM WIDTH	2	7
3.2 MINIMUM SPACING	3	8
3.3 MINIMUM GATE EXTENSION OF ACTIVE	2	9
3.4 MINIMUM ACTIVE EXTENSION OF POLY1	3	4
3.5 MINIMUM FIELD POLY TO ACTIVE	1	not tested

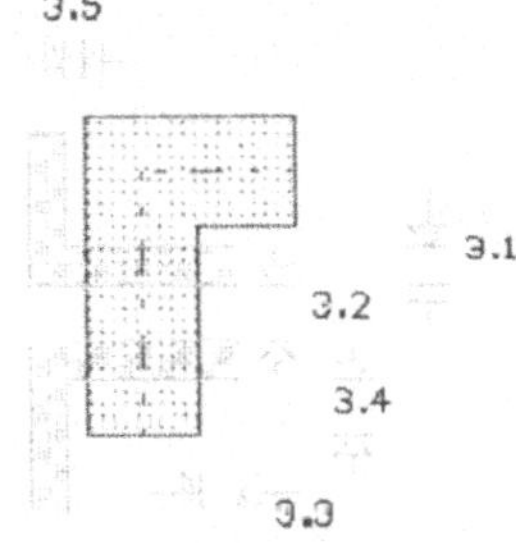

3. POLY1

	Lambdas	check#
4.1 MINIMUM SELECT SPACING TO CHANNEL OF TRANSISTOR TO ENSURE ADEQUATE SOURCE/DRAIN WIDTH	3	not tested
4.2 MINIMUM SELECT OVERLAP OF ACTIVE	2	10
4.3 MINIMUM SELECT OVERLAP OF CONTACT	1	not tested
4.4 MINIMUM SELECT WIDTH AND SPACING (NOTE: P-select and N-select may be coincident but must not overlap)	0 or 2	12

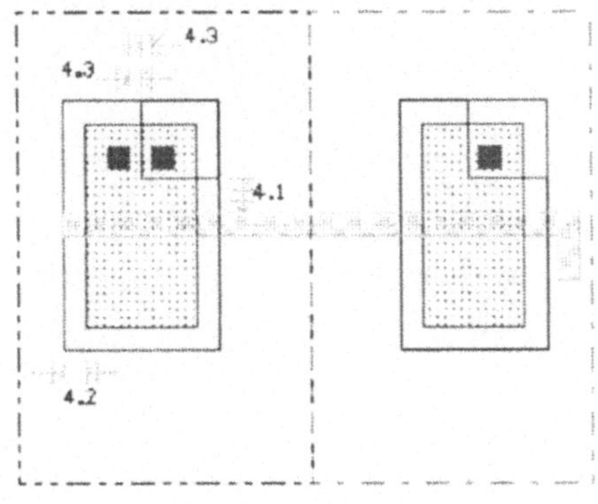

4. SELECT

	Lambdas	check*
5.1 EXACT CONTACT SIZE	2x2	13
5.2 MINIMUM POLY1 OVERLAP	1.0	14
5.3 MINIMUM CONTACT SPACING	2	15

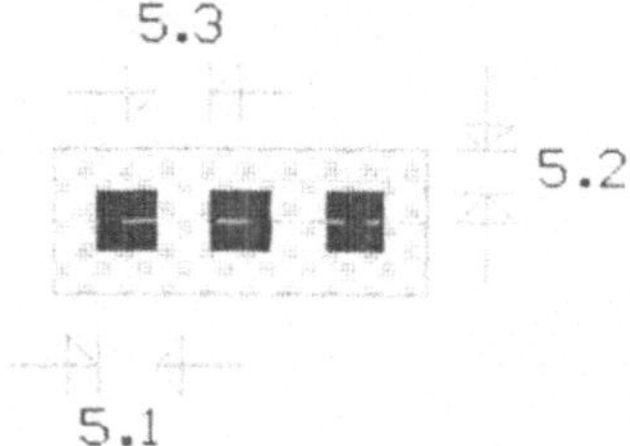

5. CONTACT TO POLY1

	Lambdas	check*
6.1 EXACT CONTACT SIZE	2x2	13
6.2 MINIMUM ACTIVE OVERLAP	1.0	16
6.3 MINIMUM CONTACT SPACING	2	15
6.4 MINIMUM SPACING TO GATE OF TRANSISTOR	2	17

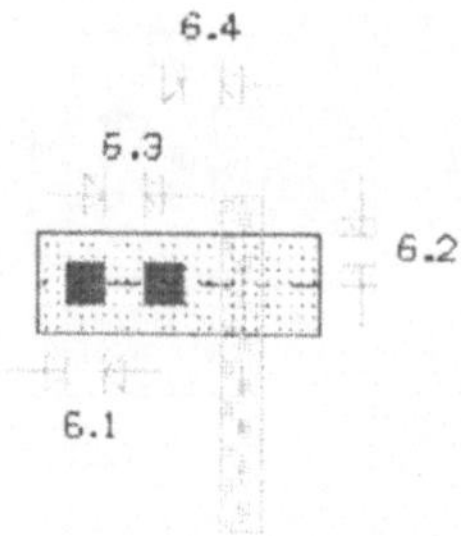

6.CONTACT TO ACTIVE

	Lambdas	check#
7.1 MINIMUM WIDTH	3	18
7.2 MINIMUM SPACING	3	19
7.3 MINIMUM OVERLAP OF POLY CONTACT	1	20
7.4 MINIMUM OVERLAP OF ACTIVE CONTACT	1	20

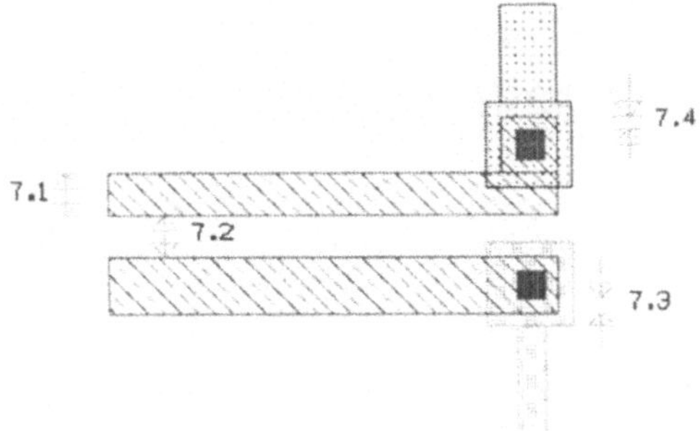

7. METAL1

	Lambdas	check#
8.1 EXACT SIZE	2x2	21
8.2 MINIMUM VIA1 SPACING	3	22
8.3 MINIMUM OVERLAP BY METAL1	1	23
8.4 MINIMUM SPACING TO CONTACT	2	24
8.5 MINIMUM SPACING TO POLY OR ACTIVE EDGE	2	25

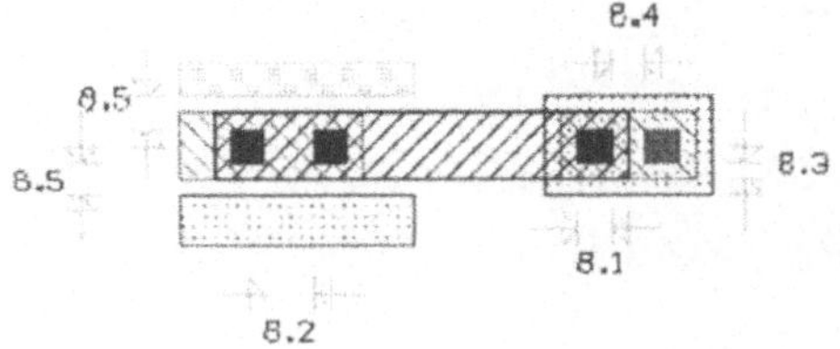

8. VIA1

	Lambdas	check#
9.1 MINIMUM WIDTH	3	26
9.2 MINIMUM SPACING	4	27
9.3 MINIMUM OVERLAP OF VIA1	1	28

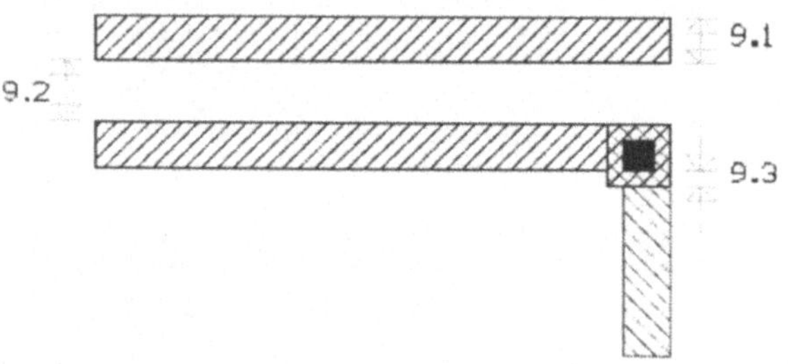

9. METAL2

	um	check#
10.1 MINIMUM BONDING PAD WIDTH	100x100	not tested
10.2 MINIMUM PROBE PAD WIDTH	75x75	not tested
10.3 PAD OVERLAP OF GLASS OPENING	6	not tested
10.4 MINIMUM PAD SPACING TO UNRELATED METAL2	30	not tested
10.5 MINIMUM PAD SPACING TO UNRELATED METAL1, POLY, ELECTRODE OR ACTIVE	15	not tested

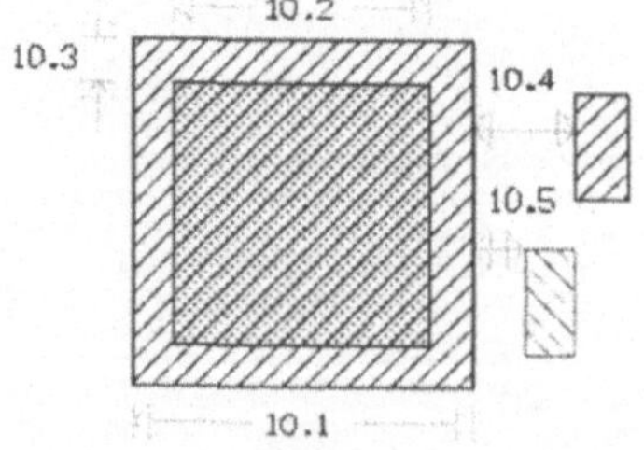

10. OVERGLASS

	Lambdas	check#
11.1 MINIMUM WIDTH	3	not tested
11.2 MINIMUM SPACING	3	29
11.3 MINIMUM POLY1 OVERLAP	2	not tested
11.4 MINIMUM SPACING TO ACTIVE OR WELL EDGE	2	30
11.5 MINIMUM SPACING TO POLY1 CONTACT	3	31

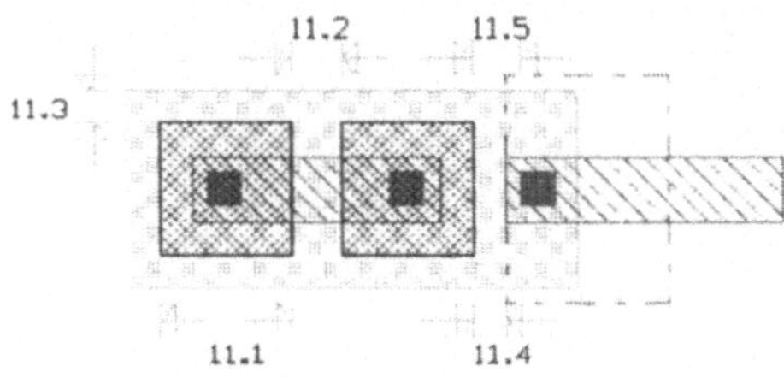

11. POLY2

	Lambdas	check#
12.1 MINIMUM WIDTH	2	not tested
12.2 MINIMUM SPACING	3	29
12.3 MINIMUM POLY2 GATE OVERLAP OF ACTIVE	2	32
12.4 MINIMUM SPACING TO ACTIVE	1	not tested
12.5 MINIMUM SPACING OR OVERLAP OF POLY1	2	not tested
12.6 MINIMUM SPACING TO POLY1 OR ACTIVE CONTACT	3	31

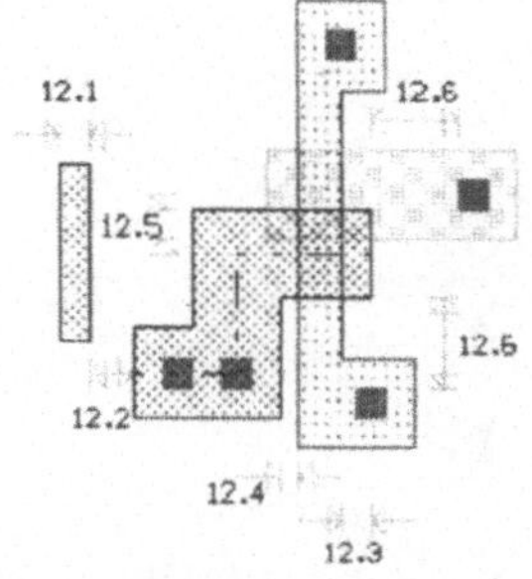

12. ELECTRODE FOR TRANSISTOR

	Lambdas	check*
13.1 EXACT CONTACT SIZE	2x2	13
13.2 MINIMUM CONTACT SPACING	2	15
13.3 MINIMUM ELECTRODE OVERLAP (on capacitor)	3	33
13.4 MINIMUM ELECTRODE OVERLAP (not on capacitor)	2	34
13.5 MINIMUM SPACING TO POLY1 OR ACTIVE	3	not tested

13.4

13.3 13.1

13.2

13.5 13.5

13. ELECTRODE CONTACT, ANALOG OPTION

	Lambdas	check*
14.1 EXACT SIZE	2x2	35
14.2 MINIMUM SPACING	3	36
14.3 MINIMUM OVERLAP BY METAL2	1	37
14.4 MINIMUM SPACING TO VIA1	2	38

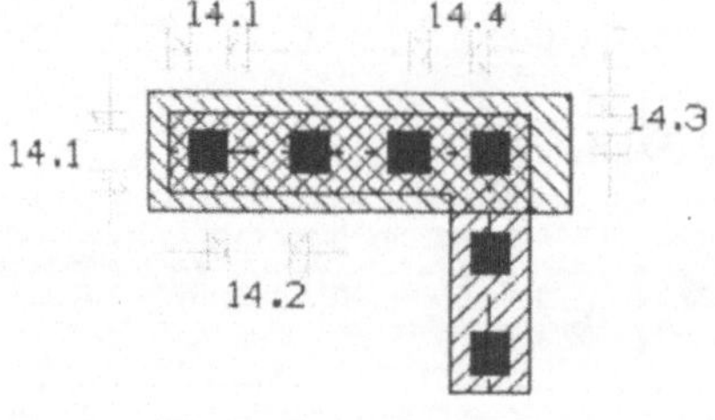

14. VIA2

	Lambdas	check#
15.1 MINIMUM WIDTH	6	39
15.2 MINIMUM SPACING TO METAL3	4	40
15.3 MINIMUM OVERLAP OF VIA2	2	41

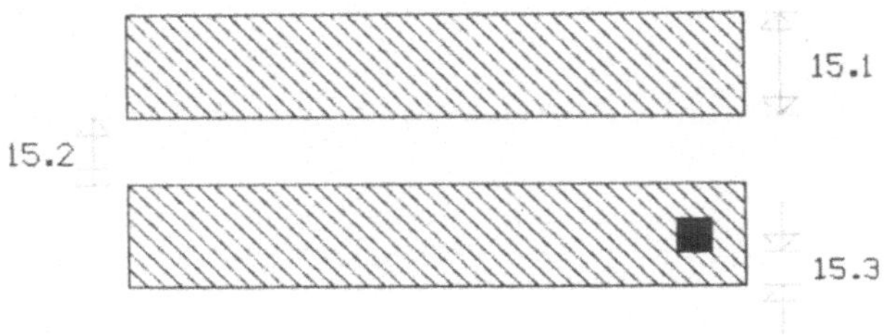

15. METAL3

	Lambdas	check#
16.1 ALL ACTIVE CONTACT	2x2	13
16.2 MINIMUM SELECT OVERLAP OF EMITTER CONTACT	4	42
16.3 MINIMUM PBASE OVERLAP OF EMITTER SELECT	2	43
16.4 MINIMUM SPACING BETWEEN EMITTER SELECT AND BASE SELECT	4	44
16.5 MINIMUM PBASE OVERLAP OF BASE SELECT	2	45
16.6 MINIMUM SELECT OVERLAP OF BASE CONTACT	2	46
16.7 MINIMUM NWELL OVERLAP OF PBASE	6	47
16.8 MINIMUM SPACING BETWEEN PBASE AND COLLECTOR ACTIVE	4	48
16.9 MINIMUM ACTIVE OVERLAP OF COLLECTOR CONTACT	2	not tested
16.10 MINIMUM NWELL OVERLAP OF COLLECTOR ACTIVE	3	not tested
16.11 MINIMUM SELECT OVERLAP OF COLLECTOR ACTIVE	2	10

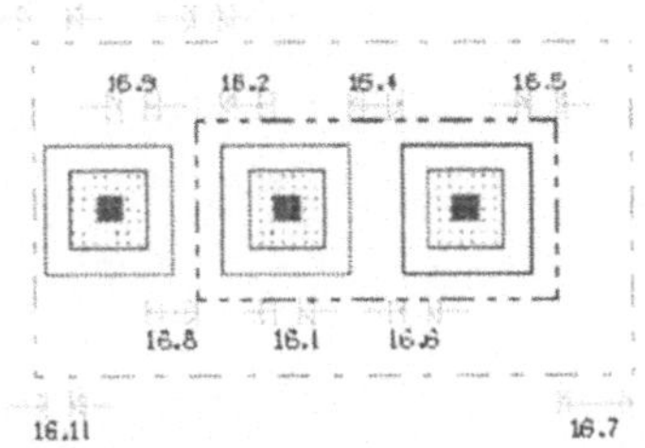

16. NPN BIPOLAR TRANSISTOR

	Lambdas	check#
17.1 MINIMUM WIDTH	10	49
17.2 MINIMUM SPACING	9	50
17.3 MINIMUM SPACING TO EXTERNAL ACTIVE	5	51
17.4 MINIMUM OVERLAP OF ACTIVE	3	52

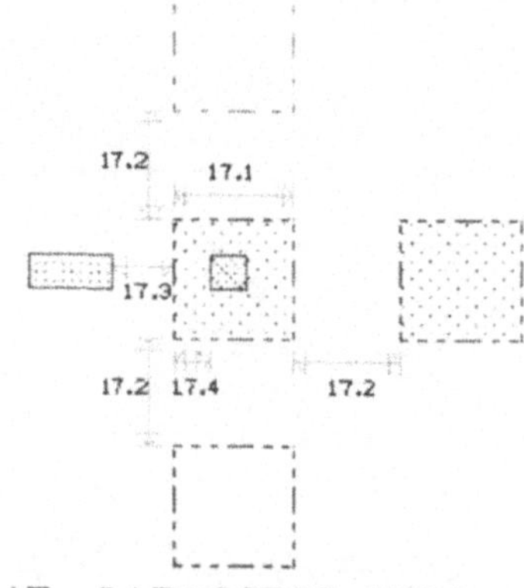

17. CAPACITOR WELL

A.2 CN20 SPICE-Parameter

```
* Level 2 model nchan model for CN20
.MODEL CMOSN NMOS LEVEL=2 PHI=0.600000 TOX=4.3500E-08
+ XJ=0.200000U TPG=1VTO=0.8756 DELTA=8.5650E+00
+ LD=2.3950E-07 KP=4.5494E-05 UO=573.1 UEXP=1.5920E-01
+ UCRIT=5.9160E+04 RSH=1.0310E+01 GAMMA=0.4179 NSUB=3.3160E+15
+ NFS=8.1800E+12 VMAX=6.0280E+04 LAMBDA=2.9330E-02
+ CGDO=2.8518E-10 CGSO=2.8518E-10 CGBO=4.0921E-10
+ CJ=1.0375E-04 MJ=0.6604 CJSW=2.1694E-10 MJSW=0.178543
+ PB=0.800000
* Weff = Wdrawn - Delta_W
* The suggested Delta_W is -4.0460E-07

* Level 2 model pchan model for CN20
.MODEL CMOSP PMOS LEVEL=2 PHI=0.600000 TOX=4.3500E-08
+ XJ=0.200000U TPG=-1 VTO=-0.8889 DELTA=4.8720E+00
+ LD=2.9230E-07 KP=1.5035E-05 UO=189.4 UEXP=2.7910E-01
+ UCRIT=9.5670E+04 RSH=1.8180E+01 GAMMA=0.7327 NSUB=1.0190E+16
+ NFS=6.1500E+12 VMAX=9.9990E+05 LAMBDA=4.2290E-02
+ CGDO=3.4805E-10 CGSO=3.4805E-10 CGBO=4.0305E-10
+ CJ=3.2456E-04 MJ=0.6044 CJSW=2.5430E-10 MJSW=0.244194
+ PB=0.800000
* Weff = Wdrawn - Delta_W
* The suggested Delta_W is -3.6560E-07

* BSIM model for n-channel CN20
.MODEL CMOSNB NMOS LEVEL=4
+VFB=-9.73820E-01, LVFB=3.67458E-01,WVFB=-4.72340E-02
+phi=7.46556E-01,lphi=-1.92454E-24, wphi=8.06093E-24
+k1=1.49134E+00,lk1=-4.98139E-01, wk1=2.78225E-01
+k2=3.15199E-01,lk2=-6.95350E-02,wk2=-1.40057E-01
+eta=-1.19300E-02, leta=5.44713E-02,weta=-2.67784E-02
+muz=5.98328E+02,dl=6.38067E-001,dw=1.35520E-001
+u0=5.27788E-02, lu0=4.85686E-02,wu0=-8.55329E-02
+u1=1.09730E-01, lu1=7.28376E-01,wu1=-4.22283E-01
+x2mz=7.18857E+00,lx2mz=-2.47335E+00, wx2mz=7.12327E+01
+x2e=-3.00000E-03,lx2e=-7.20276E-03,wx2e=-5.57093E-03
+x3e=3.71969E-04,lx3e=-3.16123E-03,wx3e=-3.80806E-03
+x2u0=1.30153E-03, lx2u0=3.81838E-04, wx2u0=2.53131E-02
+x2u1=-2.04836E-02, lx2u1=3.48053E-02, wx2u1=4.44747E-02
+mus=7.79064E+02, lmus=3.62270E+02,wmus=-2.71207E+02
+x2ms=-2.65485E+00, lx2ms=3.68637E+01, wx2ms=1.12899E+02
+x3ms=1.18139E+01, lx3ms=7.24951E+01,wx3ms=-5.25361E+01
+x3u1=2.12924E-02, lx3u1=5.85329E-02,wx3u1=-5.29634E-02
```

```
+tox=4.35000E-002, temp=2.70000E+01, vdd=5.00000E+00
+cgdo=3.79886E-010,cgso=3.79886E-010,cgbo=3.78415E-010
+xpart=1.00000E+000
+n0=1.00000E+000 ln0=0.00000E+000 wn0=0.00000E+000
+nb=0.00000E+000 lnb=0.00000E+000 wnb=0.00000E+000
+nd=0.00000E+000 lnd=0.00000E+000 wnd=0.00000E+000
+rsh=27.9 cj=1.037500e-04 cjsw=2.169400e-10 js=1.000000e-08
+pb=0.8 pbsw=0.8 mj=0.66036 mjsw=0.178543 wdf=0 dell=0

* BSIM model for p-channel CN20
.MODEL CMOSPB PMOS LEVEL=4
+ vfb=-2.65334E-01, lvfb=6.50066E-02, wvfb=1.48093E-01
+ phi=6.75823E-01,lphi=-1.61406E-24, wphi=8.03764E-24
+ k1=5.68962E-01, lk1=3.88845E-02,wk1=-5.33948E-02
+ k2=-5.52938E-02, lk2=1.17906E-01,wk2=-6.89149E-02
+ eta=-1.51784E-02, leta=5.87976E-02,weta=-7.51570E-04
+ muz=2.10669E+02,dl=8.44240E-001,dw=1.62551E-001
+ u0=1.04713E-01, lu0=5.50950E-02,wu0=-7.56659E-02
+ u1=1.46638E-02, lu1=2.13581E-01,wu1=-1.22509E-01
+ x2mz=8.76354E+00,lx2mz=-3.64793E+00, wx2mz=4.30934E+00
+ x2e=-2.13631E-03,lx2e=-2.94140E-03,wx2e=-2.48293E-03
+ x3e=2.78813E-04,lx3e=-1.60711E-03,wx3e=-4.57237E-03
+ x2u0=3.93706E-03,lx2u0=-5.66051E-04, wx2u0=5.69621E-04
+ x2u1=1.07707E-04, lx2u1=8.85125E-03, wx2u1=1.71537E-03
+ mus=2.06464E+02, lmus=1.39151E+02,wmus=-4.95671E+01
+ x2ms=5.86401E+00, lx2ms=6.98887E+00, wx2ms=5.55782E+00
+ x3ms=-2.03430E-01, lx3ms=1.16170E+01,wx3ms=-3.44342E+00
+ x3u1=-1.17893E-02, lx3u1=5.72098E-04, wx3u1=8.29791E-03
+ tox=4.35000E-002, temp=2.70000E+01, vdd=5.00000E+00
+ cgdo=5.02635E-010,cgso=5.02635E-010,cgbo=3.85017E-010
+ xpart=1.00000E+000
+ n0=1.00000E+000,ln0=0.00000E+000,wn0=0.00000E+000
+ nb=0.00000E+000,lnb=0.00000E+000,wnb=0.00000E+000
+ nd=0.00000E+000,lnd=0.00000E+000,wnd=0.00000E+000
+ rsh=54.7,cj=3.245600e-04,cjsw=2.543000e-10,js=1.000000e-08
+ pb=0.8, pbsw=0.8,mj=0.60438,mjsw=0.244194,wdf=0,dell=0

* Lateral BJT model for CN20
.MODEL BN2X1 NPN
+ BF=82 IS=1.588E-16 NF=9.9563E-01 NE=1.3356 VAF=57.1
+ IKF=2.3067E-02 ISE=1.267E-16 RE=12.7 RC=420.00 RB=1.213E+03
+ RBM=7.53 ISC=3.363E-15 NC=1.0202
+ CJE=0.1952E-12 MJE=0.5050 VJE=0.85 CJC=0.18815E-12
+ MJC=0.4990 VJC=0.80
+ CJS=0.2326E-12 MJS=0.2033 VJS=0.70
```

A.3 CD-ROM

Wie im Vorwort beschrieben, kann sich der interessierte Leser kostenlos eine CD-ROM vom Autor schicken lassen, die eine Sammlung nützlicher Public-Domain-Programme mit ausführlicher Dokumentation enthält.

Die CD-ROM kann bei folgender Adresse bezogen werden:

Prof. Dr.-Ing. Dietmar Ehrhardt
Institut für Hochfrequenztechnik
Fachbereich 12
Universität Siegen
57068 Siegen

Email: ehrhardt@hf.et-inf.uni-siegen.de

Diese CD-ROM wird vom Autor laufend auf den neusten Stand gebracht. Der Inhalt der CD (Umfang ca. 50 MByte), wie er sich zur Zeit der Drucklegung dieses Buches darstellt, ist im Folgenden als Ausdruck der auf der CD befindlichen README-Datei wiedergegeben:

```
Begleit-CD zur Veranstaltung "Analoge Schaltungstechnik"

--------------------------------------------------------
       Copyright by Prof. Dr. Dietmar Ehrhardt
          Universität Siegen, Dezember 1999
--------------------------------------------------------

Die CD hat folgende Verzeichnisse:

  ACROREAD
  DOCS\DOSLASI
  DOCS\WINLASI
  DOCS\SPICE3F4
  DOCS\SPICE3F5
  DOCS\RSPICE
  DOCS\MSIM_63
  DOSLASI
  LIB\BASIS
  LIB\RULES
  MSIM_63
  OLE32S
  RSPICE
  SPICE_13
  SPICE_15
  SPICE3F5
  WIN32S
  WINLASI
  WLASI604
```

Eine kurze Beschreibung der Verzeichnisse und deren Inhalt:

DOCS\DOSLASI (Lasi5.2-Dokumentation)

Einführung in Lasi	: intro.pdf
Kurzanleitung Lasi	: kurzform.pdf
Inhaltsverzeichnis Lasi	: inhalt.pdf
Lasi Handbuch	: lasi52.pdf

DOCS\WINLASI (Lasi6.0-Dokumentation)

Einführung in Lasi	: intro.pdf
Kurzanleitung Lasi	: kurzform.pdf
Inhaltsverzeichnis Lasi	: inhalt.pdf
Lasi Handbuch	: lasi60.pdf

DOCS\SPICE (Spice3f4-Dokumentation)

Inhaltsverzeichnis	: inhalt.pdf
Handbuch	: spice3f.pdf

DOCS\SPICE3F5 (Spice3F5-Dokumentation)

Handbuch	: spiceman.pdf
Tutorial	: tutorial.pdf

DOCS\RSPICE (Spice2g6-Dokumentation)

RSpice-Handbuch	: rspice.pdf

DOCS\MSIM_63 (PSpice Version 6.3-Dokumentation)

PSpice-Handbuch	: pspcad.pdf
PSpice-Referenz	: pspcref.pdf
Schematic-Handbuch	: schmurgd.pdf
Applikationen	: appnts.pdf

WIN32S
wird für das Programm Spice unter Windows 3.X benötigt

OLE32S
wird eventuell für PSpice Version 6.3 benötigt

SPICE_13
Windows-Version 1.3 vom 21.1.1996 von Spice 3F4
Installationshinweise in der Datei README.WIN bzw. README.PDF im Verzeichnis

SPICE_15
Windows-Version 1.5 vom 28.10.1997 von Spice 3F4
Installationshinweise in der Datei README.WIN bzw. README.PDF im Verzeichnis

SPICE3F5
Neueste Version von SPICE. Es ist die Version 3F5 und wurde unter Windows implementiert. Empfehlenswert im Zusammenspiel mit LASI.
Installation erfolgt automatisch über Setup.

RSPICE
Windows-Version von Spice 2G6
Installationshinweise in der Datei README.TXT

MSIM_63
Windows-Version von Microsims PSpice 6.3
Installationshinweise in der Datei WININSTL.PDF

ACROREAD
Acrobat Reader Version 3.01D dient zum Anzeigen der PDF-Dateien

DOSLASI
ist die DOS-Version des Entwurfsprogramms (lauffähig unter MSDOS/Win3.11/Windows95/WindowsNT)
Installationsanweisungen in der Datei README.TXT beachten
!!Vor Inbetriebnahme die Einführung studieren (DOCS\DOSLASI\INTRO.PDF)!!

WINLASI
ist die Windows-Version des Entwurfsprogramms (nur Windows95/98/NT)
Installationsanweisungen in der Datei README.TXT beachten!
!!Vor Inbetriebnahme die Einführung studieren (DOCS\WINLASI\INTRO.PDF)!!

WLASI604
Neuere Version von WINLASI mit kleinen Verbesserungen.
Installationsanweisungen in der Datei README.TXT beachten!

LIB\BASIS
Die Grundausstattung für jeden neuen LASI-Ordner. Enthält die richtigen Layer, die wichtigsten Schaltzeichen und sonstige Kleinigkeiten. Läßt sich von LASI direkt ansprechen.

LIB\RULES
Die Design-Rules von MOSIS sind hier untergebracht. Auch dieses Verzeichnis läßt sich unter LASI direkt ansprechen. Am Besten alle Design-Rules ausdrucken (in Farbe!) und in einem Schnellhefter am Arbeitplatz parat haben.

Literaturverzeichnis

1 Einführung

The transistor ... the first 40 years; Solid State Technology, December 1987; PP. 67 - 74

B. Bosch; Happy Birthday, Transistor!; CQ DL 12/97; PP. 947 - 951

The Magic of Analog Design; Electronic Design, November 25, 1992; PP. 75 - 96

D. Johns, K. Martin; Analog Integrated Circuit Design; John Wiley & Sons, Inc., New York, 1997; Preface

R. J. Baker, H. W. Li, D. E. Boyce; CMOS Circuit Design, Layout, and Simulation; IEEE Press, New York, 1998; Preface

R. Gillon, J.-P. Colinge, D. Flandre, J.-P. Raskin, D. Vanhoenacker; Silicon-On-insulsator for RF and microwave low-power applications; Microwave Engineering Europe June 1998; PP. 49 - 54

S. D. Eason; SiGe stretches limits of silicon applications; Microwave & RF, December 1996; PP. 89 - 96

A. Schüppen, H. Dietrich, U. Seiler, H. von der Ropp, U. Erben; A SiGe RF technology for Mobile Communication Systems; Microwave Engineering Europe June 1998; PP. 39 - 46

2 Wirkungsweise und Aufbau der Bauelemente

H.-G. Unger, W. Schultz, G. Weinhausen; Elektronische Bauelemente und Netzwerke I; Verlag Vieweg, Wiesbaden, 1979; Kap. 1.2.2

D. H. Navon; Electronic Materials and Devices; Houghton Mifflin Company, Boston, USA, 1975; Chapter 5, Chapter 6, Chapter 8

P. R. Gray, R. G. Mayer; Analysis and Design of Analog Integrated Circuits; John Wiley & Sons, New York, 2nd Edition, 1984; Chapter 1.3 - Chapter 1.8, Chapter 2.4.2

D. Ehrhardt; Verstärkertechnik; Verlag Vieweg, Wiesbaden, 1992; Kap. 2, Kap. 7, Kap. 8

3 Herstellungsprozeß

L. Blossfeld, U. Effelsberg, C. Volz; Prozeß zur Herstellung von höchstintegrierten Schaltungen zur analogen und digitalen Signalverarbeitung 1 GHz Frequenzen; BMFT Schlußbericht NT 2829/0, 1987;

R. J. Baker, H. W. Li, D. E. Boyce; CMOS Circuit Design, Layout, and Simulation; IEEE Press, New York, 1998; Chapter 1.3, Chapter 2.1, Chapter 4.3

W. Tanner; MOSIS User Manual, Release4.0; University of Southern California, Marina del Rey, USA, 1995;

The EUROPRACTICE Service; http://www.imec.be/europractice;

4 Designwerkzeuge

R. Sommer, E. Hennig; Analog Insydes V1.1, Benutzerhandbuch; Institut für Techno- und Wirtschaftsmathematik e.V., Kaiserslautern, 1995;

R. Sommer, E. Hennig; Rechnergestützte Berechnung elektrischer Netzwerke und Schaltungen; Skript zur Vorlesung 85-712 an der Universität Kaiserslautern, Kaiserslautern, 1995;

E.E.E. Hoefer, H. Nielinger; SPICE; Springer-Verlag, Berlin, 1985; Kapitel 1

D. Ehrhardt, J. Schulte; Simulieren mit PSPICE; Verlag Vieweg, Wiesbaden, 2. Auflage, 1995; Kapitel 1 - 4, Kapitel 11

T. Quarles, A. R. Newton, D. O. Pederson, A. Sangiovanni-Vincentelli; SPICE3 Version 3f3 User's Manual; Department of Electrical Engineering and Computer Sciences, University of California, Berkeley, USA, 1993;

R. M. Kielkowski; Inside SPICE; McGraw-Hill, Inc., New York, Second Edition, 1998; Chapter 3, Chapter 4

R. J. Baker, H. W. Li, D. E. Boyce; CMOS Circuit Design, Layout, and Simulation; IEEE Press, New York, 1998; Chapter 1.2, Chapter 1.3, Chapter 2.2, Chapter 8

D. E. Boyce; LASI 6.0, Online-Hilfe;

5 Basiselemente

D. Ehrhardt; Verstärkertechnik; Verlag Vieweg, Wiesbaden, 1992; Kap. 5, Kap. 6, Kap. 12, Kap. 20

P. R. Gray, R. G. Mayer; Analysis and Design of Analog Integrated Circuits; John Wiley & Sons, New York, 2nd Edition, 1984; Chapter 3 - 5, Chapter 12

E. W. Greeneich; Analog Integrated Circuits; Chapman & Hall, New York, 1997; Chapter 2, Chapter 5

J. Dostál; Operationsverstärker; Hüthig Verlag, Heidelberg, 1989;

L. P. Hunter (Ed.); Handbook of Semiconductor Electronics; McGraw-Hill, New York, Third Edition, 1970; Section 10

D. Johns, K. Martin; Analog Integrated Circuit Design; John Wiley & Sons, Inc., New York, 1997; Chapter 3, Chapter 16.3

R. J. Baker, H. W. Li, D. E. Boyce; CMOS Circuit Design, Layout, and Simulation; IEEE Press, New York, 1998; Chapter 11.2, Chapter 19.2, Chapter 20, Chapter 21

L. Blossfeld, U. Effelsberg, C. Volz; Prozeß zur Herstellung von höchstintegrierten Schaltungen zur analogen und digitalen Signalverarbeitung 1 GHz Frequenzen; BMFT Schlußbericht NT 2829/0, 1987;

6 Komplexere Funktionen

P. R. Gray, R. G. Mayer; Analysis and Design of Analog Integrated Circuits; John Wiley & Sons, New York, 2nd Edition, 1984; Chapter 6

Datenblatt CA3160; RCA, Somerville, USA;

E. W. Greeneich; Analog Integrated Circuits; Chapman & Hall, New York, 1997; Chapter 3

L. P. Hunter (Ed.); Handbook of Semiconductor Electronics; McGraw-Hill, New York, Third Edition, 1970; Section 10

D. Johns, K. Martin; Analog Integrated Circuit Design; John Wiley & Sons, Inc., New York, 1997; Chapter 6.7, Chapter 10.2, Chapter 12, Chapter 14

W. H. Gross; Current Feedback Amplifier „Do's and Don'ts“; LinearApplications Handbook Volume II, Linear Technology, 1993; DN46

NN; Neue Verstärker vereinfachen Breitband-Anwendungen (MAX435/436); MAXIM Engineering Journal, Ausgabe 20, 1995;

R. J. Baker, H. W. Li, D. E. Boyce; CMOS Circuit Design, Layout, and Simulation; IEEE Press, New York, 1998; Chapter 25.1, Chapter 29

A. Wengenroth, M. Jung; Entwurf analoger integrierter Schaltungen: Transconductance Amplifier; Studienarbeit am Institut für Hochfrequenztechnik an der Universität Siegen, 1999;

A. Meyer, J. Molzberger, M. Vierbuchen; Entwurf eines analogen, integrierten Schaltkreises: 4 Bit Digital/Analog-Wandler; Studienarbeit am Institut für Hochfrequenztechnik an der Universität Siegen, 1999;

J. C. Candy, G. C. Temes (Ed.); Oversampling Delta-Sigma Data Converters; IEEE Press, New York, 1992; PP. 163 - 167

Anhang

R. J. Baker, H. W. Li, D. E. Boyce; CMOS Circuit Design, Layout, and Simulation; IEEE Press, New York, 1998; Appendix A, Appendix B [illegible] Integrated Circuit Design. John Wiley & Sons, Inc., New York, [illegible], Chapter [illegible], Chapter [illegible].

[illegible] Technology, [illegible]

[illegible] 1-55

[illegible] CMOS Circuit Design, Layout, and Simulation, IEEE Press, New York, [illegible], Chapter [illegible]

[illegible] Schaltungen [illegible]

[illegible] 1982; [illegible] 104-105

[illegible]

[illegible] Baker, R. J.; Li, H. W.; Boyce, D. E.: CMOS Circuit Design, Layout, and Simulation. IEEE Press, New York, 1998, Appendix A, Chapter 5.[illegible]

Sachwortverzeichnis

A

B

C

L

M

N

O

P

Q

R

S

T

U

V

W

X

Z

Weitere Titel aus dem Programm

Martin Vömel, Dieter Zastrow

Aufgabensammlung Elektrotechnik 1

Gleichstrom und elektrisches Feld.
Mit strukturiertem Kernwissen,
Lösungsstrategien und -methoden
1994. X, 247 S. (Viewegs Fachbücher der Technik) Br. DM 29,80
ISBN 3-528-04932-4

Die thematisch gegliederte Aufgabensammlung stellt für jeden Aufgabenteil das erforderliche Grundwissen einschließlich der typischen Lösungsmethoden in kurzer und zusammenhängender Weise bereit. Jeder Aufgabenkomplex bietet Übungen der Schwierigkeitsgrade leicht, mittelschwer und anspruchsvoll an. Der Schwierigkeitsgrad der Aufgaben ist durch Symbole gekennzeichnet. Alle Übungsaufgaben sind ausführlich gelöst.

Martin Vömel, Dieter Zastrow

Aufgabensammlung Elektrotechnik 2

Magnetisches Feld und Wechselstrom.
Mit strukturiertem Kernwissen,
Lösungsstrategien und -methoden
1998. VIII, 258 S. mit 764 Abb. (Viewegs Fachbücher der Technik) Br. DM 29,80
ISBN 3-528-03822-5

Eine sichere Beherrschung der Grundlagen der Elektrotechnik ist ohne Bearbeitung von Übungsaufgaben nicht erreichbar. In diesem Band werden Übungsaufgaben zur Wechselstromtechnik, gestaffelt nach Schwierigkeitsgrad, gestellt und im Anschluss eines jeden Kapitels ausführlich mit Zwischenschritten gelöst. Jedem Kapitel ist ein Übersichtsblatt vorangestellt, das das erforderliche Grundwissen gerafft zusammenträgt.

Abraham-Lincoln-Straße 46
65189 Wiesbaden
Fax 0611.7878-400
www.vieweg.de

Stand 1.4.2000
Änderungen vorbehalten.
Erhältlich im Buchhandel oder im Verlag.